普通高等教育“十二五”规划教材

离散数学

第 2 版

主　编　邱学绍
副主编　李建民　吕红杰

机械工业出版社

本书系统地介绍了离散数学的经典内容，全书分为9章，分别介绍了命题逻辑、谓词逻辑、集合论、关系、函数、图论基础、特殊图类、代数系统、格和布尔代数。每节都有精选习题，书后有部分习题参考答案与提示。

本书在内容安排上循序渐进、通俗易懂、结构严谨、便于自学，适合计算机及相关专业本、专科学生作为教材，也可供一般科技人员参考。

图书在版编目（CIP）数据

离散数学/邱学绍主编．—2版．—北京：机械工业出版社，2010.10（2024.9重印）

普通高等教育“十二五”规划教材

ISBN 978-7-111-32233-7

Ⅰ.①离…　Ⅱ.①邱…　Ⅲ.①离散数学—高等学校—教材　Ⅳ.①O158

中国版本图书馆CIP数据核字（2010）第200473号

机械工业出版社（北京市百万庄大街22号　邮政编码100037）
策划编辑：郑　玫　责任编辑：郑　玫　孙志强　薛颖莹
版式设计：张世琴　责任校对：李秋荣
封面设计：张　静　责任印制：常天培
北京机工印刷厂有限公司印刷
2024年9月第2版第14次印刷
169mm×239mm・18.25印张・352千字
标准书号：ISBN 978-7-111-32233-7
定价：39.80元

电话服务　　网络服务

客服电话：010-88361066　机　工　官　网：www.cmpbook.com
010-88379833　机　工　官　博：weibo.com/cmp1952
010-68326294　金　书　网：www.golden-book.com
封底无防伪标均为盗版　机工教育服务网：www.cmpedu.com

第 2 版前言

离散数学是计算机科学与技术专业（计算机科学、计算机工程、软件和信息技术等专业）的核心课程，是教育部 2009 年《高等学校计算机科学与技术专业核心课程教学实施方案》中 8 门核心课程之一，在专业教学体系中起到重要的基础理论支撑作用。

本书自 2005 年 9 月出版以来，在将近五年的时间里，得到了广大读者的支持和关注，也承蒙许多高等学校的厚爱，选作教科书。期间，广大同仁提出了许多宝贵意见，编者在多次的讲授中积累了更多经验，在此基础上编写了第 2 版。

本书在内容安排上仍然秉承以下特点：其一，由浅入深，循序渐进；其二，在引入概念时力求用学生熟悉的例子引入抽象的数学概念，使初学者对抽象的数学概念有亲近感，以方便他们理解和接受；其三，在每章节结尾安排的例题解析使学生能够及时巩固和深化所学知识。

由于离散数学有内容抽象、概念多、定理多等特点，为了使离散数学知识更易于接受，也希望学生不为这些特点所困惑，编者对本书在以下方面作出调整：

（1）对代数结构的内容作了较大的调整。将原书中的代数系统与特殊的代数系统合并为一章，并减少了较难的一些内容，以使代数系统内容更通俗，更便于教与学。

（2）对原书的章节作了一些调整。为了使知识更系统，将原书的第 2、3 两章放在最前面作为第 1、2 章，而将原书第 1 章改成了第 3 章，使本书的章节依次是：命题逻辑、谓词逻辑、集合论、关系、函数、图论基础、特殊图类、代数系统、格和布尔代数。

（3）增加了习题答案与提示。本书初版中编有习题，但未提供答案，一些同仁和读者曾向主编索取未公开出版的习题题解。本次修订，经编者讨论后，除对习题作了一些调整和补充外，同时也附上了部分习题参考答案与提示。在此想强调一点，虽然书后附有部分习题参考答案，但希望读者一定要先独立思考，这对于学习离散数学尤为重要。

第 2 版由邱学绍任主编，李建民、吕红杰任副主编，参加编写的还有黄松奇、张广开、辛向军。这次出版得到了郑州轻工业学院、郑州师范学院、平顶山学院和机械工业出版社的支持和鼓励，在此一并致谢。

由于水平有限，加之时间仓促，书中不当之处在所难免，敬请同行和广大读者不吝赐教。联系方式：qiuxueshao@126.com。

编　者

目　录

第1章 命题逻辑

逻辑学主要分为辩证逻辑学和形式逻辑学，前者是以辩证法认识论的世界观为基础的逻辑学，而后者是以思维形式结构及其规律进行研究的类似语法的一门工具性学科。

思维的形式结构包括概念、判断和推理。其中，概念是思维的基本单位；判断是通过概念对事物是否具有某种属性进行肯定或否定的回答；由一个或者几个判断推出另一个判断的思维过程就是推理。研究推理有很多方法，其中用数学方法来研究推理的规律的科学统称为数理逻辑，这里所谓的数学方法就是引进一套符号体系的方法，所以数理逻辑也叫符号逻辑。

数理逻辑与数学的其他分支、计算机科学与技术、人工智能、语言学等学科均有密切联系。本书主要介绍数理逻辑最基本的内容：命题逻辑和谓词逻辑。本章介绍命题逻辑。

1.1 命题与命题联结词

1.1.1 命题

凡具有真假的陈述句就称为**命题**。命题通常用小写英文字母表示。

例如，“2是素数”是命题，可用符号表示为 p：2是素数。

作为命题的陈述句所表达的判断结果称为该命题的**真值**。一个命题的真值为“真”，用“T”或“1”表示，此时称该命题为**真命题**；一个命题的真值为“假”，用“F”或“0”表示，此时称该命题为**假命题**。

例 1-1 判断下列语句是否为命题。

(1) 5是素数。

(2) 3能被2整除。

(3) C++是一门计算机高级程序语言。

(4) 请关上门！

(5) 你好吗？

(6) 火星上有水。

(7) 我正在说假话。

(8) $x+y>5$。

(9) 3 是素数，而 6 是合数。

解 (4) 是祈使句，(5) 是疑问句，即都不是陈述句，故都不是命题；(8) 是陈述句，但由于 x、y 不确定，使得整个句子可真可假，即没有确定的判断结果，故不是命题。

(1)，(2)，(3)，(6)，(9) 是命题。(1) 是真命题；(2) 是假命题；(3) 是真命题；(6) 虽然至今还不知道火星上是否有水，但火星上是否有水是客观存在的，并且要么有，要么没有，只是现在人类还不知道，也就是说(6) 的真值是客观存在，而且是唯一的，因此它是命题。

因为(7) 既不能是真，也不能是假，所以它不是命题。像(7) 一样既不能为真，也不能为假的陈述句称为一个**悖论**，悖论不是命题。

例 1-2 (1) 太阳系外有宇宙人。

(2) 1962 年 2 月 3 日晚郑州市金水区成立。

注意 要把"已知其真假"与"本身具有真假"区别开来。在判断一个陈述句是否为命题时必须明确：只要能分辨出真假的语句就是命题。

(1) 是命题。虽然目前尚无法确定其真假，但从事物的本质而论，是可分辨真假的。

(2) 是命题。虽然一时难辨其真假，但其本身是有真假的，若能查到相关资料，结果自然就明了了。

容易看出，例 1-1、例 1-2 中给出的是命题的陈述句都不能进一步分解，类似这种不能再分的简单命题，称为**原子命题**。原子命题是命题逻辑中最基本、最小的单位。由作为原子命题的简单陈述句通过连词联结而成的命题，称为**复合命题**。

例 1-3 (1) 林刚和林强是三好学生。

(2) 离散数学是计算机专业的一门核心课程。

(3) 如果 $3+2<4$，那么太阳早上将由西边出来。

其中(1)、(3) 是复合命题，(2) 是原子命题。判断一个命题是否为复合命题的关键是看分解后各部分是否仍为命题。特别指出，有些在表面上互不相干的命题语句通过连词可组成复合命题，如本例中的(3)。

1.1.2 命题联结词

复合命题是用自然语言中的连词联结命题所组成的。为了便于研究，我们还需要对自然语言中的各种连词也用符号表示出来，以便得到形式化了的复合命题。在数理逻辑中，我们将这种自然语言连词的形式符号称为**命题逻辑联结词**。

1. 否定

定义 1-1 设 p 是命题，"非 p"称为 p 的否定式，记作$\neg p$，称符号$\neg$为**否定**

联结词。并规定，$\neg p$ 为真当且仅当 p 为假。

例如，设 p 表示“3 是偶数”，则 p 的否定，即“3 不是偶数”可用符号表示为 $\neg p$。由于 p 的真值为 0，所以 $\neg p$ 真值为 1。

为了更好地理解联结词所代表的含义，引入一种表格方法——真值表。

表 1-1 就是否定联结词的真值表。

表 1-1 中的“1”、“0”分别表示标记在该列顶端的命题取值为真或假。

表　1-1

p	$\neg p$
0	1
1	0

2. 合取

定义 1-2　设 p、q 都是命题，复合命题“p 并且 q”称为 p 与 q 的**合取式**，记作 $p \wedge q$，称符号 $\wedge$ 为**合取联结词**。并规定，$p \wedge q$ 为真当且仅当 p 与 q 同时为真。

合取联结词的真值表见表 1-2。

例如，设 p 表示“2 是素数”，q 表示“2 是偶数”，则“2 是素数并且是偶数”可用符号表示为 $p \wedge q$。由于 p、q 真值均为 1，故 $p \wedge q$ 真值为 1。

3. 析取

定义 1-3　设 p、q 都是命题，复合命题“p 或者 q”称为 p 与 q 的**析取式**，记作 $p \vee q$，称符号 $\vee$ 为**析取联结词**。并规定，$p \vee q$ 为真当且仅当 p 与 q 中至少有一个为真。

析取联结词的真值表见表 1-3。

表　1-2

p	q	$p \wedge q$
0	0	0
0	1	0
1	0	0
1	1	1

表　1-3

p	q	$p \vee q$
0	0	0
0	1	1
1	0	1
1	1	1

例如，设 p 表示“王燕学过英语”；q 表示“王燕学过法语”，则“王燕学过英语或法语”可用符号表示为 $p \vee q$。

4. 蕴含

定义 1-4　设 p、q 都是命题，复合命题“如果 p，那么 q”称为 p 与 q 的**蕴含式**，记作 $p \rightarrow q$，其中 p 称为其前件，q 称为其后件，称符号 $\rightarrow$ 为**蕴含联结词**。并规定，$p \rightarrow q$ 为假当且仅当 p 为真且 q 为假。

蕴含联结词的真值表见表 1-4。

例如，设 p 表示“我是老师”；q 表示“我年龄大了”，则“如果我是老师，那么我年龄大了”可用符号表示为 $p \to q$。若我是一名年轻教师，则此时 p 为真，q 为假，故 $p \to q$ 为假。

5. 等价

定义 1-5 设 p、q 都是命题，复合命题“p 当且仅当 q”称作 p 与 q 的**等价式**，记作 $p \leftrightarrow q$，称符号 $\leftrightarrow$ 为**等价联结词**。并规定，$p \leftrightarrow q$ 为真当且仅当 p、q 同真假。

等价联结词的真值表见表 1-5。

表 1-4

p	q	$p \to q$
0	0	1
0	1	1
1	0	0
1	1	1

表 1-5

p	q	$p \leftrightarrow q$
0	0	1
0	1	0
1	0	0
1	1	1

例如，设 p 表示“两圆的面积相等”；q 表示“两圆的半径相等”，则“两圆的面积相等当且仅当其半径相等”可用符号化表示为 $p \leftrightarrow q$。

为了叙述方便，我们将用符号表示命题及其联结词的过程称为**命题的符号化**。

对于命题的符号化我们有必要指出以下几点：

① 同一个命题联结词在自然语言中可能有不同的表达方法。

例 1-4 将下列命题符号化。

(1) 离散数学并非难学的一门课程。

(2) 明天我可能看电影也可能逛公园。

(3) 尽管他有病但他仍坚持工作。

(4) 倘若他病了他就不参加这次会议。

(5) 一个数是偶数的充要条件是该数能被 2 整除。

解 (1) 设 p：离散数学是难学的一门课程，则命题符号化为 $\neg p$。其中“…并非…”逻辑含义上表示否定。

(2) 设 p：明天我看电影；q：明天我逛公园，则命题符号化为 $p \vee q$。其中“…可能…也可能…”在逻辑上具有析取的含义。

(3) 设 p：他有病；q：他坚持工作，则命题符号化为 $p \wedge q$。其中“尽管…但…”具有合取的逻辑含义。

(4) 设 p：他病了；q：他不参加这次会议，则命题符号化为 $p \to q$。其中“倘若…就…”与逻辑上的蕴含具有相同的含义。

(5) 设 p：一个数是偶数；q：一个数能被 2 整除，则命题符号化为 $p \leftrightarrow q$。其中“…的充要条件是…”在逻辑上表示等价的含义。

② 两个逻辑上完全没有联系的命题可以加联结词以形成复合命题。

例 1-5 (1) p：$2+3=5$；q：有的人可以长生不老，则 $p \land q$ 仍是一个命题，它表示的含义是：“$2+3=5$”并且有的人可以长生不老。虽然 p 是真命题，但显然 q 的真值为假，所以根据合取联结词的定义 $p \land q$ 是一个假命题。

(2) 在例 1-3(3) 中，令 r 表示“$3+2<4$”，s 表示“早上太阳将从西边出来”，则该语句符号化为 $r \to s$。由于 r 真值为假，所以整个命题的真值为真。

③ 自然语言中的“或”应注意加以区别。自然语言中的“或”有“可兼或”和“不可兼或”之分，前者在逻辑上就是析取，后者可转换后符号化。

例 1-6 符号化下列命题。

(1) 今天打雷或下雨。

(2) 他明天到北京或到广州。

解 设 p：今天打雷；q：今天下雨；r：他明天到北京；s：他明天到广州。

(1) 中的“或”是“可兼或”，也就是说可以打雷，也可以下雨，还可以既打雷又下雨，所以命题符号化为 $p \lor q$。

(2) 中的“或”是“不可兼或”，因为他只能到一个地方，所以不能用逻辑联结词 $\lor$ 来符号化，我们可以转换为“他明天到北京且不到广州或者他明天到广州且不到北京”来符号化 $(r \land \neg s) \lor (\neg r \land s)$。

④ 对蕴含要注意区分前件与后件。

例 1-7 符号化下列命题。

(1) 只要天下雨，我就坐公共汽车上班。

(2) 只有天下雨，我才坐公共汽车上班。

(3) 我是坐公共汽车上班的，因为天下雨了。

解 设 p：天下雨；q：我坐公共汽车上班。

(1) 符号化为 $p \to q$，因为 p 是 q 的充分条件。

(2) 符号化为 $q \to p$，因为 p 是 q 的必要条件。

(3) 符号化为 $q \to p$，原因同(2)。

⑤ 在符号化命题时，需要注意复合命题和原子命题的区别。

例 1-8 符号化下列命题。

(1) 张刚和张强都是三好学生。

(2) 张刚和张强是同桌。

解 (1) 是应用合取联结词联结“张刚是三好学生”和“张强是三好学生”组成的复合命题，若设 p：张刚是三好学生；q：张强是三好学生，则可符号化为

$p \wedge q$。

(2) 仅是原子命题，“和”在这里连接的是“张刚”和“张强”，因为若对语句进一步分解，“张刚是同桌”、“张强是同桌”都不再是命题，故可符号化为 r。

⑥ 逻辑联结词也称为逻辑运算符，可以规定相应的运算次序。

规定逻辑联结词的优先级从高到低依次为$\neg$，$\wedge$，$\vee$，$\rightarrow$，$\leftrightarrow$，并可以用“( )”来改变运算的优先次序。求复合命题的真值时，先运算括号内的部分，没有括号限制的按优先级从高到低的顺序运算。对于同一优先级或同一个联结词，按从左到右的顺序运算。

例 1-9 符号化下列命题，并按照逻辑运算顺序求其真值。

(1) 如果飞机速度没有汽车快，并且在二进制数运算中 01＋10＝11，那么地球是静止的或者人是可以长生不老的。

(2) 如果人可以长生不老或者在二进制数运算中 01＋10＝11，那么汽车比飞机速度快或者地球是静止的。

解 设 p:飞机比汽车速度快；q:在二进制数运算中 01＋10＝11；r：地球是静止的；s：人可以长生不老。

(1) 符号化为$(\neg p \wedge q) \rightarrow (r \vee s)$。因为 p、q 真值为 1，所以$\neg p$ 真值为 0，$\neg p \wedge q$ 真值为 0，故$(\neg p \wedge q) \rightarrow (r \vee s)$的真值为 1。

(2) 可符号化为$(s \vee q) \rightarrow (\neg p \vee r)$。因为 p、q 真值为 1，r、s 真值为 0，所以 $s \vee q$ 真值为 1，$\neg p$ 真值为 0，$\neg p \vee r$ 真值为 0，故$(s \vee q) \rightarrow (\neg p \vee r)$的真值为 0。

习题 1.1

1. 判断下列语句是否为命题，为什么？若是命题请说明是真命题还是假命题？

(1) $a+b$。

(2) $x>0$。

(3) 你说什么？

(4) 今天天气多好呀！

(5) 我明天或者后天去郑州。

(6) 我明天去郑州或后天去郑州是谣传。

(7) 一个整数为偶数当且仅当它能被 2 整除。

(8) 这个命题是假的。

(9) 太阳是不会发光的。

2. 判断下列语句是否为命题，为什么？若是命题判断是原子命题还是复合命题，并把复合命题符号化，要求符号化到原子命题。

（1）他们明天或者后天去百货公司。

（2）你能告诉我，我什么时候一定会死吗？你不能！

（3）如果这个语句是命题，那么它就是个假命题。

（4）李刚和李春是兄弟。

（5）王海和李春在学习。

（6）只要努力学习，就一定能取得优异成绩。

（7）李春对李刚说："今天天气真好呀！"

（8）你知道这个是真命题还是假命题就请告诉我！

（9）王海不是女孩子。

3. 设 p 表示命题"李春迟到了"，q 表示命题"李春错过了考试"，r 表示命题"李春通过了考试"。请将下列命题翻译成自然语言（汉语）。

（1）$p \rightarrow q$。（2）$p \vee q \vee r$。（3）$p \leftrightarrow q$。（4）$(p \wedge q) \rightarrow \neg r$。

4. 设 p 表示命题"天下大雨"，q 表示命题"他乘公共汽车上班"，r 表示命题"他骑自行车上班"。请将下列命题符号化。

（1）如果天不下大雨，他乘公共汽车上班或者骑自行车上班。

（2）只要天下大雨，他就乘公共汽车上班。

（3）只有天下大雨，他才乘公共汽车上班。

（4）除非天下大雨，否则他不乘公共汽车上班。

1.2 命题公式及其分类

1.2.1 命题公式

上节我们讨论了命题的符号化，如果讨论的原子命题的真值是确定，即其真值或者是真(1)，或者是假(0)，我们称这样的原子命题为**命题常元**，相当于初等数学中的常数。初等数学中还有变量，相应的这里也有命题变元。取值 1(真)或 0(假)的变元称为**命题变元**。可用命题变元表示真值可以变化的陈述句，但命题变元不是命题。命题变元与命题常元的关系相当于初等数学中变量与常量的关系。今后也用小写字母 p，q，r，…表示命题变元。这样，p，q，r，…既可表示命题常元，又可表示命题变元，通常可以由上下文区别确定。

在符号形式的命题中，代表原子命题的符号有的代表命题常元，有的代表命题变元，因此对应的命题符号串就不一定是命题了，我们称之为**命题合式公式**，当使用联结词集{¬，∧，∨，→，↔}时，合式公式定义如下：

定义 1-6 （1）单个命题常元(0，1)或单个变元 p，q，r，…，p_i，q_i，r_i，…是命题合式公式，并称之为**原子命题合式公式**。

(2) 若 A 是命题合式公式，则 $\neg A$ 也是命题合式公式。

(3) 若 A、B 是命题合式公式，则 $A \wedge B$，$A \vee B$，$A \rightarrow B$，$A \leftrightarrow B$ 也是命题合式公式。

(4) 只有有限次地应用(1) ～(3) 构成的符号串才是命题合式公式。

今后，我们将命题合式公式称为**命题公式**或简称**公式**。

例如，$\neg(p \vee q)$，$(p \rightarrow r) \rightarrow q$ 等是公式；但 $pr \rightarrow q$，$\neg(p \vee q) \rightarrow \rightarrow r$ 等不是公式。

1.2.2 公式的赋值与分类

定义 1-7 设 A 是一个命题公式，p_1，p_2，…，p_n 为出现在 A 中的全部命题变元，给 p_1，p_2，…，p_n 各指定一个确定的真值，称为公式 A 关于 p_1，p_2，…，p_n 的一组**真值指派**，也称为对公式 A 的一个**赋值**或**解释**。若指定的一个赋值使 A 的真值为 1，则称该赋值为公式 A 的**成真赋值**；若使 A 的真值为 0，则称该赋值为公式 A 的**成假赋值**。

例如，公式 $(p_1 \vee \neg p_2) \wedge p_3$ 中，001(p_1，p_2，p_3 分别指派 0，0，1)，101，111 都是其成真赋值，而 000，010，011，100，110 都是其成假赋值。公式 $(p \rightarrow q) \leftrightarrow q$ 中，01(p_1，p_2 分别指派 0，1)，10，11 都是其成真赋值，而 00 是其成假赋值。

由定义易知，含有 $n(n \geqslant 1)$ 个命题变元的命题公式，共有 2^n 组不同的赋值。将命题公式 A 在所有赋值下的取值情况列表，用类似于联结词真值表的形式表示出来，称之为命题公式 A 的**真值表**。

下面给出命题公式真值表具体的构造步骤：

(1) 找出公式 A 中含有的所有命题变元 p_1，p_2，…，p_n，列出所有可能的赋值(共 2^n 种)，建议按二进制数从小到大的顺序，即按照从 00…0 开始到 11…1 的顺序列出，以避免漏写或多写。

(2) 按由低到高的顺序写出各层次。

(3) 对应每一个赋值，计算公式 A 各层次公式的真值，直到计算出公式 A 的真值。

例 1-10 求下列命题公式的真值表。

(1) $A=(p \wedge (p \rightarrow q)) \rightarrow q$。

解 公式 $A=(p \wedge (p \rightarrow q)) \rightarrow q$ 的真值表见表 1-6。

(2) $A=\neg(p \rightarrow q) \wedge q$。

解 公式 A 的真值表见表 1-7。

(3) $A=p \wedge (q \vee \neg r)$。

解 公式 A 的真值表见表 1-8。

表 1-6

p	q	$p\to q$	$p\wedge(p\to q)$	$(p\wedge(p\to q))\to q$
0	0	1	0	1
0	1	1	0	1
1	0	0	0	1
1	1	1	1	1

表 1-7

p	q	$p\to q$	$\neg(p\to q)$	$\neg(p\to q)\wedge q$
0	0	1	0	0
0	1	1	0	0
1	0	0	1	0
1	1	1	0	0

表 1-8

p	q	r	$\neg r$	$q\vee\neg r$	$p\wedge(q\vee\neg r)$
0	0	0	1	1	0
0	0	1	0	0	0
0	1	0	1	1	0
0	1	1	0	1	0
1	0	0	1	1	1
1	0	1	0	0	0
1	1	0	1	1	1
1	1	1	0	1	1

定义 1-8　设 A 为一个命题公式，

(1) 若 A 在它的所有可能赋值下取值均为真，则称 A 为**重言式**或**永真式**。

(2) 若 A 在它的所有可能赋值下取值均为假，则称 A 为**矛盾式**或**永假式**。

(3) 若 A 至少存在一个赋值是成真赋值，则称 A 为**可满足式**。

由定义可知，重言式一定是可满足式，但反之不成立。

给定一个命题公式，判断其类型的一种直观方法是利用命题公式真值表技术。

从公式 A 的真值表构造过程可以看出，若公式 A 所在的列(一般在真值表的最后一列)中某行的填入值为 1，则表明该行所对应的公式 A 的赋值为成真赋值；若填入值为 0，则表明该行所对应的公式 A 的赋值为成假赋值。

所以若公式 A 的真值表最后一列的填入值全部为 1，则说明对公式 A 的所有赋值都是成真赋值，即公式 A 为重言式，如例 1-10(1)；若 A 的真值表最后一列的填入值全为0，则说明对公式 A 的所有赋值都是成假赋值，即公式 A 为矛盾式，如例1-10(2)；若 A 的真值表最后一列的填入值中有0也有1，则说明对公式 A 的所有赋值中至少有一个是成真赋值，且存在至少一个是成假赋值，即公式 A 仅为可满足式，如例1-10(3)。

习题1.2

1. 判定下列符号串是否为命题合式公式，为什么？如果是命题合式公式，请指出它是几层公式，并标明各层次。

(1) $\neg p$。

(2) $(p \vee qr) \rightarrow s$。

(3) $(p \vee q) \rightarrow (\neg p \leftrightarrow q)$。

(4) $(p \rightarrow \rightarrow q) \wedge r$。

(5) $(p \rightarrow q) \wedge \neg(\neg q \leftrightarrow (q \rightarrow \neg r))$。

2. 指出下列公式的层次，并构造其真值表。

(1) $(p \vee q) \wedge q$。

(2) $q \wedge (p \rightarrow q) \rightarrow p$。

(3) $(p \wedge q \wedge r) \rightarrow (p \vee q)$。

(4) $(p \vee q) \wedge (\neg p \vee r) \wedge (q \vee r)$。

3. 构造下列公式的真值表，并据此说明哪些是其成真赋值，哪些是其成假赋值。

(1) $(\neg p \wedge \neg q) \vee p$。

(2) $r \rightarrow (p \wedge q)$。

(3) $(p \rightarrow q) \leftrightarrow (p \vee \neg q)$。

4. 构造下列公式的真值表，并据此说明它是重言式、矛盾式或者仅为可满足式。

(1) $p \vee \neg(p \wedge q)$。

(2) $(p \wedge q) \wedge \neg(p \vee q)$。

(3) $(p \rightarrow q) \leftrightarrow (\neg p \leftrightarrow q)$。

(4) $((p \rightarrow q) \wedge (q \rightarrow r)) \rightarrow (p \rightarrow r)$。

1.3 等值演算

1.3.1 基本等值式

给定 $n(n \geqslant 1)$ 个命题变元，按照命题公式的形成规则，可以形成多个不同形式的命题公式。对其中许多很长、很复杂的公式，如果用真值表方法来研究，就需要作出很大的一张表。但是，如果针对我们所关注的赋值和最终一列来讲，这些真值表有许多其实是相类同的。如 $n=2$ 时，$p \to q$、$\neg p \vee q$ 和 $\neg(p \wedge \neg q)$ 的真值表在相同的赋值下，最后一列的填入值都是对应相同的。

定义 1-9 设 A、B 是两命题公式，若等价式 $A \leftrightarrow B$ 是重言式，则称 A 与 B **逻辑等值**，记作 $A \Leftrightarrow B$。

判断两命题公式是否等值，可应用真值表的方法，$A \leftrightarrow B$ 的真值表的最后一列的填入值若全为 1，则 $A \leftrightarrow B$ 为永真式，即 A 与 B 等值。当然，也可以通过真值表中公式 A、B 所在的列的填入值是否对应相同来判定，若相同则说明 A 与 B 是等值的，否则就不是等值的。

例 1-11 判断 $\neg(p \vee q)$ 与 $\neg p \wedge \neg q$ 是否等值。

解 根据题义及两个命题公式是否等值的判定方法作真值表见表 1-9。

表 1-9

p	q	$\neg p$	$\neg q$	$p \vee q$	$\neg(p \vee q)$	$\neg p \wedge \neg q$	$\neg(p \vee q) \leftrightarrow \neg p \wedge \neg q$
0	0	1	1	0	1	1	1
0	1	1	0	1	0	0	1
1	0	0	1	1	0	0	1
1	1	0	0	1	0	0	1

可以看到，真值表最后一列的填入值全部为 1，故 $\neg(p \vee q) \Leftrightarrow \neg p \wedge \neg q$。当然我们也可以不作 $A \leftrightarrow B$ 这一列，仅从 $\neg(p \vee q)$ 和 $\neg p \wedge \neg q$ 所在的列在所有可能赋值下，填入值均对应相同，可得到 $\neg(p \vee q)$ 和 $\neg p \wedge \neg q$ 是等值的结论。

除了用真值表验证 $\neg(p \vee q)$ 和 $\neg p \wedge \neg q$ 等值外我们还可用真值表验证许多等值式，主要有下面一系列公式，我们可以当作定律来运用。

等值演算中的部分运算律：

(1) 交换律：$A \vee B \Leftrightarrow B \vee A$；

$A \wedge B \Leftrightarrow B \wedge A$。

(2) 结合律：$(A \vee B) \vee C \Leftrightarrow A \vee (B \vee C)$；

$(A \wedge B) \wedge C \Leftrightarrow A \wedge (B \wedge C)$。

(3) 分配律：$A \vee (B \wedge C) \Leftrightarrow (A \vee B) \wedge (A \vee C)$；

$A \wedge (B \vee C) \Leftrightarrow (A \wedge B) \vee (A \wedge C)$。

(4) 双重否定律：$A \Leftrightarrow \neg(\neg A)$。

(5) 等幂律：$A \Leftrightarrow A \vee A$；

$A \Leftrightarrow A \wedge A$。

(6) 吸收律：$A \lor (A \land B) \Leftrightarrow A$；

$A \land (A \lor B) \Leftrightarrow A$。

(7) 零律：$A \lor 1 \Leftrightarrow 1$；

$A \land 0 \Leftrightarrow 0$。

(8) 同一律：$A \lor 0 \Leftrightarrow A$；

$A \land 1 \Leftrightarrow A$。

(9) 排中律：$A \lor \neg A \Leftrightarrow 1$。

(10) 矛盾律：$A \land \neg A \Leftrightarrow 0$。

(11) 德·摩根律：$\neg(A \lor B) \Leftrightarrow \neg A \land \neg B$；

$\neg(A \land B) \Leftrightarrow \neg A \lor \neg B$。

(12) 蕴含等值式：$A \rightarrow B \Leftrightarrow \neg A \lor B$。

(13) 等价等值式：$A \leftrightarrow B \Leftrightarrow (A \rightarrow B) \land (B \rightarrow A)$。

(14) 假言易位：$A \rightarrow B \Leftrightarrow \neg B \rightarrow \neg A$。

(15) 归谬论：$(A \rightarrow B) \land (A \rightarrow \neg B) \Leftrightarrow \neg A$。

这里 A、B、C 代表任意命题公式。

有了这些公式，我们就可以与初等代数中有理式一样进行演算，这种方法可以得到更多的等值公式。在判断一个命题公式是否为重言式、矛盾式时就可以通过等值演算来考查公式是否等值于 1 或 0。这个推演过程就是我们所说的等值演算。

1.3.2 等值演算

在等值演算的过程中我们还会不断地用到下面的规则：

定理 1-1 （置换规则）设 $\Gamma(A)$ 是含公式 A 的命题公式，$\Gamma(B)$ 是用公式 B 置换了 $\Gamma(A)$ 中的 A 之后得到的命题公式，如果 $A \Leftrightarrow B$，则 $\Gamma(A) \Leftrightarrow \Gamma(B)$。

证明 设 p_1，p_2，…，p_n 是公式 $\Gamma(A)$ 和 $\Gamma(B)$ 中出现的全部命题变元，因为 A、B 分别是 $\Gamma(A)$、$\Gamma(B)$ 中一部分合式公式，所以 A、B 中所出现的命题变元都包含在 p_1，p_2，…，p_n 之中，又因为 $A \Leftrightarrow B$，故对 p_1，p_2，…，p_n 的任一种赋值，A、B 的取值均相同，自然 $\Gamma(A)$、$\Gamma(B)$ 取值相同，故 $\Gamma(A) \Leftrightarrow \Gamma(B)$。

例 1-12 (1) 试证明 $p \rightarrow (q \rightarrow r) \Leftrightarrow (p \land q) \rightarrow r$。

证明 $p \rightarrow (q \rightarrow r)$

$\Leftrightarrow \neg p \lor (q \rightarrow r)$ （蕴含等值式）

$\Leftrightarrow \neg p \lor (\neg q \lor r)$ （蕴含等值式，置换）

$\Leftrightarrow (\neg p \lor \neg q) \lor r$ （结合律）

$\Leftrightarrow \neg(p \land q) \lor r$ （德·摩根律，置换）

$\Leftrightarrow (p \land q) \rightarrow r$ （蕴含等值式）

(2) 证明 $p \Leftrightarrow (p \wedge q) \vee (p \wedge \neg q)$。

证明　$(p \wedge q) \vee (p \wedge \neg q)$

$\Leftrightarrow p \wedge (q \vee \neg q)$　(分配律)

$\Leftrightarrow p \wedge 1$　(排中律，置换)

$\Leftrightarrow p$　(同一律)

例 1-13　判别下列公式的类型。

(1) $q \vee \neg((\neg p \vee q) \wedge p)$。

解　$q \vee \neg((\neg p \vee q) \wedge p)$

$\Leftrightarrow q \vee \neg((\neg p \wedge p) \vee (q \wedge p))$　(分配律，置换)

$\Leftrightarrow q \vee \neg(0 \vee (q \wedge p))$　(矛盾律，置换)

$\Leftrightarrow q \vee \neg(q \wedge p)$　(同一律，置换)

$\Leftrightarrow q \vee (\neg q \vee \neg p)$　(德・摩根律，置换)

$\Leftrightarrow (q \vee \neg q) \vee \neg p$　(结合律)

$\Leftrightarrow 1 \vee \neg p$　(排中律，置换)

$\Leftrightarrow 1$　(零律)

故原公式 $q \vee \neg((\neg p \vee q) \wedge p)$ 为永真式。

(2) $(p \vee \neg p) \rightarrow ((q \wedge \neg q) \wedge r)$。

解　$(p \vee \neg p) \rightarrow ((q \wedge \neg q) \wedge r)$

$\Leftrightarrow 1 \rightarrow (0 \wedge r)$　(排中律，矛盾律，置换)

$\Leftrightarrow 1 \rightarrow 0$　(零律，置换)

$\Leftrightarrow 0$　(蕴含定义)

故原公式 $(p \vee \neg p) \rightarrow ((q \wedge \neg q) \wedge r)$ 为矛盾式。

例 1-14　试将下面的语句化简：情况并非如此，如果他不来那么我也不去。

解　设 p：他来；q：我去，则语句符号化为 $\neg(\neg p \rightarrow \neg q)$。

化简公式为 $\neg(\neg p \rightarrow \neg q) \Leftrightarrow \neg(p \vee \neg q) \Leftrightarrow \neg p \wedge q$。

故上述语句可简化为：我去了但他没有来。

例 1-15　将下面用程序语言写成的一段程序化简：if A then if B then X else Y else if B then X else Y。

解　画出流程图如图 1-1 所示。

将程序语言写成如下的命题公式

$$[A \rightarrow ((B \rightarrow X) \wedge (\neg B \rightarrow Y))] \wedge [\neg A \rightarrow ((B \rightarrow X) \wedge (\neg B \rightarrow Y))]$$

化简后得　$(B \rightarrow X) \wedge (\neg B \rightarrow Y)$

于是，程序可化简成：if B then X else Y。

程序流程图可简化为如图 1-2 所示。

可以看出，整个语句中执行 X 的条件其实就是 B，执行 Y 的条件其实就是

$\neg B$。

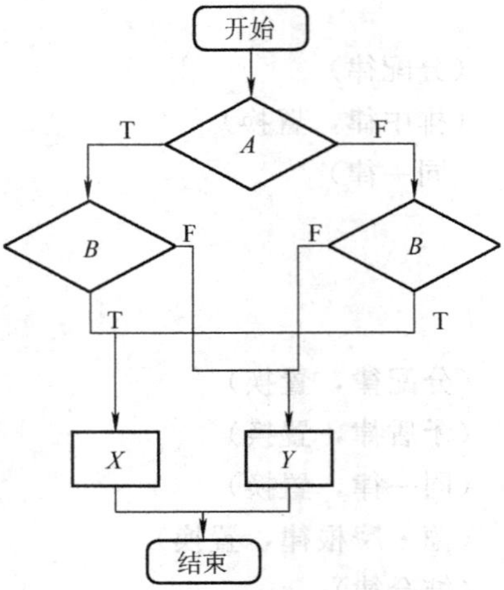

图 1-1

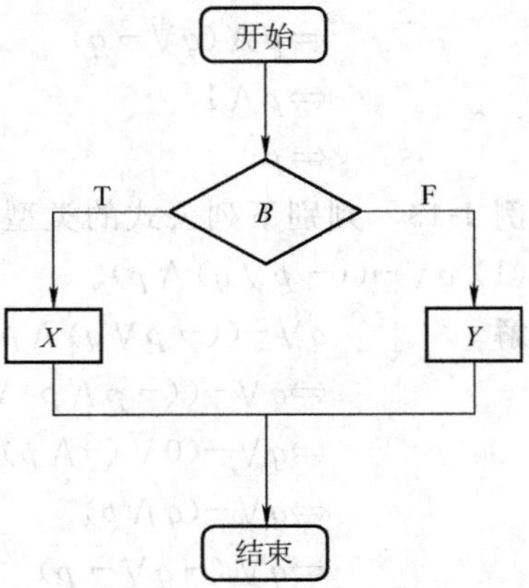

图 1-2

习题 1.3

1. 用真值表方法证明下列各等值式。

(1) $\neg(p \vee q) \Leftrightarrow \neg p \wedge \neg q$。

(2) $p \Leftrightarrow (p \wedge q) \vee (p \wedge \neg q)$。

(3) $(p \rightarrow q) \wedge (p \rightarrow \neg q) \Leftrightarrow \neg p$。

(4) $p \rightarrow (q \rightarrow r) \Leftrightarrow (p \wedge q) \rightarrow r$。

2. 证明下列等值式。

(1) $(p \wedge q) \vee \neg(\neg p \vee q) \Leftrightarrow p$。

(2) $(p \rightarrow q) \wedge (q \rightarrow p) \Leftrightarrow (p \wedge q) \vee (\neg p \wedge \neg q)$。

(3) $\neg(p \leftrightarrow q) \Leftrightarrow \neg p \leftrightarrow q$。

(4) $p \rightarrow (q \rightarrow r) \Leftrightarrow q \rightarrow (p \rightarrow r)$。

(5) $p \rightarrow (q \vee r) \Leftrightarrow (p \wedge \neg q) \rightarrow r$。

(6) $(p \rightarrow q) \wedge (r \rightarrow q) \Leftrightarrow (p \vee r) \rightarrow q$。

3. 用等值演算的方法化简下列公式。

(1) $\neg(p \rightarrow \neg q)$。

(2) $\neg(\neg p \rightarrow \neg q)$。

(3) $\neg(p \leftrightarrow \neg q)$。

(4) $\neg(\neg p \leftrightarrow q)$。

4. 用真值表方法判断下列公式的类型。

(1) $((p \rightarrow q) \wedge (q \rightarrow r)) \rightarrow (p \rightarrow r)$。

(2) $(p\rightarrow q)\leftrightarrow(\neg q\rightarrow\neg p)$。

(3) $(\neg p\vee q)\wedge(p\wedge\neg q)$。

(4) $(p\wedge q\wedge r)\rightarrow(p\wedge q)$。

(5) $p\rightarrow\neg(\neg p\rightarrow q)$。

(6) $((p\rightarrow q)\wedge(r\rightarrow q))\rightarrow((p\wedge r)\rightarrow q)$。

5. 尽可能简单地写出下列语句的否定。

(1) 他若努力学习则会通过考试。

(2) 当且仅当水温暖时他游泳。

(3) 如果天冷，他则穿外套但不穿衬衫。

(4) 如果他学习，那么他将上清华大学或者北京大学。

6. 张三说李四在说谎，李四说王五在说谎，王五说张三、李四都在说谎，问到底谁说真话，谁说假话。

7. 符号化下面问题中的前提和结论，并验证从前提到结论的推理正确性。

前提：

(1) 如果甲得到冠军，则乙或者丙将得到亚军。

(2) 如果乙得到亚军，则甲不能得到冠军。

(3) 如果丁得到亚军，则丙不能得到亚军。

(4) 甲得到了冠军。

结论：丁不能得到亚军。

8. 不可兼或通常用符号“$\overline{\vee}$”表示，其真值表见表 1-10。由真值表可知

$$p\,\overline{\vee}\,q\Leftrightarrow\neg(p\leftrightarrow q)$$

证明它满足以下性质：

(1) $p\,\overline{\vee}\,q\Leftrightarrow(p\wedge\neg q)\vee(\neg p\wedge q)$。

(2) 交换律：$p\,\overline{\vee}\,q\Leftrightarrow q\,\overline{\vee}\,p$。

表 1-10

p	q	$p\,\overline{\vee}\,q$	p	q	$p\,\overline{\vee}\,q$
0	0	0	1	0	1
0	1	1	1	1	0

1.4 对偶与范式

1.4.1 对偶

在 1.3 节中介绍的基本等值式中多数公式是成对出现的，这些成对出现的公式通常称为**对偶的**。

定义 1-10 若命题公式 A 中只出现联结词"$\neg$"、"$\wedge$"和"$\vee$"，则称它是**受限命题公式**。

定义 1-11 在受限命题公式 A 中，将"$\vee$"换成"$\wedge$"，"$\wedge$"换成"$\vee$"，0 换成 1，1 换成 0，所得命题公式称为 A 的**对偶式**，记作 A^*。

从定义不难看出，如果 A^* 是 A 的对偶式，那么 A 也是 A^* 的对偶式，即对偶式是相互的。所以，$(A^*)^* \Leftrightarrow A$。

例如，$p \wedge q$ 与 $p \vee q$，$\neg(p \wedge q)$ 与 $\neg(p \vee q)$，$\neg p \vee (q \wedge r)$ 与 $\neg p \wedge (q \vee r)$ 均为对偶式。

关于对偶式有下面两个重要的定理：

定理 1-2 设 A 和 A^* 互为对偶式，p_1，p_2，…，p_n 是出现在 A 和 A^* 中的全部命题变元，若将 A 和 A^* 写成 n 元函数形式，则

(1) $\neg A(p_1, p_2, \cdots, p_n) \Leftrightarrow A^*(\neg p_1, \neg p_2, \cdots, \neg p_n)$。

(2) $A(\neg p_1, \neg p_2, \cdots, \neg p_n) \Leftrightarrow \neg A^*(p_1, p_2, \cdots, p_n)$。

例 1-16 试证明 $A(p, q, r) \Leftrightarrow p \wedge (\neg q \vee r)$，则

$$A^*(p, q, r) \Leftrightarrow p \vee (\neg q \wedge r)。$$

证明 因为

$$\neg A(p, q, r) \Leftrightarrow \neg(p \wedge (\neg q \vee r)) \Leftrightarrow \neg p \vee \neg(\neg q \vee r) \Leftrightarrow \neg p \vee (q \wedge \neg r)$$

所以 $$\neg A(p, q, r) \Leftrightarrow A^*(\neg p, \neg q, \neg r)$$

因此 $$A(p, q, r) \Leftrightarrow \neg A^*(\neg p, \neg q, \neg r)$$

用 $\neg p$，$\neg q$，$\neg r$ 分别代替此公式中的 p，q，r，即得

$$A(\neg p, \neg q, \neg r) \Leftrightarrow \neg A^*(p, q, r)$$

定理 1-3 （**对偶原理**）设 A，B 为两个命题公式，如果 $A \Leftrightarrow B$，则 $A^* \Leftrightarrow B^*$，其中 A^*，B^* 分别是 A，B 的对偶式。

证明 设 $$A(p_1, p_2, \cdots, p_n) \Leftrightarrow B(p_1, p_2, \cdots, p_n)$$

所以 $$\neg A(p_1, p_2, \cdots, p_n) \Leftrightarrow \neg B(p_1, p_2, \cdots, p_n)$$

又因为 $$\neg A(p_1, p_2, \cdots, p_n) \Leftrightarrow A^*(\neg p_1, \neg p_2, \cdots, \neg p_n)$$

$$\neg B(p_1, p_2, \cdots, p_n) \Leftrightarrow B^*(\neg p_1, \neg p_2, \cdots, \neg p_n)$$

于是 $$A^*(\neg p_1, \neg p_2, \cdots, \neg p_n) \Leftrightarrow B^*(\neg p_1, \neg p_2, \cdots, \neg p_n)$$

分别用 p_1，p_2，…，p_n 代替 $\neg p_1$，$\neg p_2$，…，$\neg p_n$ 即得

$$A^*(p_1, p_2, \cdots, p_n) \Leftrightarrow B^*(p_1, p_2, \cdots, p_n)$$

例如，由 $(p \wedge q) \vee (\neg p \vee (\neg p \vee q)) \Leftrightarrow \neg p \vee q$，可推得

$$(p \vee q) \wedge (\neg p \wedge (\neg p \wedge q)) \Leftrightarrow \neg p \wedge q$$

1.4.2 范式

给定一个命题公式，判断它是重言式，矛盾式，还是可满足式，这类问题

我们称为判定问题。在前面已经讲解过解决判定问题的，即真值表法，从理论上讲这是一个能行的方法。但当命题变元数目比较多时，在实际计算中就成不可行的了，例如含有20个变元的命题公式的真值指派就有2^{20}种。在1.3节中我们知道，有各种形式的互相等值的命题公式，在它们中间要找种标准形式或规范形式，也就是命题公式的范式，使其不用写出其值表就能确定命题公式有哪些成真赋值，有哪些成假赋值。

定义 1-12 （1）由有限个命题变元或其否定构成的合取式称为**原子合取式**。

（2）由有限个命题变元或其否定构成的析取式称为**原子析取式**。

给定命题变元p，q，则$p\wedge q$，$\neg p\wedge\neg q$，p，$\neg q$等是原子合取式，$p\vee\neg q$，$\neg p\vee q$，p，$\neg p$等是原子析取式。通常用A_1，A_2，…，A_n来表示n个原子析(合)取式。

从定义不难看出：

一个原子析取式是重言式，当且仅当它同时含有一个命题变元及其否定；

一个原子合取式是矛盾式，当且仅当它同时含有一个命题变元及其否定。

例如，原子析取式$p\vee\neg p\vee q$是重言式，原子合取式$p\wedge\neg p\wedge q$是矛盾式。

定义 1-13 （1）由有限个原子合取式构成的析取式称为**析取范式**。

（2）由有限个原子析取式构成的合取式称为**合取范式**。

例如，$A=(p\wedge\neg q\wedge r)\vee(\neg p\wedge q)\vee(q\wedge\neg q)$、$B=(p\vee\neg q\vee r)\wedge(\neg p\vee q)$分别为析取范式和合取范式。

不难发现：

一个析取范式为矛盾式，当且仅当它的每个原子合取式都是矛盾式；

一个合取范式为重言式，当且仅当它的每个原子析取式都是重言式。

那么给定任何一个命题公式，是否都能求出与之等值的析取范式和合取范式呢？

定理 1-4（范式存在定理） 任一命题公式都存在着与之等值的析取范式，也都存在着与之等值的合取范式。

若公式A中含有联结词→，↔等，可以用基本等值式及置换原则将它们消去：

①$p\to q\Leftrightarrow\neg p\vee q$；②$p\leftrightarrow q\Leftrightarrow(\neg p\vee q)\wedge(p\vee\neg q)$。

若遇到$\neg(\neg p)$形式，利用双重否定律将否定号消去：$\neg(\neg p)\Leftrightarrow p$。

若遇到$\neg(p\wedge q)$，$\neg(p\vee q)$等形式，利用德·摩根律将否定号内移：

①$\neg(p\wedge q)\Leftrightarrow\neg p\vee\neg q$；②$\neg(p\vee q)\Leftrightarrow\neg p\wedge\neg q$。

最后，若是求析取范式，应当利用“∧”对“∨”的分配律将“∧”内移，若是求合取范式，应当利用“∨”对“∧”的分配律将“∨”内移。

任一公式A通过上述三步，即得到与A等值的析取范式或合取范式。

求范式的具体步骤：

(1) 将含有联结词→，↔的公式转化为仅含¬、∨和∧形式的公式。

(2) 将否定符号内移命题变元前面或消去。

(3) 利用分配律得到析取范式或合取范式。

例 1-17 求命题公式$((p\vee q)\rightarrow r)\rightarrow p$的合取范式和析取范式。

解 (1) 求析取范式：$((p\vee q)\rightarrow r)\rightarrow p\Leftrightarrow\neg(\neg(p\vee q)\vee r)\vee p\Leftrightarrow((p\vee q)\wedge\neg r)\vee p\Leftrightarrow(p\wedge\neg r)\vee(q\wedge\neg r)\vee p$ 即为所求的析取范式。

再利用交换律和吸收律：$(p\wedge\neg r)\vee(q\wedge\neg r)\vee p\Leftrightarrow p\vee(p\wedge\neg r)\vee(q\wedge\neg r)\Leftrightarrow p\vee(q\wedge\neg r)$也是所求的析取范式。

(2) 求合取范式：$((p\vee q)\rightarrow r)\rightarrow p\Leftrightarrow((p\vee q)\wedge\neg r)\vee p\Leftrightarrow(p\vee q\vee p)\wedge(\neg r\vee p)$即为所求的合取范式。

利用交换律和等幂律：$(p\vee q\vee p)\wedge(\neg r\vee p)\Leftrightarrow(p\vee q)\wedge(\neg r\vee p)$也是所求的合取范式。

可见，与某个命题公式等值的析取范式是不唯一的，合取范式也是不唯一的。

从例 1-17 可以看到，同一个命题公式的析取范式和合取范式都是不唯一的，这说明范式虽然是一种规范的形式，但还不能作为标准形式。为此，我们需要在此基础上作进一步的规范定义。

1.4.3 主范式

定义 1-14 对于命题公式 A，包含 A 中的每个命题变元或其否定一次且仅一次的原子合取式称为**极小项**。

例如，若命题公式中仅含有两个命题变元 p、q，则$\neg p\wedge\neg q$，$\neg p\wedge q$ 等是极小项，而$\neg p\wedge p\wedge q$，$\neg p\vee q$，p 等不是极小项。

下面我们就仅含有 2 个命题变元的情形来说明一种极小项的抽象简明的表示方法。

2 个命题变元 p，q 可形成 4 个极小项，如果将命题变元对应 1，命题变元的否定对应 0，那么每个极小项就对应一个二进制数，自然也对应一个十进制数。不难看出，二进制数正是该极小项的成真赋值，不妨用对应的十进制数作为该极小项抽象表示法的下角码。

4 个对应情况见表 1-11。

表 1-11

极小项	成真赋值	对应十进制数	简明表示
$\neg p\wedge\neg q$	00	0	m_0
$\neg p\wedge q$	01	1	m_1
$p\wedge\neg q$	10	2	m_2
$p\wedge q$	11	3	m_3

一般地，n 个命题变元共产生 2^n 个极小项，逐个记作 m_0，m_1，…，m_{2^n-1}。

定义 1-15 如果命题公式 A 的析取范式中的原子合取式全是极小项，则称该析取范式为 A 的**主析取范式**。

定理 1-5 任何命题公式的主析取范式都存在且唯一。

求主析取范式的步骤可归纳如下：

(1) 求出 A 的析取范式 A'。

(2) 利用同一律，去掉析取范式 A'中所有永假的原子合取式。

(3) 利用等幂律，将析取范式 A'中重复出现的合取项或者命题变元合并。

(4) 利用同一律，若合取项中未出现命题变元 p，则添加 $p \vee \neg p$ 为其一个合取项，并用分配律展开。

(5) 再次合并相同的项和消去产生矛盾的项，然后按照下角标从小到大顺序排列，并用$\sum(\cdot)$形式表示之，如 $m_1 \vee m_2 \vee m_5$，用$\sum(1, 2, 5)$表示。

例 1-18 求$((p \vee q) \to r) \to p$ 的主析取范式。

解 由例 1-17 知

$((p \vee q) \to r) \to p \Leftrightarrow p \vee (q \wedge \neg r)$

$\Leftrightarrow (p \wedge (\neg q \vee q) \wedge (\neg r \vee r)) \vee ((\neg p \vee p) \wedge (q \wedge \neg r))$

$\Leftrightarrow (p \wedge \neg q \wedge \neg r) \vee (p \wedge \neg q \wedge r) \vee (p \wedge q \wedge \neg r) \vee (p \wedge q \wedge r) \vee (\neg p \wedge q \wedge \neg r)$
$\vee (p \wedge q \wedge \neg r)$

$\Leftrightarrow m_4 \vee m_5 \vee m_6 \vee m_7 \vee m_2 \vee m_6 \Leftrightarrow m_2 \vee m_4 \vee m_5 \vee m_6 \vee m_7$

$\Leftrightarrow \sum(2, 4, 5, 6, 7)$。

由极小项的定义可知，上式中 2，4，5，6，7 对应的二进制数 010，100，101，110，111 为原公式的成真赋值，而没出现的 m_0，m_1，m_3 的下角码 0，1，3 对应的二进制数 000，001，011 为原公式的成假赋值。因而，知道了一个命题公式的主析取范式，可立即写出 A 的真值表。

反之，若作出了 A 的真值表，找出所有的成真赋值，并将其二进制表示对应的十进制数作为下角码得到极小项，再作析取即为 A 的主析取范式。

例 1-19 试由$(p \wedge q) \vee r$ 的真值表求出它的主析取范式。

解 作$(p \wedge q) \vee r$ 的真值表见表 1-12。

表 1-12

p	q	r	$(p \wedge q)$	$(p \wedge q) \vee r$
0	0	0	0	0
0	0	1	0	1
0	1	0	0	0
0	1	1	0	1
1	0	0	0	0
1	0	1	0	1
1	1	0	1	1
1	1	1	1	1

可见，$(p\wedge q)\vee r$ 的成真赋值为 001，011，101，110，111，其对应极小项为 m_1，m_3，m_5，m_6，m_7，故其主析取范式为

$$(p\wedge q)\vee r\Leftrightarrow m_1\vee m_3\vee m_5\vee m_6\vee m_7\Leftrightarrow\sum(1,\ 3,\ 5,\ 6,\ 7)。$$

主析取范式可用于解决以下问题：

(1) 判断两命题公式是否等值。由于任何命题公式的主析取范式都是唯一的，因而若 $A\Leftrightarrow B$，说明 A 与 B 有相同的主析取范式，反之，若 A、B 有相同的主析取范式，必有 $A\Leftrightarrow B$。

(2) 判断命题公式的类型。设 A 是含 n 个命题变项的命题公式，A 为重言式，当且仅当 A 的主析取范式中含全部 2^n 个极小项；A 为矛盾式，当且仅当 A 的主析取范式中不含任何极小项，可设 A 的主析取范式为 0；当然，若 A 的主析取范式中至少含一极小项，则 A 是可满足式。

(3) 求命题公式的成真赋值或成假赋值。若 A 是一个含有 n 个变元的命题公式，则 A 的主析取范式的下角码所对应的 n 位二进制数都是命题公式 A 的成真赋值，而其余的 n 位二进制数都是命题公式 A 的成假赋值。

和前面讲过析取范式和合取范式一样，除了主析取范式外，还有其对偶形式，即主合取范式，为此首先给出极大项的定义。

定义 1-16 对于命题公式 A，包含 A 中的每个命题变元或其否定一次且仅一次的原子析取式称为 A 的**极大项**。

例如，$\neg p\vee\neg q$，$\neg p\vee q$ 等是极大项，而 $\neg p\vee p\vee q$，$\neg p\wedge q$ 等不是极大项。

同极小项类似，n 个命题变元可产生 2^n 个极大项，每个极大项对应一个二进制数，若将命题变元对应 0，命题变元的否定对应 1，则该二进制数为对应的极大项的成假赋值，可取其对应十进制数作为其简明抽象表示的下角码。如 $n=2$ 时，对应关系见表 1-13。

表 1-13

极大项	成假赋值	对应十进制数	简明表示
$p\vee q$	00	0	M_0
$p\vee\neg q$	01	1	M_1
$\neg p\vee q$	10	2	M_2
$\neg p\vee\neg q$	11	3	M_3

定理 1-6 极小项与极大项之间存在下面的关系：

$$\neg m_i\Leftrightarrow M_i,\ \neg M_i\Leftrightarrow m_i$$

定义 1-17 如果命题公式 A 的合取范式中的原子析取式全是极大项，则称该合取式为**主合取范式**。

可以证明：任一命题公式 A 的主合取范式一定存在且唯一的。

求一命题公式 A 的主合取范式与求主析取范式的步骤类似，只是在第(3)步中，应添加 $p\wedge\neg p$ 为析取式中的一个析取项，然后利用分配律，其他步骤一样。

例 1-20 求 $(p\wedge q)\vee r$ 的主合取范式。

解 $(p\wedge q)\vee r\Leftrightarrow(p\vee r)\wedge(p\vee r)$(合取范式)

$\Leftrightarrow(p\vee(q\wedge\neg q)\vee r)\wedge((p\wedge\neg p)\vee q\vee r)$

$\Leftrightarrow(p\vee q\vee r)\wedge(p\vee\neg q\vee r)\wedge(p\vee q\vee r)\wedge(\neg p\vee q\vee r)$

$\Leftrightarrow(p\vee q\vee r)\wedge(p\vee\neg q\vee r)\wedge(\neg p\vee q\vee r)$

$\Leftrightarrow M_0\wedge M_2\wedge M_4\Leftrightarrow\prod(0,2,4)$

其中，$\prod$表示合取。

如果求出了公式 A 的主析取范式，可以直接用主析取范式求出其主合取范式(反之亦然)。下面通过例子来说明这种方法，在例 1-19 中我们求得 $A\Leftrightarrow(p\wedge q)\vee r$ 的主析取范式为

$$A\Leftrightarrow(p\wedge q)\vee r\Leftrightarrow m_1\vee m_3\vee m_5\vee m_6\vee m_7$$

而 $$A\vee\neg A\Leftrightarrow 1\Leftrightarrow m_0\vee m_1\vee m_2\vee m_3\vee m_4\vee m_5\vee m_6\vee m_7$$

所以 $$\neg A\Leftrightarrow m_0\vee m_2\vee m_4$$

则 $$A\Leftrightarrow\neg(m_0\vee m_2\vee m_4)\Leftrightarrow\neg m_0\wedge\neg m_2\wedge\neg m_4\Leftrightarrow M_0\wedge M_2\wedge M_4$$

公式 $A\Leftrightarrow(p\wedge q)\vee r$ 的主合取范式即为所求。

由 A 的主析取范式求合取范式的步骤为：

(1) 求出 A 的主析取范式中没有出现的极小项 m_{j_1}，m_{j_2}，…，$m_{j_{2^n-k}}$。

(2) 求出与(1)中极小项下角码相同的极大项 M_{j_1}，M_{j_2}，…，$M_{j_{2^n-k}}$。

(3) 由以上极大项构成的合取式就是 A 的主合取范式。

例 1-21 求 $((p\vee q)\rightarrow r)\rightarrow p$ 的主合取范式。

解 由例 1-18 知 $((p\vee q)\rightarrow r)\rightarrow p$ 的主析取范式为

$$m_2\vee m_4\vee m_5\vee m_6\vee m_7$$

其中没有出现的极小项为 m_0，m_1，m_3，对应的极大项为 M_0，M_1，M_3，因此，$((p\vee q)\rightarrow r)\rightarrow p$ 的主合取范式为

$$M_0\wedge M_1\wedge M_3\Leftrightarrow(p\vee q\vee r)\wedge(p\vee q\vee\neg r)\wedge(p\vee\neg q\vee\neg r)$$

当然，类似地可从主合取范式求出主析取范式，具体步骤请读者给出。

同样主合取范式也可以用于：

(1) 判断公式之间是否逻辑等值。

(2) 判断公式类型(重言式不含极大项称为空公式，用 1 表示)。

(3) 求成假赋值(所含极大项下标码的二进制数)或成真赋值(公式中不含有的极大项下标码的二进制数)。

习题 1.4

1. 写出下列公式的对偶式。

(1) $\neg(p\vee\neg q)\wedge(\neg p\vee q)$。

(2) $p\vee(\neg(q\wedge r)\wedge(p\vee\neg r))\wedge\neg p$。

2. 将下列公式化为析取范式和合取范式。

(1) $(p\to q)\to(r\to s)$。

(2) $\neg p\wedge(q\leftrightarrow r)$。

(3) $(p\vee q)\wedge\neg r$。

(4) $p\to(q\to r)$。

3. 求下列公式的主析取范式和主合取范式。

(1) $p\wedge(\neg p\vee q)$。

(2) $(\neg p\to q)\vee(\neg p\wedge\neg q)$。

(3) $((p\vee q)\to r)\to p$。

(4) $(p\to q)\to(r\to s)$。

4. 用真值表法求下列公式的各极小项和极大项，并写出主析取范式和主合取范式。

(1) $\neg(p\to q)$。

(2) $\neg(p\to q)\vee(p\vee q)$。

(3) $p\vee(\neg p\wedge q\wedge r)$。

(4) $(p\to q)\to r$。

5. 通过求主析取范式，判断下列公式的类型。

(1) $(\neg p\vee q)\wedge(\neg(\neg p\wedge\neg q))$。

(2) $((p\to q)\wedge(q\to r))\to(p\to r)$。

(3) $\neg(p\vee(q\wedge r))\leftrightarrow((p\vee q)\wedge(p\vee r))$。

(4) $((p\to q)\vee(r\to s))\to((p\vee r)\to(q\vee s))$。

6. 通过求主合取范式证明下列各等值式。

(1) $\neg(p\vee q)\Leftrightarrow\neg p\wedge\neg q$。

(2) $p\Leftrightarrow(p\wedge q)\vee(p\wedge\neg q)$。

(3) $p\to(q\to r)\Leftrightarrow(p\wedge q)\to r$。

1.5 推理理论

1.5.1 命题的蕴含关系

推理是从前提推出结论的思维过程，前提是已知的命题公式，结论是从前提出发应用推理规则得到的命题公式。从某些给定的前提出发，按照严格定义的形式规则，推出有效的结论，这样的过程称为**形式证明**或**演绎证明**。

定义 1-18 设 A_1，A_2，…，A_k，B 都是命题公式，若 $(A_1 \wedge A_2 \wedge \cdots \wedge A_k) \rightarrow B$ 为重言式，记作 $(A_1 \wedge A_2 \wedge \cdots \wedge A_k) \Rightarrow B$，则称 A_1，A_2，…，A_k **能推出结论** B，或称 B 是前提集合 $\{A_1, A_2, \cdots, A_k\}$ 的**逻辑结论**或者**有效结论**。

$A \Rightarrow B$ 也称为 A 与 B 的蕴含关系。"$A \Rightarrow B$"当且仅当"$A \rightarrow B$"是重言式，这同"$A \Leftrightarrow B$"与"$A \leftrightarrow B$"的关系类似。

于是，判断推理 $A \Rightarrow B$ 是否有效就是判断 A 与 B 是否有蕴含关系。比如我们前面所讲的真值表法、等值演算和主范式法等。

例 1-22 判断如下推理是否有效：

如果天气凉快，小王就不去游泳。天气凉快。所以小王没有去游泳。

解 命题符号化，p：天气凉快，q：小王去游泳，

前提：$p \rightarrow \neg q$，p

结论：$\neg q$

推理的形式结构为 $((p \rightarrow \neg q) \wedge p) \Rightarrow \neg q$，要判断其推理是否有效，就是判断 $((p \rightarrow \neg q) \wedge p) \rightarrow \neg q$ 是否为重言式。

(1) 真值表法：作出 $((p \rightarrow \neg q) \wedge p) \rightarrow \neg q$ 的真值表见表 1-14。

表 1-14

p	q	$(\neg q)$	$(p \rightarrow \neg q)$	$(p \rightarrow \neg q) \wedge p$	$((p \rightarrow \neg q) \wedge p) \rightarrow \neg q$
0	0	1	1	0	1
0	1	0	1	0	1
1	0	1	1	1	1
1	1	0	0	0	1

由其真值表可以看出，最后一列均为 1，即 $((p \rightarrow \neg q) \wedge p) \rightarrow \neg q$ 为重言式，所以推理有效。

(2) 等值演算法：

$$((p \rightarrow \neg q) \wedge p) \rightarrow \neg q \Leftrightarrow \neg((p \rightarrow \neg q) \wedge p) \vee \neg q$$

$$\Leftrightarrow \neg((\neg p \vee \neg q) \wedge p) \vee \neg q \Leftrightarrow ((p \wedge q) \vee \neg p) \vee \neg q$$

$$\Leftrightarrow (p \vee \neg p \vee \neg q) \wedge (q \vee \neg p \vee \neg q) \Leftrightarrow 1 \wedge 1 \Leftrightarrow 1$$

即 $((p \rightarrow \neg q) \wedge p) \rightarrow \neg q$ 为重言式，故推理有效。

(3) 主析取范式法：$((p \rightarrow \neg q) \wedge p) \rightarrow \neg q \Leftrightarrow (\neg p \wedge \neg q) \vee (\neg p \wedge q) \vee (p \wedge \neg q) \vee (p \wedge q)$，主析取范式包含全部 4 个极小项，所以是重言式，故推理是有效的。

在推理过程中，我们也可以应用已经得到的一些基本蕴含关系（或重言蕴含式）。

(1) $A \Rightarrow A \vee B$　　　　附加

(2) $B \Rightarrow A \vee B$　　　　附加

(3) $A\wedge B\Rightarrow A$ 化简

(4) $A\wedge B\Rightarrow B$ 化简

(5) $\neg A\Rightarrow A\rightarrow B$

(6) $B\Rightarrow A\rightarrow B$

(7) $\neg(A\rightarrow B)\Rightarrow A$

(8) $\neg(A\rightarrow B)\Rightarrow\neg B$

(9) $A,\ B\Rightarrow A\wedge B$ 合取

(10) $((A\rightarrow B)\wedge A)\Rightarrow B$ 假言推理

(11) $((A\rightarrow B)\wedge\neg B)\Rightarrow\neg A$ 拒取式

(12) $(A\vee B)\wedge\neg A\Rightarrow B$ 析取三段论

(13) $(A\rightarrow B)\wedge(B\rightarrow C)\Rightarrow A\rightarrow C$ 假言三段论

(14) $(A\rightarrow B)\wedge(C\rightarrow D)\wedge(A\vee C)\Rightarrow B\vee D$ 构造性二难推理

1.5.2 构造推理的形式证明

在推理过程中，如果命题变元较多，采用真值表、等值演算和主范式方法有时不方便。为此介绍形式证明的方法。

形式证明的推理过程是一个命题序列，其中每一个命题或者是已知命题，或者是由某些前提根据推理规则推出的结论，序列的最后一个命题是需要论证的结论。

要进行正确的推理，需要使用推理规则，下面给出形式证明中的推理规则：

(1) 前提引入规则 P：在证明的任何步骤中，都可以引入前提。

(2) 结论引入规则 T：在证明的任何步骤中，在此之前证明得到的结论都可以作为后续证明的前提引入。

(3) 置换规则：在证明的任何步骤中，命题公式中的任何子公式都可以用与之等值的命题公式置换，如可以用$\neg p\vee q$ 置换 $p\rightarrow q$ 等。

(4) 代入规则：在证明的任何步骤中，重言式的任何一个命题变元都可以用一个命题公式代入，得到的仍是重言式。

(5) 附加规则：$A\Rightarrow A\vee B$。

(6) 化简规则：$A\wedge B\Rightarrow A$。

(7) 假言推理规则：$A\rightarrow B,\ A\Rightarrow B$。

(8) 拒取式规则：$A\rightarrow B,\ \neg B\Rightarrow\neg A$。

(9) 析取三段论规则：$A\vee B,\ \neg A\Rightarrow B$。

(10) 假言三段论规则：$A\rightarrow B,\ B\rightarrow C\Rightarrow A\rightarrow C$。

(11) 等值三段论规则：$A\leftrightarrow B,\ B\leftrightarrow C\Rightarrow A\leftrightarrow C$。

(12) 构造性二难规则：$A\rightarrow B,\ C\rightarrow D,\ A\vee C\Rightarrow B\vee D$。

(13) 合取引入规则：$A, B \Rightarrow A \wedge B$。

下面我们通过例题来说明如何构造形式证明。

例 1-23　给出下列推理的形式证明：$p \vee q$，$p \to \neg r$，$s \to t$，$\neg s \to r$，$\neg t \Rightarrow q$。

前提：$p \vee q$，$p \to \neg r$，$s \to t$，$\neg s \to r$，$\neg t$。

结论：q。

证明　① $s \to t$　P

② $\neg t$　P

③ $\neg s$　T①②拒取式

④ $\neg s \to r$　P

⑤ r　T③④假言推理

⑥ $p \to \neg r$　P

⑦ $\neg p$　T⑤⑥拒取式

⑧ $p \vee q$　P

⑨ q　T⑦⑧析取三段论

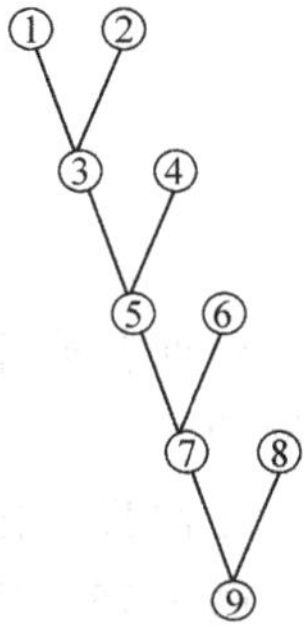

图　1-3

在形式证明的实际应用中，有时候为了使证明过程给人以更清晰的认识，往往在证明后附上证明(推理)树。例如，本题的证明树如图 1-3 所示。它的作法是，把证明(推理)过程中作为前提的标号作为树叶，每一步用线相连，得到的相应结论的标号作为相应的结点，直到最后一步的结论作为树根。

例 1-24　写出下面推理的形式证明：如果今天是星期一，则要进行英语或离散数学考试。如果今天英语老师开会，则不考英语。今天是星期一。英语老师开会。所以今天进行离散数学考试。

解　符号化题目中的命题，设 p：今天是星期一，q：进行英语考试，r：进行离散数学考试，s：英语老师有会。

前提：$p \to (q \vee r)$，$s \to \neg q$，p，s。

结论：r。

证明　① $p \to (q \vee r)$　P

② p　P

③ $q \vee r$　T①②假言推理

④ $s \to \neg q$　P

⑤ s　P

⑥ $\neg q$　T④⑤假言推理

⑦ r　T③⑥析取三段论

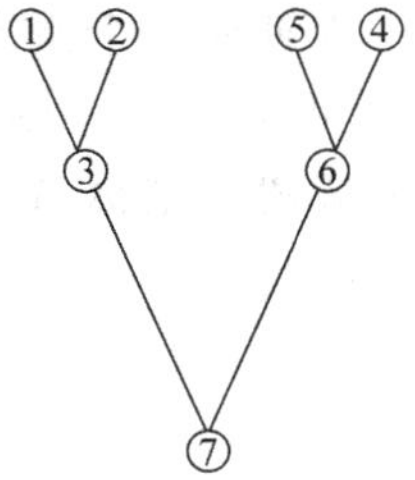

图　1-4

由有效推理可知，今天进行离散数学考试。其证明树如图 1-4 所示。

在上面的例子中，采用前面的规则进行形式证明的方法，通常也称为直接证明法。在形式证明中，有时可采用一定的技巧，使证明过程简化。

证明类似$(A_1 \wedge A_2 \wedge \cdots \wedge A_k) \Rightarrow (A \to B)$的问题时，常采用的方法是，将结论中蕴含式的前件作为一个附加前提来证明结论中蕴含式中的后件是有效逻辑结论。

这种方法是可以保证整个推理正确的。

$$
\begin{aligned}
&(A_1 \wedge A_2 \wedge \cdots \wedge A_k) \to (A \to B)\\
\Leftrightarrow &\neg(A_1 \wedge A_2 \wedge \cdots \wedge A_k) \vee (\neg A \vee B)\\
\Leftrightarrow &\neg(A_1 \wedge A_2 \wedge \cdots \wedge A_k \wedge A) \vee B\\
\Leftrightarrow &(A_1 \wedge A_2 \wedge \cdots \wedge A_k \wedge A) \to B
\end{aligned}
$$

根据置换原则可知，上式最后一个式子为重言式与第一个式子为重言式是等价的。

通常我们把这个结论在运用于形式证明时称为**CP 规则**。

例 1-25 用形式证明法证明：$p \to (q \to r)$，$\neg s \vee p$，$q \Rightarrow s \to r$。

前提：$p \to (q \to r)$，$\neg s \vee p$，q。

结论：$s \to r$。

证明 ① s P 附加前提引入

② $\neg s \vee p$ P 前提引入

③ p T①②析取三段论

④ $p \to (q \to r)$ P 前提引入

⑤ $q \to r$ T③④假言推理

⑥ q P 前提引入

⑦ r T⑤⑥假言推理

⑧ $s \to r$ T①⑦CP 规则

间接证明法——归谬法。

归谬法是将结论的否定作为一前提引入，通过有效推理得到矛盾，以此说明推理正确。

先补充一个概念：设A_1，A_2，…，A_k是k个命题公式，若$A_1 \wedge A_2 \wedge \cdots \wedge A_k$是可满足式，则称$A_1$，$A_2$，…，$A_k$是**相容的**；否则，即$A_1 \wedge A_2 \wedge \cdots \wedge A_k$为矛盾式，则称$A_1$，$A_2$，…，$A_k$是**不相容的**。

因为

$$
\begin{aligned}
&(A_1 \wedge A_2 \wedge \cdots \wedge A_k) \to B\\
\Leftrightarrow &\neg(A_1 \wedge A_2 \wedge \cdots \wedge A_k) \vee B\\
\Leftrightarrow &\neg(A_1 \wedge A_2 \wedge \cdots \wedge A_k \wedge \neg B)
\end{aligned}
$$

所以，若A_1，A_2，…，A_k，$\neg B$不相容，则说明$(A_1 \wedge A_2 \wedge \cdots \wedge A_k) \to B$是重言式，即$B$是公式$A_1$，$A_2$，…，$A_k$的逻辑结论，故应用这种方法推理构造有效。

例 1-26　用间接证明法证明：$p\rightarrow(\neg(r\wedge s)\rightarrow\neg q)$，$p$，$\neg s\Rightarrow\neg q$。

前提：$p\rightarrow(\neg(r\wedge s)\rightarrow\neg q)$，$p$，$\neg s$。

结论：$\neg q$。

证明

①	$p\rightarrow(\neg(r\wedge s)\rightarrow\neg q)$	P
②	p	P
③	$\neg(r\wedge s)\rightarrow\neg q$	T①②假言推理
④	$\neg(\neg q)$	P 否定结论引入
⑤	$r\wedge s$	T③④拒取式
⑥	s	T⑤化简
⑦	$\neg s$	P
⑧	$\neg s\wedge s$	T⑥⑦合取

由⑧得到矛盾，根据归谬法可知推理正确。

习题 1.5

1. 符号化下面问题中的前提和结论，并指出推理是否正确，为什么？

前提：(1) 如果这里有演出，则通行是困难的。

(2) 如果他们按照指定的时间到达，则通行是不困难的。

(3) 他们按照指定时间到达了。

结论：这里没有演出。

2. 给出下列推理过程的形式证明。

(1) $p\rightarrow q$，$s\rightarrow p$，$s\Rightarrow q$。

(2) $p\rightarrow\neg q$，$r\rightarrow q$，$\neg p\rightarrow s\Rightarrow r\rightarrow s$。

(3) $p\rightarrow q$，$q\rightarrow r$，$\neg r\wedge s\Rightarrow\neg p$。

(4) $\neg p\vee q$，$r\rightarrow\neg q\Rightarrow p\rightarrow\neg r$。

(5) 前提：$p\rightarrow(q\rightarrow r)$，$(r\wedge s)\rightarrow t$，$\neg h\rightarrow(s\wedge\neg t)$。

结论：$p\rightarrow(q\rightarrow h)$。

3. 下面的推理过程是否正确？结论是否有效？说明理由。

①	$p\wedge q\rightarrow r$	P 前提引入
②	$p\rightarrow r$	T①化简
③	p	P 前提引入
④	r	T②③假言推理

4. 判断下面的推理证明过程是否正确，若不正确请指出错误所在位置及出错原因，若正确则请补足每一步所用的推理规则。

前提：$p\rightarrow(r\rightarrow q)$，$\neg s\vee p$，$r$。

结论：$s\rightarrow q$。

证明 ① $\neg s \vee p$ (1)

② s (2)

③ p (3)

④ $p \to (r \to q)$ (4)

⑤ $r \to q$ (5)

⑥ r (6)

⑦ q (7)

⑧ $s \to q$ (8)

5. 用推理规则证明下列推理的正确性：如果张三努力工作，那么李四或王五感到高兴；如果李四感到高兴，那么张三不努力工作；如果刘强高兴，那么王五不高兴。所以，如果张三努力工作，则刘强不高兴。

6. 已知事实如下，问结论是否有效。

前提：(1) 如果天下雪，则马路就会结冰。

(2) 如果马路结冰，汽车就不会开快。

(3) 如果汽车开得不快，马路上就会塞车。

(4) 马路上没有塞车。

结论：天没有下雪。

1.6* 命题逻辑在门电路中的应用介绍

在自动控制系统和电子计算机中采用由电子元件组成、用信号控制的开关，我们称之为“门”。在控制系统和电子集成电路以及机电设计中，设计出来的由

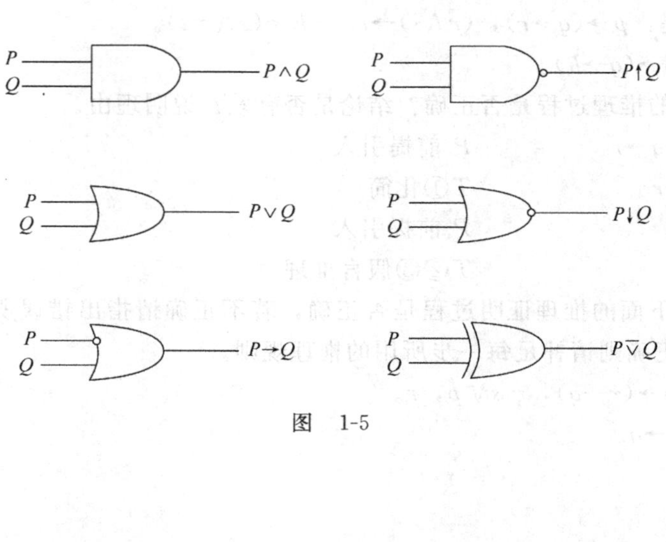

图 1-5

“门”连接而成的电路称为“门电路”。基本的门电路有三种：“或”门电路、“与”门电路和“非”门电路，其功能完全与三种基本逻辑运算“$\vee$”、“$\wedge$”和“$\neg$”相对应。事实上，在门电路的理论中还经常用到其他类型的门电路，如在讲其他联结词时曾经提到过的“或非”门、“与非”门等，这些都是可以与逻辑联结词相对应的。首先给出部分常用命题逻辑联结词与门电路对应如图 1-5 所示。

下面我们来看一个简单的自动控制电路的设计。

例 1-27　试设计红绿灯自动控制线路，要求传感器中记数器内容 Z，当 $Z \geqslant 5$ 时亮绿灯，当 $Z \leqslant 2$ 时亮红灯，当 $2 < Z < 5$ 时亮黄灯。

解　设 p：$Z \geqslant 5$ 且 $p \Rightarrow L_1$（亮绿灯）；q：$Z \leqslant 2$ 且 $q \Rightarrow L_2$（亮红灯）；r：$2 < Z < 5$ 且 $r \Rightarrow L_3$（亮黄灯）。

因为 $r \Leftrightarrow \neg p \wedge \neg q \Leftrightarrow \neg(p \vee q)$，所以控制电路如图 1-6 所示。

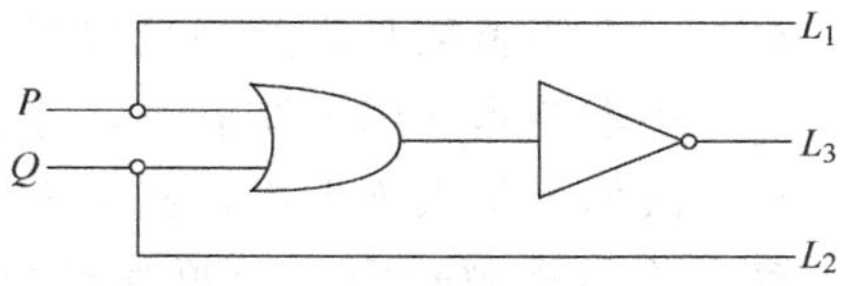

图　1-6

对于复杂的问题，运用逻辑知识可以理出清晰的思路，使得设计电路时得心应手。

习题 1.6

一家航空公司，为了保证安全，用计算机复核飞行计划。每台计算机能给出飞机计划正确或有误的回答。由于计算机也可能发生故障，因此采用三台计算机同时复核的策略。由所给出的答案，再根据“少数服从多数”的原则作出判断，试将结果用命题公式表示，并加以简化，画出电路图。

1.7　例题解析

例 1-28　下面给出的语句是否为命题，若是命题，试给出其真值。

（1）你喜欢周杰伦吗？

（2）大家不要讲话了！

（3）$2 + x = 5$。

（4）2 是素数。

（5）1 是素数。

（6）如果 1 是素数，2 就不是素数。

（7）地球之外的星球上还有生物。

（8）我生于 1978 年。

（9）我正在说谎。

解　本题主要考查我们对命题概念的理解。

(1)、(2)都不是陈述句，不可能是命题；(3)中包含有待赋值的 x，所以也不是命题；(4)是真命题；(5)是假命题；(6)是一个复合条件命题，因为前件为假，所以它是一个真命题；虽然(7)、(8)的真值我们还不知道，但它是有真假的，所以也是命题；(9)虽然也是陈述句，但是它不是命题，它是一个典型的悖论。

例 1-29 符号化下列命题公式。

(1) 当我想起我母亲劳碌的身影时我就禁不住哭了。

(2) 仅当我有时间并且天不下雨，我将去书店。

(3) 一个正整数是素数当且仅当它只能被 1 和它自身整除。

(4) 小李总是在图书馆看书，除非图书馆不开门或者小李生病。

(5) 假如上午天不下雨，我去看电影，否则就在家里读书。

解 在数理逻辑中，命题逻辑的翻译是比较简单的，容易混淆的地方主要在于：①"当…则…"、"仅当…才…"句型的符号化；②"…除非…"句型的符号化；③可兼或与不可兼或符号化时的分辨；④蕴含和等价容易用反；⑤蕴含的前件和后件的区分。

(1) 设 p：我想起我母亲劳碌的身影；q：我禁不住哭了，则原语句符号化为 $p \to q$。

(2) 设 p：我有时间；q：天不下雨；r：我去书店，则原语句符号化为 $r \to (p \wedge q)$。

(3) 设 p：一个正整数是素数；q：一个正整数能被 1 整除；r：一个正整数能被它自身整除；s：一个正整数能被除了 1 和它自身之外的正整数整除，则原语句可符号化为

$$p \leftrightarrow (q \wedge r \wedge \neg s)$$

(4) 设 p：小李在图书馆看书；q：图书馆开门；r：小李没病，则原语句符号化为

$$q \wedge r \to p$$

(5) 设 p：上午天下雨；q：我去看电影；r：我在家里读书，则原语句可符号化为

$$(\neg p \to q) \wedge (p \to r)$$

例 1-30 命题公式 $A(p, q, r)$的主析取范式中含有如下极小项：$p \wedge q \wedge r$，$p \wedge q \wedge \neg r$，$p \wedge \neg q \wedge r$，$\neg p \wedge q \wedge \neg r$。请写出 $A(p, q, r)$主合取范式并回答下列问题，$A(p, q, r)$主合取范式中含有(　　)个极大项，成真赋值个数有(　　)个，成假赋值个数有(　　)个。

解 这是一类很典型的题目。对于求命题公式的极小项和极大项、成真赋值和成假赋值与求命题公式的主范式是同一种问题。

由已知条件可很容易地看出命题公式 A 的主析取范式中的极小项为 m_7，m_6，m_5，m_2，其主析取范式为 $\sum(2, 5, 6, 7)$，故其主合取范式可根据与主析取范式之间的关系直接写出为 $\prod(0, 1, 3, 4)$，所以极大项即为 M_0，M_1，M_3，M_4，共 4 个极大项。而极小项和极大项对应的二进制数就是公式的成真赋值和成假赋值，故成真赋值为 010，101，110，111 共 4 个，成假赋值为 000，001，011，100 共 4 个。

例 1-31 命题公式 $(p \wedge q) \uparrow r$ 的对偶式为（　　）。

(A) $(p \wedge q) \uparrow r$　　(B) $(p \wedge q) \downarrow r$

(C) $(p \vee q) \downarrow r$　　(D) $(p \vee q) \uparrow r$

解 对于对偶式是在仅含联结词"$\neg$"，"$\wedge$"和"$\vee$"的命题公式中"$\wedge$"与"$\vee$"置换、0 与 1 置换而得到的，因此，求像本题这样含有其他联结词的公式的对偶式时，就先等值转化成仅含联结词"$\neg$"，"$\wedge$"和"$\vee$"的命题公式来求。

因为 $(p \wedge q) \uparrow r \Leftrightarrow \neg((p \wedge q) \wedge r)$ 所以其对偶式为 $\neg((p \vee q) \vee r) \Leftrightarrow (p \vee q) \downarrow r$，故选择答案(C)。

例 1-32 一个公安人员审查一件盗窃案，已知事实如下：

(1) 甲或乙盗窃了录音机。

(2) 若甲盗窃了录音机，则作案时间不能发生在午夜前。

(3) 如乙的证词正确，则午夜时屋里的灯光未灭。

(4) 若乙的证词不正确，则作案时间发生在午夜之前。

(5) 午夜时屋里的灯光灭了。

问到底是谁盗窃了录音机？

解 题目中的命题符号化，p：甲盗窃了录音机；q：乙盗窃了录音机；r：作案时间在午夜前；s：乙的证词正确；t：午夜时灯光未灭。

前提：$p \vee q$，$p \rightarrow \neg r$，$s \rightarrow t$，$\neg s \rightarrow r$，$\neg t$。

结论：根据逻辑推理求出。

推理过程：

① $s \rightarrow t$　　P

② $\neg t$　　P

③ $\neg s$　　T①②拒取式

④ $\neg s \rightarrow r$　　P

⑤ r　　T③④假言推理

⑥ $p \rightarrow \neg r$　　P

⑦ $\neg p$　　T⑤⑥拒取式

⑧ $p \vee q$　　P

⑨ q　　T⑦⑧析取三段论

由⑨说明是乙盗窃了录音机。

例 1-33 判断$(p\to q)\to((r\to s)\to((p\vee r)\to(q\vee s)))$是否为重言式。

解 对于判断一个命题公式是重言式、矛盾式还是可满足式，可以采用的方法很多。利用等值演算法，真值表法和化为主范式的方法都很有效，并且也是我们经常采用的，对本题当然也适合。真值表方法是很基本的，主要在于要细心，但对于本题这样出现命题变元较多的，作出的表会很大；主范式和等值演算法的道理是一样的，就是利用我们已经掌握的等值式逐步演算，关键在于要掌握好等值式，对于本题命题公式比较复杂，用起来也有一定的难度，那么是否可以从公式的形式找到一种更好的方法呢？事实上，在做题目我们要善于发现题目的特点，像本题公式中有反复的蕴含联结词，并且是要判断是否为重言式，所以可以采用构造形式证明的方法证明。

要证明$(p\to q)\Rightarrow((r\to s)\to((p\vee r)\to(q\vee s)))$，由 CP 规则就是要证明

$$(p\to q)\wedge(r\to s)\Rightarrow((p\vee r)\to(q\vee s))$$

构造形式证明：

①	$p\to q$	P
②	$r\to s$	P 附加前提引入
③	$\neg p\vee q$	T①蕴含等值式，置换
④	$\neg p\vee q\vee s$	T③添加
⑤	$p\to(q\vee s)$	T④蕴含等值式，置换
⑥	$\neg r\vee s$	T②蕴含等值式，置换
⑦	$\neg r\vee q\vee s$	T⑥添加
⑧	$r\to(q\vee s)$	T⑦蕴含等值式，置换
⑨	$p\vee r$	P 附加前提引入
⑩	$q\vee s$	P⑤⑧⑨构造性二难推理

由上面的推理过程可知推理有效，根据 CP 规则可知所给公式是重言式。

复习题一

1. 符号化下列命题，要求细化到原子命题。

(1) 如果 3 是偶数，那么中国人的母语是汉语。

(2) 只要你抽烟，你就很容易得病。

(3) 只有今天是星期一，明天才是星期二。

(4) 李春这个学期《离散数学》和《数据结构》都考了 100 分。

(5) 下雪路滑，他迟到了。

(6) 不经一事，不长一智。

(7) 一朝被蛇咬，十年怕井绳。

2. 设 p：李春生于 1979 年，q：李春生于 1980 年，说明命题"李春生于 1979 年或生于 1980 年"既可以符号化为"$(p\wedge\neg q)\vee(\neg p\wedge q)$"，又可以符号化为"$p\overline{\vee}q$"的理由。

3. 在什么情况下，下面的一段话是真的。

说李刚不会拳击或李春不会唱歌是正确的，而说如果李刚会唱歌，李春就会拳击是不正确的。

4. 命题公式 A 包含 4 个命题变元：p，q，r，s，其真值表见表 1-15。

(1) 写出 A 的极小项和极大项。

(2) 写出与 A 等值的主析取范式和主合取范式。

(3) 写出与 A 等值的析取范式的最简形式。

表 1-15

p	q	r	s	A(未标出的为 0)
0	0	0	1	1
0	1	1	0	1
1	0	0	0	1
1	0	0	1	1
1	0	1	0	1
1	1	0	0	1
1	1	0	1	1
1	1	1	1	1

5. 证明下列命题的等值关系。

(1) $(p\rightarrow q)\wedge(r\rightarrow q)\Leftrightarrow(p\vee r)\rightarrow q$。

(2) $p\rightarrow(q\rightarrow r)\Leftrightarrow q\rightarrow(p\rightarrow r)$。

(3) $(p\vee q)\wedge\neg(p\wedge q)\Leftrightarrow\neg(p\leftrightarrow q)$。

(4) $(p\wedge q\wedge r\rightarrow s)\wedge(r\rightarrow p\vee q\vee s)\Leftrightarrow(r\wedge(p\leftrightarrow q))\rightarrow s$。

6. 用真值表、等值演算和求主范式的方法判断下面公式的类型。

(1) $(p\rightarrow\neg q)\wedge(\neg q\rightarrow\neg p)$。

(2) $p\rightarrow(p\vee q\vee r)$。

(3) $((p\rightarrow q)\wedge(q\rightarrow r))\rightarrow(p\rightarrow r)$。

7. 证明下列推理。

(1) $p\rightarrow(q\rightarrow r)$，$q\rightarrow(r\rightarrow s)\Rightarrow p\rightarrow(q\rightarrow s)$。

(2) 前提：$(p\vee q)\rightarrow r$，$\neg s\vee u$，$\neg r\vee s$，$u\rightarrow w$，$\neg w$。

结论：$\neg p\wedge\neg q$。

(3) $p\rightarrow q\vee r$，$q\rightarrow\neg p$，$s\rightarrow\neg r\Rightarrow p\rightarrow\neg s$。

8. 用推理规则说明：$p \to q$，$\neg(q \vee r)$，$p \wedge r$ 是否能同时成立。

9. 用真值表、等值演算、求主范式和构造推理证明下面的推理正确。

只要小王曾经到过受害人的房间并且 11 点以前没有离开，小王就是犯罪嫌疑人。小王曾经到过受害者房间。如果小王在 11 点以前离开，看门人会看到他。看门人没有看到他。所以小王是犯罪嫌疑人。

10. 一位逻辑学家被一伙强盗绑架。强盗头目把逻辑学家拘于有两个门的牢狱，两个门中其中一个是生门，一个是死门。如果从生门出去将可以安全离开，如果从死门出去，将立即处死。但是到底哪个是生门，哪个是死门不可能告诉逻辑学家。

在每个门旁强盗头目各派有一名强盗把守，这两名强盗一个所说的每一句话都是假话，另外一个则说的每一句话都是真话，当然到底哪个说假话哪个说真话不可能让逻辑学家知道。现在强盗头目给逻辑学家一次可能生还的机会，他允许逻辑学家问两个守门中的一个且只能问一个，并且被问的强盗只能回答一次。现在逻辑学家可以安全的出去吗？

（提示：逻辑学家对 A（其中任意一个门旁的强盗）说："我问 B（即另一个门旁的强盗）'你身边的门是生门吗?'，他说'不是'，你说他回答的正确吗?"）

第 2 章　谓 词 逻 辑

在命题逻辑中，原子命题被看做是命题演算和推理的基本单位，是不可再分解的整体。因而命题逻辑无法研究命题的内部结构及命题之间的内在联系，甚至无法有效地研究一些简单的推理。

例如，著名的“苏格拉底三段论”：凡是人都是要死的；苏格拉底是人；所以苏格拉底是要死的。显然，这个推理是正确的，但用命题逻辑无法说明这一点。

设 p：凡是人都是要死的，q：苏格拉底是人，r：苏格拉底是要死的，则“苏格拉底三段论”可符号化为 $(p \wedge q) \rightarrow r$。显然 $(p \wedge q) \rightarrow r$ 不是重言式。

因此，为了能够进一步深入地研究推理，需要对原子命题作进一步的分析。

2.1　谓词逻辑的基本概念

2.1.1　个体与谓词

我们可以将原子命题的结构分解为个体和谓词。

定义 2-1　**个体**是思维的对象，它是具有独立意义、可以独立存在的客体。**谓词**表示一个个体的性质或若干个个体之间的关系的词。

个体和谓词一起构成了原子命题中的主谓结构。

例 2-1　(1) 海水是咸的。

(2) 张强与张亮是兄弟。

(3) 无锡位于上海与南京之间。

(1)、(2)、(3) 都是原子命题，其中海水、张强、张亮、无锡、上海和南京都是个体，“…是咸的”、“…与…是兄弟”和“…位于…与…之间”都是谓词。(1) 中的谓词描述了一个个体的性质，称为**一元谓词**；(2) 中的谓词表示两个个体之间的关系，称为**二元谓词**；(3) 中的谓词表示三个个体之间的关系，称为**三元谓词**。依此类推，我们将描述 n 个个体之间关系的谓词称为 ***n* 元谓词**，通常用大写英文字母来表示谓词。为方便起见，将命题称为**零元谓词**。

例如，例 2-1 中的三个谓词可符号化为 $P(x)$：x 是咸的；$Q(x,y)$：x 与 y 是兄弟；$R(x,y,z)$：x 位于 y 和 z 之间。

这里 P、Q 和 R 表示的都是具体的谓词，称为**谓词常元**；否则称为**谓词变元**。$P(x)$、$Q(x,y)$ 和 $R(x,y,z)$ 等都是谓词表示的函数形式，通常称为**谓词函数**，简称为**谓词**。

然而，仅仅一个谓词，即使是谓词常元，也不能构成一个命题。例如谓词 $P(x)$ 就不是一个命题。这是因为谓词 $P(x)$ 中的个体 x 不是一个确定的个体，称其为**个体变元**。只有将个体变元代以用具体或者特定的个体时，才能构成命题，我们称其中具体或者特定的个体称为**个体常元**。

例 2-2 设 $P(x)$：x 是咸的；$Q(x,y)$：x 与 y 是兄弟；$R(x,y,z)$：x 位于 y 和 z 之间。a 表示"海水"，b 表示"张强"，c 表示"张亮"，d 表示"无锡"，e 表示"上海"，f 表示"南京"。

例 2-1 中(1) 可符号化表示为 $P(a)$；(2) 可符号化表示为 $Q(b,c)$；(3) 可符号化表示为 $R(d,e,f)$。

需要指出，在谓词演算中，个体之间的顺序有时是无关紧要的，如例 2-1(2)；但有时却是有要求的，如例 2-1(3)，用例 2-2 中的谓词及个体的符号化含义，$R(e,f,d)$ 将变成"上海位于南京和无锡之间"，这显然不符合事实。

定义 2-2 在谓词逻辑中，谓词函数中的个体变元 x 的取值范围称为该谓词的**个体域**，谓词的个体域也就是谓词函数的定义域。

例 2-3 将下列命题用零元谓词符号化。

(1) C++和 Java 都是计算机高级程序语言。

(2) 如果奔腾Ⅱ比奔腾Ⅴ性能好，那么奔腾Ⅱ比奔腾Ⅵ性能好。

(3) If Zhangming is higher than Limin and Limin is higher than Zhaoliang, then Zhangming is higher than Zhaoliang.

(4) 那位戴眼镜的用功的大学生在看这本大而厚的《离散数学》参考书。

解 (1) $F(x)$：x 是计算机高级程序语言；a：C++；b：Java，则命题符号化为 $F(a) \wedge F(b)$。

(2) $L(x,y)$：x 比 y 性能好；a：奔腾Ⅱ；b：奔腾Ⅴ；c：奔腾Ⅵ，则命题符号化为 $L(a,b) \rightarrow L(a,c)$。

(3) $H(x,y)$：x is higher than y；a：Zhangming；b：Limin；c：Zhaoliang，则命题符号化为 $(H(a,b) \wedge H(b,c)) \rightarrow H(a,c)$。

(4) $F(x)$：x 是大学生；$G(x)$：x 是用功的；$H(x)$：x 戴着眼镜；$I(y)$：y 是参考书；$J(y)$：y 是《离散数学》；$K(y)$：y 是大的；$L(y)$：y 是厚的；$M(x,y)$：x 在看 y；a：那位；b：这本，则命题可符号化为

$$(F(a) \wedge G(a) \wedge H(a)) \wedge (I(b) \wedge J(b) \wedge K(b) \wedge L(b)) \wedge M(a,b)。$$

2.1.2 量词

在谓词逻辑中仅有上述给出的个体和谓词是否足够呢？

例 2-4 符号化下面语句。

(1) 所有的大学生都会说英语。

(2) 有的大学生会说英语。

在这两个语句中，除了有个体词和谓词外，还有表示数量的词，为此，介绍两个量词，即全称量词和存在量词。

定义 2-3　(1) **全称量词**：在自然语言中“所有的”、“一切”、“任意的”、“每一个”等表示数量的词，称为全称量词。它用于描述讨论范围中的全部个体，用符号“$\forall$”表示。$\forall xF(x)$表示个体域里的所有个体均有性质 F。

(2) **存在量词**：用符号“$\exists$”表示，对应自然语言中“存在一些”、“至少有一个”等表示数量的词。$\exists xF(x)$表示个体域中存在个体具有性质 F。

我们注意到，在量词的定义中都特别提到个体域的概念，这是很重要的。所谓**个体域**就是所研究的个体全体的集合。在符号化时，必须首先明确个体域！

例 2-5　在例 2-3 中考虑个体域 D 为所有大学生组成的集合，$F(x)$：x 会说英语，则

(1) 符号化为 $\forall xF(x)$，$x\in D$；(2) 符号化为 $\exists xF(x)$，$x\in D$。

这样每次符号化都要指出个体域。这会显得很麻烦，为此引入全总个体域的概念。

将宇宙间一切事物的全体作为个体域，称之为**全总个体域**。以后在谓词符号化时，若无特殊声明，都将采用全总个体域。

如果采用全总个体域，例 2-5(1) 若仍用 $\forall xF(x)$ 符号化，则表示宇宙间一切事物都会说英语，这与原命题的含义大相径庭，前者是真命题，后者则是假命题。

因此，对选取个体域为全总个体域的情况下，必须加入一个限定词来说明个体的具体范围，以便解决这类问题。

在全总个体域的情况下，以上两命题可等价叙述如下：

(1) 对所有个体而言，如果他(她)是大学生，则他(她)会说英语。

(2) 存在着个体，他(她)是大学生并且会说英语。

这里引入一个表示个体词所具有的特性的谓词，简称为**特性谓词**。

例如，设 $M(x)$表示 x 是大学生，则(1) 可以符号化为 $\forall x(M(x)\rightarrow F(x))$；(2) 可以符号化为 $\exists x(M(x)\land F(x))$。其中 $M(x)$是特性谓词，表示了个体 x 的特性。

另外，特性谓词在加入时选用的形式不是随意的，如(1) 若符号化为 $\forall x(M(x)\land F(x))$，则表示的是“任意一个个体，是大学生并且会说英语”，则是错误的。

为了避免出错，我们规定特性谓词加入命题的两条规则：

(1) 对全称量词，刻化其对应个体域的特性谓词作为蕴含式的前件加入。

(2) 对存在量词，刻化其对应个体域的特性谓词作为合取式的合取项加入。

例 2-6 将下列命题符号化。

(1) 好人自有好报。

(2) 有会说话的机器人。

(3) 没有免费的午餐。

(4) 在北京工作的人未必都是北京人。

解 在本题中没有指定个体域,故取个体域为全总个体域。

(1) 设 $F(x)$:x 是好人;$G(x)$:x 会有好报,则命题符号化为

$$\forall x(F(x)\rightarrow G(x))。$$

(2) 设 $F(x)$:x 是机器人;$G(x)$:x 是会说话的,则命题符号化为

$$\exists x(F(x)\wedge G(x))。$$

(3) 设 $M(x)$:x 是午餐;$F(x)$:x 是免费的,则命题符号化为

$$\neg\exists x(M(x)\wedge F(x))。$$

这句话可作如下叙述,"所有的午餐都不是免费的",故命题可符号化为

$$\forall x(M(x)\rightarrow\neg F(x))。$$

因为在含义上这句话和题目是一样的,所以可以看出,$\neg\exists x(M(x)\wedge F(x))$和$\forall x(M(x)\rightarrow\neg F(x))$是等值的,后面还将给出具体的证明。

(4) 设 $F(x)$:x 在北京工作;$G(x)$:x 是北京人,则命题符号化为

$$\neg\forall x(F(x)\rightarrow G(x))。$$

这句话也可作如下叙述,"存在着在北京工作的非北京人",故可符号化为

$$\exists x(F(x)\wedge\neg G(x))。$$

因为在含义上这句话和题目是一样的,所以可以看出,$\neg\forall x(F(x)\rightarrow G(x))$和$\exists x(F(x)\wedge\neg G(x))$是等值的,后面也将给出具体的证明。

注意 在含有量词的命题进行符号化时,有必要指出以下几点:

(1) 如果事先没有给出个体域,应以全总个体域作为个体域。

(2) 即使不是选取全总个体域,也要考虑是否需要加入特性谓词,并且当需要加入时,要根据其前面的量词选取适当加入形式。如例 2-4 中选取全体人类的集合为个体域,仍然需要加入适当的特性谓词。

(3) 当选取不同个体域时,命题符号化的形式也可能是不一样的。

(4) 个体域和谓词含义确定之后,n 元谓词要转化为命题至少需要 n 个量词。

(5) 当个体域为有限集时,如 $D=\{a_1,a_2,\cdots,a_n\}$,对任意谓词 $A(x)$都有

$$\forall xA(x)\Leftrightarrow A(a_1)\wedge A(a_2)\wedge\cdots\wedge A(a_n)$$

$$\exists xA(x)\Leftrightarrow A(a_1)\vee A(a_2)\vee\cdots\vee A(a_n)$$

(6) 多个量词同时出现时,不能随意颠倒它们的顺序,否则将可能改变原命题的含义。

例如,"对任意的 x,存在着 y,使得 $x+y=6$"。取个体域为实数集,符号化为

$$\forall x \exists y H(x,y)$$

其中，$H(x,y)$表示“$x+y=6$”，显然这是一个真命题。

如果将量词的顺序颠倒，即为$\exists y \forall x H(x,y)$，则其含义就变为“存在着 y，对于任意 x，都有 $x+y=6$”，这就和原来的语句背道而驰，根本找不到这样的 y，所以成了假命题。

例 2-7　将极限定义$\lim\limits_{x\to\alpha} f(x)=\beta$符号化。

解　$\lim\limits_{x\to\alpha} f(x)=\beta$的定义为：对任何的实数 $\varepsilon>0$，必存在一实数 $\delta>0$，使得对所有的 x，如果$|x-\alpha|<\delta$，则必有$|f(x)-\beta|<\varepsilon$。

设 $P(x,y)$：x 大于 y；取定个体域为实数集 $\mathbf{R}$，则$\lim\limits_{x\to\alpha} f(x)=\beta$符号化为

$$\forall \varepsilon (P(\varepsilon,0)\rightarrow \exists \delta(P(\delta,0)\wedge \forall x(P(\delta,|x-\alpha|)\rightarrow P(\varepsilon,|f(x)-\beta|))))$$

其中，$|x|$表示实数 x 的绝对值。

习题 2.1

1. 指出下列命题的个体、谓词或量词：

(1) 离散数学是一门计算机基础课程。

(2) 田亮是一名优秀的跳水运动员。

(3) 所有大学生都要好好学习计算机课程。

(4) 并非一切推理都能够由计算机来完成。

2. 用谓词符号化下列命题：

(1) 小芳是舞蹈演员。

(2) 苏格拉底是一位有名的哲学家。

(3) 张三做完了他的作业。

(4) 我身体很好。

3. 选择合适的个体域符号化下列命题：

(1) 如果一个整数的平方是奇数，那么这个整数是奇数。

(2) 有些国家在南半球，而有些国家在北半球。

(3) 并非所有不在中国居住的人都不是中国人。

(4) 有些艺术家既是导演又是演员。

(5) 有的猫不捉耗子，会捉耗子的猫才是好猫。

4. 符号化下列命题：

(1) 有的人喜欢开汽车，有的人喜欢骑自行车。

限定个体域：① 所有人的集合；② 全总个体域。

(2) 任何学生都必须学好数学。

限定个体域：① 所有学生的集合；② 全总个体域。

(3) 所有质数的平方不是质数。

限定个体域:① 所有自然数的集合;② 全总个体域;③ 所有质数的集合。

2.2 谓词合式公式及解释

有了2.1节介绍的谓词逻辑的基本概念,我们期望能在谓词逻辑的层次上符号化更广泛的命题,并进行类似"苏格拉底三段论"的复杂的演算和推理,为此我们引入谓词公式及其解释的概念。

2.2.1 谓词公式

定义2-4 谓词逻辑中的**项**:

(1) 个体常元和个体变元是项。

(2) 若$\varphi(x_1,x_2,\cdots,x_n)$是任意$n$元函数,$t_1,t_2,\cdots,t_n$是项,则$\varphi(t_1,t_2,\cdots,t_n)$为项,即项的$n$元函数仍是项。

(3) 只有有限次地使用(1)、(2)生成的符号串才是项,即项的有限次复合函数仍为项。

例如,$a,b,x,y,f(x,y)=x+y,g(x,a)=x-a,h(a,b)=a\times b$都是项,$f(a,g(x,y))=a+(x-y)$等也是项。

定义2-5 设$R(x_1,x_2,\cdots,x_n)$是任意的n元谓词,$t_1,t_2,\cdots,t_n$都是项,称$R(t_1,t_2,\cdots,t_n)$为**原子谓词公式**。

定义2-6 **谓词合式公式**通常也简称为**谓词公式**或者**合式公式**,它是指满足下列条件的公式:

(1) 命题公式和原子谓词公式是谓词公式。

(2) 若A是谓词公式,则$\neg A$也是谓词公式。

(3) 若A,B是谓词公式,则$A\wedge B,A\vee B,A\rightarrow B,B\leftrightarrow A$也是谓词公式。

(4) 若A是谓词公式,x是A中的个体变元,则$\forall xA,\exists xA$也是谓词公式。

(5) 只有有限次应用(1)~(4)构成的符号串才是谓词公式。

例如,2.1节例子中各命题的符号化结果都是谓词公式。

在谓词公式中,紧跟在$\forall x$或者$\exists x$后面并用圆括号括起来的谓词公式,或者没有圆括号括着的一个原子谓词公式,称为相应量词的**辖域**

其中$\forall x$或者$\exists x$中的变元x称为相应量词的**指导变元**;在量词辖域中出现的与指导变元相同的变元称为**约束变元**,相应变元的出现称为**约束出现**;除约束变元外的其他个体变元称为**自由变元**,相应变元的出现称为**自由出现**。

例2-8 指出下列谓词公式中的指导变元、量词辖域,个体变元的自由或约束出现。

(1) $\exists x(F(x) \land G(x,y))$。

解 整个谓词公式中只有一个量词。其中 x 是指导变元,"$\exists x$"的辖域为 $F(x) \land G(x,y)$,其中 $F(x)$ 中 x 是约束出现,$G(x,y)$ 中 x 约束出现,y 自由出现。

(2) $\forall xF(x) \to \exists yG(x,y)$。

解 整个公式有两个量词。$\forall xF(x)$ 中 x 是指导变元,"$\forall x$"的辖域为 $F(x)$,其中 x 约束出现;$\exists yG(x,y)$ 中 y 是指导变元,"$\exists y$"的辖域为 $G(x,y)$,其中 x 自由出现,y 约束出现。

整个公式中,x 约束出现1次,自由出现1次,y 自由出现1次。

(3) $\forall xF(x) \lor \exists xG(x,y)$。

解 整个公式有两个量词。$\forall xF(x)$ 中 x 是指导变元,"$\forall x$"的辖域为 $F(x)$,其中 x 约束出现;$\exists xG(x,y)$ 中 x 是指导变元,"$\exists x$"的辖域为 $G(x,y)$,其中 x 约束出现,y 自由出现。

整个公式中,x 约束出现2次,y 自由出现1次。

从以上讨论可知,在一个公式中,某一个体变元既可以自由出现,又可以约束出现,如例2-8(2)中的 x,也可能在不同量词的辖域内同时约束出现,如例2-8(3)中的 x。为了研究方便,而不致引起混淆,我们希望一个个体变元在同一个公式中只以一种身份出现,应用下面两条规则可以做到这一点:

(1) 约束变元的**改名规则**:①将量词中的指导变元和该量词辖域中此变元的所有约束出现都用新的变元替换,而公式的其他部分不变;②改名时,新变元要用在辖域中未曾出现过的变元符号,最好是整个公式中未出现过的变元符号。

例2-9 (1)例2-8(2)中 $\forall xF(x) \to \exists yG(x,y)$,对约束变元 x 改名为 z:$\forall zF(z) \to \exists yG(x,y)$。

(2) 例2-8(3)中 $\forall xF(x) \lor \exists xG(x,y)$,对 $\forall x$ 约束变元 x 改名为 z:$\forall zF(z) \lor \exists xG(x,y)$,或者对 $\exists x$ 约束变元 x 改名为 t:$\forall xF(x) \lor \exists tG(t,y)$。

(2) 自由变元的**代替规则**:①公式中某个个体变元的所有自由出现同时进行代替;②新变元选用的符号应与原公式中所有个体变元符号不同。

例2-10 在公式 $\forall x(P(x,y) \to \exists yQ(x,y,z)) \land S(x,z)$ 中,对约束变元进行改名,或对自由变元进行代替,使各变元只以一种形式出现。

解 公式中的 x,y 都既是约束出现,又是自由出现,用改名规则将 x,y 的约束出现分别改为 u,v,则得

$$\forall u(P(u,y) \to \exists vQ(u,v,z)) \land S(x,z)$$

用代替规则将 x,y 的自由出现分别改为 s,t,则得

$$\forall x(P(x,t) \to \exists yQ(x,y,z)) \land S(s,z)$$

2.2.2 谓词公式的解释

一般情况下,一个谓词公式不是命题,只有当将谓词公式中的各种变元(项)用

指定的特殊的常元去代替，才能构成一个命题。这种代替就是对公式的一个解释。

定义 2-7 一个公式 A 的一个**解释** I 应由以下四部分组成：

(1) 非空个体域 D。

(2) 公式 A 中的每个个体常元指定为 D 中一个特定元素。

(3) 公式 A 中的 n 元个体函数指定为 D^n 到 D 的一个特定的个体函数。

(4) 公式 A 中的 n 元谓词指定为 D^n 到 $\{0,1\}$ 的一个特定的谓词(命题函数)。

例 2-11 在下面给定的解释 I 下，计算下列公式的真值。

(1) $\exists xF(x,f(a))\land G(b)$。

(2) $F(a,b)\to\forall xG(f(x))$。

给定解释 I 如下：

①个体域为 $D=\{2,3,4\}$。

②公式 A 中的两个个体常元指定为 $a=2,b=3$。

③公式 A 中的函数 f 指定为 D 到 D 的特定函数：$f(2)=2,f(3)=3,f(4)=4$。

④指定公式 A 中的二元谓词 F 为 D^2 到 $\{0,1\}$ 的谓词：$F(x,y)$ 为 $x=y$，指定 A 中的一元谓词 G 为 D 到 $\{0,1\}$ 的特定谓词：$G(2)=1,G(3)=G(4)=0$。

解 在解释 I 下，公式(1)、(2)的真值分别为

(1) $\exists xF(x,f(a))\land G(b)$

$\Leftrightarrow(F(2,f(2))\lor F(3,f(2))\lor F(4,f(2)))\land G(3)$

$\Leftrightarrow(F(2,2)\lor F(3,2)\lor F(4,2))\land 0$

$\Leftrightarrow 1\land 0$

$\Leftrightarrow 0$

(2) $F(a,b)\to\forall xG(f(x))$

$\Leftrightarrow F(2,3)\to(G(f(2))\land G(f(3))\land G(f(4)))$

$\Leftrightarrow 0\to(1\land 0\land 0)$

$\Leftrightarrow 1$

注意 在解释的定义 2-7 中，对一个公式 A 的一个解释 I，没有涉及自由变元的指定。事实上，若一个公式 A 中含有自由变元，而且不给以恰当的处理，则它还不是一个命题。要使一个含有自由变元谓词公式 A 成为命题，对自由变元必须作如下两种方法中的一种处理：

(1) 一个谓词公式在具体解释下，可将自由变元看成常元加以指定。

(2) 对于确定的谓词，可以通过给个体变元加量词，使每个个体变元都受量词的约束，从而谓词公式变成命题。

例如，谓词公式 $F(x)$：$x=2$，个体域为整数集合，给 $F(x)$ 加上量词 $\exists x$，则得到 $\exists xF(x)$ 就是命题了。

2.2.3 谓词公式的类型

在命题逻辑中，我们曾经给出过命题公式的永真式、永假式和可满足式。在谓词逻辑中，也有类似的概念。

定义 2-8 设 A 为一个谓词公式，如果 A 在任何解释下都是真的，则称 A 为**逻辑有效式**或称为**永真式**。

如果 A 在任何解释下都是假的，则称 A 为**矛盾式**或称为**永假式**。

若至少存在一个解释使 A 为真，则称 A 为**可满足式**。

目前，如何判断一个谓词公式的类型还没有一个有效的具体算法，但有些特殊的公式是容易判断其类型的。

定义 2-9 设 A_0 是含命题变元 $P_1,P_2,\cdots,P_n$ 的命题公式，$A_1,A_2,\cdots,A_n$ 是 n 个谓词公式，用 $A_i(1\leqslant i\leqslant n)$ 处处代换 P_i，所得公式 A 称为 A_0 的**代换实例**。

例如，$F(x)\rightarrow G(x)$，$\forall xF(x)\rightarrow\exists xG(x)$ 等均为 $p\rightarrow q$ 的代换实例。

可以证明，命题公式中的重言式的代换实例在谓词逻辑中都是逻辑有效式，有时仍可称为重言式；命题公式中的矛盾式的代换实例仍为矛盾式。

例 2-12 判断下列公式中哪些是逻辑有效式，哪些是矛盾式？

(1) $\forall xF(x)\rightarrow\exists xF(x)$。

(2) $\forall x\exists yF(x,y)\rightarrow\exists x\forall yF(x,y)$。

(3) $\forall xF(x)\vee(\neg\forall xF(x))$。

(4) $\neg(F(x,y)\rightarrow G(x,y))\wedge G(x,y)$。

解 (1) 设 I 为任意解释，其个体域为 D，若 $\exists xF(x)$ 为假，即对任何 $x_0\in D$，使 $F(x_0)$ 为假，则 $\forall xF(x)$ 亦为假，所以 $\forall xF(x)\rightarrow\exists xF(x)$ 为真。

若 $\forall xF(x)$ 为真，对任何 $x\in D$，都有 $F(x)$ 为真，所以 $\exists xF(x)$ 为真，因此 $\forall xF(x)\rightarrow\exists xF(x)$ 为真，故在解释 I 下，原公式为真。由于 I 的任意性，所以原公式是逻辑有效式。

(2) 取解释 I 如下：①个体域为自然数集合 $\mathbf{N}$；②$F(x,y)$ 为 $x=y$。

此时前件化为 $\forall x\exists y(x=y)$，这是真的；而后件为 $\exists x\forall y(x=y)$，这是假的。因而在此解释下，蕴含式为假，这说明它不是逻辑有效式。

又取解释 I 如下：①个体域为自然数集合 $\mathbf{N}$；②$F(x,y)$ 为 $x\leqslant y$。

蕴含式前后件均为真，所以蕴含式为真，这说明(2) 也不是矛盾式。所以是可满足式。

(3) 取 p 为 $\forall xF(x)$，则可以看出 $\forall xF(x)\vee(\neg\forall xF(x))$ 是 $p\vee\neg p$ 的代换实例，由于 $p\vee\neg p$ 是重言式，故(3)为逻辑有效式。

(4) 公式 $\neg(F(x,y)\rightarrow R(x,y))\wedge R(x,y)$ 是 $\neg(p\rightarrow q)\wedge q$ 的代换实例，而 $\neg(p\rightarrow q)\wedge q$ 是矛盾式，所以(4)为矛盾式。

定理 2-1(代入规则) 设 A 为逻辑有效式，x 为 A 中的自由变元，t 为一个体项，且 t 中的自由变元都不是 A 中的约束变元，将 A 中 x 的所有出现全部代换为 t，得 A 的代入实例记作 B，则 B 也是逻辑有效式。

由于 A 为逻辑有效式，它的取值与 A 中的个体变元的取值无关，所以代入实例仍为逻辑有效式。

例如，设个体域 $D=\{1,2,3\}$，公式 $\exists y(x\neq y)$ 为逻辑有效式，对其中的 x 作代入，只要代入的个体项 t 中不含变元 y，所得公式 $\exists y(t\neq y)$ 仍为逻辑有效式。

习题 2.2

1. 指出下列公式中量词的辖域，个体变元是约束变元还是自由变元。

(1) $\forall x(P(x)\to Q(x))\land M(a)$。

(2) $\forall x(P(x)\to \exists yQ(x,y))$。

(3) $\neg(\forall xF(x,y)\lor \exists yG(x,y))$。

2. 对下列公式应用改名规则，使自由变元和约束变元不用相同的符号。

(1) $\forall x\exists y(P(x,z)\to Q(y))\leftrightarrow S(x,y)$。

(2) $M(x,y)\to \forall x(P(x,y)\lor \forall(x,z))$。

3. 对下列公式应用代替或改名规则，使每个个体变元只以一种身份出现。

(1) $(\forall P(x)\land \exists yQ(y))\to F(x,z)$。

(2) $\exists y(P(x,y)\to(\forall zQ(x,z)\land R(x,y,z)))\land \forall x\exists zS(x,y,z)$。

4. 给定解释 I 如下，讨论 $S(x)$，$\exists xS(x)$，$S(x)\land \exists xS(x)$ 的真值。

(1) I_1：个体域 $D_1=\{3,4\}$，$S(x)$ 表示"x 是素数"，x 为 4。

(2) I_2：个体域 $D_2=\{3,4\}$，$S(x)$ 表示"x 是偶数"，x 取 3。

(3) I_3：个体域 $D_3=\{3,5\}$，$S(x)$ 表示"x 是素数"，x 取 5。

(4) I_4：个体域 $D_4=\{3,5\}$，$S(x)$ 表示"x 是偶数"，x 取 5。

5. 给定个体域 $\{0,1\}$ 判定以下公式的真值，其中 $E(x)$ 表示"x 是偶数"。

(1) $\forall x(E(x)\land\neg(x=1))$。

(2) $\forall x(E(x)\to\neg(x=1))$。

(3) $\exists x(E(x)\land(x=1))$。

6. 给出下列公式判断其类型为判断逻辑有效式、矛盾式和可满足式中的哪一种。

(1) $\neg\exists xP(x)\to\forall xP(x)$。

(2) $\neg\forall xA(x)\leftrightarrow\exists x(\neg A(x))$。

(3) $(\exists x(P(x)\land Q(x)))\to(\exists xP(x)\to\neg Q(x))$。

2.3 谓词逻辑等值式

定义 2-10 设 A、B 是谓词逻辑中任意的两谓词公式，若 $A\leftrightarrow B$ 为逻辑有效式，则称 A 与 B 是等值的，记作 $A \Leftrightarrow B$，称"$A \Leftrightarrow B$"为**谓词逻辑等值式**。

由于重言式及其代换实例都是逻辑有效式，因而命题逻辑中所提到的等值式及其代换实例都是谓词逻辑中的等值式。

例 2-13 (1) $\forall xF(x) \Leftrightarrow \forall xF(x) \land \forall xF(x)$ 是等值式，对应于 $A \Leftrightarrow A \land A$。

(2) $\forall xF(x) \to \exists xG(x)$ 与 $\neg \forall xF(x) \lor \exists xG(x)$ 对应于 $A \to B \Leftrightarrow \neg A \lor B$，也是等值的。

还应该指出，应用 2.2.1 中的改名和代替规则，所得公式与原来的公式是等值的。

在谓词逻辑中也有置换规则：设 $\Gamma(A)$ 是含公式 A 的命题公式，$\Gamma(B)$ 是用公式 B 置换了 $\Gamma(A)$ 中的 A 之后得到的命题公式，如果 $A \Leftrightarrow B$，则 $\Gamma(A) \Leftrightarrow \Gamma(B)$。

还有一些应用上很重要的等值式。

定理 2-2 $A(x)$ 是任意的谓词公式，则有如下的量词否定等值式：

(1) $\neg \forall xA(x) \Leftrightarrow \exists x \neg A(x)$。

(2) $\neg \exists xA(x) \Leftrightarrow \forall x \neg A(x)$。

当给定个体域 D 为有限集时，比如 $D=\{a_1, a_2, \cdots, a_n\}$，定理 2-2 的两个等值式是容易验证的。

(1) $\neg \forall xA(x) \Leftrightarrow \neg(A(a_1) \land A(a_2) \land \cdots \land A(a_n))$

$$\Leftrightarrow \neg A(a_1) \lor \neg A(a_2) \lor \cdots \lor \neg A(a_n) \Leftrightarrow \exists x \neg A(x)$$

(2) $\neg \exists xA(x) \Leftrightarrow \neg(A(a_1) \lor A(a_2) \lor \cdots \lor A(a_n))$

$$\Leftrightarrow \neg A(a_1) \land \neg A(a_2) \land \cdots \land \neg A(a_n) \Leftrightarrow \forall x \neg A(x)$$

这两条可总结成两句话：① 在谓词演算中只要有一个量词就够了；② 量词前面的否定符号可深入到量词辖域内，但与此同时必须将存在量词和全称量词作相应对换。

例 2-14 在例 2-6 中，(3)"没有免费的午餐"等价于"所有的午餐都不是免费的"，所以在进行命题符号化时，设 $M(x)$：x 是午餐，$F(x)$：x 不是免费的，则

$$\neg \exists x(M(x) \land \neg F(x)) \Leftrightarrow \forall x(M(x) \to F(x))$$

(4)"在北京工作的人未必都是北京人"等价于"存在着在北京工作的非北京人"，所以符号化时，设 $F(x)$：x 是在北京工作的人，$G(x)$：x 是北京人，则

$$\neg \forall x(F(x) \to G(x)) \Leftrightarrow \exists x(F(x) \land \neg G(x))$$

定理 2-3 量词辖域收缩与扩张等值式。

(1) ① $\forall x(A(x) \lor B) \Leftrightarrow \forall xA(x) \lor B$；

② $\forall x(A(x) \land B) \Leftrightarrow \forall xA(x) \land B$；

③ $\exists x(A(x) \lor B) \Leftrightarrow \exists xA(x) \lor B$；

④ $\exists x(A(x)\wedge B)\Leftrightarrow\exists xA(x)\wedge B$；

(2) ① $\forall x(A(x)\rightarrow B)\Leftrightarrow\exists xA(x)\rightarrow B$；

② $\forall x(B\rightarrow A(x))\Leftrightarrow B\rightarrow\forall xA(x)$；

③ $\exists x(A(x)\rightarrow B)\Leftrightarrow\forall xA(x)\rightarrow B$；

④ $\exists x(B\rightarrow A(x))\Leftrightarrow B\rightarrow\exists xA(x)$。

以上各公式中，$A(x)$是含 x 自由出现的任意公式，而 B 中不含 x 的出现。

当个体域 $D=\{a_1,a_2,\cdots,a_n\}$时，以上公式的验证也是很容易的。如对(1)①有

$$\begin{aligned}\forall x(A(x)\vee B)&\Leftrightarrow(A(a_1)\vee B)\wedge(A(a_2)\vee B)\wedge\cdots\wedge(A(a_n)\vee B)\\&\Leftrightarrow(A(a_1)\wedge A(a_2)\wedge\cdots\wedge A(a_n))\vee B\\&\Leftrightarrow\forall xA(x)\vee B\end{aligned}$$

对于定理 2-3(1)、(2) 中含有蕴含联结词的等值式，我们都可以通过公式 $p\rightarrow q\Leftrightarrow\neg p\vee q$，并运用定理中的①②证明出来。

例 2-15 证明 $\forall x(A(x)\rightarrow B)\Leftrightarrow\exists xA(x)\rightarrow B$。

证明 $\forall x(A(x)\rightarrow B)\Leftrightarrow\forall x(\neg A(x)\vee B)$

$$\begin{aligned}&\Leftrightarrow\forall x\neg A(x)\vee B\Leftrightarrow\neg\exists xA(x)\vee B\\&\Leftrightarrow\exists xA(x)\rightarrow B\end{aligned}$$

定理 2-4 量词分配等值式。

(1) $\forall x(A(x)\wedge B(x))\Leftrightarrow\forall xA(x)\wedge\forall xB(x)$。

(2) $\exists x(A(x)\vee B(x))\Leftrightarrow\exists xA(x)\vee\exists xB(x)$。

其中，(1)称为$\forall$对$\wedge$的分配；(2) 称为$\exists$对$\vee$的分配。

对(1)，取任一解释 I，若 $\forall x(A(x)\wedge B(x))$为真，则对于个体域 D 中一切 $d\in D$，$A(d)\wedge B(d)$为真，从而有 $A(d)$为真且 $B(d)$为真，故有 $\forall xA(x)$为真且 $\forall xB(x)$为真，即有 $\forall xA(x)\wedge\forall xB(x)$；反之，若 $\forall x(A(x)\wedge B(x))$为真，则 $\forall xA(x)$为真且$\forall xB(x)$为真，即对于个体域 D 中一切 $d\in D$，$A(d)$为真且 $B(d)$为真，所以 $A(d)\wedge B(d)$为真，故有 $\forall x(A(x)\wedge B(x))$。对(2)，读者可采用类似的方法讨论。

需要指出的是$\forall$对$\vee$和$\exists$对$\wedge$都不一定满足分配律，即

(1) $\forall x(A(x)\vee B(x))\not\Leftrightarrow\forall xA(x)\vee\forall xB(x)$。

(2) $\exists x(A(x)\wedge B(x))\not\Leftrightarrow\exists xA(x)\wedge\exists xB(x)$。

取解释 I 为：个体域 D 为整数集，$F(x)$：x 是偶数，$G(x)$：x 是奇数。此时，$\forall x(F(x)\vee G(x))$表示“对任意整数 x，它或是偶数或是奇数”，显然其为真；而$\forall xF(x)\vee\forall xG(x)$表示“任意整数是偶数或者任意整数是奇数”，这是假的，故

$\forall x(F(x) \vee G(x)) \leftrightarrow \forall xF(x) \vee \forall xG(x)$不是逻辑有效式。同样，$\exists x(F(x) \wedge G(x))$为假，而$\exists xF(x) \wedge \exists xG(x)$为真，故$\exists x(F(x) \wedge B(x)) \leftrightarrow \exists xF(x) \wedge \exists xG(x)$也不是逻辑有效式。

定理 2-5　量词移位等值式。

(1) $\forall x\forall yA(x,y) \Leftrightarrow \forall y\forall xA(x,y)$。

(2) $\exists x\exists yA(x,y) \Leftrightarrow \exists y\exists xA(x,y)$。

注意　不同名量词间的次序是不可随意变更的，如$\forall x\exists yA(x,y) \not\Leftrightarrow \exists y\forall xA(x,y)$。事实上，有$\exists y\forall xA(x,y) \Rightarrow \forall x\exists yA(x,y)$，而$\forall x\exists yA(x,y) \not\Leftrightarrow \exists y\forall xA(x,y)$。

习题 2.3

1. 将下列公式进行否定深入。

(1) $\neg(\exists xA(x) \rightarrow \forall xB(x))$。

(2) $\neg(\forall xA(x) \wedge B(x) \vee \exists xC(x))$。

(3) $\neg((\exists xA(x) \leftrightarrow \forall xB(x)) \wedge \forall xC(x))$。

2. 限定个体域如下：$U=\{1,2,3\}$，证明下列公式是逻辑有效式。

(1) $\forall x(P(x) \rightarrow Q(x)) \rightarrow (\exists xP(x) \rightarrow \exists xQ(x))$。

(2) $(\exists xP(x) \rightarrow \forall xQ(x)) \rightarrow \forall x(P(x) \rightarrow Q(x))$。

(3) $\forall x(A(x) \wedge B(x)) \leftrightarrow \forall xA(x) \wedge \forall xB(x)$。

2.4　谓词逻辑推理理论

若$A(x)$中x不出现在量词$\forall y$或$\exists y$的辖域内，则称$A(x)$对y是自由的。为了讨论的方便，先通过下面的例子来解释术语"$A(x)$对y是自由的"的含义。

(1) $\forall yP(y) \vee Q(x) \vee R(z)$。

(2) $\exists yP(x,y) \vee Q(x,y)$。

(3) $\forall yP(y) \wedge Q(x,y)$。

(4) $\forall y(P(y) \wedge Q(x,y))$。

为了强调公式对自由变元x的依赖关系，分别记为(1)$A(x)$，(2)$B(x)$，(3)$C(x)$，(4)$D(x)$，记法中省略了其他自由变元。若需要将$A(x)$中的x代以另一个体变元y，则代入后式子可记作$A(y)$，但此时代入前要求$A(x)$对y是自由的。因此，$A(x)$、$C(x)$对y是自由的，$B(x)$、$D(x)$对y不是自由的。

在谓词逻辑中，推理的形式结构仍为$A_1 \wedge A_2 \wedge \cdots \wedge A_k \rightarrow B$。若该式为逻辑有效式，则推理正确，称$B$是$A_1 \wedge A_2 \wedge \cdots \wedge A_k$的**逻辑结论**，记作$A_1 \wedge A_2 \wedge \cdots \wedge A_k \Rightarrow B$此时称$A_1 \wedge A_2 \wedge \cdots \wedge A_k \Rightarrow B$为**逻辑有效蕴含式**。

逻辑有效蕴含式称为**推理定律**，命题逻辑中的重言蕴含式在谓词逻辑中的代换实例，都可作为推理定律，谓词逻辑等值式可产生相应两条推理定律。还有下面常用推理定律：

定理 2-6 (1) $\forall xA(x) \vee \forall xB(x) \Rightarrow \forall x(A(x) \vee B(x))$。

(2) $\exists x(A(x) \wedge B(x)) \Rightarrow \exists xA(x) \wedge \exists xB(x)$。

(3) $\forall x(A(x) \to B(x)) \Rightarrow \forall xA(x) \to \forall xB(x)$。

(4) $\forall x(A(x) \to B(x)) \Rightarrow \exists xA(x) \to \exists xB(x)$。

在推理过程中，除运用上述推理定律外，还常用到下面 4 条推理规则，在这些规则中 $A \Rightarrow B$ 不一定表示 $A \to B$ 为逻辑有效式，表示的是在一定条件下，当 A 为真 B 必为真。

全称量词消去规则（简称 US）：

(1) $\forall xA(x) \Rightarrow A(y)$。

(2) $\forall xA(x) \Rightarrow A(c)$。

其中，y 为任意不在 $A(x)$ 中约束出现的个体变元，c 为任意的个体常元。应用 US 要求 $A(x)$ 对 y 是自由的。US 规则在使用时，如果不注意条件是会犯错误的。

例 2-16 考虑实数集中的二元谓词 $F(x,y)$ 为 $x<y$，则谓词公式 $\forall x \exists yF(x,y)$ 是真命题。设 $A(x)=\exists yF(x,y)$，x 在 $A(x)$ 中自由出现是满足的，但 y 在 $A(x)$ 中是约束出现的，即 $A(x)$ 对 y 是不自由的。若错误地应用 US 规则：

① $\forall x \exists yF(x,y)$ P

② $\exists yF(y,y)$ T①US

结论为"存在着实数 y，$y<y$"，这显然是真值为假的命题。

全称量词引入规则（简称 UG）：$A(y) \Rightarrow \forall xA(x)$。

要求条件：(a) $A(x)$ 对 y 是自由的。

(b) 取代 $A(y)$ 中 y 的个体变元 x 不能在 $A(y)$ 中约束出现过。

(c) 在推出 $A(y)$ 的前提 Γ 中 y 必须是自由的，且不能是由 ES 规则引入的。

例 2-17 在实数集中仍取二元谓词 $F(x,y)$ 为 $x<y$，$A(y)=\exists xF(x,y)$，显然对 $\forall y$ 都成立，若错误地应用 UG 规则：

① $\exists xF(x,y)$ P

② $\forall x \exists xF(x,x)$ T①UG

结论为 $\forall x \exists x(x<x)$，这是一个假命题，出错原因在于违背了条件(a)。

存在量词引入规则（简称 EG）：

(1) $A(c) \Rightarrow \exists xA(x)$。

(2) $A(y) \Rightarrow \exists xA(x)$。

其中，c 是特定的个体常元。

要求的条件是：(a) 取代 c 的 x 不能在 $A(c)$中出现过。

(b) $A(y)$对 x 是自由的。

例 2-18 在实数集 **R** 中取二元谓词 $F(x,y)$为 $x<y$，并且取 $A(0)=\exists xF(x,0)$，显然 $A(0)$是真命题，x 在 $A(0)$中出现过，若错误地使用 EG 规则①：

① $\exists xF(x,0)$ P

② $\exists x\exists xF(x,x)$ T①EG

结论为“存在着实数 x，使得 $x<x$，就成了假命题，出错原因在于违背了条件(a)。

存在量词消去规则(简称 ES)：

(1) $\exists xA(x)\Rightarrow A(c)$。

(2) $\exists xA(x)\Rightarrow A(y)$。

其中，c 是使 A 为真的特定个体常元。

要求的条件是：(a) c 不曾在此之前中出现过。

(b) $A(x)$中除 x 外还有其他自由出现的个体常元时，不能用(1)，还有其他自由出现的个体变元时，不能用(2)。

(c) $A(y)$ 对 x 是自由的。

例 2-19 在实数集 **R** 中，取二元谓词 $F(x)$为 $x<y$，则对于 $\forall x\exists yF(x,y)$表示“对任意一个实数 x，存在着 y，使得 $x<y$”，显然是真命题，若错误地应用 ES 规则：

① $\forall x\exists yF(x,y)$ P

② $\exists yF(z,y)$ T①US

③ $F(z,c)$ T②ES

结论③表示“任一个实数 z 满足 $z<c$”，是假命题，导致推理错误的原因在于②⇒③过程中，z 在 $A(y)=\exists yF(z,y)$中是自由出现的个体变元。

例 2-20 在自然数集中，设 $F(x)$：x 为奇数，$G(x)$：x 为偶数，则 $\exists xF(x)\wedge\exists xG(x)$是真命题，如果不注意应用 ES 规则要求的条件，由 $\exists xF(x)$，$\exists xG(x)$会推出假命题来：

① $\exists xF(x)$ P

② $F(c)$ T①ES

③ $\exists xG(x)$ P

④ $G(c)$ T③ES

⑤ $F(c)\wedge G(c)$ T②④合取

⑥ $\exists x(F(x)\wedge G(x))$ T⑤EG

显然得到⑥的结论是错误的，其原因在于违背了条件(a)，④中的特定个体常元不应该选取已经出现过的 c，即④中的特定个体常元不应该选取②中使用过的 c。

下面我们通过几个例子来感受一下谓词逻辑层次上的推理。

例 2-21　证明"苏格拉底三段论"。

解　命题符号化，$F(x)$：x 是人；$G(x)$：x 是要死的；a：苏格拉底。

前提：$\forall x(F(x)\to G(x))$，$F(a)$。

结论：$G(a)$。

证明　① $\forall x(F(x)\to G(x))$　　P

② $F(a)\to G(a)$　　T①US

③ $F(a)$　　P

④ $G(a)$　　T②③假言推理

例 2-22　证明下面的推理：每一个出席会议的代表都是经理且是女性。有一些代表是有代表性的人。所以，有一些具有代表性的女性代表。

解　命题符号化，个体域取全总个体域。

$F(x)$：x 是参加会议的代表；$G(x)$：x 是经理；$H(x)$：x 是女性；$R(x)$：x 是有代表性的人。

前提：$\forall x(F(x)\to G(x)\land H(x))$，$\exists x(F(x)\land R(x))$。

结论：$\exists x(F(x)\land R(x)\land H(x))$。

证明　① $\exists x(F(x)\land R(x))$　　P

② $F(c)\land R(c)$　　T①ES

③ $\forall x(F(x)\to G(x)\land H(x))$　　P

④ $F(c)\to G(c)\land H(c)$　　T③US

⑤ $F(c)$　　T②化简

⑥ $G(c)\land H(c)$　　T④⑤假言推理

⑦ $H(c)$　　T⑥化简

⑧ $F(c)\land R(c)\land H(c)$　　T②⑦合取

⑨ $\exists x(F(x)\land R(x)\land H(x))$　　T⑨EG

需要指出的是，在这个证明过程中，作为前提的既有含有存在量词的公式，又有含有任意量词的公式，在应用规则消去量词的时候，即应用 ES、US 的时候，应该先应用 ES，即先引入含有存在量词的公式，否则会出错。

例 2-23　构造下面推理的证明。

前提：$\neg\exists x(f(x)\land H(x))$，$\forall x(G(x)\to H(x))$。

结论：$\forall x(G(x)\to\neg F(x))$。

证明　① $\neg\exists x(F(x)\land H(x))$　　P

② $\forall x\neg(F(x)\land H(x))$　　T①量词否定

③ $\forall x(\neg F(x) \vee \neg H(x))$ T②德·摩根律

④ $\forall x(H(x) \to \neg F(x))$ T③蕴含等值式

⑤ $H(y) \to \neg F(y)$ T④US

⑥ $\forall x(G(x) \to H(x))$ P

⑦ $G(y) \to H(y)$ T⑥US

⑧ $G(y) \to \neg F(y)$ T⑤⑦假言三段论

⑨ $\forall x(G(x) \to \neg F(x))$ T⑧UG

例 2-24 证明$\forall x(P(x) \vee Q(x)), \forall x \neg P(x) \Rightarrow \exists x Q(x)$。

证明 本题证明可以采用归谬法。

① $\forall x \neg P(x)$ P

② $\neg P(y)$ T①US

③ $\neg \exists x Q(x)$ P 否定结论引入

④ $\forall x \neg Q(x)$ T③量词的否定

⑤ $\neg Q(y)$ T④US

⑥ $\neg P(y) \wedge \neg Q(y)$ T③⑤合取

⑦ $\neg(P(y) \vee Q(y))$ T⑥德·摩根律

⑧ $\forall x(P(x) \vee Q(x))$ P

⑨ $P(y) \vee Q(y)$ T⑧US

⑩ $\neg(P(y) \vee Q(y)) \wedge (P(y) \vee Q(y))$ T⑦⑨合取

由⑩得出矛盾,根据归谬法可知原命题得证。

例 2-25 判断下列推理是否正确。

(1) ① $\forall x \exists y(x>y)$ P

② $\exists y(z>y)$ T①US

③ $z>c$ T②ES

④ $\forall x(x>c)$ T③UG

⑤ $c>c$ T④US

⑥ $\forall x(x>x)$ T⑤UG

(2) ① $\exists x P(x) \wedge \exists x Q(x)$ P

② $\exists x P(x)$ T①化简

③ $\exists x Q(x)$ T①化简

④ $P(c)$ T②ES

⑤ $Q(c)$ T③ES

⑥ $P(c) \wedge Q(c)$ T④⑤合取

⑦ $\exists x(P(x) \wedge Q(x))$ T⑥EG

(3) ① $\forall x(A(x) \to B(x))$ P

② $\forall xA(x)\to\forall xB(x)$ T①置换

③ $A(c)\to\forall xB(x)$ T②US

④ $\exists xA(x)\to\forall xB(x)$ T③EG

解 (1) 的推理是错误的。在做③时,错误地使用了 ES 规则,因为在其前提中还有其他的自由出现的个体变元,违反了 ES 规则要求的条件(c)。

(2) 的推理是错误的。在做④、⑤时,错误地同时应用了 ES 规则,因为在同一个构造推理过程中,用到两次以上 ES 规则时,不能选取同一个个体常元。

(3) 的推理是错误的。在做③、④时对公式一部分使用 US 规则或者 EG 规则,这必然是错误的。

习题 2.4

1. 指出下列逻辑推理的错误。

(1) ① $\forall x(P(x)\to Q(x))$ P

② $P(y)\to Q(y)$ T①US

③ $\exists xP(x)$ P

④ $P(y)$ T③ES

⑤ $Q(y)$ T②④假言推理

⑥ $\exists xQ(x)$ T⑤EG

(2) ① $\exists xA(x,y)$ P

② $\forall y\exists xA(x,y)$ T①UG

③ $\forall y\exists xA(x,y)\to\exists xA(x,x)$ T①②假言推理

④ $\exists xA(x,x)$ T②③假言推理

(3) ① $\exists xP(x)$ P

② $P(c)$ T①ES

③ $\exists xQ(x)$ P

④ $Q(c)$ T③ES

⑤ $P(c)\wedge Q(c)$ T②④合取

2. 构造下列推理的证明。

(1) $\forall x(\neg P(x)\to Q(x))$, $\forall x\neg Q(x)\Rightarrow\exists xP(x)$。

(2) $\forall x(P(x)\to Q(x))\Rightarrow\forall xP(x)\to\forall xQ(x)$。

(3) $\neg\forall x(P(x)\wedge Q(x))$, $\forall xP(x)\Rightarrow\neg\forall xQ(x)$。

3. 符号化下列命题,并推证其结论。

(1) 鸟会飞,猴子不会飞,所以猴子不是鸟。

(2) 有些学生相信所有的教师;任何一个学生都不相信骗子,所以,教师不是骗子。

(3) 每个学术会的成员都是工人，并且是专家；有些成员是青年人，所以有的成员是青年专家。

2.5 例题解析

例 2-26 在谓词逻辑中将下面命题符号化。

(1) 凡是自然数都能被 1 整除。

(2) 有的自然数是素数。

要求：①个体域为自然数集合；

②个体域是实数集合；

③个体域为全总个体域。

解 ①不需要引入特性谓词。

(1) $\forall xF(x)$，其中 $F(x)$：x 能被 1 整除。

(2) $\exists xG(x)$，其中 $G(x)$：x 是素数。

②引入特性谓词 $R(x)$：x 是自然数。

(1) $\forall x(R(x)\rightarrow F(x))$。

(2) $\exists x(R(x)\wedge G(x))$。

③虽然个体域更加广阔，但(1)、(2) 的符号化仍可以用②。

例 2-27 试把下面的语句在谓词逻辑中符号化，个体域选取全总个体域。

如果一个程序不能正确地刻画一个问题，那么这个程序就不能解决问题。

(1) 要求不能用存在量词。

(2) 要求不能用全称量词。

解 在谓词逻辑中语句的符号化和命题逻辑中的符号化相比要复杂得多，主要在于量词和个体域的选取，以及由于个体域的原因是否需要添加特性谓词。在题目没有说明如何选取个体域时一般应选用全总个体域，并加入适当的特性谓词，对其他要求也应满足，如本题(1)、(2)，我们可以先按自己的习惯做出，然后根据量词否定等值式转换，也可以在语句转换后符号化。

$F(x)$：x 能正确地刻画一个问题；$H(x)$：x 是一个程序；$G(x)$：x 能解决这个问题。

(1) $\forall x((H(x)\wedge\neg F(x))\rightarrow\neg G(x))$

(2) $\forall x((H(x)\wedge\neg F(x))\rightarrow\neg G(x))$

$\Leftrightarrow\neg(\neg(\forall x((H(x)\wedge\neg F(x))\rightarrow\neg G(x))))$

$\Leftrightarrow\neg(\exists x\neg((H(x)\wedge\neg F(x))\rightarrow\neg G(x)))$

$\Leftrightarrow\neg(\exists x\neg(\neg(H(x)\wedge\neg F(x))\vee\neg G(x)))$

$\Leftrightarrow \neg(\exists x(H(x) \wedge \neg F(x)) \wedge G(x))$

$\Leftrightarrow \neg \exists x(H(x) \wedge \neg F(x) \wedge G(x))$

即为所求。

当然也可以根据语句的含义先转换:“不存在一个程序能解决一个问题,而不能正确地刻画一个问题。”然后可符号化得到结果。

例 2-28 个体域为整数集合时,下列公式( )不是命题。

(A) $\forall x \forall y(x \times y=y)$　　(B) $\forall x \exists y(x \times y=1)$

(C) $\forall x(x \times y=x)$　　(D) $\exists x \exists y(x \times y=2)$

解 这类问题需要我们对个体域内的全部可能解释进行考查。

对 A: $\forall x \forall y(x \times y=y)$,很显然是一个假命题。

对 B: $\forall x \exists y(x \times y=1)$,显然也是一个假命题。

对 D: $\exists x \exists y(x \times y=2)$,显然是一个真命题。

只有 C: $\forall x(x \times y=x)$无法确定其真值,故不是命题。

例 2-29 谓词公式$\forall x \exists y(P(x,y))$的否定式为( )。

(A) $\forall x \exists y \neg(P(x,y))$　　(B) $\exists x \forall y \neg(P(x,y))$

(C) $\forall x \forall y \neg(P(x,y))$　　(D) $\exists x \exists y \neg(P(x,y))$

解 只要记住了量词否定等值式及量词的辖域,此题不难得出答案。

$$\neg(\forall x \exists y(P(x,y)))$$

$$\Leftrightarrow \exists x \neg(\exists y(P(x,y)))$$

$$\Leftrightarrow \exists x \forall y \neg(P(x,y))$$

故应选择 B。

例 2-30 判断下面的推理是否有效,若有效请证明之,否则予以举例反驳。

(1) $\forall x(A(x) \to B(x)) \Rightarrow \exists x A(x) \wedge \exists x B(x)$。

(2) $\forall x(A(x) \to B(x)) \Rightarrow \exists x A(x) \to \exists x B(x)$。

解 对于这类问题,一般可以采用很多种不同的方法。

(1) 的推理是错误的。我们可以采用给出一组适当的解释使得公式

$$\forall x(A(x) \to B(x)) \to (\exists x A(x) \wedge \exists x B(x))$$

在该解释下真值为假即可。

例如,个体域选取为 $D=\{1,2,3\}$,$A(x)$: $x<0$,$B(x)$: $x>0$,则最外层蕴含的前件$\forall x(A(x) \to B(x))$,因为对$\forall x \in D$,$A(x) \to B(x) \Leftrightarrow 1$;对于最外层蕴含的后件$\exists x A(x) \wedge \exists x B(x)$,$\exists x A(x) \Leftrightarrow 0$,$\exists x B(x) \Leftrightarrow 1$,所以$\exists x A(x) \wedge \exists x B(x) \Leftrightarrow 0$,故蕴含式$\forall x(A(x) \to B(x)) \to (\exists x A(x) \wedge \exists x B(x))$真值为 0,所以推理不正确。

(2) 的推理是有效的。我们不妨把公式理解为最外层为蕴含式,用等值推演得出$\forall x(A(x) \to B(x)) \to (\exists x A(x) \to \exists x B(x))$为永真式。

$\forall x(A(x) \to B(x)) \to (\exists x A(x) \to \exists x B(x))$

$\Leftrightarrow\neg\forall x(A(x)\rightarrow B(x))\vee(\exists xA(x)\rightarrow\exists xB(x))$

$\Leftrightarrow\neg\forall x(\neg A(x)\vee B(x))\vee(\neg\exists xA(x)\vee\exists xB(x))$

$\Leftrightarrow\exists x\neg(\neg A(x)\vee B(x))\vee\neg\exists xA(x)\vee\exists xB(x)$

$\Leftrightarrow\exists x(A(x)\wedge\neg B(x))\vee\exists xB(x)\vee\neg\exists xA(x)$

$\Leftrightarrow\exists x((A(x)\wedge\neg B(x))\vee B(x))\vee\neg\exists xA(x)$

$\Leftrightarrow\exists x((A(x)\vee B(x))\wedge(\neg B(x)\vee B(x)))\vee\neg\exists xA(x)$

$\Leftrightarrow\exists x((A(x)\vee B(x))\vee\neg\exists xA(x)$

$\Leftrightarrow\exists xA(x)\vee\exists B(x)\vee\neg\exists xA(x)$

$\Leftrightarrow(\exists xA(x)\vee\neg\exists xA(x))\vee\exists B(x)$

$\Leftrightarrow 1$

同时,对于推理问题,也可以采用形式证明的方法来说明推理有效。

证明

①	$\exists xA(x)$	P 附加前提引入
②	$A(c)$	T①ES
③	$\forall x(A(x)\rightarrow B(x))$	P
④	$A(c)\rightarrow B(c)$	T③US
⑤	$B(c)$	T②④假言推理
⑥	$\exists xB(x)$	T⑤EG
⑦	$\exists xA(x)\rightarrow\exists xB(x)$	T①⑥CP

例 2-31 用形式证明的方法证明下述推理。

前提:$\forall x(P(x)\rightarrow Q(x))$, $\exists x(R(x)\wedge\neg Q(x))$。

结论:$\neg\forall x(R(x)\rightarrow P(x))$。

证明

①	$\exists x(R(x)\wedge\neg Q(x))$	P
②	$R(a)\wedge\neg Q(a)$	T① ES
③	$\forall x(R(x)\rightarrow P(x))$	P 否定结论引入
④	$R(a)\rightarrow P(a)$	T③US
⑤	$R(a)$	T②化简
⑥	$P(a)$	T④⑤假言推理
⑦	$\forall x(P(x)\rightarrow Q(x))$	P
⑧	$P(a)\rightarrow Q(a)$	T⑦US
⑨	$Q(a)$	T⑥⑧假言推理
⑩	$\neg Q(a)$	T②化简
⑪	$Q(a)\wedge\neg Q(a)$	T⑨⑩合取

根据归谬证明法知结论得证。

对于谓词逻辑中的形式证明需要注意到，在运用UG、US、EG和ES规则时要求的条件，如本题中同时用到ES和US，并且期望选取同一个特定常元时，应先进行存在量词消去，再进行全称量词消去等。

同时还要注意命题逻辑中形式证明规则和方法在谓词逻辑中同样适用，如本题中采用归谬法，应用否定结论引入得出矛盾，应用假言推理规则等。

例 2-32 判断下列推理是否有效，若错误请具体指出。

(1)	① $\forall x(F(x)\lor G(x))$	P
	② $F(a)\lor G(b)$	T①US
(2)	① $F(x)\to G(c)$	P
	② $\exists x(F(x)\to G(x))$	T①EG
(3)	① $F(a)\to G(b)$	P
	② $\exists x(F(x)\to G(x))$	①EG
(4)	① $\exists x(F(x)\land G(x))$	P
	② $\exists y(H(y)\land R(y))$	P
	③ $F(c)\land G(c)$	T①ES
	④ $F(c)$	T③化简
	⑤ $H(c)\land R(c)$	T②ES
	⑥ $H(c)$	T⑤化简
	⑦ $F(c)\land H(c)$	T④⑥合取
	⑧ $\exists x(F(x)\land H(x))$	⑦EG

解 (1)②错。①中公式为$\forall xA(x)$，这里$A(x)=F(x)\lor G(x)$，因而在使用US规则后应该得到$A(a)$或者$A(y)$，也就是说要用同一个个体变元或者个体常元代替在任意量词辖域内的所有和该量词的指导变元相同的个体变元。故$F(a)\lor G(b)$的结论是错误的。

(2) ②错。①中公式含有个体变元x，用EG规则时，约束变元不能用x。

(3) ②错。①中公式含有两个不同的个体常元，不能在使用EG规则后成为同一个变元。

(4) ⑤错。对③使用ES规则得到$F(c)\land G(c)$，此时，c为特定常元，它应该使得$F(c)\land G(c)$为真，但是不能保证$H(c)\land R(c)$也同时为真，也就是说在对两个不同的公式都进行ES规则时，选取的特定常元不能一样。

复习题二

1. 将下列命题符号化。

(1) 没有最大的整数。

(2) 每一个学生要好好学习。

(3) 并不是所有的液体都能溶于水。

(4) 不是所有人一样高。

(5) 每一个数要么是实数,要么是复数。

(6) 一个数既是素数又是偶数,当且仅当这个数是 2。

(7) 如果别的星球上有人,那么金星上有人。

2. 给定个体域如下:$U=\{1,2,3\}$,$A(x)=$“x 是偶数”,$B(x)=$“x 是奇数”,求下列谓词公式的真值。

(1) $\exists x(A(x)\wedge B(x))$。

(2) $\forall x(A(x)\rightarrow\neg(x\leqslant 2))$。

3. 请指出下列公式中量词的辖域,并指出自由变元和约束变元。

(1) $\forall x(P(x)\wedge Q(y))\rightarrow\exists yM(x,y)$。

(2) $(\exists xP(x)\rightarrow Q(y))\rightarrow\forall xM(x)$。

(3) $\forall xP(x,y)\rightarrow\exists yQ(y)$。

(4) $\forall x\exists yP(x,y)\rightarrow Q(y)$。

4. 在谓词逻辑中还经常用到符号 $\exists !$,它表示的含义是存在且唯一。试用 $\forall$、$\exists$、命题逻辑联结词、等号“=”和 $P(x)$ 来表示 $\exists !\ xP(x)$,即写出一个通常的谓词公式使之与 $\exists !\ xP(x)$ 具有相同的意义。

5. 设个体域为 $\{a,b,c\}$,试将下列公式写成不含量词的形式。

(1) $\forall xP(x)\wedge\forall xQ(x)$。

(2) $\exists x(P(x)\rightarrow\forall xQ(x))$。

(3) $\forall x\exists yR(x,y)$。

6. 判断下列公式是否为永真式,并说明理由。

(1) $(\forall xP(x)\rightarrow\forall xQ(x))\rightarrow\forall x(P(x)\rightarrow Q(x))$。

(2) $\exists x(P(x)\leftrightarrow Q(x))\leftrightarrow\forall x((P(x)\vee R(x))\leftrightarrow(Q(x)\vee R(x)))$。

(3) $\exists x(P(x)\leftrightarrow Q(y))\rightarrow(\exists xP(x)\rightarrow Q(y))$。

(4) $\exists x\exists y(P(x)\rightarrow Q(y))\leftrightarrow(\forall xP(x)\rightarrow\exists yQ(x))$。

7. 证明下列等值式。

(1) $\exists x(A(x)\rightarrow B(x))\Leftrightarrow\forall xA(x)\rightarrow\exists xB(x)$。

(2) $\forall x\forall y(P(x)\rightarrow Q(y))\Leftrightarrow\exists xP(x)\rightarrow\forall yQ(y)$。

8. 证明下列推理。

(1) $\forall xF(x)\rightarrow\forall y((F(y)\vee G(y))\rightarrow R(y))$, $\exists xF(x)\Rightarrow\exists x(F(x)\wedge R(x))$。

(2) $\forall x(A(x)\rightarrow B(x))$, $\forall x(C(x)\rightarrow\neg B(x))\Rightarrow\forall x(C(x)\rightarrow\neg A(x))$。

(3) $\forall x(H(x)\rightarrow A(x))\Rightarrow\forall x\forall y(H(y)\wedge N(x,y))\rightarrow\exists y(A(y)\wedge N(x,y))$。

9. 符号化下列命题,并证明其有效性。

(1) 航海家都教育自己的孩子成为航海家,有一个人教育他的孩子去做飞行家,那么这个人一定不是航海家。

(2) 所有的哺乳动物都是脊椎动物;并非所有的哺乳动物都是胎生动物,故有些脊椎动物不是胎生的。

(3) 所有的有理数都是实数,所有的无理数也是实数,虚数不是实数。因此,虚数既不是有理数,也不是无理数。

第3章　集　合　论

集合论是现代数学重要的理论基础之一。集合论的创始人是德国数学家康托(George Cantor),他所做的工作一般称为朴素集合论。1908年德国数学家策莫洛(Ernst Zermelo)建立了集合论的公理系统,使康托提出的集合论变得更加严谨、更加完善。这里采用朴素集合论的方法介绍集合论的初步知识。

集合论中常要用到初等数论的知识,为此我们先介绍初等数论的知识——整数的性质作为集合论的预备知识。

3.1　预备知识——整数的性质

数论是研究整数性质的数学分支,它既古老,又始终充满青春活力。今天数论不仅仍然是一个活跃的数学分支,而且在计算机科学技术应用中,还发现了许多意想不到的作用。这里主要介绍初等数论的基本知识。下面的讨论都是在整数范围内进行的。

3.1.1　整除与带余除法

我们知道,任意两个整数可以相加、相减和相乘,其结果仍然是整数。但两个整数不一定可以在整数的范围内相除。研究整数的性质基本上就是研究整数的整除性及其相关的问题。

定义 3-1　对于任意两个整数 a 和 $b(b \neq 0)$,若存在一个整数 q,使得 $a=bq$,则称 b **整除** a 或 a **能被** b **整除**,记作 $b|a$;否则记作 $b \nmid a$;当 $b|a$ 时称 a 是 b 的**倍数**,或 b 是 a 的**因数**。

例如,12能被 $\pm 1, \pm 2, \pm 3, \pm 4, \pm 6, \pm 12$ 整除,由于正负因数是成对出现的,通常只考虑正因数。显然任何正整数都有两个正因数:1和它自己,称为它的**平凡因数**。平凡因数之外的因数称为**真因数**。例如2,3,4,6是12的真因数。

任一非零整数都整除0,而 ± 1 整除任意整数。

由整除的定义,很容易证明下面几条简单的性质:

定理 3-1　设 a,b,c 都是整数,且 $a \neq 0$,则有

(1) 若 $a|b, a|c$,则对任意的整数 m、n,有 $a|(mb+nc)$。

(2) 若在一个等式

$$b_1+b_2+\cdots+b_n=c_1+c_2+\cdots+c_m$$

中，除某一项外，其余各项都能被 a 整除，则此项也能被 a 整除。

(3) 若 $a|b$，$b|c(b \neq 0)$，则 $a|c$。

(4) 若 $a|b$ 且 $b \neq 0$，则 $|a| \leqslant |b|$。

(5) 若 $a|b$，$b|a$，则 $b=\pm a$。

证明 (1) 因为 $a|b$，$a|c$，故有整数 d，e 使得 $b=ad$，$c=ae$，所以

$$mb+nc=mad+nae=a(md+ne)$$

而 $md+ne$ 为整数，所以 $a|(mb+nc)$。

(2) 在等式 $b_1+b_2+\cdots+b_n=c_1+c_2+\cdots+c_m$ 中，不妨设 $b_2,\cdots,b_n,c_1,c_2,\cdots,c_m$ 都能被 a 整除，解出 $b_1=c_1+c_2+\cdots+c_m-b_2-\cdots-b_n$，由(1)$c_1+c_2+\cdots+c_m-b_2-\cdots-b_n$ 能被 a 整除，故 b_1 被 a 整除。

(3) 因为 $a|b$，$b|c$，则有整数 d，e 使 $b=ad$，$c=be$，因此 $c=a(de)$，而 de 为整数，所以 $a|c$。

(4) 因为 $a|b$，则存在整数 d 使得

$$b=ad$$

而 a 是除数，所以 $a \neq 0$，又 $b \neq 0$。另一方面因 d 是整数，所以 $|d| \geqslant 1$，因此

$$|b|=|a||d| \geqslant |a|$$

(5) 因为 $a|b$，$b|a$，则有整数 d，e 使得 $b=ad$，$a=be$，于是 $a=ade$，消去 a 得 $1=de$，而 d，e 都是整数，相乘得 1，故 d 和 e 都等于 ± 1，因而 $b=\pm a$。

我们知道对于任意两个整数 a 和 $b(b \neq 0)$，并不总是有 $b|a$，但总是有如下称为**带余除法**的定理。

定理 3-2 设 a，b 是两个整数，且 $b \neq 0$，则必存在两个整数 q 及 r，使得

$$a=qb+r(0 \leqslant r < |b|) \tag{3-1}$$

且 q 及 r 是唯一存在的，其中 $|b|$ 是数 b 的绝对值。

定理 3-2 中的 q 和 r 就是通常所说的用 b 除 a 所得的**商**和**余数**。

例 3-1 (1) 若 $a=13$，$b=3$，则商 $q=4$，余数 $r=1$，即 $13=4\times3+1$。

(2) 当 $a=-13$，$b=3$ 时，则商 $q=-5$，余数 $r=2$，即 $-13=(-5)\times3+2$。

(3) 当 $a=2$，$b=3$ 时，则商 $q=0$，余数 $r=2$，即 $2=0\times3+2$。

(4) 若 $a=12$，$b=3$ 时，则商 $q=4$，余数 $r=0$，即 $13=4\times3+0=4\times3$。

推论 设 a，b 是两个整数，且 $b \neq 0$，则 $b|a$ 当且仅当式(3-1)中的余数 $r=0$。

由定理 3-2 的推论可以看出带余除法与整除性的联系非常紧密，或者说带余除法对整除性的研究是至关重要的。

研究因数就需要研究素数和素因数。

定义 3-2 设正整数 $p>1$，若 p 只有 p 和 1 两个正因数，则称 p 为**素数**(或质数)，否则称其为**合数**。

例如 2，3，5，7，11，13 都是素数，而 8，9，10，14 都是合数。

注意 1 不是素数，最小的素数是 2。由素数的定义，全体正整数可分为三类：①1 是一类；②全体素数；③全体合数。

素数和合数有如下的性质：

定理 3-3 设 p 是素数。

(1) 若 $d>1$ 且 $d|p$，则 $d=p$。

(2) 若 $p|ab$，则 $p|a$ 或 $p|b$。

(3) 若 $a>1$ 是合数当且仅当 $a=bc$，其中 $1<b<a$，$1<c<a$。

(4) 若 a 是合数，则存在素数 p 使得 $p|a$，换句话说，合数必有素数因数。

定理 3-3(2)可以推广到更一般的情形。

定理 3-4 若 p 为素数，而 $p|a_1a_2\cdots a_n$，则 p 必整除 $a_1,a_2,\cdots,a_n$ 之一。

证明 若 $p|a_n$，则定理得证。若 $p\nmid a_n$，因 $p|(a_1a_2\cdots a_{n-1})a_n$ 和定理 3-3，则 $p|a_1a_2\cdots a_{n-1}$。同样若 $p|a_{n-1}$，则定理得证，否则必有 $p|a_1a_2\cdots a_{n-2}$。如此类推，必可找到 $a_n,a_{n-1},\cdots a_1$ 中的一个为 p 整除。

推论 若 p 是素数，a 是整数，则 $p|a$ 或 p，a 互素，且二者仅居其一。

注意 当 d 不是素数时，$d|ab$ 不一定能推出 $d|a$ 或 $d|b$。例如 $6|4\times9$，但 $6\nmid4$ 且 $6\nmid9$。

定理 3-5 设正整数 $a>1$，则 a 可以唯一地分解为

$$a=p_1^{\alpha_1}p_2^{\alpha_2}\cdots p_s^{\alpha_s}$$

其中，$p_1<p_2<\cdots<p_s$ 是整数 a 的不同素因数，α_i 为正整数。

例如，$360=2^3\times3^2\times5$。

显然，a 的因数只能是 a 中的部分素因数的乘积，即有如下的推论：

推论 设 $a=p_1^{\alpha_1}p_2^{\alpha_2}\cdots p_s^{\alpha_s}$，其中 $p_1<p_2<\cdots<p_s$ 是整数 a 的不同素因数，α_i 为正整数，则正整数 d 是 a 的因数的充分必要条件是

$$d=p_1^{\beta_1}p_2^{\beta_2}\cdots p_s^{\beta_s}$$

其中，$0\leqslant\beta_i\leqslant\alpha_i$，$i=1,2,\cdots,s$。

例 3-2 问 360 有多少个正因数？

解 因为已有 $360=2^3\times3^2\times5$。由以上推论，360 的正因数的个数为 $4\times3\times2=24$。360 的 24 个正因数具体是

1,2,4,8；3,6,12,24；9,18,36,72；5,10,20,40；15,30,60,120；45,90,180,360

如何判断一个正整数是否为一个素数呢？下面的定理给我们指明了方法。

定理 3-6 若正整数 $a>1$，且 a 不能被不超过$\sqrt{a}$的所有素数整除，则 a 是素数。

例如，$a=97$，而不超过 $\sqrt{97}$的素数只有 2,3,5,7，且 97 不能被 2,3,5,7 整除，因此，97 是素数。

3.1.2 最大公因数与最小公倍数

定义 3-3 设整数 a,b 不全为零，如果有整数 $c|a$，$c|b$，则称 c 是 a 和 b 的**公因**

数；a 和 b 的公因数中最大的一个称为是 a,b 的**最大公因数**，记为 (a,b) 或 $\mathrm{GCD}(a,b)$。

由此定义可知，最大公因数是正整数，且由定义 3-3 和定理 3-2 容易得到：

(1) 若 $a,b(b\neq 0)$ 是整数，且 $b|a$，则 $|b|$ 就是 a、b 的最大公因数。

(2) 若 $b\nmid a$，则以 b 除 a 得商 q 和余数 r，使得 $a=qb+r(0<r<|b|)$。

观察式(3-1)我们发现，若 d 是 b 和 r 的公因数，则由定理 3-1(4)，d 也是 a 的因数，因而是 a 和 b 的公因数。反之，若 d 是 a 和 b 的公因数，同理可知 d 也是 r 的因数，因而是 b、r 的公因数。由此可见，a、b 的公因数和 b、r 的公因数是完全相同的。因此，为了求 a、b 的最大公因数，只要求 b、r 的最大公因数就行了。若 $r|b$，则 r 就是 b、r 的最大公因数，因而也就是 a、b 的最大公因数；若 $r\nmid b$，则以 r 除 b 得商及余数，…，如此做下去，因为所得的余数都是非负整数且逐次减少，所以最后必将获得一个余数为 0。这就是所谓**辗转相除法**，或称为**欧几里德**(Euclid)**算法**。设用辗转相除法得到的各式为

$$\begin{cases}a=q_1b+r_1\\ b=q_2r_1+r_2\\ r_1=q_3r_2+r_3\\ \quad\vdots\\ r_{n-2}=q_nr_{n-1}+r_n\\ r_{n-1}=q_{n+1}r_n\end{cases}\tag{3-2}$$

由以上的推理我们知道，a、b 的公因数和 b、r_1 的公因数相同，和 r_1、r_2 的公因数相同，…，和 r_{n-1}、r_n 的公因数相同，因此有

$$\mathrm{GCD}(a,b)=\mathrm{GCD}(b,r_1)=\mathrm{GCD}(r_1,r_2)=\cdots=\mathrm{GCD}(r_{n-2},r_{n-1})=\mathrm{GCD}(r_{n-1},r_n)$$

但由式(3-2)的最后一式知 $r_n|r_{n-1}$，故 $\mathrm{GCD}(r_{n-1},r_n)=r_n$，因此 $\mathrm{GCD}(a,b)=r_n$。

例 3-3 设 $a=722$，$b=589$。求 $\mathrm{GCD}(a,b)$。

解 因为

$$722=1\times 589+133$$
$$589=4\times 133+57$$
$$133=2\times 57+19$$
$$57=3\times 19$$

所以 $\mathrm{GCD}(722,589)=19$。

定理 3-7 设两个正整数 a 和 b 的最大公因数 $\mathrm{GCD}(a,b)=d$，则

(1) 存在整数 s 和 t(不一定是正整数)，使得

$$d=sa+tb$$

(2) 设 c 是整数，如果 $c|a$ 且 $c|b$，则 $c|d$。

证明 (1)令 J 是可以写成 $ma+nb$(m,n 为整数)的全部正整数的集合，即

$$J=\{ma+nb\,|\,m,n\text{ 为整数},ma+nb>0\}$$

设 k 是 J 中的最小元素，并令 $k=m_0a+n_0b$，因为 $d|a$ 且 $d|b$，所以 $a=h_1d$，b

$=h_2d$，则有

$$k=m_0a+n_0b=m_0h_1d+n_0h_2d=d(m_0h_1+n_0h_2)$$

即 $d|k$，而 d、k 都是正整数，所以

$$d\leqslant k \tag{3-3}$$

另一方面，根据定理 3-2，我们能够写出 $a=qk+r$，这里 $0\leqslant r<k$，所以

$$r=a-qk=a-q(m_0a+n_0b)=(1-m_0q)a+(-n_0q)b$$

因此 $r=0$，或者 $r\in J$。但由于 $r<k$，而 k 是 J 中最小的元素，因此必有 $r=0$，所以 k 是 a 的因数。同样的道理，可以证明 k 是 b 的因数。因此 k 是 a 和 b 的公因数，于是有

$$k\leqslant d \tag{3-4}$$

由式(3-3)和式(3-4)可知，$d=k$。

(2) 设 c 是 a、b 的任一公因数，即 $c|a$，$c|b$，因为 $d=sa+tb$，所以 $c|(sa+tb)$，也就是 $c|d$。

由定理 3-7 可以得到，d 是 a、b 的最大公因数，当且仅当

(1) $d|a$，$d|b$。

(2) 对于任何 $c\in\mathbf{Z}^+$，若 $c|a$ 且 $c|b$，则 $c|d$。

例 3-4　以 $a=722$ 和 $b=589$ 为例，说明整数 s 和 t 的计算。由例 3-3 能够写出

$$\begin{aligned}19&=133-2\times57=133-2\times(589-4\times133)\\&=9\times133-2\times589=9\times(722-589)-2\times589\\&=9\times722-11\times589\end{aligned}$$

所以 $\mathrm{GCD}(722,589)=19=9\times722+(-11)\times589$。

如果正整数 a,b 的最大公因数 $\mathrm{GCD}(a,b)=1$，则称 a,b 是**互素的**。

推论　两个正整数 a,b 互素的充分必要条件是存在整数 s 和 t，使得

$$sa+tb=1$$

例如 $\mathrm{GCD}(5,8)=1$，存在 -3，2 使得 $(-3)\times5+2\times8=1$。

类似地，对于任意有限个整数 $a_1,a_2,\cdots,a_n$，只要这 n 个数中有一个不等于零，同样可以定义这 n 个数的最大公因数，并仍用符号 $\mathrm{GCD}(a_1,a_2,\cdots,a_n)$ 表示 $a_1,a_2,\cdots,a_n$ 的最大公因数。如果 $\mathrm{GCD}(a_1,a_2,\cdots,a_n)=1$，就称 $a_1,a_2,\cdots,a_n$ 是互素的。特别地，当 $a_1,a_2,\cdots,a_n$ 中的任何两个都互素时（即对所有的 $i\neq j$，$\mathrm{GCD}(a_i,a_j)=1,i,j=1,2,\cdots,n$），则称 $a_1,a_2,\cdots,a_n$ 是**两两互素的**。显然，两两互素的诸数一定是互素的，但互素的诸数却不一定是两两互素的。例如，整数 6、9 和 11 是互素的，但却不是两两互素的。整数 5、9 和 11 是两两互素的。当然，对于两个整数来说，互素和两两互素这两个概念是一致的。

定理 3-8　若 a、b 互素，而 $a|bc$，则 $a|c$。

证明 因为 a、b 互素，故由定理 3-7 的推论有整数 s、t，使

$$1=sa+tb$$

所以

$$c=sac+tbc$$

而 $a|sac$，$a|tbc$，因此 $a|c$。

定义 3-4 设 a,b 是不全为 0 的整数，若存在整数 m 使得 $a|m$，$b|m$，则称 m 为 a,b 的**公倍数**，公倍数中的最小正整数称为 a,b 的**最小公倍数**，记作 $[a,b]$ 或 LCM(a,b)。

定理 3-9 设 a,b 是两个正整数，最大公因数 GCD$(a,b)=d$，最小公倍数 LCM$(a,b)=m$，则 $md=ab$，即 $m=\dfrac{ab}{d}$。

这表明，可以从最大公因数得到最小公倍数。

例 3-5 设 $a=722$，$b=589$，求 a,b 最小公倍数 LCM(a,b)。

解 由例 3-1，a,b 最大公因数为 $d=19$，则由定理 3-9 可知 a,b 的最小公倍数为

$$m=\frac{ab}{d}=\frac{722\times589}{19}=11191$$

3.1.3 同余

设 $a\in\mathbf{Z}$，m 为一正整数，则由式(3-1)可得唯一的正整数 r 使得

$$a=qm+r(0\leqslant r<m)$$

我们将如此 m 除 a 得到的唯一的非负整数余数 r，记作 $a(\mathrm{mod}m)$，即

$$r=a(\mathrm{mod}m)$$

读作 a 模 m。这样就定义了一个从 $\mathbf{Z}$ 到 $\{0,1,2,\cdots,m-1\}$ 的函数，也可以记作

$$r=\mathrm{res}_m(a)$$

例如 $25(\mathrm{mod}\ 7)=4$，$25(\mathrm{mod}\ 5)=0$，$5(\mathrm{mod}\ 8)=5$，$-13(\mathrm{mod}\ 5)=2$。

由此，可以得到我们今后常用的同余关系，定义如下：

定义 3-5 设 $a,b\in\mathbf{Z}$，m 为一正整数，若 $m|(b-a)$，则称 a 与 b 关于**模 m 同余**，记作

$$a\equiv b(\mathrm{mod}m)$$

例如，$27\equiv3(\mathrm{mod}\ 12)$，$15\equiv27(\mathrm{mod}\ 12)$，$12\equiv0(\mathrm{mod}\ 12)$，$15\equiv-9(\mathrm{mod}\ 12)$。由以上的定义容易得到如下的结论：

定理 3-10 设 $a,b\in\mathbf{Z}$，m 为正整数，且

$$a=q_1m+r_1(0\leqslant r_1<m)$$

$$b=q_2m+r_2(0\leqslant r_2<m)$$

则 $a \equiv b(\bmod m)$ 当且仅当 $r_1 = r_2$。

习题 3.1

1. 设有整数 a,b 如下,试将 a 写成 $qb+r$ $(0<r<b)$ 的形式。

(1) $a=20$,$b=7$。

(2) $a=58$,$b=27$。

(3) $a=3$,$b=8$。

(4) $a=57$,$b=19$。

2. 求下列每对整数的最大公因数,并用 $sa+tb$ 形式表示其最大公因数。

(1) $a=14$,$b=35$。

(2) $a=34$,$b=58$。

(3) $a=180$,$b=252$。

(4) $a=77$,$b=128$。

3. 求下列每对整数的最小公倍数。

(1) $a=72$,$b=108$。

(2) $a=175$,$b=245$。

(3) $a=180$,$b=252$。

(4) $a=64$,$b=81$。

4. 设 $a,b,c,d \in \mathbf{Z}^+$,试证明:

(1) 如果 $\mathrm{GCD}(a,b)=d$,$\mathrm{GCD}(a,c)=1$,则 $\mathrm{GCD}(a,bc)=d$。

(2) 若 b,c 都和 a 互素,则 bc 也和 a 互素。

5. 设 $a,b,c \in \mathbf{Z}^+$,试证明:若 $c>0$,则 $\mathrm{GCD}(ac,bc)=c \cdot \mathrm{GCD}(a,b)$。

6. 设 $a,b,m \in \mathbf{Z}^+$,试证明:如果 $\mathrm{GCD}(a,b)=1$,且 $a|m$, $b|m$,则 $ab|m$。

7. 设 $a,b,m,k \in \mathbf{Z}^+$,试证明:如果 $\mathrm{LCM}(a,b)=m$,且 $a|k$, $b|k$,则 $m|k$。

8. 证明:若 $\mathrm{GCD}(a,b)=d$,则 $\mathrm{GCD}\left(\frac{a}{d},\frac{b}{d}\right)=1$;反之,若 d 是 a,b 的正因数,且 $\mathrm{GCD}\left(\frac{a}{d},\frac{b}{d}\right)=1$,则 $\mathrm{GCD}(a,b)=d$。

3.2 集合

3.2.1 集合的基本概念

集合是不定义的基本数学概念。一般认为“在一定范围内讨论的事物组成的整体”叫做**集合**,这里的“事物”也称为“**个体**”或者“**元素**”。

通常用大写英文字母来标记集合，用小写英文字母来标记元素。如果元素 a 是集合 A 中的元素，记作 $a\in A$，读作“元素 a 属于集合 A”；如果元素 e 不是集合 A 中的元素，记作 $e\notin A$，读作“元素 e 不属于集合 A”。

例 3-6 (1) 英文字母表中的所有 26 个字母。

(2) 图书馆的所有藏书。

(3) 全体中国人。

(4) 整数集合。

上述(1)、(2)、(3)和(4)都是集合，其中“字母”、“藏书”、“中国人”和“整数”就是相应集合中的元素。

设(1)的集合用 A 表示；(2)的集合用 B 表示；(3)的集合用 C 表示；(4)的集合用 D 表示。用 a 表示“某个确定的字母”；b 表示“某本确定的藏书”；c 表示“某位确定的中国人”；d 表示“某个确定的整数”，则 $a\in Ab\in B$；$c\in C$；$d\in D$。但 $b\notin A$；$b\notin C$；$a\notin D$；$d\notin B$ 等。

集合具有下列性质：

(1) **确定性** 给定一个元素 a 和一个集合 A，$a\in A$ 或者 $a\notin A$，二者必居其一，且仅居其一。

(2) **无序性** 在一个集合中所有元素之间的排列次序是任意的。

(3) **互异性** 元素 a 在集合 A 中无论重复多少次，a 只能看做 A 中的一个元素。

(4) **抽象性** 集合中的元素可以是具体的，也可以是抽象的，甚至一个集合也可以作为另一个集合的元素。

例 3-7 (1) 在例 3-6 中，给定一个英文字母 a，就可以判断出 $a\in A$，$a\notin B$ 等。

(2) 集合$\{1,2,3\}=\{2,1,3\}=\{1,2,1,2,3\}=\{1,1,1,2,2,2,3,3,3\}$等。

(3) 在例 3-6 中的集合 A、B、C、D，作为元素组成一个新的集合 E，$E=\{A,B,C,D\}$。

一般地，我们称例 3-7(3)中的这类以集合为元素的集合为一个**集合族**。

3.2.2 集合的表示

1. 枚举法

这是集合的一种常用显式表示方法。该方法是将集合中的所有元素列出，置于“{ }”内，元素之间用逗号隔开。

例如，下列集合都是用枚举法表示的集合。

(1) $A=\{$张三，李四，Wangwu$\}$。

(2) $B=\{\varnothing,\{\varnothing\},2,\{a\}\}$。

(3) $C=\{2,4,6,\cdots,100\}$。

(4) $\mathbf{N}=\{0,1,2,3,4,\cdots\}$。

2. 描述法

这是集合的一种常用隐式表示方法。这种方法是通过给出集合中元素的特性来描述集合的。

例如，下列集合都是用描述法表示的。

(1) $C=\{x|x$ 是不大于 100 的正整数$\}$，其中竖杠“|”前面的 x 代表 C 中的任意元素，竖杠后面代表任意元素 x 应该满足的性质或条件。

(2) $D=\{x|x\in\mathbf{R}$ 且 $x^2-7x+12=0\}$。

***3. 递归指定集合**

这种方法是通过计算规则定义出集合中的元素。

例 3-8　设 $a_0=1,a_1=1,a_{i+1}=a_i+a_{i-1}(i\geqslant1)$，于是

$$S=\{a_0,a_1,a_2,a_3,\cdots\}=\{a_k|k\geqslant0\}$$

我们还经常用到下面的集合，在本书中我们将用如下特定符号表示这些集合：

N　自然数集合，即$\{0,1,2,3,\cdots\}$。

Z　整数集合，并用 $\mathbf{Z}^+$ 表示正整数集合，$\mathbf{Z}^-$ 表示负整数集合。

Q　有理数集合，并用 $\mathbf{Q}^+$ 表示正有理数集合，$\mathbf{Q}^-$ 表示负有理数集合。

R　实数集合，并用 $\mathbf{R}^+$ 表示正实数集合，$\mathbf{R}^-$ 表示负实数集合。

C　复数集合。

P　素数集合(素数是指只能被 1 和其本身整除的大于 1 的正整数)。

$\mathbf{N}_m$　介于 0 和 $m-1$ 之间的非负整数集合，即$\{0,1,2,3,\cdots,m-1\}$。

$\mathbf{Z}_m^+$　介于 1 和 m 之间的正整数集合，即$\{1,2,3,\cdots,m\}$。

注意　在用枚举法表示集合时，若集合的元素较多而不能一一列出，则可使用省略号。需要用省略号时，必须明确告诉别人到底省略了什么，必要时可以加通项补充说明，否则会产生歧义。

例 3-9　给定集合 $A=\{2,4,8,\cdots\}$，你认为 $16\in A$ 吗?

由题设我们很容易想到将 A 描述为 $A=\{x|x=2^n,n$ 是正整数$\}$，此时显然 $16\in A$。

但是我们还可以给出集合 A 的另一种描述 $A=\{x|x=2+n(n-1),n\in\mathbf{Z}^+\}$，显然 $2\in A,4\in A,8\in A$，但此时 $16\notin A$。

习题 3.2

1. 用枚举法表示下列集合。

(1) 小于 20 的素数。

(2) 构成词 enumeration(枚举)的英文字母的集合。

(3) $\{x|x^2+x-6=0\}$。

2. 用描述法表示下列集合。

(1) $\{1,2,3,\cdots,79\}$。

(2) 正奇数的集合。

(3) 能被 5 整除的整数集合。

3. 列出下列集合中的元素。

(1) $\{x|x$ 是 36 的因子$\}$。

(2) $\{x|x=a$ 或者 $x=b\}$。

(3) $\{1,\{3\},\{\{a\}\}\}$。

3.3 集合的关系与运算

3.3.1 集合间的基本关系

两个集合之间的常见关系有子集关系和相等关系。

定义 3-6 设 A、B 是两个集合，如果集合 A 中的每一个元素都是集合 B 中的元素，则称 A 为 B 的**子集合**，简称**子集**，此时也称 A 被 B 包含或者 B 包含 A，记作 $A\subseteq B$。否则，若存在一个元素 $b\in A$，但 $b\notin B$，则 A 不是 B 的子集，记作 $A\nsubseteq B$。

根据定义，设 A 是任意集合，则有

$$A\subseteq A \tag{3-5}$$

例如，$A=\{a,b\}$，$B=\{b,a\}$，$C=\{a,b,c\}$，则 $A\subseteq B$，$A\subseteq C$，$C\nsubseteq B$。

定义 3-7 设 A，B 为集合，如果 $A\subseteq B$ 并且 $B\subseteq A$，则称 A 和 B **相等**，记作 $A=B$；如果 A 和 B 不相等，记作 $A\neq B$。

根据定义，不难得到这样的结论，两个集合相等的充要条件是它们具有相等的元素。

例如，$\{x|x\in \mathbf{R}$ 且 $x^2-3x+2=0\}=\{1,2\}=\{2,1\}=\{1,1,2,2,1,2\}$。

定义 3-8 设 A、B 为集合，如果 $A\subseteq B$ 但 $A\neq B$，则称 A 是 B 的**真子集**，记作 $A\subset B$；否则记作 $A\not\subset B$，这时 A 不是 B 的子集或者 A、B 相等。

例如，$\{1,2\}\subset\{x|x\in \mathbf{R}$ 且 $x^3-3x^2+2x=0\}$；$\{a\}\subset\{a,\{a\}\}$。

定义 3-9 集合 A 中所包含的不同元素的数目，称为集合 A 的**基数**，通常用 $|A|$ 或 Card A 表示。

例如，设 $A=\{a,a,b,b,a,b\}$，则 $|A|=2$。

定义 3-10 设 A 是集合，如果 $|A|=0$，则称集合 A 为**空集**，记为 $A=\varnothing$。

由定义可以看出，所谓空集就是指该集合中没有任何元素。

空集是一个特殊的集合，它是一切集合的子集，即对任意集合 A，有

$$\varnothing \subseteq A \tag{3-6}$$

证明　由子集的定义，要证明 $\varnothing \subseteq A$，只需证明：对于任意的 x，若 $x \in \varnothing$，则 $x \in A$，或等价地证明，对于任意的 x，若 $x \notin A$，则 $x \notin \varnothing$，这是显然的，这是因为空集 $\varnothing$ 中不包含任何元素。

因此，我们得出，空集是唯一的。

事实上，设有两个空集 $\varnothing_1$、$\varnothing_2$。因为 $\varnothing_1$ 是空集，则 $\varnothing_1 \subseteq \varnothing_2$；同理，因为 $\varnothing_2$ 是空集，则 $\varnothing_2 \subseteq \varnothing_1$，故 $\varnothing_1 = \varnothing_2$。

设 A 是集合，如果 A 中有有限个不同元素，则称 A 为**有限集**；否则称 A 为**无限集**。对有限集 A，如果含有 n 个不同元素，我们简称 A 为 n **元集**，它的基数为 m $(0 \leqslant m \leqslant n)$ 的子集称作它的 m **元子集**。

那么任给一个 n 元集，怎样列出它的全部子集呢？下面举例说明。

例 3-10　设 $A=\{a,b,c\}$，求 A 的全部子集。

解　将 A 的子集按基数从小到大分类求出：

0 元子集，即空集，只有 $C_3^0=1$ 个：$\varnothing$。

1 元子集，即单元集，有 $C_3^1=3$ 个：$\{a\},\{b\},\{c\}$。

2 元子集，有 $C_3^2=3$ 个：$\{a,b\},\{a,c\},\{b,c\}$。

3 元子集，有 $C_3^3=1$ 个：$\{a,b,c\}$。

一般地，对于 n 元集合 A，它的 $m(0 \leqslant m \leqslant n)$ 元子集有 C_n^m 个，所以集合 A 的不同子集总数有 $C_n^0+C_n^1+\cdots+C_n^n=2^n$ 个。

3.3.2　幂集

定义 3-11　设 A 为集合，把 A 的全体子集作为元素构成的集合称为 A 的**幂集**，记作 2^A 或 $P(A)$，可描述为 $P(A)=\{X \mid X \subseteq A\}$。

例如，设 $A=\{a,b,c\}$，则可知

$$P(A)=\{\varnothing,\{a\},\{b\},\{c\},\{a,b\},\{a,c\},\{b,c\},\{a,b,c\}\}$$

不难看出，n 元集 A 的幂集中元素的个数，就是集合 A 的子集的个数，即有 2^n 个元素。

例 3-11　计算以下集合的幂集：$\varnothing$；$\{\varnothing\}$；$\{\varnothing,\{\varnothing\}\}$；$\{1,\{2,3\}\}$。

解

$$P(\varnothing)=\{\varnothing\};P(\{\varnothing\})=\{\varnothing,\{\varnothing\}\}$$

$$P(\{\varnothing,\{\varnothing\}\})=\{\varnothing,\{\varnothing\},\{\{\varnothing\}\},\{\varnothing,\{\varnothing\}\}\}$$

$$P(\{1,\{2,3\}\})=\{\varnothing,\{1\},\{\{2,3\}\},\{1,\{2,3\}\}\}$$

定理 3-11　设 A 为有限集，则 $|P(A)|=2^{|A|}$。

定义 3-12　在一个具体问题中，如果涉及的集合都是某个集合的子集，则称

这个集合为**全集**,记作 U 或者 E。

全集是个相对性的概念,研究的问题不同,所用的全集也不同。例如,研究平面解析几何问题时,可以把整个坐标平面取作全集;研究整数问题时,可以把整数集合 $\mathbf{Z}$ 取作全集。

由定义可知,在讨论一个具体问题时,对于任意集合 A,都有

$$A \subseteq U \tag{3-7}$$

3.3.3 集合的基本运算

定义 3-13 集合的几种主要的基本运算(设 A,B 是集合):

(1) 并集:$A \cup B$ 称为集合 A 与 B 的**并集**,定义为 $A \cup B=\{x \mid x \in A$ 或者 $x \in B\}$;$\cup$ 称为集合的**并运算**。

(2) 交集:$A \cap B$ 称为集合 A 与 B 的**交集**,定义为 $A \cap B=\{x \mid x \in A$ 且 $x \in B\}$;$\cap$ 称为集合的**交运算**。

(3) 差集:$B-A$ 称为 B 与 A 的**差集**,或称为 A 关于 B 的**相对补集**,定义为 $B-A=\{x \mid x \in B$ 并且 $x \notin A\}$。

(4) 补集:$\overline{A}$ 称为 A 关于全集 U 的相对补集,或称为 A 的**绝对补集**,简称为 A 的**补集**,定义为 $\overline{A}=U-A=\{x \mid x \in U$ 且 $x \notin A\}=\{x \mid x \notin A\}$。

(5) 对称差:$A \oplus B$ 称为集合 A 与 B 的**对称差**或**布尔和**,定义为 $A \oplus B=(A-B) \cup (B-A)=(A \cup B)-(A \cap B)$。

例 3-12 设 $A=\{1,3,5,7,9\}$,$B=\{2,3,4,5,6,7\}$,假定取全集为 $U=\{0,1,2,\cdots,10\}$,则 $A \cup B=\{1,2,3,4,5,6,7,9\}$;$A \cap B=\{3,5,7\}$;$B-A=\{2,4,6\}$;$A-B=\{1,9\}$;$\overline{A}=\{0,2,4,6,8,10\}$;$\overline{B}=\{0,1,8,9,10\}$。

3.3.4 文氏图

文氏图是英国著名数学家约翰·维恩(John Venn,1833—1883)首先提出的,用它可以形象地描述集合间的关系和运算。

文氏图的构造方法是,先用一个长方形区域表示全集 U,长方形内的圆形区域(或封闭曲线)的内部表示集合。用阴影部分表示运算得到的结果。

如集合 A 以及五种基本集合运算的文氏图如图 3-1 所示。

3.3.5 主要的运算律

定理 3-12 集合运算主要的运算律。

(1) **交换律** $A \cup B=B \cup A$,$A \cap B=B \cap A$。

(2) **结合律** $(A \cup B) \cup C=A \cup (B \cup C)$,$(A \cap B) \cap C=A \cap (B \cap C)$。

(3) **分配律** $A \cup (B \cap C)=(A \cup B) \cap (A \cup C)$,$A \cap (B \cup C)=(A \cap B) \cup (A \cap C)$。

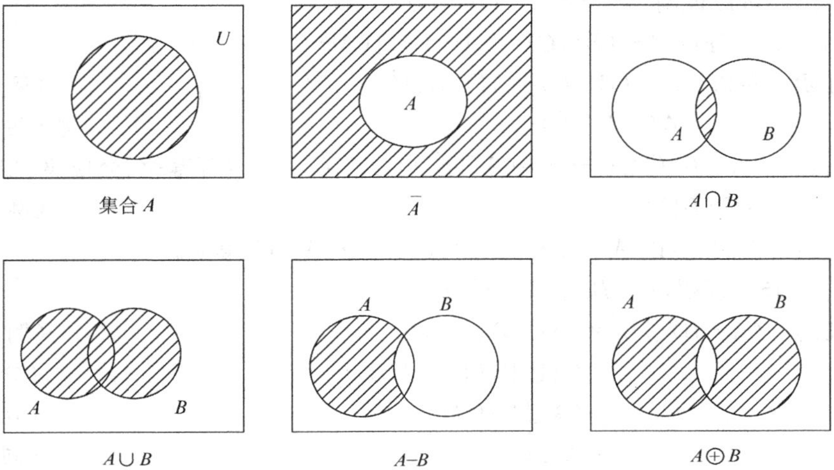

图　3-1

(4) **幂等律**　$A \cup A = A, A \cap A = A$。

(5) **同一律**　$A \cup \varnothing = A, A \cap U = A$。

(6) **零　律**　$A \cup U = U, A \cap \varnothing = \varnothing$。

(7) **互补律**　$A \cup \overline{A} = U, A \cap \overline{A} = \varnothing$。

(8) **双重否定律**　$\overline{\overline{A}} = A$。

(9) **吸收律**　$A \cup (A \cap B) = A, A \cap (A \cup B) = A$。

(10) **德·摩根律**　$\overline{A \cup B} = \overline{A} \cap \overline{B}, \overline{A \cap B} = \overline{A} \cup \overline{B}$。

定理 3-12 中有很多集合恒等式，这些恒等式是需要证明的，如何证明呢？

集合恒等式的证明有多种方法，这里介绍常用的一种基本方法：欲证 $P = Q$，等价于证明 $P \subseteq Q$ 并且 $Q \subseteq P$，也就是要证明对任意 x 有，若 $x \in P$，则可推出 $x \in Q$；并证明，若 $x \in Q$，则可推出 $x \in P$ 都成立。

例 3-13　试证明 $A - B = A \cap \overline{B}$。

证明　(1) 对任意 x，若有 $x \in A - B$，则有 $x \in A$ 且 $x \notin B$，即 $x \in A$ 且 $x \in \overline{B}$，因为 $x \in A \cap \overline{B}$，可得 $A - B \subseteq A \cap \overline{B}$。

(2) 对任意 x，若有 $x \in A \cap \overline{B}$，则有 $x \in A$ 且 $x \in \overline{B}$，即 $x \in A$ 且 $x \notin B$，所以 $x \in A - B$，可得 $A \cap \overline{B} \subseteq A - B$。

故 $A - B = A \cap \overline{B}$。

集合恒等式的证明，除例 3-13 的方法外，还经常利用已知的恒等式通过演算的方法来证明未知的恒等式。这是集合恒等式的证明的第二个方法，这个方法也常用来作集合表达式的化简。另外，在遇到差集的时候，可利用例 3-13 的结论，把差集转换成交集形式简化运算。

我们还可以证明 $A-B=A-(A\cap B)$。

例 3-14 证明 $A-(B\cup C)=(A-B)\cap(A-C)$。

证明 左边 $=A-(B\cup C)=A\cap(\overline{B\cup C})$ （例 3-13）

$=A\cap(\overline{B}\cap\overline{C})$ （德·摩根律）

右边 $=(A-B)\cap(A-C)=(A\cap\overline{B})\cap(A\cap\overline{C})$ （等幂律、交换律、结合律）

$=A\cap(\overline{B}\cap\overline{C})$ （例 3-13）

因为左边＝右边，所以 $A-(B\cup C)=(A-B)\cap(A-C)$ 得证。

例 3-15 证明 $(A-B)\cup B=A\cup B$。

证明 $(A-B)\cup B=(A\cap\overline{B})\cup B$ （例 3-13）

$=(A\cup B)\cap(\overline{B}\cup B)$ （分配律）

$=(A\cup B)\cap U$ （互补律）

$=A\cup B$ （同一律）

还有很多常用公式，限于篇幅，下面列出一些，不再给出具体的证明。

(1) $\overline{\varnothing}=U$，$\overline{U}=\varnothing$。

(2) $A-(B\cap C)=(A-B)\cup(A-C)$。

(3) $A-B\subseteq A$。

(4) $A\cap B\subseteq A$，$A\cap B\subseteq B$。

(5) $A\cup B=B\Leftrightarrow A\subseteq B\Leftrightarrow A\cap B=A$。

(6) $A\oplus B=B\oplus A$。

(7) $(A\oplus B)\oplus C=A\oplus(B\oplus C)$。

(8) $A\oplus\varnothing=A$，$A\oplus A=\varnothing$。

例 3-16 化简 $((A\cup B\cup C)\cap(A\cup B))-((A\cup(B-C))\cap A)$。

解法一 由吸收律可得

$$((A\cup B\cup C)\cap(A\cup B))-((A\cup(B-C))\cap A)=A\cup B-A=B-A$$

解法二 因为 $A\cup B\subseteq A\cup B\cup C$，$A\subseteq A\cup(B-C)$

所以 $(A\cup B\cup C)\cap(A\cup B)=A\cup B$

因此 $(A\cup(B-C))\cap A=A$

故原式可化简为 $(A\cup B)-A=B-A$

3.3.6 集合运算的成员表

在进行集合运算时，对于有限次复合运算，还可以用集合运算的成员表的方法。

对于集合 A 的补、并、交运算，我们有下面等价的描述方法：

(1) 集合 A 的补集：若 $x\notin A$ 则 $x\in\overline{A}$；若 $x\in A$ 则 $x\notin\overline{A}$。

(2) 集合 A 与 B 的并集：若 $x\notin A$，$x\notin B$，则 $x\notin A\cup B$；若 $x\notin A$，$x\in B$，则 x

$\in A\cup B$；若 $x\in A$，$x\notin B$，则 $x\in A\cup B$；若 $x\in A$，$x\in B$，则 $x\in A\cup B$。

(3) 集合 A 与 B 的交集：若 $x\notin A$，$x\notin B$，则 $x\notin A\cap B$；若 $x\notin A$，$x\in B$，则 $x\notin A\cap B$；若 $x\in A$，$x\notin B$，则 $x\notin A\cap B$；若 $x\in A$，$x\in B$，则 $x\in A\cap B$。

我们用 0 表示 $x\notin A$，1 表示 $x\in A$，则可用表 3-1～表 3-3 所示形式把这些运算表示出来。

表 3-1

A	$\overline{A}$
0	1
1	0

表 3-2

A	B	$A\cup B$
0	0	0
0	1	1
1	0	1
1	1	1

表 3-3

A	B	$A\cap B$
0	0	0
0	1	0
1	0	0
1	1	1

表 3-1～表 3-3 表示集合运算的方法，称为**集合运算成员表**。由补、并和交的成员表可以作出更为复杂的集合运算成员表。一般地，对于由集合 $A_1,A_2,\cdots,A_r$ 经有限次运算所产生的集合 S 的成员表，其前 r 列标记 $A_1,A_2,\cdots,A_r$，最后一列标记 S，标记 A_i 的列中 0 表示 $x\notin A_i$，1 表示 $x\in A_i$。如果在第 k 行上，前 r 列所指明的条件下有 $x\notin S$，则在 S 列的第 k 行位置记入 0；若有 $x\in S$，则记入 1。成员表共 $2r$ 行，它对应 A_i 的所有可能情况。

例 3-17 试构造 $S=((A\cap B)\cup(\overline{A}\cap B))$ 的运算成员表。

解 由题意构造出 $S=((A\cap B)\cup(\overline{A}\cap B))$ 的成员表见表 3-4。

表 3-4

A	B	$\overline{A}$	$A\cap B$	$\overline{A}\cap B$	$S=((A\cap B)\cup(\overline{A}\cap B))$
0	0	1	0	0	0
0	1	1	0	1	1
1	0	0	0	0	0
1	1	0	1	0	1

具备了成员表的知识，我们就可以运用成员表的方法来进行集合的运算和证明。在成员表中如果某列的记入值全部为 0，那么就说明在该列所标记的集合是空集，如果某列所记入的值均为 1，则说明该列所标记的集合就是全集。如果在成员表中，某两列每一行对应的记入值都相同，则这两列所标记的集合是相等的。

例 3-18 用集合成员表的方法证明 $A\cup(B\cup C)=(A\cup B)\cup C$。

证明 构造集合运算的成员表见表 3-5。

表 3-5

A	B	C	$B\cup C$	$A\cup(B\cup C)$	$A\cup B$	$(A\cup B)\cup C$
0	0	0	0	0	0	0
0	0	1	1	1	0	1
0	1	0	1	1	1	1
0	1	1	1	1	1	1
1	0	0	0	1	1	1
1	0	1	1	1	1	1
1	1	0	1	1	1	1
1	1	1	1	1	1	1

由表可以看出，$A\cup(B\cup C)$所在的第五列和$(A\cup B)\cup C$所在的最后一列的记入值都相等，所以原命题得证。

习题 3.3

1. 下列三个集合哪些是相等的？

(1) $\varnothing$。(2) $\{\varnothing\}$。(3) $\{0\}$。

2. 对任意元素 a、b、c、d，证明：$\{\{a\},\{a,b\}\}=\{\{c\},\{c,d\}\}$当且仅当 $a=c$，$b=d$。

3. 求下列集合幂集。

(1) $\{\varnothing\}$。

(2) $\{\varnothing,\{\varnothing\}\}$。

(3) $\{\{\varnothing,a\},\{a\}\}$。

(4) $\{\{a,b\},\{a,a,b\},\{b,a,b\}\}$。

4. 设 S 表示某人拥有的所有书的集合，M、N、T、$P\subseteq S$，且 M 是珍贵的书的集合，N 是数学书的集合，T 是去年刚买的书的集合，P 是存放在书柜中书的集合，试用集合表达式表示下列叙述。

(1) 所有珍贵的书都是去年刚买的。

(2) 所有的数学书都放在书柜中。

(3) 书柜中的书没有去年刚买的。

5. 给定自然数集合的下列子集：

$A=\{1,2,7,8\}$；$B=\{i\mid i^2<50\}$；$C=\{i\mid i$ 可以被 3 整除，$0\leqslant i\leqslant 30\}$；$D=\{i\mid i=2^k$ 且 $k\in\mathbf{Z},0\leqslant k\leqslant 6\}$。

求下列集合：

(1) $A\cup(B\cup(C\cup D))$。

(2) $A\cap(B\cap(C\cap D))$。

(3) $B-(A\cup C)$。

(4) $(\overline{A}\cap B)\cup D$。

6. 给出下列公式的文氏图。

(1) $\overline{A}\cap\overline{B}$。

(2) $A-(\overline{B\cup C})$。

7. 求出下列集合的成员表。

(1) $((A\cap B)-A)\cup A$。

(2) $((A\cup B)\cap C)-A$。

8. 证明下列集合等式。

(1) $(A\cup B)\cap(A\cup\overline{B})=A$。

(2) $(A\cap B)\cup(A\cap\overline{B})=A$。

(3) $A-(B\cap C)=(A-B)\cup(A-C)$。

9. 证明下面的三个集合公式等价。

(1) $A\subseteq B$。(2) $\overline{A}\cup B=U$。(3) $A\cap\overline{B}=\varnothing$。

3.4 有限集合中元素的计数

前面已经叙述过，集合中不同元素的个数叫做这个集合的基数。下面通过例子来说明有限集的计数问题，介绍两种最常用的方法——文氏图法和容斥原理法。

3.4.1 文氏图法计数

例 3-19 有 100 名程序员，其中 47 名熟悉 VC++语言，35 名熟悉 Java 语言，23 名同时熟悉这两种语言，问有多少人这两种语言都不熟悉？

解 设 A,B 分别表示熟悉 VC++和 Java 语言的程序员集合，用如图 3-2 所示的文氏图表示，将熟悉两种语言的对应人数 23 填入到 $A\cap B$ 的区域内，不难得到 $A-B$ 和 $B-A$ 的人数分别为

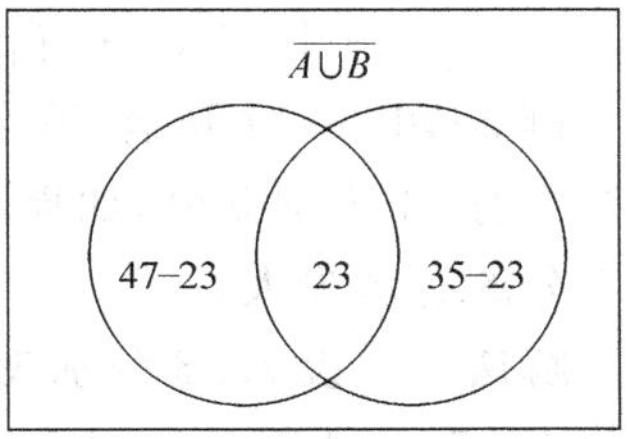

图 3-2

$$|A-B|=|A|-|A\cap B|=47-23=24$$

$$|B-A|=|B|-|A\cap B|=35-23=12$$

从而得到

$$|A\cup B|=24+23+12=59$$

$$|\overline{A\cup B}|=|U|-|A\cup B|=100-59=41$$

所以，两种语言都不熟悉的有 41 人。

3.4.2 容斥原理

下面先介绍容斥原理。

设 S 是有限集合，P_1 和 P_2 分别表示两种性质，对 S 中的任何一个元素 x，只能处于以下四种情况之一：只具有性质 P_1；只具有性质 P_2；同时具有这两种性质；这两种性质都不具有。

令 A_1 和 A_2 分别表示 S 中具有性质 P_1 和 P_2 的元素的集合。由文氏图不难得到以下公式：$|\overline{A}_1\cap\overline{A}_2|=|S|-(|A_1|+|A_2|)+|A_1\cap A_2|$，这就是容斥原理的一种简单形式。

如果涉及三条性质，容斥原理的公式表示为

$$|\overline{A_1}\cap\overline{A_2}\cap\overline{A_3}|=|S|-(|A_1|+|A_2|+|A_3|)+(|A_1\cap A_2|+|A_1\cap A_3|+|A_2\cap A_3|)-|A_1\cap A_2\cap A_3|$$

一般说来，设 S 为有限集合，$P_1,P_2,\cdots,P_m$ 是 m 条性质。S 中的任何一个元素 x，对于性质 $P_i(i=1,2,\cdots,m)$ 具有或者不具有，两种情况必居其一。令 A_i 表示 S 中具有性质 P_i 的元素构成的集合。那么容斥原理可以叙述为：

定理 3-13 S 中不具有性质 $P_1,P_2,\cdots,P_m$ 的元素个数为

$$|\overline{A_1}\cup\overline{A_2}\cup\cdots\cup\overline{A_m}|$$
$$=|S|-\sum_{i=1}^{m}|A_i|+\sum_{1\leqslant i<j\leqslant m}|A_i\cap A_j|-\sum_{1\leqslant i<j<k\leqslant m}|A_i\cap A_j\cap A_k|+\cdots+(-1)^m(|A_1\cap A_2\cap\cdots\cap A_m|)$$

证明略。

推论 在 S 中至少具有一条性质的元素数有

$$|A_1\cup A_2\cup\cdots\cup A_m|$$
$$=\sum_{i=1}^{m}|A_i|-\sum_{1\leqslant i<j\leqslant m}|A_i\cap A_j|+\sum_{1\leqslant i<j<k\leqslant m}|A_i\cap A_j\cap A_k|+\cdots+(-1)^{m-1}(|A_1\cap A_2\cap\cdots\cap A_m|)$$

例 3-20 一个班有 50 名学生，在第一次考试中得 5 分的有 26 人，在第二次考试中有 21 人得 5 分，如果两次考试中都没有得 5 分的有 17 人，那么两次考试都得 5 分的有多少人？

解法一 设 A、B 分别表示在第一次和第二次考试中得 5 分的学生的集合，则有 $|S|=50$，$|A|=26$，$|B|=21$，$|\overline{A}\cap\overline{B}|=17$。

由容斥原理得 $|\overline{A}\cap\overline{B}|=|S|-(|A|+|B|)+|A\cap B|$

即 $|A\cap B|=|\overline{A}\cap\overline{B}|-|S|+|A|+|B|=17-50+26+21=14$

所以有 14 人在两次考试中都得到 5 分。

解法二 画出文氏图如图 3-3 所示，因为首先要填入 $A\cap B$ 中的人数正是题

目所要求的，所以设它为 x，然后填入其他区域中的数字，并列出方程

$$(26-x)+x+(21-x)+17=50$$

解此方程得 $x=14$。

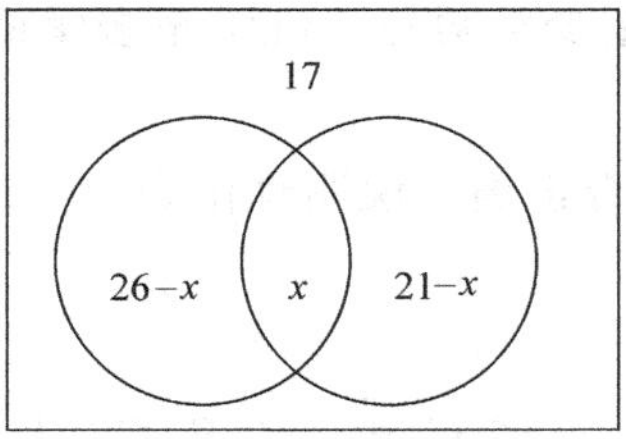

图　3-3

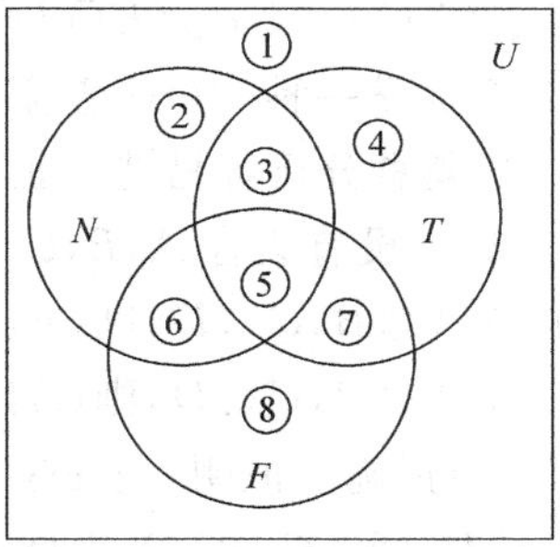

图　3-4

习题 3.4

1. 计算下列集合的基数。

(1)$\varnothing$。(2) $\{\varnothing\}$。(3) $\{1,2,\{3,\{2,1\}\}\}$。(4) $\{1,2,1\}$。

2. 调查 60 人发现，25 人读周刊，26 人读时报，读星云杂志有 26 人，而且 9 人既读周刊又读星云杂志，11 人既读周刊又读时报，8 人既读时报又读星云杂志，8 人什么杂志也不读。

(1) 在图 3-4 中的 8 个区域内填入准确的人数，这里 N、T 和 F 分别表示读周刊、时报和星云杂志的人组成的集合。

(2) 用容斥原理方法求读所有三种杂志的人数。

(3) 用容斥原理方法求只读一种杂志的人数。

3. 求在 1 到 100 之间(1 和 100 包含在内)能被 5 整除，但不能被 4 和 6 整除的数的个数。

3.5　例题解析

例 3-21　设 F 表示大学一年级学生的集合，S 表示大学二年级学生的集合，R 表示计算机系学生的集合，M 表示数学系学生的集合，T 表示选修离散数学的学生的集合。写出下列各句子所对应的集合表达式：

(1) 所有计算机系二年级的学生都选修离散数学。

(2) 数学系一年级的学生都没有选修离散数学。

解　(1) $(R\cap S)\subseteq T$。注意：写为$(R\cap S)\cap T$ 是错误的，后者表示的含义是，所有计算机系二年级选修离散数学的学生。

(2) $(M\cap F)\subseteq\overline{T}$。注意：写为$(M\cap F)\not\subset T$是错误的，后者表示的含义是，数学系一年级的学生并非都选修离散数学。

例 3-22　设 E：我学英语；J：我学日语；G：我学德语，则公式$(E\cap\overline{J}\cap\overline{G})\cup(\overline{E}\cap J\cap\overline{G})\cup(\overline{E}\cap\overline{J}\cap G)\cup(\overline{E}\cap\overline{J}\cap\overline{G})$表示的是(　)。

(A) 至少学一种　(B) 至多学一种　(C) 至少学两种　(D) 至多学两种

解　从题意分析容易选出正确答案为 B。

例 3-23　设有集合 A,B,C,D，下述论断是否正确？说明理由。

(1) 若 $A\subseteq B,C\subseteq D$，则$(A\cap C)\subseteq(B\cap D)$。

(2) 若 $A\subset B,C\subset D$，则$(A\cap C)\subset(B\cap D)$。

解　(1)正确。证明：设 $x\in A\cap C$，则 $x\in A$ 且 $x\in C$，由 $A\subseteq B,C\subseteq D$，所以 $x\in B$ 且 $x\in D$，即 $x\in B\cap D$，因此$(A\cap C)\subseteq(B\cap D)$。

(2) 错误。举反例如下：设 $A=C=\{a,b,c\}$，$B=\{a,b,c,d\}$，$D=\{a,b,c,e\}$，显然 $A\subset B,C\subset D,A\cap C=\{a,b,c\}=B\cap D$，因此(2)不成立。

本例告诉我们，论证命题正确需给出严格证明，而论证命题不正确，可通过反例说明。

例 3-24　设任意集合 A、B、C，满足 $A\cap B=A\cap C$，则是否可以得到集合 $B=C$ 的结论呢？如果满足 $A\cup B=A\cup C$，则是否能得到 $B=C$ 的结论呢？

解　对于任意的三个集合 A、B、C 在仅仅满足上面题目所述的两个条件的任意一个都不能保证 $B=C$ 成立。

对于满足 $A\cap B=A\cap C$ 时我们可以举出反例如下：

$A=\varnothing,B=\{1\},C=\{2\}$。显然 $A\cap B=\varnothing=A\cap C$，但是 $B\neq C$。

对于满足 $A\cup B=A\cup C$ 的情形，反例也可以举出很多，留给读者。

例 3-25　设 A、B、C 为任意集合，证明 $A\cap B=A\cap C$ 并且 $A\cup B=A\cup C$ 是 $B=C$ 的充要条件。

证明　先证明必要性。当 $B=C$ 时，显然有 $A\cap B=A\cap C$ 并且 $A\cup B=A\cup C$。

充分性的证明有多种方法。

方法一　对 $\forall x\in B$，如果 $x\in A$，则 $x\in A\cap B$，根据题设条件 $A\cap B=A\cap C$，可知 $x\in A\cap C$，所以 $x\in C$。

如果 $x\notin A$，则由 $x\in B$ 知 $x\in A\cup B$，根据题设条件 $A\cup B=A\cup C$，可知 $x\in A\cup C$，又因为此时 $x\notin A$，所以必然有 $x\in C$ 成立。

由 x 的任意性可知 $B\subseteq C$。

同理可以得到　$C\subseteq B$。

综上可知 $B=C$。

方法二　　　$B=B\cup(A\cap B)$　　　(吸收律)

$=B\cup(A\cap C)$ （已知）

$=(B\cup A)\cap(B\cup C)$ （分配律）

$=(A\cup B)\cap(B\cup C)$ （交换律）

$=(A\cup C)\cap(B\cup C)$ （已知）

$=(A\cap B)\cup C$ （分配律）

$=(A\cap C)\cup C=C$ （已知、吸收律）

方法三 先作出集合运算成员表，见表 3-6。

从集合运算成员表可以看出，A、B、C 的所有可能情况共有 8 种，在这 8 种中使得 $A\cap B=A\cap C$ 并且 $A\cup B=A\cup C$ 同时成立的就是成员表中的第 1、4、5、8 行，此时 B 和 C 要么同时为 0，要么同时为 1，也就是说在满足 $A\cap B=A\cap C$ 并且 $A\cup B=A\cup C$ 成立的条件下 B 和 C 的填入值是相同的，所以此时可以得到 $B=C$。

表 3-6

A	B	C	$A\cap B$	$A\cap C$	$A\cup B$	$A\cup C$
0	0	0	0	0	0	0
0	0	1	0	0	0	1
0	1	0	0	0	1	0
0	1	1	0	0	1	1
1	0	0	0	0	1	1
1	0	1	0	1	1	1
1	1	0	1	0	1	1
1	1	1	1	1	1	1

复习题三

1. 设 $S_1=\{1,2,3,\cdots,8,9\}$，$S_2=\{2,4,6,8\}$，$S_3=\{1,3,5,7,9\}$，$S_4=\{3,4,5\}$，$S_5=\{3,5\}$。确定在以下条件下，X 可能与 S_1、S_2、S_3、S_4、S_5 中哪个集合相等。

(1) $X\cap S_5=\varnothing$。

(2) $X-S_3=\varnothing$。

(3) $X\cup S_2=S_1$。

(4) $X\subseteq S_4$，但 $X\cap S_2=\varnothing$。

(5) $X\subset S_1$，且 $X\cap S_3=\varnothing$。

2. $A\subseteq B$ 并且 $A\in B$ 是可能的吗？请予说明。

3. 求下列集合的幂集。

(1) $\{1,2,3\}$。

(2) $\{\{1,\{2,3\}\}\}$。

(3) $\{1,\{2,3\}\}$。

(4) $\{\{1,2\},\{2,1,1\},\{2,1,2,1\}\}$。

4. 证明：若 $B\subseteq A$，则 $P(B)\subseteq P(A)$。

5. 设某集合有 101 个元素，试问：

(1) 可构成多少个不同的子集？(2)其中有多少个子集的元素个数为奇数？

6. 证明下面的集合等式，其中 A,B,C 是任意集合。

(1) $(A-B)-C=A-(B\cup C)$。

(2) $(A-B)-C=(A-C)-B$。

7. 化简下列各式。

(1) $\varnothing\cap\{\varnothing\}$。

(2) $\{\varnothing\}\cap\{\varnothing\}$。

(3) $\{\varnothing,\{\varnothing\}\}-\varnothing$。

(4) $\{\varnothing,\{\varnothing\}\}-\{\varnothing\}$。

(5) $\{\varnothing,\{\varnothing\}\}-\{\{\varnothing\}\}$。

8. 已知 $A\oplus B=A\oplus C$，是否一定有 $B=C$？

9. 试用三种以上方法证明：$(A-B)\cup(B-A)=(A\cup B)-(A\cap B)$。

10. 某学校学生选课的情况如下：260 名学生选法语，208 人选德语，160 人选俄语，76 人选法语和德语，48 人选法语和俄语，62 人选德语和俄语，三门课程都选的有 30 人，三门课都不选的有 150 人，问：

(1) 共有多少学生？

(2) 有多少学生选法语和德语，而没有选俄语？

(3) 有多少学生选俄语和德语，而没有选法语？

(4) 有多少学生选法语，而没有选德语和俄语？

(5) 有多少学生选德语，而没有选法语和俄语？

11. 设 $|A|=3$，$|P(B)|=64$，$|P(A\cup B)|=256$。

求：$|B|$，$|A\cap B|$，$|A-B|$，$|A\oplus B|$。

第4章　关　　系

关系一词是大家所熟知的，不论科学研究还是日常生活中，关系无处不在。例如，人与人之间有父子、兄弟、师生关系；两数之间有大于、等于、小于关系；集合之间有包含关系等。在计算机科学中，“关系”这个概念有着广泛的应用，它在有限自动机、形式语言、编译程序设计、信息检索、数据结构、算法分析和数据库等方面起着重要作用。

4.1　集合的笛卡尔积

定义 4-1　由两个元素 x,y（允许 $x=y$）按给定次序排成的二元组合称为一个**有序对或序偶**，记作 $<x,y>$，其中称 x 是有序对 $<x,y>$ 的**第一元素**，y 是有序对 $<x,y>$ 的**第二元素**。

定理 4-1　对定义我们指出：

(1)有序对是强调次序的，若 $x\neq y$，则 $<x,y>\neq<y,x>$。

(2)对任意的有序对 $<x,y>=<u,v>$ 的充要条件是 $x=u$ 且 $y=v$。

例 4-1　设 $<2x+y,5>=<10,x-3y>$，求 x,y。

解　由定理 4-1 列出如下方程组：$\begin{cases}2x+y=10\\x-3y=5\end{cases}$

求解得 $x=5,y=0$。

定义 4-2　设 A,B 是集合，以 A 中元素作第一元素，B 中元素作第二元素生成的所有有序对的集合称为 A,B 的笛卡尔积，记作 $A\times B$，即

$$A\times B=\{<x,y>\mid x\in A\wedge y\in B\}$$

由定义，两集合的笛卡尔积仍是集合，所以可应用集合的运算，如并、交、差、补。

例 4-2　设集合 $A=\{x,y,z\}$，$B=\{0,1\}$，求 A×B，B×A。

解　$A\times B=\{<x,0>,<x,1>,<y,0>,<y,1>,<z,0>,<z,1>\}$

$B\times A=\{<0,x>,<0,y>,<0,z>,<1,x>,<1,y>,<1,z>\}$

由笛卡尔积的定义可得：

(1)对于任意集合 A，$A\times\varnothing=\varnothing$，$\varnothing\times A=\varnothing$。

(2)笛卡尔积运算是不可交换的，当 $A\neq\varnothing$，$B\neq\varnothing$，$A\neq B$ 时，$A\times B\neq B\times A$。

(3)笛卡尔积运算是不可结合的，即 $A\neq\varnothing$，$B\neq\varnothing$，$C\neq\varnothing$时有 $(A\times B)\times C\neq A\times(B\times C)$。

定理 4-2 设 A,B,C 是三个集合，则有

(1)$A\times(B\cup C)=(A\times B)\cup(A\times C)$。

(2)$A\times(B\cap C)=(A\times B)\cap(A\times C)$。

(3)$(B\cup C)\times A=(B\times A)\cup(C\times A)$。

(4)$(B\cap C)\times A=(B\times A)\cap(C\times A)$。

证明 利用集合相等的定义和逻辑推理分别证明(2)、(4)；(1)、(3)的证明留给读者。

(2)①对任意的$<x,y>\in A\times(B\cap C)$，则 $x\in A$ 且 $y\in(B\cap C)$，即 $x\in A$，$y\in B$ 且 $y\in C$，于是必有$<x,y>\in A\times B$ 且$<x,y>\in A\times C$，于是$<x,y>\in(A\times B)\cap(A\times C)$，故

$$A\times(B\cap C)\subseteq(A\times B)\cap(A\times C)$$

②对任意的$<x,y>\in(A\times B)\cap(A\times C)$，则$<x,y>\in A\times B$ 且$<x,y>\in A\times C$，即 $x\in A$，$y\in B$ 且 $x\in A$，$y\in C$，显然 $y\in B\cap C$，于是必有$<x,y>\in A\times(B\cap C)$，故

$$(A\times B)\cap(A\times C)\subseteq A\times(B\cap C)$$

由①、②得 $A\times(B\cap C)=(A\times B)\cap(A\times C)$。

(4)对任意的$<x,y>\in(B\cap C)\times A\Leftrightarrow(x\in(B\cap C)\wedge y\in A)$

$$\Leftrightarrow(x\in B\wedge x\in C)\wedge y\in A$$

$$\Leftrightarrow(x\in B\wedge y\in A)\wedge(x\in C\wedge y\in A)$$

$$\Leftrightarrow(<x,y>\in B\times A)\wedge(<x,y>\in C\times A)$$

$$\Leftrightarrow<x,y>\in((B\times A)\cap(C\times A))$$

因此$(B\cap C)\times A=(B\times A)\cap(C\times A)$。

定理 4-3 对于任意集合 A,B,C，若 $C\neq\varnothing$，则

(1)$A\subseteq B$ 的充分必要条件是 $A\times C\subseteq B\times C$。

(2)$A\subseteq B$ 的充分必要条件是 $C\times A\subseteq C\times B$。

证明 (1)①充分性。对任意的 $x\in A$，因为 $C\neq\varnothing$，任取 $y\in C$，则$<x,y>\in A\times C$，又因为 $A\times C\subseteq B\times C$，因此$<x,y>\in B\times C$，从而 $x\in B$，故 $A\subseteq B$。

②必要性。对任意的$<x,y>\in A\times C$，则 $x\in A$ 且 $y\in C$，因为 $A\subseteq B$，所以 $x\in B$，因此$<x,y>\in B\times C$，故 $A\times C\subseteq B\times C$。

(2)的证明留给读者。

在证明过程中 $C\neq\varnothing$的条件在证明必要性时可减弱，因而 $A\subseteq B\Rightarrow A\times C\subseteq B\times C$。

推论 若 $A\subseteq C$，$B\subseteq D$，则 $A\times B\subseteq C\times D$。

习题 4.1

1. 已知集合 $A=\{a,b,\{a,b\}\}$，$B=\{1,2\}$，求笛卡尔积 $A\times B$，$B\times A$，$B\times B$，

B^3。

2. 设 $A=\{x,y\}$，求集合 $P(A)\times A$。

3. 设 A、B、C、D 是任意集合，判断下列命题是否正确？

(1) $A\times B=A\times C\Rightarrow B=C$。

(2) $(A-B)\times C=(A\times C)-(B\times C)$。

(3) 存在集合 A 使得 $A\subseteq A\times A$。

4. 设任意三个集合 A、B、C，求证：

(1) $A\times(B\cup C)=(A\times B)\cup(A\times C)$。

(2) $(B\cup C)\times A=(B\times A)\cup(C\times A)$。

5. 设 A、B、C、D 为任意集合，证明：

(1) $(A\times C)\cup(B\times D)\subseteq(A\cup B)\times(C\cup D)$ 成立。

(2) 证明若 $A\times A=B\times B$，则 $A=B$ 成立。

4.2 关系及其表示

4.2.1 关系的基本概念

定义 4-3 设 A，B 为集合，$A\times B$ 的任何子集 R 叫做**从 A 到 B 的二元关系**，简称为**关系**，并称 A 为关系 R 的**前域**，B 为关系 R 的**后域**（或**陪域**）。对于二元关系 R，若 $<x,y>\in R$，常记作 xRy；若 $<x,y>\notin R$，则记作 $x\not R y$。特别当 $A=B$ 时，称 R 为 **A 上的关系**。

例 4-3 (1) $A=\{0,1\}$，$B=\{x,y,z\}$，则

$$A\times B=\{<0,x>,<0,y>,<0,z>,<1,x>,<1,y>,<1,z>\}$$

$$A\times A=\{<0,0>,<0,1>,<1,0>,<1,1>\}$$

所以 $R_1=\{<0,x>,<1,z>\}$，$R_2=A\times B$，$R_3=\varnothing$ 等都是从 A 到 B 的二元关系，$R_4=\{<0,0>\}$ 和 R_3 同时也是 A 上的二元关系。

(2) A 为整数集合，$R=\{<x,y>\mid x$ 能整除 $y,x,y\in A\}$ 是 A 上的整除关系。

(3) R 为实数集合，$>=\{<x,y>\mid x>y,x,y\in R\}$ 是 R 上的大于关系。

注意 我们更多的是研究 A 上的关系，事实上，从 A 到 B 的关系可以看做是 $A\cup B$ 上的关系。

对于集合 A，今后常用到 A 上的三个特殊关系：

(1) **空关系**：由于 $\varnothing\subseteq A\times A$，所以 $\varnothing$ 是 A 上的关系，称其为 A 上的空关系。

(2) **全(域)关系**：由 $A\times A\subseteq A\times A$，所以 $A\times A$ 是 A 上的关系，称其为 A 上的全域关系，记作 E_A，即 $E_A=\{<a,b>\mid a\in A,b\in A\}$。

(3) **恒等关系**：$I_A=\{<a,a>\mid a\in A\}$，称其为 A 上的恒等关系。

例 4-4　设 $A=\{x,y,z\}$

(1)$E_A=\{<x,x>,<x,y>,<x,z>,<y,x>,<y,y>,<y,z>,<z,x>,<z,y>,<z,z>\}$是 A 上的全关系，$|E_A|=|A\times A|=9$。

(2)$I_A=\{<x,x>,<y,y>,<z,z>\}$是 A 上的恒等关系，$|I_A|=|A|=3$。

定义 4-4　关系 R 中所有有序对的第一元素的集合称为关系 R 的**定义域**，记作 $\mathrm{dom}R$，第二元素的集合称为关系 R 的**值域**，记作 $\mathrm{ran}R$。称 $\mathrm{fld}R=\mathrm{dom}R\cup\mathrm{ran}R$ 为 R 的域，即

$$\mathrm{dom}R=\{x\mid x\in A \text{ 且 } \exists y(y\in B\wedge <x,y>\in R)\}$$
$$\mathrm{ran}R=\{y\mid y\in B \text{ 且 } \exists x(x\in A\wedge <x,y>\in R)\}$$

显然 R 是从 A 到 B 的关系，有 $\mathrm{dom}R\subseteq A$，$\mathrm{ran}R\subseteq B$，$\mathrm{fld}R\subseteq A\cup B$。

例 4-5　R_1、R_2 是从$\{1,2,3,4,5\}$到$\{2,4,6\}$的关系，若 $R_1=\{<1,2>,<3,4>,<5,6>\}$，$R_2=\{<1,4>,<2,6>\}$，则 $\mathrm{dom}R_1=\{1,3,5\}$，$\mathrm{ran}R_1=\{2,4,6\}$，$\mathrm{fld}R_1=\{1,2,3,4,5,6\}$；$\mathrm{dom}R_2=\{1,2\}$，$\mathrm{ran}R_2=\{4,6\}$，$\mathrm{fld}R_2=\{1,2,4,6\}$。

定理 4-4　设 R 和 S 是从集合 X 到集合 Y 的两个关系，则 $R\cap S$，$R\cup S$，$\overline{S}$，$R-S$ 仍是从 X 到 Y 的关系。

证明　因为 $R\subseteq X\times Y$，$S\subseteq X\times Y$，所以 $R\cap S\subseteq X\times Y$，$R\cup S\subseteq X\times Y$。

因为$\overline{S}=X\times Y-S\subseteq X\times Y$，所以 $R-S=R\cap\overline{S}\subseteq X\times Y$。

故 $R\cap S$，$R\cup S$，$\overline{S}$，$R-S$ 是从 X 到 Y 的关系。

推论　设 R 和 S 是从集合 X 到集合 Y 的两个关系，则

(1)$x(R\cup S)y\Leftrightarrow xRy\vee xSy$。

(2)$x(R\cap S)y\Leftrightarrow xRy\wedge xSy$。

(3)$x(\overline{S})y\Leftrightarrow x\not S y$。

(4)$x(R-S)y\Leftrightarrow xRy\wedge x\not S y$。

4.2.2　关系的矩阵和图的表示

关系的表示方法很多，除了上面用集合表示的方法外，还有关系矩阵和关系图等。

对于有限集合 $A=\{x_1,x_2,\cdots,x_n\}$，其中 $n\geqslant 1$，R 为集合 A 上的关系，令

$$r_{ij}=\begin{cases}1 \text{ 若} <x_i,y_j>\in R\\ 0 \text{ 若} <x_i,y_j>\notin R\end{cases}\qquad (i,j=1,2,\cdots,n)$$

则矩阵

$$(r_{ij})=\begin{pmatrix} r_{11} & r_{12} & \cdots & r_{1n}\\ r_{21} & r_{22} & \cdots & r_{2n}\\ \vdots & \vdots & & \vdots\\ r_{n1} & r_{n2} & \cdots & r_{nn}\end{pmatrix}$$

是 R 的**关系矩阵**,记作 $\boldsymbol{M}_R$。

例 4-6　(1)设有六个程序 P_1,P_2,P_3,P_4,P_5,P_6,它们之间有一定的调用关系 R:P_1RP_2,P_3RP_4,P_4RP_5,P_5RP_2,P_2RP_6,P_3RP_1,这个调用关系是集合 $P=\{P_1,P_2,P_3,P_4,P_5,P_6\}$ 上的关系,并且有 $R=\{<P_1,P_2>,<P_3,P_4>,<P_4,P_5>,<P_5,P_2>,<P_2,P_6>,<P_3,P_1>\}$,求 R 的关系矩阵。

(2)设 A 是集合,且 $|A|=5$,求全域关系 E_A 和恒等关系 I_A 的关系矩阵。

(3)求例 4-3(1)中 R_1 的关系矩阵。

解　(1)关系矩阵为

$$\boldsymbol{M}_R=\begin{pmatrix}0&1&0&0&0&0\\0&0&0&0&0&1\\1&0&0&1&0&0\\0&0&0&0&1&0\\0&1&0&0&0&0\\0&0&0&0&0&0\end{pmatrix}$$

(2)关系矩阵分别为

$$\boldsymbol{M}_{E_A}=\begin{pmatrix}1&1&1&1&1\\1&1&1&1&1\\1&1&1&1&1\\1&1&1&1&1\\1&1&1&1&1\end{pmatrix},\quad \boldsymbol{M}_{I_A}=\begin{pmatrix}1&0&0&0&0\\0&1&0&0&0\\0&0&1&0&0\\0&0&0&1&0\\0&0&0&0&1\end{pmatrix}$$

(3)R_1 的关系矩阵为

$$\boldsymbol{M}_{R_1}=\begin{pmatrix}1&0&0\\0&0&1\end{pmatrix}$$

设 R 是集合 A 上的关系,用一列结点表示集合 A 中的元素。关系 R 中的每一有序对,用一带箭头的有向边画出,对任意 $<x,y>\in R$,画一条箭头从结点 x 指向结点 y 的有向边(注意 x 是始点,y 是终点,次序不能颠倒),就得到一个全部由有向边构成的有向图,称为关系 R 的**关系图**,记作 G_R。当 $<x,x>\in R$ 时,有向边由结点 x 指向自身。

而对于集合 A 到 B 的关系 R,则以两列结点表示集合 A、B 中的元素,关系 R 中的每一有序对,用一带箭头的有向边画出,对任意 $<x,y>\in R$,画一条箭头从结点 x 指向结点 y 的有向边。就得到一个全部由有向边构成的有向图也称为关系 R 的关系图。

例 4-7　(1)例 4-6(1)中的关系图如图 4-1a 所示。

(2)设 $X=\{1,2,3,4\}$,$Y=\{2,4,6\}$,$R=\{<x,y>\mid x$ 能整除 $y,x\in X,y\in Y\}$,则 $R=\{<1,2>,<1,4>,<1,6>,<2,2>,<2,4>,<2,6>,<3,6>,<4,$

4>},对应的关系图如图 4-1b 所示。

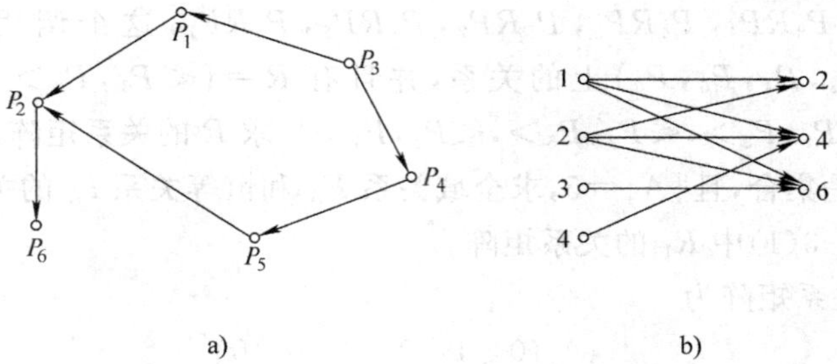

图 4-1 R 的关系图

定理 4-5 若 A 为非空有限集,R_1 和 R_2 为 A 上的二元关系,下列条件等价:

(1)$R_1=R_2$。

(2)$\boldsymbol{M}_{R_1}=\boldsymbol{M}_{R_2}$。

(3)$G_{R_1}=G_{R_2}$。

习题 4.2

1. 写出从集合 $A=\{1,2,3\}$ 到集合 $B=\{a\}$ 的所有关系。

2. 用 L 和 D 分别表示集合 $A=\{1,2,3,4,8,9\}$ 上的普通的大于、等于关系和整除关系,即 $L=\{<x,y>\mid(x>=y)\wedge(x,y\in A)\}$,$D=\{<x,y>\mid(x \text{ 整除 } y)\wedge(x,y\in A)\}$。

试列出 L,D 和 $L\cap D,L\cup D,L\text{-}D$ 中的所有有序对。

3. 已知 $X=\{a,b,c\}$,$Y=\{a,d\}$,求 $X\cup Y$ 上的全域关系和恒等关系。

4. 设 $P=\{<1,2>,<1,4>,<2,3>,<4,4>\}$ 和 $Q=\{<2,3>,<1,2>,<4,2>\}$,求 $P\cap Q,P\cup Q,\mathrm{dom}P,\mathrm{ran}P,\mathrm{dom}Q,\mathrm{ran}Q,\mathrm{dom}(P\cup Q),\mathrm{ran}(P\cup Q)$。

5. 设 R_1 和 R_2 都是从集合 A 到集合 B 的二元关系,证明:

(1)$\mathrm{dom}(R_1\cup R_2)=\mathrm{dom}R_1\cup\mathrm{dom}R_2$。

(2)$\mathrm{ran}(R_1\cap R_2)\subseteq\mathrm{ran}R_1\cap\mathrm{ran}R_2$。

6. 设 $A=\{0,1,2,4,6,8\}$,$B=\{1,2,3\}$,用列举法表示下列关系,并给出关系图及关系矩阵。

(1)$R_1=\{<x,y>\mid x\in A\cap B\wedge y\in A\cap B\}$。

(2)$R_2=\{<x,y>\mid x\in A\wedge y\in A\wedge x+y=5\}$。

(3)$R_3=\{<x,y>\mid x\in A\wedge y\in A\wedge(\exists k)(x=k*y\wedge k\in\mathbf{N}\wedge k<2)\}$。

(4)$R_4=\{<x,y>\mid x\in A\wedge y\in B\wedge x \text{ 和 } y \text{ 互质}\}$。

4.3　复合关系与逆关系

4.3.1　复合关系

定义 4-5　设 A、B、C 都是集合，R 是 A 到 B 的关系，S 是 B 到 C 的关系，则 R 与 S 的复合关系是一个 A 到 C 的关系，记作 $R\circ S$，定义为

$$R\circ S=\{<x,z>\mid x\in A\wedge z\in C\wedge \exists y(y\in B\wedge <x,y>\in R\wedge <y,z>\in S)\}$$

例 4-8　设 $A=\{1,2,3,4,5\}$，$B=\{3,4,5\}$，$C=\{1,2,3\}$，A 到 B 的关系 $R=\{<x,y>\mid x+y=6\}$，B 到 C 的关系 $S=\{<y,z>\mid y-z=2\}$，求 $R\circ S$，$S\circ R$。

解法一　用描述法表示关系为 $R=\{<1,5>,<2,4>,<3,3>\}$，$S=\{<3,1>,<4,2>,<5,3>\}$。因 $<1,5>\in R$，$<5,3>\in S$，所以 $<1,3>\in R\circ S$；因 $<2,4>\in R$，$<4,2>\in S$，所以 $<2,2>\in R\circ S$；因 $<3,3>\in R$，$<3,1>\in S$，所以 $<3,1>\in R\circ S$；从而 $R\circ S=\{<1,3>,<2,2>,<3,1>\}$。

由复合关系的定义，上例中 S 与 R 不能作复合运算，即 $S\circ R$ 无意义。

解法二　$x+y=6$，$y-z=2$，消去 y 得 $x+z=4$，从而可写出关系 $R\circ S=\{<1,3>,<2,2>,<3,1>\}$。

定理 4-6　设集合 $A=\{a_1,\cdots,a_m\}$，$B=\{b_1,\cdots,b_n\}$，$C=\{c_1,\cdots,c_p\}$，R 是 A 到 B 的关系，其关系矩阵 $\boldsymbol{M}_R$ 是 $m\times n$ 阶矩阵，S 是 B 到 C 的关系，其关系矩阵 $\boldsymbol{M}_S$ 是 $n\times p$ 阶矩阵，则复合关系 $R\circ S$ 是 A 到 C 的关系，其关系矩阵 $\boldsymbol{M}_{R\circ S}$ 是 $m\times p$ 阶矩阵，且 $\boldsymbol{M}_{R\circ S}=\boldsymbol{M}_R\boldsymbol{M}_S=(wij)$。其中，$w_{ij}=\bigvee\limits_{k=1}^{n}(u_{ik}\wedge u_{kj})(i=1,2,\cdots,m;j=1,2,\cdots,p)$，按布尔运算进行的矩阵乘法。$\vee$ 是求逻辑和：$0\vee 0=0$，$0\vee 1=1\vee 0=1\vee 1=1$；$\wedge$ 是求逻辑积：$0\wedge 0=0\wedge 1=1\wedge 0=0$，$1\wedge 1=1$。

例 4-9　已知集合 $A=\{1,2,3,4,5\}$，$B=\{3,4,5\}$，$C=\{1,2,3\}$，A 到 B 的关系为

$$R=\{<1,5>,<2,4>,<3,3>,<4,5>\},$$

B 到 C 的关系为

$$S=\{<3,1>,<4,2>,<5,3>\},$$

利用关系矩阵求 $R\circ S$。

解

$$\boldsymbol{M}_S=\begin{pmatrix}1&0&0\\0&1&0\\0&0&1\end{pmatrix},\quad \boldsymbol{M}_R=\begin{pmatrix}0&0&1\\0&1&0\\1&0&0\\0&0&1\\0&0&0\end{pmatrix}$$

$$\boldsymbol{M}_{R\circ S}=\boldsymbol{M}_R\circ\boldsymbol{M}_S=\begin{pmatrix}0&0&1\\0&1&0\\1&0&0\\0&0&1\\0&0&0\end{pmatrix}\circ\begin{pmatrix}1&0&0\\0&1&0\\0&0&1\end{pmatrix}=\begin{pmatrix}0&0&1\\0&1&0\\1&0&0\\0&0&1\\0&0&0\end{pmatrix}$$

因此 $R\circ S=\{<1,3>,<2,2>,<3,1>,<4,3>\}$。

复合关系的关系图表示：复合关系 $R\circ S$ 是一个从 A 到 C 的关系，其关系图求法：若在关系图上有一长度（路径中弧的条数）为 2 的路，其第一条弧代表 $<a,b>$ 属于 R，其第二条代表 $<b,c>$ 属于 S，那么 $<a,c>\in R\circ S$。复合关系 $R\circ S$ 就是由 $<a,c>$ 这样的有序对组成的集合。

例 4-10 对例 4-9 用关系图来求解 $R\circ S$，关系图如图 4-2 所示。

对于 $R\circ S$，长度为 2 的路有 4 条：$1\to5\to3$，$2\to4\to2$，$3\to3\to1$，$4\to5\to3$，这四条路中的第一条边均来自于 R，第二条边均来自于 S，所以 $R\circ S=\{<1,3>,<2,2>,<3,1>,<4,3>\}$。

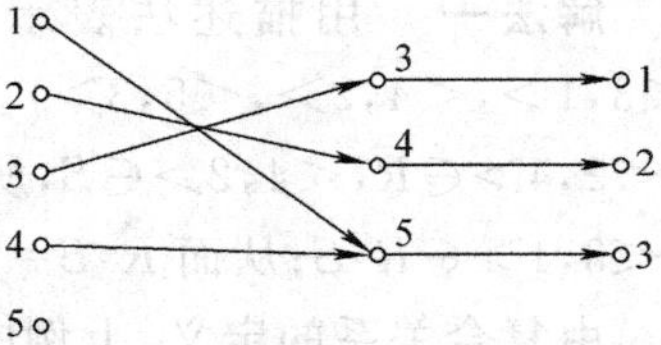

图 4-2 $R\circ S$ 的关系图

4.3.2 复合关系的性质

定理 4-7 设 R 是 A 到 B 的关系，S、T 都是 B 到 C 的关系，U 是 C 到 D 的关系，则

(1) $R\circ(S\cup T)=R\circ S\cup R\circ T$。

(2) $R\circ(S\cap T)\subseteq R\circ S\cap R\circ T$。

(3) $(S\cup T)\circ U=S\circ U\cup T\circ U$。

(4) $(S\cap T)\circ U\subseteq S\circ U\cap T\circ U$。

证明 (2)对任意的

$<x,z>$，$<x,z>\in R\circ(S\cap T)$

$\Leftrightarrow\exists y(<x,y>\in R\wedge(y,z)\in S\cap T)$

$\Leftrightarrow\exists y(<x,y>\in R\wedge(<y,z>\in S\wedge<y,z>\in T))$

$\Leftrightarrow\exists y[(<x,y>\in R\wedge<y,z>\in S)\wedge(<x,y>\in R\wedge<y,z>\in T)]$

$\Rightarrow\exists y(<x,y>\in R\wedge<y,z>\in S)\wedge\exists y(<x,y>\in R\wedge<y,z>\in T)$

$\Leftrightarrow<x,z>\in R\circ S\wedge<x,z>\in R\circ T\Leftrightarrow<x,z>\in(R\circ S\cap R\circ T)$

故 $R\circ(S\cap T)\subseteq R\circ S\cap R\circ T$，所以(2)成立。

可类似证明(1)、(3)、(4)。

定理 4-8 设 A,B,C,D 是集合，R 是 A 到 B 的关系，S 是 B 到 C 的关系，T 是 C 到 D 的关系，则

$$(R\circ S)\circ T=R\circ(S\circ T)$$

证明　先证$(R\circ S)\circ T\subseteq R\circ(S\circ T)$。对任意的$<x,w>\in(R\circ S)\circ T$，则存在$z\in C$使得$<x,z>\in R\circ S$且$<z,w>\in T$。因为$<x,z>\in R\circ S$，则存在$y\in B$使得$<x,y>\in R$且$<y,z>\in S$。因为$<y,z>\in S$且$<z,w>\in T$，所以$<y,w>\in S\circ T$。而$<x,y>\in R$，因此，$<x,w>\in R\circ(S\circ T)$，故

$$(R\circ S)\circ T\subseteq R\circ(S\circ T)$$

同理可证　　$R\circ(S\circ T)\subseteq(R\circ S)\circ T$

综上所述有　　$(R\circ S)\circ T=R\circ(S\circ T)$

4.3.3　关系的幂和逆关系

定义 4-6　设 R 是集合 A 上的二元关系，则关系 R 的 n 次幂 R^n，定义为：

(1)$R^0=I_A=\{<x,x>\mid x\in A\}$是 A 上的恒等关系。

(2)$R^{n+}1=R^n\circ R(n\in\mathbf{N})$。

易知，$R^m\circ R^n=R^{m+n}$，$(R^m)^n=R^{mn}$。

例 4-11　设 $A=\{a,b,c,d\}$，A 上关系为 $R=\{<a,a>,<b,c>,<c,d>,<d,b>\}$，则

$$R^0=I_A=\{<a,a>,<b,b>,<c,c>,<d,d>\}$$

$$R^1=R$$

$$R^2=R\circ R=\{<a,a>,<b,d>,<c,b>,<d,c>\}$$

$$R^3=R^2\circ R=\{<a,a>,<b,b>,<c,c>,<d,d>\}=I_A$$

$$R^4=R^3\circ R=I_A\circ R=R$$

$$R^5=R^4\circ R=R\circ R=R^2$$

…

一般地，$R^{3k+i}=R^i$，$k,i\in\mathbf{N}$，且 $0\leqslant i<3$。

定义 4-7　设 R 是集合 A 到 B 的二元关系，则 B 到 A 的二元关系$\{<b,a>\mid<a,b>\in R\}$，称为 R 的逆关系，记作 R^{-1}。

说明　(1)R^{-1}就是将 R 中的所有有序对的两个元素交换次序后得到，故$|R|=|R^{-1}|$。

(2)R^{-1}的关系矩阵是 R 的关系矩阵的转置，即 $\boldsymbol{M}_{R^{-1}}=\boldsymbol{M}_R^{\mathrm{T}}$。

(3)R^{-1}的关系图就是将 R 的关系图中的弧改变方向后得到的关系图。

例 4-12　设集合 $A=\{a,b,c,d\}$，A 上的关系为

$$R=\{<a,a>,<a,d>,<b,d>,<c,a>,<c,b>,<d,c>\}$$

则　　$R^{-1}=\{<a,a>,<d,a>,<d,b>,<a,c>,<b,c>,<c,d>\}$

定理 4-9　设 R 和 S 均是 A 到 B 的关系，则

(1)$(R^{-1})^{-1}=R$。

(2) $(R\cup S)^{-1}=R^{-1}\cup S^{-1}$。

(3) $(R\cap S)^{-1}=R^{-1}\cap S^{-1}$。

(4) $(\overline{R})^{-1}=\overline{R^{-1}}$。

证明 (3)对任意的$<x,y>$有

$<x,y>\in(R\cap S)^{-1}\Leftrightarrow<y,x>\in R\cap S$

$\Leftrightarrow<y,x>\in R\wedge<y,x>\in S\Leftrightarrow<x,y>\in R^{-1}\wedge<x,y>\in S^{-1}$

$\Leftrightarrow<x,y>\in R^{-1}\cap S^{-1}$

故$(R\cap S)^{-1}=R^{-1}\cap S^{-1}$。

(4)对任意的$<x,y>$有

$<x,y>\in(\overline{R})^{-1}\Leftrightarrow<y,x>\in\overline{R}\Leftrightarrow<y,x>\notin R$

$\Leftrightarrow<x,y>\notin R^{-1}\Leftrightarrow<x,y>\in\overline{R^{-1}}$

故$(\overline{R})^{-1}=\overline{R^{-1}}$。

定理 4-10 设R是A到B的关系，S是B到C的关系，则$(R\circ S)^{-1}=S^{-1}\circ R^{-1}$。

证明 对任意的$<x,z>$有

$<x,z>\in(R\circ S)^{-1}\Leftrightarrow<z,x>\in(R\circ S)$

$\Leftrightarrow\exists y(<z,y>\in R\wedge<y,x>\in S)$

$\Leftrightarrow\exists y(<x,y>\in S^{-1}\wedge<y,z>\in R^{-1})$

$\Leftrightarrow<x,z>\in S^{-1}\circ R^{-1}$，

所以
$$(R\circ S)^{-1}=S^{-1}\circ R^{-1}$$

例 4-13 集合$A=\{a,b,c\}$，$B=\{1,2,3,4,5\}$，R是A上的关系，S是A到B的关系，且$R=\{<a,a>,<a,c>,<b,b>,<c,b>,<c,c>\}$

$S=\{<a,1>,<a,4>,<b,2>,<c,4>,<c,5>\}$

则 $R\circ S=\{<a,1>,<a,4>,<a,5>,<b,2>,<c,2>,<c,4>,<c,5>\}$

$(R\circ S)^{-1}=\{<1,a>,<4,a>,<5,a>,<2,b>,<2,c>,<4,c>,<5,c>\}$

$R^{-1}=\{<a,a>,<c,a>,<b,b>,<b,c>,<c,c>\}$

$S^{-1}=\{<1,a>,<4,a>,<2,b>,<4,c>,<5,c>\}$

$S^{-1}\circ R^{-1}=\{<1,a>,<2,b>,<2,c>,<4,a>,<4,c>,<5,a>,<5,c>\}$

习题 4.3

1. 设集合$\{1,2,3,4\}$上的二元关系R_1和R_2为

$R_1=\{<1,1>,<1,2>,<3,3>,<4,3>\}$，$R_2=\{<1,4>,<2,3>,<2,4>,<3,2>\}$求$R_1\circ R_2$，$R_2\circ R_1$，$R_1^2$和$R_2^2$。

2. 设 R_1 为从集合 A 到集合 B 的二元关系，R_2 为从集合 B 到集合 C 的二元关系，试求 $\mathrm{dom}(R_1\circ R_2)$ 和 $\mathrm{ran}(R_1\circ R_2)$。

3. 设 $A=\{1,2,3\}$ 上的关系 $R_1=\{<i,j>|i-j$ 是偶数或 $i=2j$ 或 $i=j-1\}$，$R_2=\{<i,j>|i=j+2\}$，

(1)利用定义求 $R_1,R_2,R_1\circ R_2,R_1\circ R_2\circ R_1,R_1^{-1}$。

(2)利用关系矩阵求解 $R_1\circ R_2,R_1\circ R_2\circ R_1,R_1^{-1}$。

(3)给出 $R_1,R_2,R_1\circ R_2,R_1\circ R_2\circ R_1,R_1^{-1}$ 的关系图。

4. 设 $A=\{1,2,3,4,5\}$，$R=\{<1,2>,<2,3>,<3,1>,<4,5>,<5,4>\}$，试找出最小的正整数 m 和 n，使 $m<n$ 且 $R^m=R^n$。

5. 集合 $A=\{1,2,3,4,5\}$ 上的关系

$R=\{<1,1>,<1,3>,<1,4>,<2,3>,<2,5>,<4,5>,<5,3>,<5,4>\}$

求 M_{R^n}，$n\in\mathbf{N}$。

6. 设 A,B 是集合，R,S 是 A 到 B 的关系，证明下列各题：

(1)$(R-S)^{-1}=R^{-1}-S^{-1}$。

(2)$(A\times B)^{-1}=B\times A$。

(3)$\varnothing^{-1}=\varnothing$。

(4)$R=S\Leftrightarrow R^{-1}=S^{-1}$。

4.4 关系的性质

定义 4-8 设 R 是集合 A 上的关系，

(1)对任意的 $x\in A$，均有 $<x,x>\in R$，则称 R 为 A 上的**自反关系**，或称 R 具有**自反性**。

(2)对任意的 $x\in A$，均有 $<x,x>\notin R$，则称 R 为 A 上的**反自反关系**，或称 R 具有**反自反性**。

例 4-14 设集合 $A=\{x,y,z\}$，判定下列 A 上的关系是否有自反性和反自反性：

$R_1=\{<x,x>,<x,y>,<y,y>,<z,z>,<z,x>\}$

$R_2=\{<x,y>,<y,x>,<z,y>\}$

$R_3=\{<x,x>,<y,y>,<y,x>\}$

解 R_1 是自反关系；R_2 是反自反关系；R_3 既不是自反关系，又不是反自反关系。

注意 (1)不存在既自反又反自反的关系。

(2)判定 A 上的关系 R 是否具有某种性质时，一定要注意结合集合来判断。

定义 4-9 设 R 是集合 A 上的关系，

(1)如果对任意的 $x,y\in A$,若 $<x,y>\in R$,则必有 $<y,x>\in R$,那么称 R 为 A 上的**对称关系**,或称 R 具有**对称性**。

(2)如果对任意的 $x,y\in A$,若 $<x,y>\in R$ 且 $<y,x>\in R$,则必有 $x=y$,那么称 R 是 A 上的**反对称关系**,或称 R 具有**反对称性**。

注意 (1)反对称性不是对称性的简单否定。反对称性定义可等价表述为:对任意的 $x,y\in A$,若 $x\neq y$ 且 $<x,y>\in R$,则必有 $<y,x>\notin R$ 即不相同的两个元素 x,y,可组成的两个有序对 $<x,y>$,$<y,x>$,在反对称关系中,至多能出现一个。但说法"$x\neq y$,$<x,y>\notin R$,则 $<y,x>\in R$"并不成立,亦即在反对称关系 R 中,当 $x\neq y$ 时,$<x,y>\notin R$,$<y,x>\notin R$ 可以同时发生。

(2)若 R 不是对称关系,则 R 未必一定是反对称关系,即一个关系可能既不是对称关系,也不是反对称关系。另一方面,一个关系可既有对称性,又有反对称性。

例 4-15 设集合 $A=\{1,2,3\}$,判定下列关系是否有对称性和反对称性:

$R_1=\{<1,1>,<2,2>,<2,3>,<3,2>\}$

$R_2=\{<1,1>,<2,3>,<3,1>\}$

$R_3=\{<1,1>,<3,3>\}$

$R_4=\{<1,1>,<2,3>,<3,2>,<3,1>\}$

解 R_1 是对称的;R_2 是反对称的;R_3 既是对称关系,又是反对称关系;R_4 既不是对称关系,又不是反对称关系。

定义 4-10 设 R 是集合 A 上的关系,对任意的 $x,y,z\in A$,若 $<x,y>\in R$ 且 $<y,z>\in R$,则必有 $<x,z>\in R$,则称 R 为 A 上的**传递关系**,或称 R 具有**传递性**。

例 4-16 设 $A=\{a,b,c\}$,判定下列关系是否有传递性:

$R_1=\{<a,b>,<b,c>,<a,c>\}$

$R_2=\{<a,b>,<b,a>,<a,a>\}$

$R_3=\{<a,b>,<c,c>\}$

解 R_1 是传递的,R_2 不是传递的,R_3 是传递的。

因为,若将传递性的定义符号化为

$\forall x\forall y\forall z(x\in A\wedge y\in A\wedge z\in A\wedge(<x,y>\in R\wedge<y,z>\in R\rightarrow<x,z>\in R))$

永真。在 R_3 中没有使得符号化定义的前件为真的情况,即前件永假,亦即符号化定义永真,因此,R_3 具有传递性。

对于五种特性的关系矩阵和关系图的特点,我们用表 4-1 列出。

表 4-1

关系特性	关系矩阵特征	关系图特征
自反性	对角线元素全为 1	每个结点均有自回路

（续）

关系特性	关系矩阵特征	关系图特征
反自反性	对角线元素全为 0	每个结点均无自回路
对称性	矩阵对称	两个不同的结点间若有边，则成对出现
反对称性	若 $1 \leqslant i,j \leqslant n$ 且 $i \neq j$，则 $a_{ij} \cdot a_{ji}=0$	两个不同的结点之间，至多有一条边，但允许没有边
传递性	若有正整数 $k \leqslant n$ 使 $a_{ik} \cdot a_{kj}=1$，则 $a_{ij}=1$（从关系矩阵较难看出）	若结点 x_i 到 x_j 有路，则 x_i 到 x_j 必有直达边

例 4-17　非空集合 A 上的常用特殊关系的特性见表 4-2，表中√表示具有该性质，×表示不具有该性质。

表　4-2

特殊关系	自反性	反自反性	对称性	反对称性	传递性
空关系∅	×	√	√	√	√
全域关系 E_A	√	×	√	×	√
恒等关系 I_A	√	×	√	√	√
$P(A)$上的包含关系	√	×	×	√	√
三角形的相似关系	√	×	√	×	√

例 4-18　正整数集合 $\mathbf{Z}^+$ 上的整除关系 $R=\{<x,y> \mid x,y \in \mathbf{Z}^+$ 且存在 $c \in \mathbf{Z}^+$ 使得 $y=cx\}$，求 R 具有的特性。

解　对任意的 $x,y,z \in \mathbf{Z}^+$，

(1)因为 $x=1 \cdot x$，即 $<x,x> \in R$，所以 R 具有自反性，当然不具有反自反性。

(2)设 $<x,y> \in R$，且 $<y,x> \in R$，则存在 $c,d \in \mathbf{Z}^+$ 使得

$$y=cx \quad ①$$

$$x=dy \quad ②$$

①代入②得 $x=cdx$，因为 $x \neq 0$，所以 $cd=1$，而 $c,d \in \mathbf{Z}^+$，所以 $c=d=1$，即 $y=x$。因此，R 是反对称的。但 R 不是对称的。

(3)设 $<x,y> \in R$，$<y,z> \in R$，则存在 $c,d \in \mathbf{Z}^+$ 使得

$$y=cx \quad ③$$

$$z=dy \quad ④$$

③代入④得 $z=dcx$，即 $<x,z> \in R$，所以 R 具有传递性。

定理 4-11　设 R 是集合 A 上的关系，

(1)R 是自反关系的充要条件是 $I_A \subseteq R$。

(2)R 是反自反关系的充要条件是 $I_A \cap R=\varnothing$。

(3)R 是对称关系的充要条件是 $R^{-1}=R$;结论可以减弱为 $R^{-1}\subseteq R$,因 $R^{-1}\subseteq R\Rightarrow R^{-1}=R$。

(4)R 是 A 上反对称关系的充要条件是 $R\cap R^{-1}\subseteq I_A$。

(5)R 是传递关系的充要条件是 $R\circ R\subseteq R$。

证明 (3)先证充分性。当 $R^{-1}=R$,则 R 是对称的。对任意的 $x,y\in A$,若 $<x,y>\in R$,则 $<y,x>\in R^{-1}$,因为 $R^{-1}=R$,所以 $<y,x>\in R$,因此 R 是对称的。

再证必要性。当 R 是对称的,则 $R^{-1}=R$。

对任意的 $<x,y>\in R^{-1}$,则 $<y,x>\in R$,因为 R 是对称的,所以 $<x,y>\in R$,因此 $R^{-1}\subseteq R$;

另一方面,对任意的 $<x,y>\in R$,因为 R 是对称的,所以 $<y,x>\in R$,因此 $<x,y>\in R^{-1}$,故 $R\subseteq R^{-1}$。综上所述 $R=R^{-1}$。

(5)先证必要性。若 R 是传递的,则 $R\circ R\subseteq R$。对任意的 $<x,y>\in R\circ R$,则存在 $z\in A$,$<x,z>\in R$ 且 $<z,y>\in R$,因为 R 是传递的,所以 $<x,y>\in R$,即 $R\circ R\subseteq R$。

再证充分性。若 $R\circ R\subseteq R$,则 R 是传递的。设 $<x,y>\in R$,$<y,z>\in R$,则 $<x,z>\in R\circ R$,因为 $R\circ R\subseteq R$,所以 $<x,z>\in R$,即 R 是传递关系。

定理的其余结论可以类似证明。

设 R_1,R_2 是 A 上的关系,它们具有某些性质。在经过并、交、相对补、求逆、合成等运算后所得到的新的关系是否还具有原来的性质呢?结果总结见表 4-3,表中√表示经过某种运算后仍保持原来的性质,×表示经过某种运算后不保持原来的性质。

表 4-3

	自反性	反自反性	对称性	反对称性	传递性
R^{-1}	√	√	√	√	√
$R_1\cap R_2$	√	√	√	√	√
$R_1\cup R_2$	√	√	√	×	×
R_1-R_2	×	√	√	√	×
$R_1\circ R_2$	√	×	×	×	×

对于保持性质的运算都可以经过命题演算的方法给出一般的证明,对于不保持性质的运算都可以举出反例。下面仅给出若干个证明的实例,其余留给读者思考。

(1)设 R_1,R_2 为 A 上的对称关系,证明 $R_1\cap R_2$ 也是 A 上的对称关系。

证明 对任意的 $<x,y>$,$<x,y>\in R_1\cap R_2\Leftrightarrow<x,y>\in R_1\wedge<x,y>\in R_2$,因为 R_1,R_2 对称的,所以 $<y,x>\in R_1\wedge<y,x>\in R_2\Leftrightarrow<y,x>\in R_1\cap R_2$,所以 $R_1\cap R_2$ 是对称的。

(2)设 R_1, R_2 是 A 上的传递关系，则 $R_1^{-1}, R_1 \cap R_2$ 也是 A 上的传递关系。

证明 设 $<x,y> \in R_1^{-1}$，$<y,z> \in R_1^{-1}$，则 $<z,y> \in R_1$，$<y,x> \in R_1$，而 R_1 具有传递性，所以 $<z,x> \in R_1$，由逆的定义，则 $<x,z> \in R_1^{-1}$，即 R_1^{-1} 具有传递性。

$<x,y> \in R_1 \cap R_2 \wedge <y,z> \in R_1 \cap R_2$

$\Leftrightarrow <x,y> \in R_1 \wedge <x,y> \in R_2 \wedge <y,z> \in R_1 \wedge <y,z> \in R_2$

$\Leftrightarrow (<x,y> \in R_1 \wedge <y,z> \in R_1) \wedge (<x,y> \in R_2 \wedge <y,z> \in R_2)$，

因为 R_1, R_2 是传递的，所以 $<x,z> \in R_1 \wedge <x,z> \in R_2 \Leftrightarrow <x,z> \in R_1 \cap R_2$，即 $R_1 \cap R_2$ 具有传递性。

需要注意，当 R_1, R_2 都具有传递性时，但 $R_1 \cup R_2$ 未必是传递的。例如，$R_1 = \{<y,z>\}$，$R_2 = \{<x,y>\}$，则 R_1, R_2 均是传递的，但 $R_1 \cup R_2 = \{<x,y>, <y,z>\}$ 不是传递的。

(3)设 R_1 和 R_2 是 A 上的反对称关系，则 $R_1^{-1}, R_1 \cap R_2$ 也是 A 的反对称关系。

证明 ① 对任意的 $x, y \in A$，设 $<x,y> \in R_1^{-1}$ 且 $<y,x> \in R_1^{-1}$。由逆的定义，则有 $<y,x> \in R_1$ 且 $<x,y> \in R_1$，因为 R_1 是反对称的，所以 $x=y$，即 R_1^{-1} 具有反对称性。

② 对任意的 $x, y \in A$，设 $<x,y> \in R_1 \cap R_2$ 且 $<y,x> \in R_1 \cap R_2$，则 $<x,y> \in R_1$ 且 $<y,x> \in R_1$，因为 R_1 是反对称的，所以 $x=y$。因此，$R_1 \cap R_2$ 也是反对称的。

需要注意，设 R_1, R_2 是 A 上的反对称的关系，则 $R_1 \cup R_2$ 不一定是 A 上的反对称关系。例如，$A=\{x,y\}$，$R_1=\{<x,y>\}$，$R_2=\{<y,x>\}$ 都是 A 上的反对称关系，但 $R_1 \cup R_2 = \{<x,y>, <y,x>\}$ 不是 A 上的反对称关系。

习题 4.4

1. 设 R_1, R_2, R_3 都是整数集上的关系，且

$$xR_1y \Leftrightarrow xy > 0$$

$$xR_2y \Leftrightarrow |x-y| = 1$$

$$xR_3y \Leftrightarrow x-y = 5$$

用 Y(Yes)和 N(No)填写表 4-4。

表 4-4

关系	自反的	反自反的	对称的	反对称的	传递的
R_1					
R_2					
R_3					

2. 设整数集 **Z** 中，任意两个元素 x、y 之间有关系 R，$xRy \Leftrightarrow x(x-1)=y(y-1)$，问 R 是否具有自反性、反自反性、对称性、反对称性和传递性？

3. 设集合 $A=\{0,1,2,4\}$ 的关系 $R=\{<x,y>|xy\in A\}$，

(1)画出 R 的关系图。

(2)R 是否具有对称性？

4. 设 R 为非空有限集合 A 上的二元关系，如果 R 是反对称的，则 $R\cap R^{-1}$ 的关系矩阵 $\boldsymbol{M}_{R\cap R^{-1}}$ 中最多能有几个元素为非零值？

5. 设集合 $A=\{1,2,3\}$，求

(1)在其上定义一个既不是自反的也不是反自反的关系。

(2)在其上定义一个既不是对称的也不是反对称的关系。

(3)在其上定义一个既是对称的也是反对称的关系。

(4)在其上定义一个是传递的关系。

6. 设 R_1，R_2 为集合 A 上的自反关系，证明 $R_1\circ R_2$ 也是 A 上的自反关系。

4.5 关系的闭包

4.5.1 关系闭包及其性质

定义 4-11 R 是非空集合 A 上的关系，若有 A 上的关系 R' 满足如下三条：

(1)$R\subseteq R'$；

(2)R' 是自反的(对称的，传递的)；

(3)对 A 上任一个关系 R''，若 $R\subseteq R''$ 且 R'' 具有自反性(对称性，传递性)，则有 $R'\subseteq R''$，则称关系 R' 为 R 的自反(对称、传递)闭包，记作 $r(R)$($s(R)$，$t(R)$)。

注意 ①由(1)知 R' 是 R 的扩张；②由(2)知 R 扩张的目的是使其具有自反性(对称性，传递性)；③由(3)知，扩张后得到的新关系 R'，是 R 的具有自反性(对称性，传递性)的所有扩张中最小的一个，即要在保证其具有自反性(对称性，传递性)的前提下，尽量少添加元素。

换句话说，设 R 是集合 A 上的二元关系，所谓 R 的自反、对称、传递闭包，就是包含 R，且满足自反、对称、传递性的元素最少的关系。

例 4-19 设集合 $A=\{a,b,c,d\}$，A 上的关系 $R=\{<a,a>,<a,b>,<b,c>\}$则

自反闭包 $r(R)=\{<a,a>,<a,b>,<b,c>,<b,b>,<c,c>\}$

对称闭包 $s(R)=\{<a,a>,<a,b>,<b,a>,<b,c>,<c,b>\}$

传递闭包 $t(R)=\{<a,a>,<a,b>,<b,c>,<a,c>\}$

定理 4-12 设 R 是非空集 A 上的关系，则

(1)R 是自反的充要条件是 $R=r(R)$。

(2)R 是对称的充要条件是 $R=s(R)$。

(3)R 是传递的充要条件是 $R=t(R)$。

证明　(2)必要性。由对称闭包的定义显然 $R\subseteq s(R)$，要证明 $R=s(R)$ 只需证明 $s(R)\subseteq R$。又因为 $R\subseteq R$ 且 R 是对称的，则由对称闭包的定义的第(3)条有 $s(R)\subseteq R$，综合上述得 $R=s(R)$。

充分性。因为 $s(R)$ 是对称的，所以 $R=s(R)$ 是对称的。

可以类似证明(1)、(3)。

4.5.2　关系闭包的求法

定理 4-13　设 R 是非空集合 A 上的关系，则

(1)$r(R)=R\cup I_A$。

(2)$s(R)=R\cup R^{-1}$。

(3) $t(R)=\bigcup\limits_{i=1}^{\infty}R^i=R\cup R^2\cup\cdots$，记 $t(R)$ 为 R^+。

证明　(1)①因为，对于任意的 $x\in A$ 都有 $<x,x>\in I_A$，而 $I_A\subseteq R\cup I_A$，所以 $<x,x>\in R\cup I_A$，故 $R\cup I_A$ 是自反的；②显然 $R\subseteq R\cup I_A$；③设 R'' 是自反的，则对于任意的 $x\in A$ 都有 $<x,x>\in I_A$，因此 $I_A\subseteq R''$，又 $R\subseteq R''$，所以 $R\cup I_A\subseteq R''$。

由自反闭包的定义知，$r(R)=R\cup I_A$。

(2)设 $R'=R\cup R^{-1}$，①若 $<x,y>\in R'$，则 $<x,y>\in R$ 或 $<x,y>\in R^{-1}$，由逆关系的定义，则有 $<y,x>\in R^{-1}$ 或 $<y,x>\in R$，所以 $<y,x>\in R\cup R^{-1}=R'$，故 R' 是对称的；②显然 $R\subseteq R\cup R^{-1}=R'$；③设 R'' 对称，且 $R\subseteq R''$。若 $<x,y>\in R'$，即 $<x,y>\in R$ 或 $<x,y>\in R^{-1}$；当 $<x,y>\in R$，则由于 $R\subseteq R''$，所以 $<x,y>\in R''$；当 $<x,y>\in R^{-1}$，则有 $<y,x>\in R$，同理 $<y,x>\in R''$。又因为 R'' 对称，所以 $<x,y>\in R''$。因此 $R'\subseteq R''$。

故 $s(R)=R\cup R^{-1}$。

(3)先证明 $\bigcup\limits_{i=1}^{\infty}R^i\subseteq t(R)$，用数学归纳法，对 $n>0$，证明 $R^n\subseteq t(R)$。

①　(基础)根据传递闭包的定义知，$R\subseteq t(R)$；

②　(假设)假设 $n\geqslant 1$ 时，$R^n\subseteq t(R)$，下证 $R^{n+1}\subseteq t(R)$；

设 $<x,y>\in R^{n+1}$，因为 $R^{n+1}=R^n\circ R$，所以必存在某个 $z\in A$，使 $<x,z>\in R^n$，$<z,y>\in R$，根据假设 $R^n\subseteq t(R)$，则有 $<x,z>\in t(R)$，$<z,y>\in t(R)$，而 $t(R)$ 是传递的，因此 $<x,y>\in t(R)$。所以 $R^{n+1}\subseteq t(R)$。

故 $\bigcup\limits_{i=1}^{\infty}R^i\subseteq t(R)$（利用集合的性质 $A\subseteq C,B\subseteq C$，则 $A\cup B\subseteq C$）。

再证明 $t(R)\subseteq\bigcup\limits_{i=1}^{\infty}R^i$，关键是证明 $\bigcup\limits_{i=1}^{\infty}R^i$ 是否具有传递性。

① 设 $R''=\bigcup_{i=1}^{\infty}R^i$，对于 $\langle x,y\rangle\in\bigcup_{i=1}^{\infty}R^i$，$\langle y,z\rangle\in\bigcup_{i=1}^{\infty}R^i$，则存在某个 $s\geqslant 1,t\geqslant 1$，有 $\langle x,y\rangle\in R^s$，$\langle y,z\rangle\in R^t$，于是有 $\langle x,z\rangle\in R^{s+t}$，所以 $\langle x,z\rangle\in\bigcup_{i=1}^{\infty}R^i$，即 $\bigcup_{i=1}^{\infty}R^i$ 是传递的；

② 显然有 $R\subseteq\bigcup_{i=1}^{\infty}R^i$；

③ 根据传递闭包的定义有 $t(R)\subseteq\bigcup_{i=1}^{\infty}R^i$。

综上所述，$t(R)=\bigcup_{i=1}^{\infty}R^i=R^+$。

推论 设 R 是有限集合 A 上的关系，$|A|=n$，此时有 $t(R)=\bigcup_{i=1}^{n}R^i=R\cup R^2\cup\cdots\cup R^n$。

例 4-20 设 $A=\{1,2,3,4,5\}$，A 上的关系 $R=\{\langle1,2\rangle,\langle2,1\rangle,\langle2,4\rangle,\langle3,4\rangle,\langle3,5\rangle\}$，求 R 的自反闭包、对称闭包和传递闭包。

解 $r(R)=R\cup I_A=\{\langle1,1\rangle,\langle1,2\rangle,\langle2,1\rangle,\langle2,2\rangle,\langle2,4\rangle,\langle3,3\rangle,\langle3,4\rangle,\langle3,5\rangle,\langle4,4\rangle,\langle5,5\rangle\}$

$s(R)=R\cup R^{-1}=\{\langle1,2\rangle,\langle2,1\rangle,\langle2,4\rangle,\langle3,4\rangle,\langle4,2\rangle,\langle4,3\rangle,\langle3,5\rangle,\langle5,3\rangle\}$

$R^2=R\circ R=\{\langle1,2\rangle,\langle2,1\rangle,\langle2,4\rangle,\langle3,4\rangle,\langle3,5\rangle\}\circ\{\langle1,2\rangle,\langle2,1\rangle,\langle2,4\rangle,\langle3,4\rangle,\langle3,5\rangle\}=\{\langle1,1\rangle,\langle1,4\rangle,\langle2,2\rangle\}$

$R^3=R^2\circ R=\{\langle1,1\rangle,\langle1,4\rangle,\langle2,2\rangle\}\circ\{\langle1,2\rangle,\langle2,1\rangle,\langle2,4\rangle,\langle3,4\rangle,\langle3,5\rangle\}=\{\langle1,2\rangle,\langle2,1\rangle,\langle2,4\rangle\}$

$R^4=R^3\circ R=\{\langle1,2\rangle,\langle2,1\rangle,\langle2,4\rangle\}\circ\{\langle1,2\rangle,\langle2,1\rangle,\langle2,4\rangle,\langle3,4\rangle,\langle3,5\rangle\}=\{\langle1,1\rangle,\langle1,4\rangle,\langle2,2\rangle\}=R^2$

同理 $R^5=R^4\circ R=R^2\circ R=R^3$。

由定理 4-13 的推论，则得 R 的传递闭包为 $t(R)=R\cup R^2\cup R^3\cup R^4\cup R^5=R\cup R^2\cup R^3=\{\langle1,1\rangle,\langle1,2\rangle,\langle1,4\rangle,\langle2,1\rangle,\langle2,2\rangle,\langle2,4\rangle,\langle3,4\rangle,\langle3,5\rangle\}$

设 R 是非空集合 A 上的二元关系，求 R 的闭包除用定理 4-13，还可用关系图和关系矩阵的方法，具体方法见表 4-5。

表 4-5

	关系图	关系矩阵
自反闭包	使得每个结点均有自回路	使对角线元素 $R_{ii}=1$
对称闭包	在 R 关系图中，若两点间只有一条边，则再添一条反向边，使两点间或是 0 条边，或是两条边，原来两点间没有边不能添加	若矩阵中元素 $r_{ij}=1$，则使 $r_{ji}=1$，使矩阵变为对称矩阵

（续）

	关系图	关系矩阵
传递闭包	在 R 关系图中，若结点 x 可间接到达结点 y(包括 $y=x$ 的情形)，则应添加 x 到 y 有向边	无明显特征

例 4-21 利用关系图求例 4-20 中的关系 R 的自反闭包，对称闭包，传递闭包。

解 作出 R 的关系图如图 4-3a 所示。

(1)因为自反闭包有自反性，则在其关系图上表现为每个结点有自回路，即要加入<1,1>，<2,2>，<3,3>，<4,4>，<5,5>。对应自反闭包 $r(R)$的关系图如图 4-3b 所示。

(2)因为对称闭包 $s(R)$的任何两个不同结点间要么没有边，要么有就是双向两条边，因此 $s(R)$的关系图中需把两结点之间的单向边变为双向两条边，即要加入<4,2>，<4,3>，<5,3>。对称闭包的关系图如图 4-3c 所示。

(3)因为传递闭包的关系图中，当一结点 x 可到达到另一结点 y 时，若这两个结点 x，y 之间应有直达边。1 能到达 1，2，4，则 R 中应有<1,1>，<1,2>，<1,4>。<1,2>在 R 中存在，此时只需要添加<1,1>，<1,4>。2 能到达 2，4，则 R 中应有<2,2>，<2,4>。<2,4>在 R 中存在，此时只需要添加<2,2>。3 能到达 4，5，则 R 中应有<3,4>，<3,5>。<3,4>，<3,5>在 R 中已存在，此时不需要添加边。这些边加入后才成为 $t(R)$。对关系图如图 4-3d 所示。

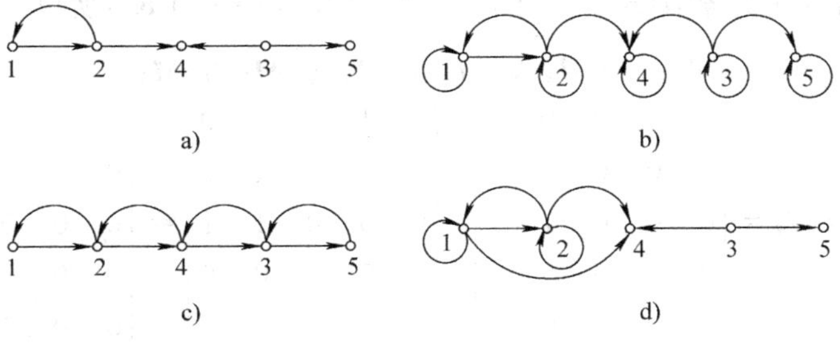

图 4-3

由图 4-3 可以看出关系 R 的自反闭包，对称闭包，传递闭包分别为

$r(R)$={<1,1>，<1,2>，<2,1>，<2,2>，<2,4>，<3,3>，<3,4>，<3,5>，<4,4>，<5,5>}

$s(R)$={<1,2>，<2,1>，<2,4>，<3,4>，<4,2>，<4,3>，<3,5>，<5,3>}

$t(R)$={<1,1>，<1,2>，<1,4>，<2,1>，<2,2>，<2,4>，<3,4>，<3,5>}

例 4-22 利用关系矩阵求例 4-20 中的关系 R 的自反闭包，对称闭包，传递闭包。

解　R 的关系矩阵为　$\boldsymbol{M}_R=\begin{pmatrix}0&1&0&0&0\\1&0&0&1&0\\0&0&0&1&1\\0&0&0&0&0\\0&0&0&0&0\end{pmatrix}$

(1) 因为 $r(R)=R\cup I_A$，所以 $\boldsymbol{M}_{r(R)}=\boldsymbol{M}_R\vee\boldsymbol{M}_{I_A}$。

$$\boldsymbol{M}_{r(R)}=\boldsymbol{M}_R\vee\boldsymbol{M}_{I_A}=\begin{pmatrix}0&1&0&0&0\\1&0&0&1&0\\0&0&0&1&1\\0&0&0&0&0\\0&0&0&0&0\end{pmatrix}\vee\begin{pmatrix}1&0&0&0&0\\0&1&0&0&0\\0&0&1&0&0\\0&0&0&1&0\\0&0&0&0&1\end{pmatrix}=\begin{pmatrix}1&1&0&0&0\\1&1&0&1&0\\0&0&1&1&1\\0&0&0&1&0\\0&0&0&0&1\end{pmatrix}$$

(2) 因为 $s(R)=R\cup R^{-1}$，所以 $\boldsymbol{M}_{S(R)}=\boldsymbol{M}_R\vee\boldsymbol{M}_{R^{-1}}=\boldsymbol{M}_R\vee\boldsymbol{M}_R^{\mathrm{T}}$。

$$\boldsymbol{M}_{S(R)}=\boldsymbol{M}_R\vee\boldsymbol{M}_R^{\mathrm{T}}=\begin{pmatrix}0&1&0&0&0\\1&0&0&1&0\\0&0&0&1&1\\0&0&0&0&0\\0&0&0&0&0\end{pmatrix}\vee\begin{pmatrix}0&1&0&0&0\\1&0&0&0&0\\0&0&0&0&0\\0&1&1&0&0\\0&0&1&0&0\end{pmatrix}=\begin{pmatrix}0&1&0&0&0\\1&0&0&1&0\\0&0&0&1&1\\0&1&1&0&0\\0&0&1&0&0\end{pmatrix}$$

(3) A 有 5 个元素，$t(R)=\bigcup\limits_{i=1}^{5}R^i=R\cup R^2\cup\cdots\cup R^5$，所以

$$\boldsymbol{M}_{t(R)}=\boldsymbol{M}_R\vee\boldsymbol{M}_R^2\vee\boldsymbol{M}_R^3\vee\boldsymbol{M}_R^4\vee\boldsymbol{M}_R^5$$

$$\boldsymbol{M}_R^2=\boldsymbol{M}_R\circ\boldsymbol{M}_R=\begin{pmatrix}0&1&0&0&0\\1&0&0&1&0\\0&0&0&1&1\\0&0&0&0&0\\0&0&0&0&0\end{pmatrix}\circ\begin{pmatrix}0&1&0&0&0\\1&0&0&1&0\\0&0&0&1&1\\0&0&0&0&0\\0&0&0&0&0\end{pmatrix}=\begin{pmatrix}1&0&0&1&0\\0&1&0&0&0\\0&0&0&0&0\\0&0&0&0&0\\0&0&0&0&0\end{pmatrix}$$

$$\boldsymbol{M}_R^3=\boldsymbol{M}_R\circ\boldsymbol{M}_R^2=\begin{pmatrix}0&1&0&0&0\\1&0&0&1&0\\0&0&0&1&1\\0&0&0&0&0\\0&0&0&0&0\end{pmatrix}\circ\begin{pmatrix}1&0&0&1&0\\0&1&0&0&0\\0&0&0&0&0\\0&0&0&0&0\\0&0&0&0&0\end{pmatrix}=\begin{pmatrix}0&1&0&0&0\\1&0&0&1&0\\0&0&0&0&0\\0&0&0&0&0\\0&0&0&0&0\end{pmatrix}$$

$$\boldsymbol{M}_R^4=\boldsymbol{M}_R\circ\boldsymbol{M}_R^3=\begin{pmatrix}0&1&0&0&0\\1&0&0&1&0\\0&0&0&1&1\\0&0&0&0&0\\0&0&0&0&0\end{pmatrix}\circ\begin{pmatrix}0&1&0&0&0\\1&0&0&1&0\\0&0&0&0&0\\0&0&0&0&0\\0&0&0&0&0\end{pmatrix}=\begin{pmatrix}1&0&0&1&0\\0&1&0&0&0\\0&0&0&0&0\\0&0&0&0&0\\0&0&0&0&0\end{pmatrix}=\boldsymbol{M}_R^2$$

$M_R^5=M_R\circ M_R^4=M_R\circ M_R^2=M_R^3$

$$M_{t(R)}=M_R\vee M_R^2\vee M_R^3\vee M_R^4\vee M_R^5=M_R\vee M_R^2\vee M_R^3=\begin{pmatrix}1&1&0&1&0\\1&1&0&1&0\\0&0&0&1&1\\0&0&0&0&0\\0&0&0&0&0\end{pmatrix}$$

当集合的元素较多时，利用关系矩阵计算传递闭包是很繁琐的，为此，1962 年 Warshall 提出“Warshall 算法”，有兴趣的读者，可进一步学习和探讨。

定理 4-14　设 R 为集合 A 上的二元关系，则

(1) 若 R 是自反的，则 $s(R)$ 和 $t(R)$ 是自反的。

(2) 若 R 是对称的，则 $r(R)$ 和 $t(R)$ 是对称的。

(3) 若 R 是传递的，则 $r(R)$ 是传递的。

证明　(1)是显然的。

(2) 因为 $r(R)=R\cup I_A$，且 R,I_A 均是对称的，所以 $r(R)=R\cup I_A$ 也是对称的。

为了证明 $t(R)$ 是对称的，下面用数学归纳法证明 R^n 是对称的。

① (基础)$i=1$ 时 R 是对称的；

② (归纳)设 R^k 是对称的，当 $i=k+1$ 时，对任意的 $<x,y>\in R^{k+1}$，必存在某个 $z\in A$，使得 $<x,z>\in R^k$，$<z,y>\in R$，根据 R^k、R 的对称性，可得 $<y,z>\in R$，$<z,x>\in R^k$，显然 $<y,x>\in R\circ R^k=R^{k+1}$。所以 R^{k+1} 是对称的，即对于任何的正整数 n，R^n 都是对称的。

因此，对任意的 $<x,y>\in t(R)$，存在某个 i 使 $<x,y>\in R^i$，若 R^i 是对称的，则 $<y,x>\in R^i\subseteq t(R)$，所以 $t(R)$ 是对称的。

(3) 对任意的 $<x,y>,<y,z>\in r(R)=R\cup I_A$，分以下两种情况考虑：

① 若 $<x,y>,<y,z>$ 两者中有属于 I_A 的，假设 $<x,y>\in I_A$，显然 $x=y$，因此

$$<x,z>=<y,z>\in r(R)$$

② 若 $<x,y>,<y,z>$ 两者都不属于 I_A，即 x,y,z 均不等，显然只有 $<x,y>,<y,z>\in R$，因 R 是传递的，显然 $<x,z>\in R\subseteq r(R)$，所以 $r(R)$ 也是传递的。

定理 4-15　设 R 是集合 A 上的二元关系，则

(1) $rs(R)=sr(R)$。

(2) $rt(R)=tr(R)$。

(3) $st(R)\subseteq ts(R)$。

证明　设 I_A 表示集合 A 上的恒等关系，显然 $I_A=I_A^{-1}$。

(1) $rs(R)=r(R\cup R^{-1})=R\cup R^{-1}\cup I_A=R\cup I_A\cup R^{-1}\cup I_A$
$=(R\cup I_A)\cup(R\cup I_A)^{-1}=s(R\cup I_A)=sr(R)$

(2) 可参照(1)来证明。

(3) 若 $R_1\subseteq R_2$，则必有 $s(R_1)\subseteq s(R_2)$，$t(R_1)\subseteq t(R_2)$。

因为 $R\subseteq s(R)$，所以 $t(R)\subseteq ts(R)$，因此 $st(R)\subseteq sts(R)$。

因为 $s(R)$ 是对称的，从而 $ts(R)$ 也是对称的，由定理 4-15 可得 $sts(R)=ts(R)$。

故 $st(R)\subseteq ts(R)$。

习惯上记 $t(R)=R^+$，$rt(R)=R^*$。

习题 4.5

1. 设 $R_1=\{<a,b>,<b,c>\}$，$R_2=\{<a,a>,<a,b>,<b,c>,<c,a>\}$都是集合上 $A=\{a,b,c\}$的二元关系，求出各自的自反闭包，对称闭包和传递闭包(用有序对形式给出)，并给出各闭包的关系矩阵和关系图。

2. 已知集合$\{1,2,3\}$上的关系 R，$R=\{<1,2>,<2,1>,<3,2>,<3,3>\}$，求下列关系的关系矩阵：(1) $r(R)$。(2) $s(R)$。(3) $t(R)$。(4) $rs(R)$。(5) $sr(R)$。

3. 设 R_1，R_2 为 A 上关系，$R_1\subseteq R_2$，求证：
(1) $r(R_1)\subseteq r(R_2)$。(2) $s(R_1)\subseteq s(R_2)$。(3) $t(R_1)\subseteq t(R_2)$。

4. 设 R_1，R_2 为集合 A 上的关系，证明：
(1) $r(R_1\cup R_2)=r(R_1)\cup r(R_2)$。
(2) $s(R_1\cup R_2)=s(R_1)\cup s(R_2)$。
(3) $t(R_1)\cup t(R_2)\subseteq t(R_1\cup R_2)$。

5. 给出一个二元关系 R 使 $st(R)=ts(R)$。

6. 证明定理 4-15 的(2)，设 R 为集合 A 上的二元关系，则 $rt(R)=tr(R)$。

4.6 等价关系

4.6.1 集合的划分

定义 4-12 任意给定一个非空集合 S，若有集合族 $\pi=\{S_1,S_2,\cdots,S_n\}$，使得

(1) 有 $S_i\neq\varnothing$ 且 $S_i\subseteq S(i=1,2,\cdots,n)$。

(2) $\bigcup_{i=1}^{n} S_i = S_1 \cup S_2 \cup S_3 \cup \cdots \cup S_n = S$。

则称集合族 π 是集合 S 的一个覆盖。

例 4-23 设集合 $S=\{a,b,c\}$，若 $\pi_1=\{\{a\},\{a,b\},\{b,c\}\}$；$\pi_2=\{\{a,c\},$

$\{b,c\}\}$；$\pi_3=\{\{a,b,c\}\}$；$\pi_4=\{\{a\},\{a,b\},\{b\}\}$，则 π_1,π_2,π_3 都是 S 的覆盖，但 π_4 不是。

定义 4-13　设 $\pi=\{S_1,S_2,\cdots,S_n\}$ 是集合 S 的一个覆盖，若对任意的 $S_i\in\pi$，不存在 π 中其他元素 S_j，使得 $S_i\subseteq S_j$，则称 π 是集合 S 的一个**完全覆盖。**

例如，在例 4-23 中 π_2,π_3 都是 S 的完全覆盖。

定义 4-14　对于非空集合 S，若有集合族 $\pi=\{S_1,S_2,\cdots,S_n\}$，使得

(1) $S_i\neq\varnothing$ 且 $S_i\subseteq S(i=1,2,\cdots,n)$；

(2) $S_i\cap S_j=\varnothing(i\neq j;1\leqslant i,j\leqslant n)$；

(3) $\bigcup\limits_{i=1}^{n} S_i = S_1\cup S_2\cup S_3\cup\cdots\cup S_n = S$，

则称 π 是集合 S 的一个划分。π 中的元素 S_i 称为其划分块或类。

直观地说，所谓集合 A 的划分就是将集合 A 中的元素划分成几块，使得 A 的每一个元素必须在某一块中，也仅在一块中。

例 4-24　设 $A=\{2,3,5,8,9,16,22,25,27,35\}$，按照 A 中元素是奇数或者偶数来区分，可以将 A 中元素划分为两块 $B_1=\{3,5,9,25,27,35\}$，$B_2=\{2,8,16,22\}$。因此，$\pi_1=\{B_1,B_2\}$ 是集合 A 的一个分划。

按 A 中元素能被 2 整除，被 3 整除或者被 5 整除来区分，又可将 A 中元素划分成三块

$$A_2=\{2,8,16,22\},A_3=\{3,9,27\},A_5=\{5,25,35\}$$

因此，$\pi_2=\{A_2,A_3,A_5\}$ 也是集合 A 的一个划分。

若按照 A 中的元素能被 2 整除、被 3 整除或被 4 整除来区分，可以得到 A 的如下几个非空子集：$A_2=\{2,8,16,22\}$，$A_3=\{3,9,27\}$，$A_4=\{8,16\}$。

可令 $\pi_3=\{A_2,A_3,A_4\}$，但是 π_3 就不是 A 的划分。

在非空集合 S 的所有划分中，以 S 中的每一个单元素子集组成的集合族，是 S 的一个划分，称之为集合 S 的最大划分；以集合 S 作为元素组成的集合 $\{S\}$，是 S 的一个划分，称之为集合 S 的最小划分。

定义 4-15　设 $\pi_1=\{A_1,A_2,\cdots,A_m\}$，$\pi_2=\{B_1,B_2,\cdots,B_n\}$ 是非空集合 S 的两个划分。

(1) 若对任意 $B_i\in\pi_2$，存在一个 $A_j\in\pi_1$，使得 $B_i\subseteq A_j$，则称 π_2 是 π_1 的细分。

(2) 若 π_2 是 π_1 的细分，并且 $\pi_1\neq\pi_2$，则称 π_2 是 π_1 的真细分。

例如，例 4-24 中 π_2 是 π_1 的真细分。

从上面的定义和例子可以看出，一个集合可以有多个不同的覆盖和多个不同的划分，但最大划分和最小划分只有一个。一个划分必定是一个覆盖，但一个覆盖未必是一个划分。

定义 4-16　设 $\pi_1=\{A_1,A_2,\cdots,A_m\}$，$\pi_2=\{B_1,B_2,\cdots,B_n\}$ 是同一个集合 S 的

两个划分，则称集合族 $\pi=\{A_i\cap B_j \mid A_i\cap B_j\neq\varnothing, 1\leqslant i\leqslant m, 1\leqslant j\leqslant n\}$ 为 π_1 和 π_2 的交叉划分。

例 4-25 设集合 $S=\{1,2,3,4\}$，$\pi_1=\{\{1\},\{2,3,4\}\}$，$\pi_2=\{\{1,2\},\{3,4\}\}$，求 π_1 和 π_2 的交叉划分。

解 π_1 和 π_2 的交叉划分为 $\pi=\{\{1\},\{2\},\{3,4\}\}$。

4.6.2 等价关系

定义 4-17 设 R 为非空集合 A 上的二元关系。若 R 是自反的，对称的和传递的，则称 R 为 A 上的等价关系。这时，若 $\langle x,y\rangle\in R$，称 x 等价于 y，记作 $x\sim y$。

例 4-26 设 $\mathbf{Z}$ 是整数集合，k 是正整数，$\mathbf{Z}$ 上的关系

$$R=\{\langle x,y\rangle \mid x,y\in\mathbf{Z}, \text{且 } k\mid(x-y)\}$$

证明 R 是 $\mathbf{Z}$ 上的等价关系。此时称 R 为整数集合 $\mathbf{Z}$ 上的模 k 同余关系，当 $\langle x,y\rangle\in R$时，常记作 $x\equiv y(\mathrm{mod}k)$。

证明 (1) 对任意的 $x\in\mathbf{Z}$，显然 $x-x=0$ 可被 k 整除。所以$\langle x,x\rangle\in R$，即 R 具有自反性。

(2) 对任意的 $x,y\in\mathbf{Z}$，若$\langle x,y\rangle\in R$，则 $x-y$ 可被k 整除，即存在 $m\in\mathbf{Z}$ 使得 $x-y=km$，因此 $y-x=k(-m)$，即 $y-x$ 可被 k 整除，所以$\langle y,x\rangle\in R$，故 R 具有对称性。

(3) 对任意的 $x,y,z\in\mathbf{Z}$，若$\langle x,y\rangle\in R$，$\langle y,z\rangle\in R$，则存在 $m,n\in\mathbf{Z}$ 使得

$$x-y=km, y-z=kn$$

两式相加则得

$$x-z=k(m+n)$$

而 $m,n\in\mathbf{Z}$，则 $m+n\in\mathbf{Z}$，即 $x-z$ 可被 k 整除。所以$\langle x,z\rangle\in R$，即 R 具有传递性。

综上所述，R 是 $\mathbf{Z}$ 上的等价关系。

4.6.3 等价类

定义 4-18 设 R 是非空集合A 上的等价关系，对任意 $x\in A$，令

$$[x]_R=\{y \mid y\in A\wedge xRy\}$$

称$[x]_R$ 为 x 关于R 的等价类，简称为 x 的等价类，在不引起混乱时，可以将$[x]_R$ 简记为$[x]$。

不难看出，$[x]$就是与 x 有等价关系的所有 A 中元素的集合。

例 4-27 若 R 是 $\mathbf{Z}$ 上的模 3 同余关系，则元素 0、1、2 关于 R 的等价类分别为

$$[0]=\{\cdots,-6,-3,0,3,6,\cdots\}$$
$$[1]=\{\cdots,-5,-2,1,4,7,\cdots\}$$
$$[2]=\{\cdots,-4,-1,2,5,8,\cdots\}$$

还可以看出，两个有等价关系的元素，所产生的等价类相同，如

$$[0]=[3]=[-3]=\{\cdots,-6,-3,0,3,6,\cdots\}$$
$$[1]=[4]=[-2]=\{\cdots,-5,-2,1,4,7,\cdots\}$$
$$[2]=[5]=[-1]=\{\cdots,-4,-1,4,5,8,\cdots\}$$

对于整数集 $\mathbf{Z}$ 上的模 k 同余关系 R，可将 $\mathbf{Z}$ 中的所有整数按它们除以 k 的余数分类如下：余数为 0 的数，形式为 $nz, z\in\mathbf{Z}$；余数为 1 的数，形式为 $nz+1, z\in\mathbf{Z}$；余数为 2 的数，形式为 $nz+2, z\in\mathbf{Z}$；…；余数为 $k-1$ 的数，形式为 $nz+(k-1)$，$z\in\mathbf{Z}$。以上构成了 R 的等价类，即 $[i]=\{kz+i \mid 0\leqslant i\leqslant k-1, z\in\mathbf{Z}\}$。

定理 4-16 设 R 是非空集合 A 上的等价关系，对任意的 $x,y\in A$，下面的结论成立。

(1) $[x]\neq\varnothing$，且 $[x]\subseteq A$。

(2) 若 xRy，则 $[x]=[y]$。

(3) 若 $x\not R y$，则 $[x]\cap[y]=\varnothing$。

(4) $\bigcup_{x\in A}[x]=A$。

证明 (1) 因为 R 是等价关系，所以，对任意的 $x\in A$，xRx，由等价类的定义

$$[x]_R=\{y \mid y\in A\wedge xRy\}$$

则有 $x\in[x]$，即 $[x]$ 非空，同时显见 $[x]\subseteq A$。

(2) 任取 z，若 $z\in[x]$，即 $<x,z>\in R$，根据等价关系的对称性，可知 $<z,x>\in R$，又因为 $<x,y>\in R$，由于等价关系具有的传递性，则有 $<z,y>\in R$，从而 $<y,z>\in R$（因为 R 是对称的）。所以 $z\in[y]$。因此 $[x]\subseteq[y]$。同理可证 $[y]\subseteq[x]$。这就得到了 $[x]=[y]$。

(3) 假设 $[x]\cap[y]\neq\varnothing$，即必存在某个 $z\in[x]\cap[y]$，有 $<x,z>\in R$ 且 $<y,z>\in R$。根据 R 的对称性和传递性必有 $<x,y>\in R$，与 $x\not R y$ 矛盾。原命题成立。

(4) 对于任意的 x，由等价类的定义有 $[x]\subseteq A$，从而有 $\bigcup_{x\in A}[x]\subseteq A$。

另一方面，对于任意的 y，若 $y\in A$，则 $y\in[y]$，所以 $y\in\bigcup_{x\in A}[x]$，即有 $A\subseteq\bigcup_{x\in A}[x]$ 成立。

综上所述得 $\bigcup_{x\in A}[x]=A$。

定义 4-19 设 R 为非空集合 A 上的等价关系，以 R 的不同的等价类为元素的集合叫做 A 在 R 下的**商集**，记作 A/R，即 $A/R=\{[x]_R \mid x\in A\}$。

例 4-28 (1) 设 $A=\{0,1,2,\cdots,7\}$，$R=\{<x,y> \mid x,y\in A$，且

$x \equiv y \pmod 4)\}$，则 A 在 R 下的商集是 $A/R=\{\{0,4\},\{1,5\},\{2,6\},\{3,7\}\}$。

整数集 $\mathbf{Z}$ 上的模 k 同余关系 R 的商集为 $\{\{kz+i\} \mid 0 \leqslant i \leqslant k-1, z \in \mathbf{Z}\}$，即 $\{\{kz\},\{kz+1\},\cdots,\{kz+k-1\}\}$，可以简写为 $\{[0],[1],[2],\cdots,[k-1]\}$。

(2) 非空集合 A 上的全域关系 E 是等价关系，对任意 $x \in A$ 有 $[x]=A$，商集 $A/E=\{A\}$。

(3) 非空集合 A 上的恒等关系 I_A 是等价关系，商集 $A/I_A=\{\{x\} \mid x \in A\}$。

定理 4-17 非空集合 A 上的等价关系 R，其所有等价类的集合，即商集 A/R 是 A 的一个划分。

证明 由定理 4-6 可知，(1) 由 R 产生的等价类都是 A 的非空子集。

(2) 不同的等价类之间相交为空。

(3) 所有等价类的并集就是 A。因此所有等价类的集合，即商集 A/R，就是 A 的一个划分，称为由 R **所诱导的划分**。

例 4-29 设 $A=\{1,2,3,4,5\}$，$R=\{<1,1>,<1,3>,<1,4>,<2,2>,<3,1>,<3,3>,<3,4>,<4,1>,<4,3>,<4,4>,<5,5>\}$，则 $A/R=\{\{1,3,4\},\{2\},\{5\}\}$，即 R 所诱导的划分为 $\{\{1,3,4\},\{2\},\{5\}\}$。

定理 4-18 在非空集合 A 上给定一个划分 π，可确定 A 上的元素之间的一个等价关系。

证明 设 A 有一个划分 $\pi=\{A_1,A_2,\cdots,A_n\}$，现定义关系 R，则

$$<a,b> \in R \Leftrightarrow \exists A_i (A_i \in \pi \wedge a \in A_i \wedge b \in A_i)$$

即 $<a,b> \in R$ 当且仅当 a,b 在同一划分块中。可证明该关系 R 为一个等价关系。

(1) 对于任意的 $a \in A$，a 与 a 在同一划分块中，因此必有 $<a,a> \in R$，即 R 具有自反性。

(2) 若 $<a,b> \in R$，则存在 A_i，使得 $a \in A_i \wedge b \in A_i$，所以 $b \in A_i \wedge a \in A_i$，故 $<b,a> \in R$，即 R 具有对称性。

(3) 若 $<a,b> \in R$，且 $<b,c> \in R$，由 R 的定义，则存在 i,j，使得 $a,b \in A_i$ 且 $b,c \in A_j$，由划分的定义，要么 $A_i=A_j$，要么 $A_i \cap A_j=\varnothing$，而这里 $b \in A_i \cap A_j$，所以 $A_i=A_j$，即 $a,c \in A_i$，因此 $<a,c> \in R$，即 R 具有传递性。

综上所述，R 为等价关系。

从定理的证明，可看出由集合 A 上的一个划分 $\pi=\{A_1,A_2,\cdots,A_n\}$，可以确定一个与其对应的 A 上的等价关系 R 就是 $A_1 \times A_1 \cup A_2 \times A_2 \cup \cdots \cup A_n \times A_n$。

例 4-30 设集合 $A=\{1,2,3,4,5\}$，有一个划分 $\pi=\{\{1,5\},\{2\},\{3,4\}\}$，试由划分 π 确定 A 上的一个等价关系 R。

解 依据定理可设 $R=\{1,5\} \times \{1,5\} \cup \{2\} \times \{2\} \cup \{3,4\} \times \{3,4\}$

$$=\{<1,1>,<1,5>,<5,1>,<5,5>,<2,2>,<3,3>,<3,4>,<4,3>,<4,4>\}$$

定理 4-19 设 R_1 和 R_2 为非空集合 A 上的等价关系，则 $R_1=R_2$，当且仅当 $A/R_1=A/R_2$。

习题 4.6

1. 设 $A=\{1,2,3,4\}$，问 A 上共有多少个等价关系？

2. 设 R 是集合 A 中的对称关系和传递关系，求证：若对每一个元素 $a\in A$，存在一个元素 $b\in A$，使 $<a,b>\in R$，则 R 是等价关系。

3. 集合 $A=\{a,b,c,d,e\}$ 上的划分为 S，$S=\{\{a,d,e\},\{b,c\}\}$，

(1) 写出由划分 S 导出的 A 上的等价关系 R。

(2) 画出 R 的关系图，并求 $\boldsymbol{M}_R$。

4. R_1 和 R_2 都是集合 A 上的等价关系，试判断下列 A 上的二元关系是不是 A 上的等价关系。若不是，请给出反例。

(1) A^2-R_1。(2) R_1-R_2。(3) $r(R_1-R_2)$。(4) $R_1\circ R_2$。(5) $R_1\cup R_2$。

5. 设 π_1 和 π_2 都是集合 A 的划分，试判断下列集合是不是 A 的划分，为什么？

(1) $\pi_1\cup\pi_2$。(2) $\pi_1\cap\pi_2$。(3) $\pi_1-\pi_2$。(4) $(\pi_1\cap(\pi_2-\pi_1))\cup\pi_1$。

6. R 是整数集合 $\mathbf{Z}$ 上的关系，$R=\{<x,y>\mid x^2=y^2\}$。

(1) 证明 R 是等价关系。

(2) 确定 R 的等价类。

4.7 偏序关系

4.7.1 偏序关系和拟序关系

在一个集合上，我们常常要考虑元素的次序关系，次序是元素群体的重要特征，是建立在元素间的关系基础上的。其中偏序关系就是一类很重要的次序关系。

定义 4-20 设 R 是非空集合 A 上的关系，若 R 具有自反性，反对称性和传递性，则称 R 是 A 上的**偏序关系**，或称**半序关系**，常把偏序关系 R 记作 $\leqslant$，若 $<a,b>\in\leqslant$，则记作 $a\leqslant b$，读作"a 小于等于 b"。有序对 $<A,\leqslant>$ 称为**偏序集**。

我们指出：这里的"小于或等于"不是指普通数的大小关系的 $\leqslant$，而是指偏序关系中的顺序性。x"小于或等于"y 表示：x 排在 y 的前边，即 $x<y$，或 $x=y$。

例 4-31 证明整数集合 $\mathbf{Z}$ 中的"小于或等于"关系 R 是偏序关系。

证明 (1) 对于任意的 $x\in\mathbf{Z}$，有 $x\leqslant x$，即 $<x,x>\in R$，所以 R 具有自反性。

(2) 若 $<x,y>\in R$ 且 $<y,x>\in R$，即 $x\leqslant y$ 且 $y\leqslant x$，则 $x=y$，所以 R 具有反对称性。

(3) 若 $<x,y>\in R$ 且 $<y,z>\in R$，即 $x\leqslant y$ 且 $y\leqslant z$，则 $x\leqslant z$，即 $<x,z>\in R$，故 R 具有传递性。

综上所述，整数集合 $\mathbf{Z}$ 上的“小于或等于”关系是偏序关系。$<\mathbf{Z},R>$ 构成偏序集。

例 4-32 给定集合 $A=\{2,3,4,6,8\}$，令关系 R 是集合 A 上的关系，且

$$R=\{<2,2>,<2,4>,<2,6>,<2,8>,<3,3>,<3,6>,<4,4>,<4,8>,<6,6>,<8,8>\}$$

证明 R 是偏序关系。

证明 利用关系图的特点来证明，根据关系 R 画出的关系图如图 4-4 所示。

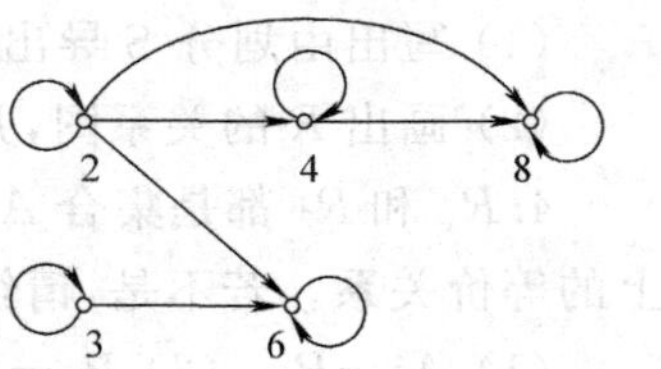

图 4-4

(1) 每个结点均有自反环，故 R 具有自反性。

(2) 每两个不同结点间最多有一条边，故 R 具有反对称性。

(3) 2 间接地通到 8，2 到 8 有直达边。所以 R 有传递性，故 R 是偏序关系。

定义 4-21 设 R 是非空集合 A 上的关系，若 R 具有反自反性、传递性，则称 R 是 A 上的拟序关系，记该关系 R 为 $<$。这时，若 $<a,b>\in R$，可记作 $a<b$，读作“a 小于 b”。

注意 这里的“小于”不是指普通数的大小关系的 $<$，而是指拟序的“小于”。x“小于”y 的含义是：依照这个顺序，x 排在 y 的前边。

例 4-33 $A=\{1,2,3\}$，R 是 A 上的整除关系，$R=\{<1,1>,<1,2>,<1,3>,<2,2>,<3,3>\}$，显然 R 是偏序关系，A 中元素有以下关系：$1\leqslant 1$，$1\leqslant 2$，$1\leqslant 3$；$2\leqslant 2$，$3\leqslant 3$；2 和 3 不可比。

例 4-34 集合 A 的幂集 $P(A)$ 上的关系“$\subset$”是拟序关系。

证明 (1) 对 $\forall X\in P(A)$，有 $X\not\subset X$，所以 $\subset$ 具有反自反性。

(2) 设 $X,Y,Z\in P(A)$，若 $X\subset Y$，$Y\subset Z$，则有 $X\subset Z$，因此 $\subset$ 具有传递性。

故 $\subset$ 是 $P(A)$ 上的拟序关系。

定理 4-20 设 R 是集合 A 上的拟序关系，则 R 是反对称的。

证明 设 R 不是反对称的，则至少存在两个元素 $x,y\in A$，$x\neq y$，且 $<x,y>\in R$，$<y,x>\in R$，因为 R 是传递的，所以 $<x,x>\in R$，$<y,y>\in R$。这与 R 是反自反的特性相矛盾，因此 R 具有反对称性。

由该定理，很容易得出以下结论：

(1) 由反自反性和传递性可以推出反对称性。

(2) 拟序关系具有反自反性，反对称性和传递性。

(3) 拟序和偏序的区别在于反自反性和自反性上，它们均具有反对称性和传

递性。

(4) 若 R 是偏序关系，则 $R-I_A$ 是拟序关系；若 R 是拟序关系，则 $R\cup I_A$ 是偏序关系。即偏序是拟序的扩充，拟序是偏序的缩减。

4.7.2　哈斯图

为了用图示简洁地表示集合 A 上的偏序关系，对于描述偏序集的关系图，可以按如下规则进行简化：

(1) 偏序关系具有自反性，所以所有结点的环均省略，只用一个结点表示 A 中的每一个元素。

(2) 偏序关系具有反对称性，即两结点间的边为单向的，所以可以省略所有边上的箭头，适当排列 A 中元素的位置，如 $x\leqslant y$，则 x 画在 y 的下方，即每条边都向上画，并略去箭头。

(3) 偏序关系具有传递性，即若 $x\leqslant y$，$y\leqslant z$，则必有 $x\leqslant z$，因此 x 到 y 有边，y 到 z 有边，则 x 到 z 的边省略。

为了画偏序关系图更简便，哈斯(Hasse)根据盖住概念给出了一种画法——哈斯图。

定义 4-22　在偏序集 $\langle A,\leqslant\rangle$ 中，若 $x,y\in A$，$x\leqslant y$ 且 $x\neq y$，并且不存在元素 z 使得，$x\neq z$，$y\neq z$ 且 $x\leqslant z$，$z\leqslant y$，则称元素 y 盖住元素 x。并且记

$$\text{COVA}=\{\langle x,y\rangle \mid x,y\in A, y\ 盖住\ x\}。$$

显然，对于给定的偏序集 $\langle A,\leqslant\rangle$，元素之间的“盖住”关系是唯一的，可以利用这一特性画出偏序集的盖住关系图，即哈斯图。画法步骤如下：

(1) 用小圆圈(称为结点)表示集合 A 中的元素。

(2) 若 y 盖住 x，则把表示 y 的结点画在表示 x 的结点之上，并在两个结点之间连一条边，由于所有边的箭头向上，因此略去箭头。

根据盖住关系，画出的哈斯图把表示偏序关系 $\leqslant$ 的传递性的连线都省略了，具体说，若 $\langle x,y\rangle\in\text{COVA}$，$\langle y,z\rangle\in\text{COVA}$，即 $x\leqslant y$，$y\leqslant z$，显然必有 $x\leqslant z$，而画哈斯图时不用画出 $\langle x,z\rangle$ 边。

例 4-35　画出下列偏序集的哈斯图。

(1) 设 $A=\{2,3,4,6,8\}$，$\langle A,\leqslant\rangle$ 是偏序集，其中

$\leqslant=\{\langle 2,2\rangle,\langle 2,4\rangle,\langle 2,6\rangle,\langle 2,8\rangle,\langle 3,3\rangle,\langle 3,6\rangle,\langle 4,4\rangle,\langle 4,8\rangle,\langle 6,6\rangle,\langle 8,8\rangle\}$

解　根据偏序关系 $\leqslant$，画出关系图；根据 COVA，画出哈斯图，如图 4-5 所示。

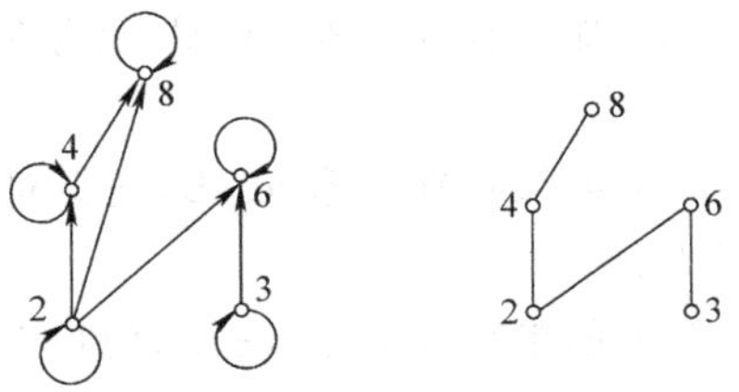

≤的关系图　　≤的哈斯图

图　4-5

$COVA=\{<2,4>,<2,6>,<3,6>,<4,8>\}$。

(2) 设 $A=\{a,b,c\}$，$<P(A),\subseteq>$是偏序集。

解　$P(A)=\{\varnothing,\{a\},\{b\},\{c\},\{a,b\},\{a,c\},\{b,c\},\{a,b,c\}\}$

包含关系

$\subseteq=\{<\varnothing,\varnothing>,<\varnothing,\{a\}>,<\varnothing,\{b\}>,<\varnothing,\{c\}>,<\varnothing,\{a,b\}>,$
$<\varnothing,\{a,c\}>,<\varnothing,\{b,c\}>,<\varnothing,\{a,b,c\}>,<\{a\},\{a\}>,$
$<\{a\},\{a,b\}>,<\{a\},\{a,c\}>,<\{a\},\{a,b,c\}>,<\{b\},\{b\}>,$
$<\{b\},\{a,b\}>,<\{b\},\{b,c\}>,<\{b\},\{a,b,c\}>,<\{c\},\{c\}>,$
$<\{c\},\{a,c\}>,<\{c\},\{b,c\}>,<\{a,b\},\{a,b\}>,<\{a,b\},\{a,b,c\}>,$
$<\{a,c\},\{a,c\}>,<\{a,c\},\{a,b,c\}>,<\{b,c\},\{a,b,c\}>,$
$<\{b,c\},\{b,c\}>,<\{a,b,c\},\{a,b,c\}>\}$

$COVA=\{<\varnothing,\{a\}>,<\varnothing,\{b\}>,<\varnothing,\{c\}>,<\{a\},\{a,b\}>,$
$<\{a\},\{a,c\}>,<\{b\},\{a,b\}>,<\{b\},\{b,c\}>,<\{c\},\{a,c\}>,$
$<\{c\},\{b,c\}>,<\{a,b\},\{a,b,c\}>,<\{a,c\},\{a,b,c\}>,$
$<\{b,c\},\{a,b,c\}>\}$

作出哈斯图如图 4-6 所示。

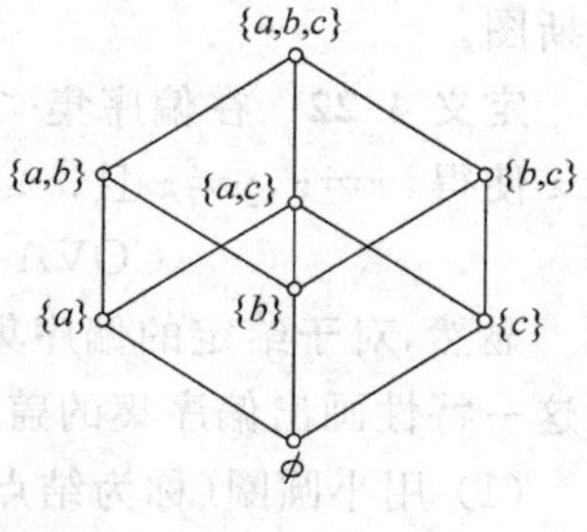

图　4-6

应该指出，不同定义的偏序关系，可以有相同的哈斯图，这将在代数结构中进一步研究。

4.7.3　偏序集的特殊元素

从哈斯图中，可以看到偏序集$<A,\leqslant>$中各个元素，处于不同层次的位置，下面我们讨论偏序集中的特殊元素，它们是讨论次序关系所必需的，而且在代数系统中扮演着重要角色。

定义 4-23　设$<A,\leqslant>$是偏序集，集合 $B\subseteq A$。

(1) 如果存在元素 $b\in B$，使得对任意的 $x\in B$，均有 $x\leqslant b$，那么称 b 为 B 的最大元。

(2) 如果存在元素 $a\in B$，使得对任意的 $x\in B$，均有 $a\leqslant x$，那么称 a 为 B 的最小元。

(3) 如果存在元素 $b\in B$，使得对任意的 $x\in B$，若 $b\leqslant x$，则 $x=b$，那么称 b 为 B 的极大元。

(4) 如果存在元素 $a\in B$，使得对任意的 $x\in B$，若 $x\leqslant a$，则 $x=a$，那么称 a 为 B 的极小元。

(5) 如果存在 $m\in A$，使得对任意的 $x\in B$，则 $x\leqslant m$，那么称 m 为 B 的**上界**。

(6) 如果存在 $l\in A$，使得对任意的 $x\in B$，则 $l\leqslant x$，那么称 l 为 B 的**下界**。

(7) 令 $C=\{b|b$ 为 B 的上界$\}$，则称 C 的最小元为 B 的**最小上界**或**上确界**。

(8) 令 $D=\{a|a$ 为 B 的下界$\}$，则称 D 的最大元为 B 的**最大下界**或**下确界**。

注意　① 我们说偏序集的特殊元素是指偏序集的某个子集的特殊元素。

② B 的最大元(或最小元)是 B 中的元素，它大于(或小于)B 中其他每个元素的 B 中的元素，它与 B 中其他元素都可比较；最大元(最小元)可能不存在。

③ B 的极大元(极小元)是 B 中的元素，它不小于(或不大于)B 中其他每个元素，极大元(极小元)不一定与 B 中其他元素都可比，只要不存在能与它进行比较且比它大(小)的元素，它就是极大元(极小元)，极大元(极小元)未必是唯一的，也不一定是最大元(最小元)，但若极大元(极小元)唯一，则必定是最大元(最小元)，孤立点既是极大元，也是极小元。

④ B 的上(或下)界是 A 中的元素，它大于(或小于)B 中每个元素。

⑤ B 的上(下)确界是 B 中的上(下)界中的最小(最大)者。

⑥ B 中最大元(最小元)是 B 中极大(极小)元素，最大元(最小元)一定是 B 的上(下)界，同时也是 B 的最小上界(最大下界)，但反过来不一定正确。

例 4-36　设 $<A,\leqslant>$ 是偏序集，

(1) 若 A 的子集 B 存在最大元 y，则最大元是唯一的。

(2) 若 A 的子集 B 存在最小元 y，则最小元是唯一的。

证明　(1) 若 $y_1,y_2\in B$ 均是 B 的最大元，若 y_1 是最大元，则 $y_2\leqslant y_1$，而 y_2 也是 B 的最大元，显然 $y_1\leqslant y_2$，因此 $y_1=y_2$，故最大元是唯一的。

同理可证(2)。

例 4-37　$A=\{1,2,3,4,5,6\}$，D 是整除关系，哈斯图如图 4-7 所示。1 是 A 的最小元，没有最大元，1 是极小元，4，5，6 都是 A 的极大元。

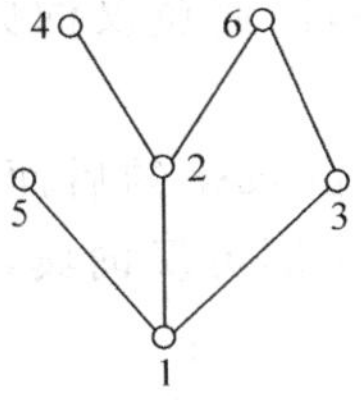

图　4-7

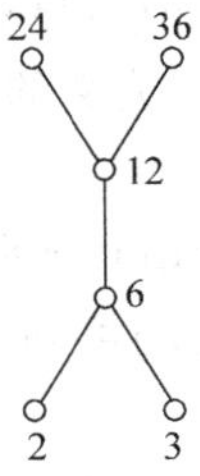

图　4-8

例 4-38　集合 $X=\{2,3,6,12,24,36\}$ 上的整除关系是偏序关系。

(1) 找出 X 的最大(小)元、极大(小)元、上(下)界、上(下)确界。

(2) 找出集合 $Y=\{2,3,6,12\}$ 的最大(小)元、极大(小)元、上(下)界、上(下)确界。

(3) 找出集合 $Z=\{3,6,12\}$ 的最大(小)元、极大(小)元、上(下)界、上(下)确

界。

解 (1) 用枚举法给出集合 X 上的整除关系如下：

$\leqslant=\{<2,2>,<2,6>,<2,12>,<2,24>,<2,36>,<3,3>,$
$<3,6>,<3,12>,<3,24>,<3,36>,<6,6>,<6,12>,$
$<6,24>,<6,36>,<12,12>,<12,24>,<12,36>,$
$<24,24>,<36,36>\}$

根据关系≤画出的哈斯图如图 4-8 所示。2、3 位于同一最下层，所以 2、3 为极小元；24、36 位于同一最上层，所以 24、36 为极大元；因为 2 和 3、24 和 36 无关系且极小(大)元不唯一，所以无最小(大)元。位于最下(上)层元素不唯一，所以无上界、下界、上确界、下确界。

同理可求出 Y,Z 的最大(小)元、极大(小)元、上(下)界、上(下)确界见表 4-6。

表 4-6

	极大元	极小元	最大元	最小元	上界	下界	上确界	下确界
X	24,36	2,3	无	无	无	无	无	无
Y	12	2,3	12	无	12,24,36	无	12	无
Z	12	3	12	3	12,24,36	3	12	3

4.7.4 全序关系和良序关系

定义 4-24 设 R 是 A 上的偏序关系，若对任意的 $x,y\in A$，则 $x\leqslant y$ 或 $y\leqslant x$，那么称 R 为 A 上的全序关系，或称 R 为 A 上的线序关系。

全序关系的实质是，R 为非空集合 A 上的偏序关系，对任意的 $x,y\in A$，x 与 y 都是可比的。可以将全序关系中所有的元素按次序排列得 $x_1\leqslant x_2\leqslant\cdots\leqslant x_i\leqslant x_{i+1}\leqslant\cdots(i=1,2,\cdots)$，显然全序关系的哈斯图是一条线，故全序关系又称线序关系。

例 4-39 英文的 26 个字母有确定的先后次序，因而英汉词典中英文单词有一个次序。

例如，computer 在 count 的前面，而 computer 在 caw 的后面等。总之，任何两个英文单词均可确定哪个在前面，哪个在后面。一部英汉词典，是全序关系，称为**词典次序**。

定义 4-25 设 $<A,\leqslant>$ 是一个偏序集，若 A 的每一个非空子集都存在最小元素，则称偏序集 $<A,\leqslant>$ 为**良序集**。

例如，自然数集 **N** 和 **N** 上的小于等于"≤"关系组成的偏序集是良序集。

定理 4-21 每一个良序集，一定是全序集。

证明 设 $<A,\leqslant>$ 是良序集，则对任意 $x,y\in A$，可以构成子集 $\{x,y\}$，必定存在最小元素，即必有 $x\leqslant y$ 或 $y\leqslant x$，因此 $<A,\leqslant>$ 是全序集。

定理 4-22 每一个有限全序集，一定是良序集。

证明　设有限集 $A=\{a_1,a_2,\cdots,a_n\}$，$<A,\leqslant>$是全序集，假定它不是良序集，即存在一个非空子集 $B\subseteq A$，在 B 中不存在最小元素。因为 B 是有限集合，所以一定可以找出元素 x 和 y 是无关的。但$<A,\leqslant>$是全序集，所以对于任意的 $x,y\in A$，x 与 y 必有关系，因此产生矛盾。故$<A,\leqslant>$是良序集。

注意　对于无限的全序集，不一定是良序集。例如，整数集合 $\mathbf{Z}$ 上的小于等于关系$\leqslant$，$<\mathbf{Z},\leqslant>$是全序集，但不是良序集，因为无最小元素。

习题 4.7

1. 设集合 $X=\{1,2,3,4,5\}$ 上的二元关系为 $R=\{<1,1>,<1,2>,<1,3>,<1,4>,<1,5>,<2,2>,<2,4>,<2,5>,<3,3>,<3,5>,<4,4>,<4,5>,<5,5>\}$。

验证$<A,R>$是偏序集，并画出哈斯图。

2. 如图 4-9 所示，为一有序集$<A,R>$的哈斯图。

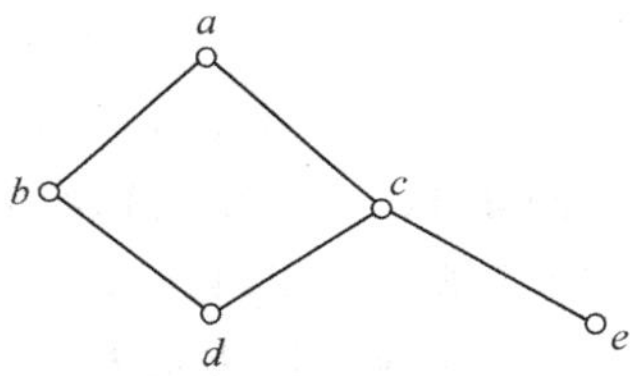

图　4-9

(1) 下列命题哪些为真？

$aRb,dRa,cRd,cRb,bRc,aRa,eRa$。

(2) 给出 R 的关系图。

(3) 指出 A 的最大元，最小元（如果有的话），极大元，极小元。

(4) 求出集合 A 的子集 $B_1=\{c,d,e\}$，$B_2=\{b,c,d\}$，$B_3=\{a,c,d,e\}$的上界，下界，上确界，下确界（如果有的话）。

3. 填写表 4-7，区分有序集$<A,\leqslant>$的子集 B 上的最大（小）元，极大（小）元，上（下）界，上（下）确界。

表　4-7

b 是 B 的…	定义	$b\in B$ 否？	存在性	惟一性
最大元素				
最小元素				
极大元素				
极小元素				
上界				
下界				
上确界				
下确界				

4. 下列集合中哪些是偏序集、拟序集、全序集、良序集？

(1) $<P(N),\subseteq>$。(2) $<P(N),\subset>$。(3) $<P(\{a\}),\subseteq>$。(4) $<P(\{\varnothing\}),\subseteq>$。

4.8 例题解析

例 4-40 设 $A=\{x,y,\{x,y\}\}$,$B=\{x,y\}$,试求:(1)$A\times B$。(2)$P(A)\times B$。

解 利用笛卡尔积的定义求解:

$A\times B=\{<x,x>,<x,y>,<y,x>,<y,y>,<\{x,y\},x>,<\{x,y\},y>\}$

$P(A)=\{\varnothing,\{x\},\{y\},\{\{x,y\}\},\{x,y\},\{x,\{x,y\}\},\{y,\{x,y\}\},\{x,y,\{x,y\}\}\}$

$P(A)\times B=\{<\varnothing,x>,<\varnothing,y>,<\{x\},x>,<\{x\},y>,<\{y\},x>,$
$<\{y\},y>,<\{\{x,y\}\},x>,<\{\{x,y\}\},y>,<\{x,y\},x>,$
$<\{x,y\},y>,<\{x,\{x,y\}\},x>,<\{x,\{x,y\}\},y>,$
$<\{y,\{x,y\}\},x>,<\{y,\{x,y\}\},y>,<\{x,y,\{x,y\}\},x>,$
$<\{x,y,\{x,y\}\},y>\}$

例 4-41 设 $A=\{1,2,3\}$,$B=\{3,4\}$,$R=\{<x,y>\mid x,y\in A$ 且 $x+3y<8\}$,$S=\{<2,3>,<2,4>\}$。

(1) 用枚举法表示 R。

(2) $R^{-1},\overline{R}$。

(3) $\mathrm{dom}R,\mathrm{ran}R,\mathrm{fld}R$。

(4) $R\circ S,R^3$。

(5) $r(R),s(R),t(R)$。

分析 关系的计算题一般依赖于给定的表示方法:集合表示法、关系矩阵、关系图。

(1) 集合表示法可以用集合表达式和列举法表示。

(2) 从关系图求解 $R\circ S$。在图解中,画好 R 的图示以后,将 S 的图示接在 R 的右边。然后检查从 $\mathrm{dom}R$ 的结点连通到 $\mathrm{ran}S$ 中结点的两步长的路径。每一条路径的始点和终点构成的有序对属于复合关系 $R\circ S$。注意若不存在这样的两步长的路径,那么复合关系就等于$\varnothing$。

(3) 从关系图求解关系的幂 R^n。具体的做法是按照结点的顺序,依次检查每个结点,若从 x 出发经过 n 步长的路径(中间的结点可以经过多次,且路径中可以包含环及回路)到达结点 y,那么在 R^n 的图中,有一条从 x 到 y 的边。为了求 R^n,检查所有的 n 步的路径,具有不同始点、终点的路径正好代表了有序对:<起点,终点>。

(4) 从 R 的关系图求解 $r(R)$、$s(R)$、$t(R)$。为求 $r(R)$,只需对 R 的关系图中没有环的结点添上环;而对于 $s(R)$,只需在具有单向边(不包括环)的结点之间添加一条方向相反的边;$t(R)$的求法比较复杂,需要检查一步以上的可达性。若从

结点 x 出发，经过 n 步路径到达结点 $y(n>0)$，就说 x 可达 y，在 $t(R)$ 的关系图中就有一条从 x 到 y 的边。

(5) 从关系矩阵求解关系的复合运算与幂运算可通过矩阵乘法来计算。

注意 在做矩阵乘法时，其中的相加使用逻辑加，即 $1\vee 0=0\vee 1=1\vee 1=1$，$0\vee 0=0$；相乘使用逻辑乘，即 $1\wedge 0=0\wedge 1=0\wedge 0=0$，$1\wedge 1=1$。

解 (1) $R=\{<1,1>,<1,2>,<2,1>,<3,1>\}$。

(2) $R^{-1}=\{<1,1>,<2,1>,<1,2>,<1,3>\}$。

$\overline{R}=A\times A-R=\{<1,3>,<2,2>,<2,3>,<3,2>,<3,3>\}$。

(3) $\mathrm{dom}R=\{1,2,3\}$，$\mathrm{ran}R=\{1,2\}$，$\mathrm{fld}R=\{1,2,3\}$。

(4) 方法一：用集合运算求解。

$R=\{<1,1>,<1,2>,<2,1>,<3,1>\}$；$S=\{<2,3>,<2,4>\}$

则 $R\circ S=\{<1,3>,<1,4>\}$

$R^2=R\circ R=\{<1,1>,<1,2>,<2,1>,<2,2>,<3,1>,<3,2>\}$

$R^3=R^2\circ R=\{<1,1>,<1,2>,<2,1>,<2,2>,<3,1>,<3,2>\}$

方法二：用关系图求解。如图 4-10a 所示，从 $\mathrm{dom}R$ 到 $\mathrm{ran}S$ 有两条步长为 2 的路径，因此有 $<1,3>$，$<1,4>$ 属于 $R\circ S$，$R\circ S=\{<1,3>,<1,4>\}$，R 的关系图如图 4-10b 所示。

R^3 的关系图如图 4-10c 所示，检查所有的步长为 3 的路径，具有不同始点、终点的路径有 $1\to 2\to 1\to 1$，$1\to 1\to 1\to 2$，$2\to 1\to 2\to 1$，$2\to 1\to 1\to 2$，$3\to 1\to 1\to 1$，$3\to 1\to 1\to 2$，正好代表了 6 个有序对 $<1,1>$，$<1,2>$，$<2,1>$，$<2,2>$，$<3,1>$，$<3,2>$，因此

$$R^3=\{<1,1>,<1,2>,<2,1>,<2,2>,<3,1>,<3,2>\}$$

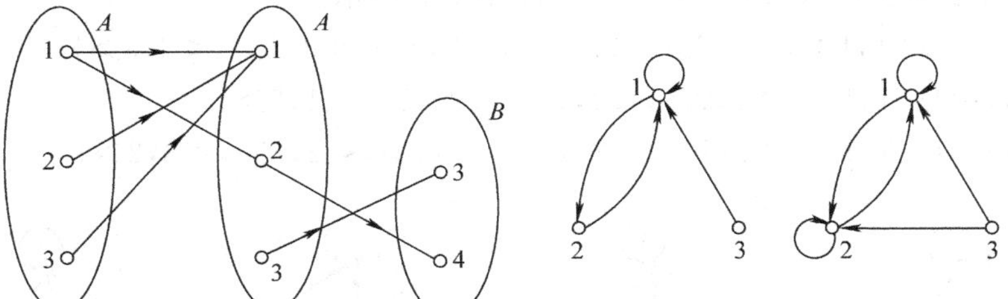

a) b) R 的关系图 c) R^3 的关系图

图 4-10

方法三：用关系矩阵求解。本题中的关系 R 的矩阵为

$$\boldsymbol{M}_R=\begin{pmatrix}1 & 1 & 0\\ 1 & 0 & 0\\ 1 & 0 & 0\end{pmatrix}$$

$$M_{R^3}=\begin{bmatrix}1&1&0\\1&0&0\\1&0&0\end{bmatrix}\circ\begin{bmatrix}1&1&0\\1&0&0\\1&0&0\end{bmatrix}\circ\begin{bmatrix}1&1&0\\1&0&0\\1&0&0\end{bmatrix}=\begin{bmatrix}1&1&0\\1&1&0\\1&1&0\end{bmatrix}\circ\begin{bmatrix}1&1&0\\1&0&0\\1&0&0\end{bmatrix}$$

$$=\begin{bmatrix}1&1&0\\1&1&0\\1&1&0\end{bmatrix}$$

即 $R^3=\{<1,1>,<1,2>,<2,1>,<2,2>,<3,1>,<3,2>\}$。

(5) 方法一:用集合运算求解。

$R=\{<1,1>,<1,2>,<2,1>,<3,1>\}$

$r(R)=R\cup I_A=\{<1,1>,<1,2>,<2,1>,<2,2>,<3,1>,<3,3>\}$

$s(R)=R\cup R^{-1}=\{<1,1>,<1,2>,<2,1>,<3,1>,<1,3>\}$

$t(R)=R\cup R^2\cup R^3=\{<1,1>,<1,2>,<2,1>,<3,1>\}\cup\{<1,1>,$
$<1,2>,<2,1>,<2,2>,<3,1>,<3,2>\}\cup\{<1,1>,$
$<1,2>,<2,1>,<2,2>,<3,1>,<3,2>\}$
$=\{<1,1>,<1,2>,<2,1>,<2,2>,<3,1>,<3,2>\}$

方法二:用关系图求解。本题的关系图如图 4-11a 所示。

求自反闭包时,各个结点都应有自反环,所以应加$<2,2><3,3>$,如图 4-11b 所示。

求对称闭包时,在关系图中即把两结点之间的单向边,变为双向边,所以应加$<1,3>$,如图 4-11c 所示。

求传递闭包时,从关系图中可以看出,1 可达 1,2 可达 1,2 可达 2,3 可达 1,3 可达 2,所以应加$<2,2>$,$<3,2>$,如图 4-11d 所示。

$r(R)=\{<1,1>,<1,2>,<2,1>,<2,2>,<3,1>,<3,3>\}$

$s(R)=\{<1,1>,<1,2>,<2,1>,<3,1>,<1,3>\}$

$t(R)=\{<1,1>,<1,2>,<2,1>,<3,1>,<2,2>,<3,2>\}$

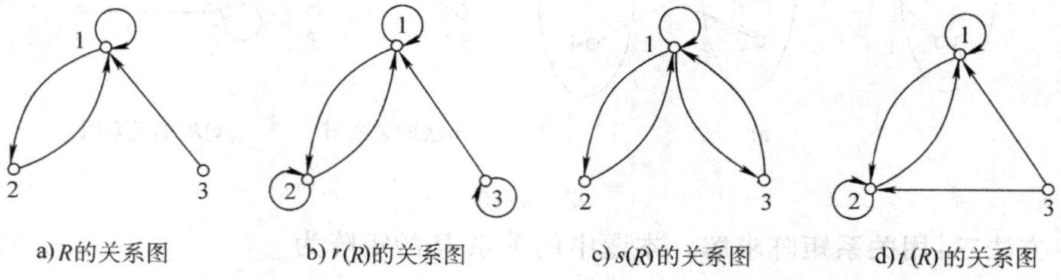

a) R的关系图　b) r(R)的关系图　c) s(R)的关系图　d) t(R)的关系图

图 4-11

方法三:用关系矩阵求解。本题中的关系 R 的矩阵为

$$M_R=\begin{pmatrix}1&1&0\\1&0&0\\1&0&0\end{pmatrix}$$

则
$$M_{r(R)}=M_R\vee M_{I_A}=\begin{pmatrix}1&1&0\\1&0&0\\1&0&0\end{pmatrix}\vee\begin{pmatrix}1&0&0\\0&1&0\\0&0&1\end{pmatrix}=\begin{pmatrix}1&1&0\\1&1&0\\1&0&1\end{pmatrix}$$

$$M_{s(R)}=M_R\vee M_{R^{-1}}=\begin{pmatrix}1&1&0\\1&0&0\\1&0&0\end{pmatrix}\vee\begin{pmatrix}1&1&1\\1&0&0\\0&0&0\end{pmatrix}=\begin{pmatrix}1&1&1\\1&0&0\\1&0&0\end{pmatrix}$$

$$M_{R^2}=M_R\circ M_R=\begin{pmatrix}1&1&0\\1&0&0\\1&0&0\end{pmatrix}\circ\begin{pmatrix}1&1&0\\1&0&0\\1&0&0\end{pmatrix}=\begin{pmatrix}1&1&0\\1&1&0\\1&1&0\end{pmatrix}$$

$$M_{R^3}=M_{R^2}\circ M_R=\begin{pmatrix}1&1&0\\1&1&0\\1&1&0\end{pmatrix}\circ\begin{pmatrix}1&1&0\\1&0&0\\1&0&0\end{pmatrix}=\begin{pmatrix}1&1&0\\1&1&0\\1&1&0\end{pmatrix}$$

$$M_{t(R)}=M_R\vee M_{R^2}\vee M_{R^3}=\begin{pmatrix}1&1&0\\1&1&0\\1&1&0\end{pmatrix}$$

$r(R)=\{<1,1>,<1,2>,<2,1>,<2,2>,<3,1>,<3,3>\}$

$s(R)=\{<1,1>,<1,2>,<2,1>,<3,1>,<1,3>\}$

$t(R)=\{<1,1>,<1,2>,<2,1>,<3,1>,<2,2>,<3,2>\}$

例 4-42 正整数集合 $\mathbf{Z}$ 上的关系为 $R=\{<a,b>|a,b\in\mathbf{Z},a$ 整除 b 或 b 整除 $a\}$，判断 R 是否具有自反性、反自反性、对称性、反对称性、传递性。

解 利用关系性质的定义来证。

(1) 因为 a 整除 a，所以 $<a,a>\in R$，因此 R 具有自反性；显然 R 不具有反自反性。

(2) 对任意的 $a,b\in\mathbf{Z}$，若 $<a,b>\in R$，则 a 整除 b 或 b 整除 a，所以 $<b,a>\in R$，因此 R 具有对称性。

(3) 又显然当 $1\neq3$，$<1,3>\in R$ 且 $<3,1>\in R$，所以 R 不具有反对称性。

(4) 因为 $<2,6>\in R$，且 $<6,3>\in R$，而 $<2,3>\notin R$，所以 R 不具有传递性。

例 4-43 设 R 是二元关系，$S=\{<x,y>|$ 存在某个 z，使得 $<x,z>\in R$ 且 $<z,y>\in R\}$。证明若 R 是等价关系，则 S 也是等价关系。

证明 方法一：用等价关系的定义来证。

(1) 设 R 是 A 上的等价关系。对任意的 $x\in A$，则 $<x,x>\in R$（因为 R 是自反的），而由 S 的定义，可得 $<x,x>\in S$，所以 S 在 A 上自反的。

(2) 对任意的$<x,y>\in S$，由 S 的定义则存在 z，使得$<x,z>\in R$ 且$<z,y>\in R$。又因为 R 是对称的，所以$<y,z>\in R$ 且$<z,x>\in R$。因此$<y,x>\in S$，故 S 是对称的。

(3) 设$<x,y>\in S$ 且$<y,z>\in S$，由 S 的定义，则存在 z，使得$<x,z>\in R$，$<z,y>\in R$；且存在 u，使得$<y,u>\in R$ 且$<u,z>\in R$，因为 R 是传递的，所以，$<x,y>\in R$ 且$<y,z>\in R$，再由 S 的定义，可得$<x,z>\in S$，故 S 是传递的。

因此，若 R 是等价关系，则 S 也是等价关系。

方法二：证明 $S=R$。留给读者证明。

例 4-44 设 $A=\{0,1,2,3,4,\cdots,9\}$，在 $A\times A$ 上定义关系 R：$<<x,y>,<u,v>>\in R$ 当且仅当 $x+v=y+u$，证明 R 是 $A\times A$ 上的等价关系，并找出$[<1,4>]_R=$？

证明 (1) 由 R 的定义，则对任意$<x,y>\in A\times A$，都有 $x+y=y+x$，所以$<<x,y>,<x,y>>\in R$，即 R 是自反的。

(2) 设$<<x,y>,<u,v>>\in R$，即 $x+v=y+u$，显然 $u+y=v+x$，即$<<u,v>,<x,y>>\in R$，亦即 R 是对称的。

(3) 设$<<x,y>,<u,v>>\in R$，$<<u,v>,<s,t>>\in R$，有 $x+v=y+u$，$u+t=v+s$，两式相加得 $x+t=y+s$，则$<<x,y>,<s,t>>\in R$，所以 R 具有传递性。

综上所述，R 是 $A\times A$ 上的等价关系。

$$[<1,4>]_R=\{<0,3>,<1,4>,<2,5>,<3,6>,<4,7>,<5,8>,<6,9>\}$$

例 4-45 设 $A=\{a,b,c,d,e\}$，求(1) A 上有多少个关系？(2)有多少个等价关系？

解 (1) 由关系的定义知，A 上的二元关系是 $A\times A$ 的子集，其中 $|A\times A|=5\times5=25$，

而 $|P(A)|=2^{25}$，所以 A 上的关系的个数是 2^{25}。

(2) 因为划分与 A 上的等价关系是一一对应的，所以 A 上的二元关系中等价关系的个数等于 A 的划分个数。对于 A 的划分可分为以下几种情况：

① 划分为 5 个只含 1 个元素的块，共有 1 种情况。

② 划分为 1 个含 1 个元素的块，1 个含 4 个元素的块，共有 $C_5^4=5$ 种情况。

③ 划分为 1 个含 1 个元素的块，2 个含 2 个元素的块，共有 $(C_5^1\times C_4^2)/2=15$ 种情况。

④ 划分为 2 个含 1 个元素的块，1 个含 3 个元素的块，除去类似于$\{\{a\},\{b\},\{c,d,e\}\}$和$\{\{b\},\{a\},\{c,d,e\}\}$的重复项，共有 $(C_5^1\times C_4^1)/2=10$ 种情况。

⑤ 划分为 3 个含 1 个元素的块，1 个含 2 个元素的块，共有 $C_5^2=10$ 种情况。

⑥ 划分为 1 个含 2 个元素的块，1 个含 3 个元素的块，共有 $C_5^2=10$ 种情况。

⑦ 划分为 1 个含 5 个元素的块，共有 1 种情况。

综上所述，A 上的二元关系中有 $1+5+15+10+10+10+1=52$ 种等价关系。

补充：设 $p(n)$ 表示 n 元素集合上的不同等价关系个数，$p(n)$ 满足递推关系

$$p(n)=\sum_{j=0}^{n-1}C_{n-1}^{j}p(n-j-1)$$

初始条件为 $p(0)=1$，$P(n)$ 叫做**贝尔数**，以美国数学家贝尔命名。

例 4-46　设 R 为集合 A 上的二元关系，R 是可传递的和反自反的，证明 $r(R)=R\cup I_A$ 是 A 上的偏序关系。

分析　对于偏序关系的证明，即分别证明关系的自反性、反对称性和传递性。

证明　(1) 因为 $r(R)=R\cup I_A$ 是 R 的自反闭包，所以 $r(R)$ 具有自反性，

(2) 设 $<x,y>\in r(R)=R\cup I_A$，若 $x\neq y$，则 $<x,y>\in R$。若 $<y,x>\in r(R)$，因为 $x\neq y$，所以 $<y,x>\in R$，又因为 R 是可传递的，所以 $<x,x>\in R$，这与 R 是反自反的矛盾。故若 $x\neq y$ 且 $<x,y>\in R$，则 $<y,x>\notin R$，即当 $x\neq y$，$<x,y>\in r(R)$ 时，有 $<y,x>\notin r(R)$，因此 $r(R)$ 具有反对称性。

(3) 设 $<x,y>$，$<y,z>\in r(R)=R\cup I_A$，分以下两种情况考虑：

① $<x,y>$，$<y,z>$ 中至少有一个属于 I_A，若 $<x,y>\in I_A$，则 $x=y$，即 $<x,z>=<y,z>\in r(R)$；

② 若 x,y,z 均不等，则只有 $<x,y>$，$<y,z>\in R$，因为 R 是传递的，所以 $<x,z>\in R\subseteq r(R)$，即 $r(R)$ 也是传递的。

综上所述，$r(R)=R\cup I_A$ 是 A 上的偏序关系。

例 4-47　设 X 为集合，$A=P(X)-\{\varnothing\}-\{X\}$，且 $A\neq\varnothing$。若 $|X|=n$，问：

(1) 偏序集 $<A,\subseteq>$ 是否存在最大元？

(2) 偏序集 $<A,\subseteq>$ 是否存在最小元？

(3) 偏序集 $<A,\subseteq>$ 中极大元和极小元的一般形式是什么？并说明理由。

解　若 $X=\varnothing$ 或 X 中只有一个元素，则 $A=\varnothing$，所以 X 中至少有两个元素。

方法一：从题设中集合 X,A 的定义直接来证明。对任意的 $x\in X$，x 为 X 中的单个元素，则不存在 $y\in X$，使得 $y\neq x$ 且 $\{y\}\subseteq\{x\}$，所以对于 X 中任意的单个元素 x，$\{x\}$ 为极小元。因为 $P(X)$ 中最多的元素为 $\{X\}$，其元素个数为 $|X|$，而 $A=P(X)-\{\varnothing\}-\{X\}$，所以 A 中的元素最多包含 $|X|-1$ 个元素。对于任意的 $x\in X$，$X-\{x\}\in P(X)$，$X-\{x\}$ 中含有 $|X|-1$ 个元素。且对于任意的 $y\in X$，$y\neq x$，$X-\{y\}$ 中包含 $|X|-1$ 个元素，且 $X-\{y\}$ 与 $X-\{x\}$ 互不包含，所以对于 X 中任意的单个元素 x，$X-\{x\}$ 为极大元。对于所有的极大元，因为极大元互不包含，所以不存在一个可以包含所有集合的集合，故不存在最大元。同理，对于所有的极小元，因为极小元互不包含，所以不存在一个可以包含于所有集合的集合，故

不存在最小元。

方法二：根据哈斯图来证明。例如 $X=\{a,b,c\}$ 考查幂集 $P(X)$ 的哈斯图 4-12，最底层的顶点是空集，记作第 0 层。由底向上，第 1 层是单元集，第 2 层是二元子集，…，由 $|X|=n$，则第 $n-1$ 层是 X 的 $n-1$ 元子集，第 n 层，也就是最高层只有一个顶点 X。偏序集 $<A,\subseteq>$ 与 $<P(X),\subseteq>$ 相比，恰好缺少第 0 层与第 n 层(因为 X 是 n 元集)。因此 $<A,\subseteq>$ 的极小元就是 X 的所有单元集，即 $\{x\}$，$x\in X$；而极大元恰好少一个元素，即 $X-\{x\}$，$x\in X$。因为 $n\geqslant 2$，$<A,\subseteq>$ 不存在最小元和最大元。

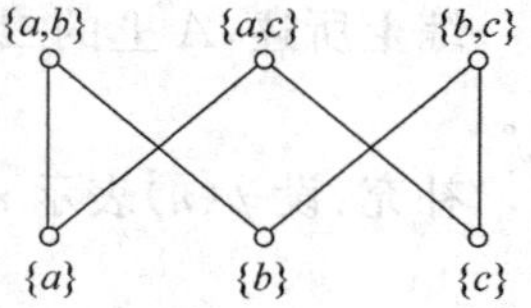

图 4-12

例 4-48 画出 $A=\{2,4,8,16,32\}$ 上的整除关系的哈斯图，并说明是否为全序关系。

分析 R 为非空集合 A 上的偏序关系，对于任意的 $x,y\in A$，x 与 y 都是可比的，则 R 是全序关系，可以通过画出哈斯图证明。

解 $R=\{<2,2>,<2,4>,<2,8>,<2,16>,<2,32>,<4,4>,<4,8>,<4,16>,<4,32>,<8,8>,<8,16>,<8,32>,<16,16>,<16,32>,<32,32>\}$

$\text{COVA}=\{<2,4>,<4,8>,<8,16>,<16,32>\}$

哈斯图如图 4-13 所示。显然 R 是全序关系。

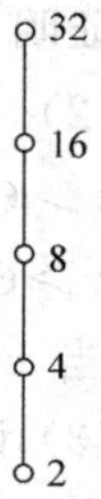

图 4-13

复习题四

1. 设 A、B、C 是非空集合，证明：$A\times B=A\times C\Rightarrow B=C$。

2. 设 A、B、C 是集合，I_A 是 A 上的恒等关系。证明：若 $R\subseteq A\times B$，则 $I_A\circ R=R$。

*3. 设 A 是含有 n 个元素的有限集。分别求 A 上不相同的自反关系、反自反关系、既对称又反对称关系的总个数。

4. 设 $A=\{1,2,3\}$，R 是 $P(A)$ 上的二元关系，且 $R=\{<a,b>|a\cap b\neq\varnothing\wedge a,b\in P(A)\}$，则 R 不满足下列哪些性质，为什么？

(1) 自反性。(2) 反自反性。(3) 对称性。(4) 反对称性。(5)传递性。

5. 设 R 是集合 X 上的一个自反关系，求证：R 是对称和传递的，当且仅当 $<a,b>$ 和 $<a,c>$ 在 R 之中，并有 $<b,c>\in R$。

6. 证明：设 R 是集合 A 上的一个任意关系，证明下列各式：

(1)$(R^+)^+=R^+$。(2)$R\circ R^*=R^+=R^*\circ R$。(3)$(R^*)^*=R^*$；其中，$R^+=t(R)$，$R^*=rt(R)$。

7. 设 A 和 B 均为非空集合，R_1 和 R_2 分别为 A 和 B 上的等价关系，设

$R_3=\{<<x_1,y_1>,<x_2,y_2>>|<x_1,x_2>\in R_1\wedge<y_1,y_2>\in R_2\}$，

证明 R_3 是 $A\times B$ 上的等价关系。

8. 设 R 是集合 A 上的二元关系。

(1) 求 A 上包含 R 的最小等价关系 E 的表达式。

*(2) 证明 E 的最小性。

(3) 以 $A=\{1,2,3,4,5,6\}$，$R=\{<1,2>,<1,3>,<4,4>,<4,5>\}$为例验证。

9.(1) 证明 R 是 A 上的一偏序关系当且仅当 $R^{-1}\cap R=I_A$ 且 $R=rt(R)$。

(2) R 是一拟序关系当且仅当 $R^{-1}\cap R=\varnothing$且 $R=t(R)$。

第5章 函　数

函数是一个经典的数学概念，我们从中学数学到高等数学多次学习过函数，那时函数的概念是从变量的角度提出来的，而且是在实数集合上讨论，主要讨论函数的连续性。这里将把函数的概念推广到任一集合上，主要讨论函数的离散性质，且把它作为特殊二元关系来研究。

5.1 函数的基本概念

定义 5-1 设 X 和 Y 是集合，f 是一个从 X 到 Y 的关系，如果对于任一 $x \in X$，都存在唯一的 $y \in Y$，使 $<x,y> \in f$（或 $x\ f\ y$），则称 f 是一个从 X 到 Y 的**函数**，记作 $f: X \to Y$。

$<x,y> \in f$ 通常记作 $f(x)=y$，并称 x 为函数的**自变元**，y 叫做对应于自变元 x 的**函数值**。

注意 (1) $\text{dom}\ f = X$，叫做函数 f 的**定义域**。由此可知函数的定义域就是前域 X，而不是 X 的某个真子集；也就是说，X 中的每个元素都必须作为 f 的序偶的第一元素出现，进而可得 $|f|=|X|$。

(2) $\text{ran}\ f \subseteq Y$，叫做函数 f 的**值域**，值域 $\text{ran}\ f$ 仍然是陪域 Y 的一部分。

(3) 由于对每一 $x \in X$，都存在唯一的 $y \in Y$，使 $f(x)=y$，即如果有 $f(x)=y_1$，$f(x)=y_2$，那么必然有 $y_1=y_2$。

例如，设 $A=\{1,2,3,4\}$，$B=\{a,b,c\}$，则从 A 到 B 的关系

$$R=\{<1,a>,<2,a>,<3,b>\}$$

$$S=\{<1,a>,<2,b>,<3,c>,<4,d>,<1,d>\}$$

都不是 A 到 B 的函数。但从 A 到 B 的关系

$$f=\{<1,a>,<2,b>,<3,a>,<4,b>\}$$

则是从 A 到 B 的函数，且 f 的定义域 $\text{dom}f=A=\{1,2,3,4\}$，$f$ 的值域 $\text{ran}f=\{a,b\}$。

由于对于任意的 $x \in X$，都存在唯一的 $y \in Y$，使 $<x,y> \in f$。所以通常的多值函数的概念是不符合我们这里对于函数的定义的，如 $g=\{<x^2,x> \mid x \text{ 是实数}\}$ 不是函数，而只是一种关系。

通常我们也把函数 f 称为**映射**（或**变换**），它把 X 的每一个元素映射到（变换为）Y 的一个元素，因此 $f(x)$ 也可称为 x 的**映像**，而称 x 为 $f(x)$ 的**像源**。

在定义一个函数时，我们必须指定定义域、陪域和变换规则，变换规则必须覆盖定义域中的所有元素。

例 5-1　(1) 设 $f_1=\{<x_1,y_1>,<x_2,y_2>,<x_3,y_2>\}$，$f_2=\{<x_1,y_1>,<x_1,y_2>\}$，判断它们是否为函数。

(2) 设 $A=\{1,2,3,4\}$，$B=\{x,y,z\}$，判断从 A 到 B 的关系 R_1、R_2 和 R_3 是否为函数。其中

$$R_1=\{<1,x>,<2,y>,<3,z>\}$$

$$R_2=\{<1,x><1,y>,<2,y>,<3,z>,<4,z>\}$$

$$R_3=\{<1,x>,<2,y>,<3,y>,<4,x>\}$$

解　(1) f_1 可看做 $X=\{x_1,x_2,x_3\}$ 到 $Y=\{y_1,y_2\}$ 的函数，f_2 不是函数，因为对应于 x_1 存在 y_1 和 y_2 满足 $f_2(x_1)=y_1$ 和 $f_2(x_1)=y_2$，且 $y_1\neq y_2$，这与函数定义矛盾。

(2) $\mathrm{dom}R_1=\{1,2,3\}\neq A$，故 R_1 不是函数。$\mathrm{dom}R_2=\{1,2,3,4\}=A$，但 $<1,x>,<1,y>\in R_2$，故 R_2 也不是函数，而 R_3 是函数。

定义 5-2　设 $f:X\to Y$，$g:W\to Z$ 为函数，若 $X=W$，$Y=Z$，且对每一 $x\in X$，有 $f(x)=g(x)$，则称函数 f 与 g **相等**，记作 $f=g$。

由于函数是特殊的二元关系，所以函数相等的定义和关系相等的定义是一致的，它们必须有相同的定义域、陪域和序偶集合。如果两个函数 f 和 g 相等，一定满足下面两个条件：$\mathrm{dom}f=\mathrm{dom}g=D$；对于任意的 $x\in D$，都有 $f(x)=g(x)$。

例如函数 $F(x)=\dfrac{x^2-1}{x+1}$ 和 $G(x)=x-1$ 是不相等的。因为 $\mathrm{dom}F=\{x\mid x\in\mathbf{R}\wedge x\neq -1\}$ 而 $\mathrm{dom}G=\mathbf{R}$，显然 $\mathrm{dom}F\neq\mathrm{dom}G$。

定义 5-3　所有从 A 到 B 的函数的集合记作 B^A，读作“B 上 A”。符号化表示为

$$B^A=\{f\mid f:A\to B\}$$

下面我们来讨论像这样从集合 A 到集合 B 可以定义多少个不同的函数。

设 $|A|=m$，$|B|=n$，由关系的定义，$A\times B$ 的子集都是 A 到 B 的关系，则集合 A 到集合 B 的二元关系个数是 2^{mn}。但根据函数定义，$A\times B$ 的子集不一定是 A 到 B 的函数。

因为对 A 中 m 个元素中的任一元素 a，可在 B 的 n 个元素中任取一个元素作为 a 的像，因此 A 到 B 的函数有 nm 个，用 BA 表示 A 到 B 的函数全体所组成的集合，则 $|B^A|=n^m$。

例 5-2　设 $A=\{a,b\}$，$B=\{x,y,z\}$。求 B^A。

解　因为 $|A|=2$，$|B|=3$，所以 $|B^A|=3^2=9$。实际上，从 A 到 B 的 9 个函

数具体如下：

$f_1=\{<a,x>,<b,x>\}$，$f_2=\{<a,x>,<b,y>\}$，$f_3=\{<a,x>,<b,z>\}$

$f_4=\{<a,y>,<b,x>\}$，$f_5=\{<a,y>,<b,y>\}$，$f_6=\{<a,y>,<b,z>\}$

$f_7=\{<a,z>,<b,x>\}$，$f_8=\{<a,z>,<b,y>\}$，$f_9=\{<a,z>,<b,z>\}$

亦即　$B^A=\{f_1,f_2,\cdots,f_9\}$。

定义 5-4　设函数 $f:X\to Y,X_1\subseteq X,Y_1\subseteq Y$。

(1) 令 $f(X_1)=\{f(x)\mid x\in X_1\}$，称 $f(X_1)$为 X_1 在 f 下的像。特别地，当 $X_1=X$ 时，称 $f(X)$为**函数的像**。

(2) 令 $f^{-1}(Y_1)=\{x\mid x\in X\land f(x)\in Y_1\}$，称 $f^{-1}(Y_1)$为 Y_1 在 f 下的**完全原像**。

在这里要注意区别函数的值和像是两个不同的概念。函数值 $f(x)(\in Y)$是一个元素，而像$f(X_1)(\subseteq Y)$是一个集合。

设 $Y_1\subseteq Y$，显然 Y_1 在 f 下的完全原像 $f^{-1}(Y_1)$是 X 的子集，考虑 $X_1\subseteq X$，那么 $f(X_1)\subseteq Y$。

$f(X_1)$的完全原像就是 $f^{-1}(f(X_1))$。一般说来 $f^{-1}(f(X_1))\neq X_1$，但是 $X_1\subseteq f^{-1}(f(X_1))$。

例如函数 $f:\{1,2,3\}\to\{0,1\}$，满足 $f(1)=f(2)=0,f(3)=1$，令 $X_1=\{1\}$，那么有 $f^{-1}(f(X_1))=f^{-1}(f(\{1\}))=f^{-1}(\{0\})=\{1,2\}$，这时 $X_1\subset f^{-1}(f(X_1))$。

例 5-3　设 $f:\mathbf{N}\to\mathbf{N}$，且 $f(x)=\begin{cases}x/2 & 若\ x\ 为偶数\\ x+1 & 若\ x\ 为奇数\end{cases}$

令 $X=\{0,1\},Y=\{2\}$，求 $f(X)$和 $f^{-1}(Y)$。

解　$f(X)=f(\{0,1\})=\{f(0),f(1)\}=\{0,2\},f^{-1}(Y)=f^{-1}(\{2\})=\{1,4\}$。

例 5-4　设 $g=\{<1,a><2,c>,<3,c>\}$是从 $A=\{1,2,3\}$到 $B=\{a,b,c,d\}$的一个函数。设 $S=\{1\},T=\{1,3\},U=\{a\},V=\{a,c\}$，求 $g(S),g(T),g^{-1}(U),g^{-1}(V)$。

解　$g(S)=\{a\},g(T)=\{a,c\},g^{-1}(U)=\{1\},g^{-1}(V)=\{1,2,3\}$。

习题 5.1

1. 设 $X=\{1,2,3\},Y=\{a,b,c\}$，确定下列关系是否为从 X 到 Y 的函数。如果是，找出其定义域和值域。

(1)$\{<1,a>,<2,a>,<3,c>\}$。

(2)$\{<1,c>,<2,a>,<3,b>\}$。

(3)$\{<1,c>,<1,b>,<3,a>\}$。

(4)$\{<1,b>,<2,b>,<3,b>\}$。

2. 设 $\mathbf{Z}$ 是整数集，$\mathbf{Z}^+$ 是正整数集，函数 $f:\mathbf{Z}\to\mathbf{Z}^+$，由 $f(x)=|x|+2$ 给出，求它的值域。

3. 给定函数 f 和集合 A,B 如下，对每一组 f 和 A,B，求 A 在 f 下的像 $f(A)$ 和 B 在 f 下的完全原像 $f^{-1}(B)$。

(1) $f:\mathbf{N}\to\mathbf{N}\times\mathbf{N}, f(x)=<x,x+1>, A=\{5\}, B=\{<2,3>\}$。

(2) $f:\mathbf{N}\to\mathbf{N}, f(x)=2x+1, A=\{2,3\}, B=\{1,3\}$。

(3) $f:S\to S, S=[0,1], f(x)=x/2+1/4, A=(0,1), B=[1/4,1/2]$。

(4) $f:S\to\mathbf{R}, S=[0,+\infty), f(x)=1/(x+1), A=\{0,1/2\}, B=\{1/2\}$。

4. 设 $A=\{x,y,z\}, B=\{a,b\}$，求 B^A。

5.2 特殊函数与特征函数

5.2.1 特殊函数

本节介绍具有一定性质的特殊函数，首先介绍在函数中常要讨论的几个特殊函数：满射、单射和双射。

定义 5-5 (1) 设函数 $f:A\to B$，如果对于任意的 $y\in B$，都存在 $x\in A$，使得 $f(x)=y$，那么称 f 为**满射(到上函数)**；

(2) 设函数 $f:A\to B$，如果对于任何的 $a_1,a_2\in A$，若 $a_1\neq a_2$，则有 $f(a_1)\neq f(a_2)$，那么称 f 为**单射(一对一函数或入射)**。

(3) 设函数 $f:A\to B$，若 f 既是满射，且是单射，则称 f 为**双射(一一对应的函数)**。

具有这些性质的函数分别叫做**满射函数**、**单射函数**和**双射函数**。

由以上定义不难看出，如果 $f:A\to B$ 是满射，则 $\mathrm{ran}f=B$。如果 $f:A\to B$ 是单射，则对于任何的 $x_1,x_2\in A$，如果有 $f(x_1)=f(x_2)$，则一定有 $x_1=x_2$。

例 5-5 判断下面函数是否为单射、满射或双射，为什么？

(1) $f:\mathbf{R}\to\mathbf{R}, f(x)=-x^2+2x-1$。

(2) $f:\mathbf{Z}^+\to\mathbf{R}, f(x)=\ln x$，$\mathbf{Z}^+$ 为正整数集。

(3) $f:\mathbf{R}\to\mathbf{R}, f(x)=11x+3$；

(4) $f:\mathbf{R}^+\to\mathbf{R}^+, f(x)=(x^2+1)/x$，其中 $\mathbf{R}^+$ 为正实数集。

解 (1) $f:\mathbf{R}\to\mathbf{R}, f(x)=-x^2+2x-1$ 是开口向下的抛物线，不是单调函数，并且在 $x=1$ 点取得极大值 0。因此它既不是单射也不是满射。

(2) $f:\mathbf{Z}^+\to\mathbf{R}, f(x)=\ln x$ 是单调上升的，因此是单射。但不是满射，因为 $\mathrm{ran}f=\{\ln 1,\ln 2,\cdots\}\subset\mathbf{R}$。

(3) $f:\mathbf{R}\to\mathbf{R}$，$f(x)=2x+1$ 是满射、单射、双射，因为它是单调函数并且 $\text{ran}f=\mathbf{R}$。

(4) $f:\mathbf{R}^+\to\mathbf{R}^+$，$f(x)=(x^2+1)/x$ 不是单射的，也不是满射的。当 $x\to 0$ 时，$f(x)\to+\infty$；而当 $x\to+\infty$ 时，$f(x)\to+\infty$。在 $x=1$ 处函数 $f(x)$ 取得极小值 $f(1)=2$。所以该函数既不是单射也不是满射。

一般情况下，一个函数是满射和单射之间没有必然的联系，但当 A、B 都是有限集时，则有如下的定理：

定理 5-1 设 X 和 Y 为有限集，若 $|X|=|Y|$，则 $f:X\to Y$ 是单射，当且仅当 f 为满射。

证明 充分性。若 f 为满射，根据定义必有 $Y=f(X)$，于是

$$|X|=|Y|=|f(X)| \quad ①$$

因此 f 是一个单射。若不然，则存在 $x_1,x_2\in A$，虽然 $x_1\neq x_2$，但 $f(x_1)=f(x_2)$，所以

$$|f(X)|<|X|=|Y|$$

这与①矛盾，故由 f 是满射可推出 f 是一个单射。

必要性。若 f 是单射，则 $|X|=|f(X)|$，因为 $|X|=|Y|$，从而

$$|f(X)|=|Y| \quad ②$$

又 $f(X)\subseteq Y$，所以 $f(X)=Y$。因此由 f 是一个单射可以推出 f 为满射。

例 5-6 (1)称集合 A 上的恒等关系 I_A 为 A 上的恒等函数，对所有的 $x\in A$ 都有 $I_A(x)=x$。显然，任何集合 A 上的恒等函数 $I_A:A\to A$，都是 A 上的双射函数。

(2) 若 R 为集合 A 上的等价关系，则对于任意的 $x\in A$，$\varphi(x)=[x]_R$ 是一个从 A 到商集 A/R 的满射，并称 φ 为**自然函数**或**正则函数**。

5.2.2 特征函数

定义 5-6 设 U 是全集，且 $A\subseteq U$，函数 $\psi_A:U\to\{0,1\}$ 定义为

$$\psi_A(x)=\begin{cases}1 & 若\ x\in A\\ 0 & 若\ x\notin A\end{cases}$$

称 ψ_A 为集合 A 的**特征函数**。

设 U 为集合，不难证明，U 的每一个子集 A 都对应于一个特征函数，不同的子集对应于不同的特征函数。由于 U 的子集与特征函数存在这样的对应关系，可以用特征函数来标记 U 的不同的子集。特征函数建立了函数与集合间的一一对应关系，以后就可通过函数的计算去研究集合上的命题，这有利于用计算机处理集合中的问题。

例 5-7 设 M 是某小区的全体居民组成的集合。设 A 是未成年人集合，于是

特征函数 ψ_A 的值为 1 对应于未成年人，0 对应于成年人。

例 5-8　设 $U=[0,3]$，$A=[1,2]\cup\{0,3\}$，那么 ψ_A 如图 5-1 所示。

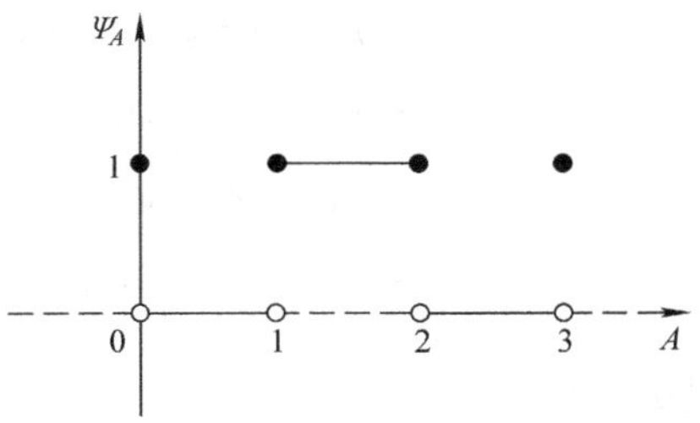

图　5-1

下面给出特征函数的一些性质，它告诉我们如何利用集合的特征函数来确定集合之间的关系。

定理 5-2　设集合 A 和 B 是全集 U 的子集，对于所有 $x\in U$，下列各式成立：

(1) $\psi_A(x)=0$，当且仅当 $A=\varnothing$。

(2) $\psi_A(x)=1$，当且仅当 $A=U$。

(3) $\psi_A(x)\leqslant\psi_B(x)$，当且仅当 $A\subseteq B$。

(4) $\psi_A(x)=\psi_B(x)$，当且仅当 $A=B$。

(5) $\psi_{A\cap B}(x)=\psi_A(x)\cdot\psi_B(x)$。

(6) $\psi_{A\cup B}(x)=\psi_A(x)+\psi_B(x)-\psi_A(x)\cdot\psi_B(x)$。

(7) $\psi_{\overline{A}}(x)=1-\psi_A(x)$。

(8) $\psi_{A-B}(x)=\psi_{A\cap\overline{B}}(x)=\psi_A(x)-\psi_A(x)\cdot\psi_B(x)$。

说明：这里与特征函数一起使用的符号“≤，=，+，−，·”，都是普通算术运算符号；与集合一起使用的符号“=”是普通集合相等符号；“∩，∪，−”是普通集合运算符号。

证明　这里仅对(5)进行证明，其他留作练习。

①　若 $x\in A\cap B$，即 $x\in A$ 且 $x\in B$，则 $\psi_A(x)=1$ 且 $\psi_B(x)=1$，于是有

$$\psi_{A\cap B}(x)=1=1\times1=\psi_A(x)\cdot\psi_B(x)$$

②　若 $x\notin A\cap B$，则 $\psi_{A\cap B}(x)=0$，又因 $x\notin A\cap B$，则 $x\notin A$ 或 $x\notin B$，因此，$\psi_A(x)=0$ 或 $\psi_B(x)=0$，故有 $\psi_A(x)\cdot\psi_B(x)=0=\psi_{A\cap B}(x)$。

综合①、②可知对于任意的 x 都有 $\psi_{A\cap B}(x)=\psi_A(x)\cdot\psi_B(x)$。

利用集合的特征函数可以证明一些集合恒等式。

例 5-9　证明 $\overline{\overline{A}}=A$。

证明　$\psi_{\overline{\overline{A}}}(x)=1-\psi_{\overline{A}}(x)=1-(1-\psi_A(x))=\psi_A(x)$。

例 5-10　证明 $A\cap(B\cup C)=(A\cap B)\cup(A\cap C)$。

证明

$$\begin{aligned}\psi_{A\cap(B\cup C)}(x)&=\psi_A(x)\cdot\psi_{B\cup C}(x)\\&=\psi_A(x)(\psi_B(x)+\psi_C(x)-\psi_{B\cap C}(x))\end{aligned}$$

$=\psi_A(x)\cdot\psi_B(x)+\psi_A(x)\cdot\psi_B(x)-\psi_A(x)\cdot\psi_{B\cap C}(x)$

$=\psi_{A\cap B}(x)+\psi_{A\cap C}(x)-\psi_{A\cap(B\cap C)}(x)$

$=\psi_{A\cap B}(x)+\psi_{A\cap C}(x)-\psi_{(A\cap B)\cap(A\cap C)}(x)$

$=\psi_{(A\cap B)\cup(A\cap C)}(x)$

习题 5.2

1. 设 $\mathbf{N}$ 是自然数集，确定下列函数中哪些是双射？哪些是满射？哪些是单射？

(1) $f:\mathbf{N}\to\mathbf{N}, f(n)=n+1$。

(2) $f:\mathbf{N}\to\mathbf{N}, f(n)=\begin{cases}1 & 当\ n\ 是奇数\\ 0 & 当\ n\ 是偶数\end{cases}$。

(3) $f:\mathbf{N}\to\{0,1\}, f(n)=\begin{cases}1 & 当\ n\ 是奇数\\ 0 & 当\ n\ 是偶数\end{cases}$。

(4) $f:\mathbf{R}\to\mathbf{R}, f(x)=x^3+1$。

2. 举出分别满足下列要求的例子。

(1) 单射但非满射。

(2) 满射但非单射。

(3) 既非单射也非满射。

(4) 既是单射也是满射。

3. (1) 设 $A=\{0,1,2,3,4\}$，f 是从 A 到 A 的函数：$f(x)=4x(\mathrm{mod}5)$。试将 f 写成序偶组成的集合，问 f 是单射还是满射？

(2) 设 $A=\{0,1,2,3,4,5\}$，f 是 A 到 A 的函数，$f(x)=4x(\mathrm{mod}6)$。试将 f 写成序偶组成的集合，问 f 是单射还是满射？

4. 设 $A=\{a,b\}$，$B=\{1,0\}$。构造从 A 到 B 的一切可能的函数：问其中哪些是满射？哪些是单射，哪些是双射？

5. 设 $\mathbf{N}$ 是自然数集，f 和 g 都是从 $\mathbf{N}\times\mathbf{N}$ 到 $\mathbf{N}$ 的函数，且

$$f(x,y)=x+y, g(x,y)=xy$$

试证明：f 和 g 是满射，但不是单射。

6. 设，$f:\mathbf{R}\times\mathbf{R}\to\mathbf{R}\times\mathbf{R}, f(\langle x,y\rangle)=\langle (x+y)/2,(x-y)/2\rangle$，证明 f 是双射。

7. 设 $M=\{1,2,3,4\}$ 为全集，$A=\{1,2\}$，$B=\{1\}$，$C=\varnothing$，求 A,B,C 和 M 的特征函数 Ψ_A,Ψ_B,Ψ_C 和 Ψ_M。

8. 设 U 为全集，证明：

(1) 对所有 $x\in U$，$\Psi_{A\cup B}(x)=\Psi_A(x)+\Psi_B(x)-\Psi_A(x)\Psi_B(x)$。

(2) 对所有 $x \in U$，$\Psi_{\overline{A}}(x)=1-\Psi_A(x)$。

(3) 对所有 $x \in U$；$\Psi_{A-B}(x)=\Psi_A(x)[1-\Psi_B(x)]$。

5.3　逆函数与复合函数

5.3.1　逆函数

任何关系都存在逆关系，但每个函数的逆关系不一定是函数。例如，$X=\{1,2,3\}$，$Y=\{a,b,c\}$，$f=\{<1,a>,<2,a>,<3,c>\}$是一个函数。而 $f^{-1}=\{<a,1>,<a,2>,<c,3>\}$不是从 Y 到 X 的函数。但如果 f 是 A 到 B 的双射，那么 f 的逆关系$\{<b,a>|<a,b>\in f\}$一定是 B 到 A 的函数。如在上例中，令 $f=\{<1,a>,<2,b>,<3,c>\}$，而 $f^{-1}=\{<a,1>,<b,2>,<c,3>\}$，是 B 到 A 的函数。

定理 5-3　若 $f:A\rightarrow B$ 是双射，则 f 的逆关系 f^{-1}是 B 到 A 的函数。

证明　对于任意的 $y\in B$，由于 $f:A\rightarrow B$ 是双射，即 $f:A\rightarrow B$ 是满射，则存在 $x\in A$，使得$<x,y>\in f$，由逆关系的定义有$<y,x>\in f^{-1}$；另一方面，若有$<y,x>\in f^{-1}$且$<y,x'>\in f^{-1}$，由逆关系的定义有$<x,y>\in f$ 且$<x',y>\in f$，而 $f:A\rightarrow B$是双射，即 $f:A\rightarrow B$ 是单射，所以 $x=x'$。综合上述可得，对于任意的 $y\in B$，存在惟一的 $x\in A$，使得$<y,x>\in f^{-1}$，由函数的定义知，f 的逆关系 f^{-1}是 B 到 A 的函数。

于是逆函数可定义如下。

定义 5-7　设 $f:A\rightarrow B$ 是双射，则 f 的逆关系称为 f 的**逆函数**，记为 $f^{-1}:B\rightarrow A$，即若 $f(a)=b$，则 $f^{-1}(b)=a$。此时又称 f 为**可逆函数**。

例 5-11　考虑如下定义的函数 $f:\mathbf{Z}\rightarrow\mathbf{Z}$；$f=\{<i,i^2>|i\in\mathbf{Z}\}$是否存在逆函数。

解　f 的逆函数 $f^{-1}=\{<i^2,i>|i\in\mathbf{Z}\}$，显然，$f^{-1}$不是从 $\mathbf{Z}$ 到 $\mathbf{Z}$ 的函数。这个例子说明，不能把逆函数直接定义为逆关系。

定理 5-4　若 $f:A\rightarrow B$ 是双射，则 $f^{-1}:B\rightarrow A$ 也是双射。

证明　若 $f:A\rightarrow B$ 是双射，则由定理 5-3 和定义 5-7 知 $f^{-1}:B\rightarrow A$ 是函数，要证 $f^{-1}:B\rightarrow A$ 是双射，需先证 $f^{-1}:B\rightarrow A$ 是满射。因为 $f:A\rightarrow B$ 是函数，所以，对每一个 $a\in A$，必有 $b\in B$ 使 $b=f(a)$，从而有 $f^{-1}(b)=a$，所以 $f^{-1}:B\rightarrow A$ 是满射。

再证明 $f^{-1}:B\rightarrow A$ 是单射。若 $f^{-1}(b_1)=a$，$f^{-1}(b_2)=a$，则 $f(a)=b_1$，$f(a)=b_2$。因为 $f:A\rightarrow B$ 是函数，便有 $b_1=b_2$，所以 $f^{-1}:B\rightarrow A$ 是单射。

综上所述，若 $f:A\rightarrow B$ 是双射，那么 $f^{-1}:B\rightarrow A$ 也是双射。

定理 5-5　若 $f:A\rightarrow B$ 是双射，则 f^{-1}可逆，且

$$(f^{-1})^{-1}=f$$

证明留作习题。

5.3.2 复合函数

由于函数是一种特殊的关系，下面我们考虑两个函数的复合关系。可以证明：设函数 $f:A\to B,g:B\to C$，则 A 到 C 的复合关系是一个函数，称为复合函数。定义如下：

定义 5-8 设函数 $f:A\to B,g:B\to C$，f 和 g 的**复合函数**是一个 A 到 C 的函数，记为 $g\circ f$。对于任一 $a\in A$ 定义为

$$(g\circ f)(a)=g(f(a))$$

即存在 $b\in B$，使得 $b=f(a),c=g(b)$。

注意 这里采用复合函数习惯记法，为了将变元放在函数符号的右侧使 $(g\circ f)(a)=g(f(a))$，使得靠近变元的函数先作用于变元，因此，采用记号 $g\circ f$，而不用与关系类似的记号 $f\circ g$。

例 5-12 设 $A=\{a,b,c\}$，函数

$$f:A\to A,f=\{<a,a>,<b,c>,<c,b>\}$$
$$g:A\to A,g=\{<a,c>,<b,a>,<c,b>\}$$

则复合函数

$$g\circ f=\{<a,c>,<b,b>,<c,a>\}$$
$$f\circ g=\{<a,b>,<b,a>,<c,c>\}\neq g\circ f$$

由上例可以看出，函数的复合运算与关系的复合运算一样不满足交换律。事实上，因为复合函数也是复合关系，所以函数的复合运算实质上就是关系的复合运算。因此关系复合运算所具有的性质，函数的复合运算一样具有。下面定理给出函数的复合运算的结合律。

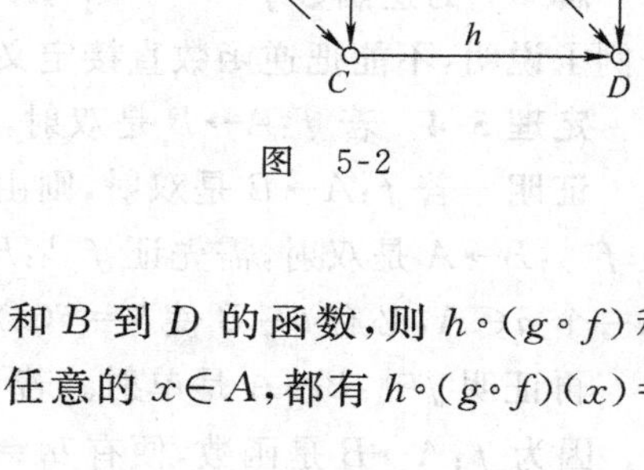

图 5-2

定理 5-6 设 $f:A\to B$，$g:B\to C$，$h:C\to D$，则 $(h\circ g)\circ f=h\circ(g\circ f)$。

图 5-2 是三个函数复合的示意图。

证明 由于 $g\circ f$ 和 $h\circ g$ 分别是 A 到 C 和 B 到 D 的函数，则 $h\circ(g\circ f)$ 和 $(h\circ g)\circ f$ 都是 A 到 D 的函数。下面证明，对于任意的 $x\in A$，都有 $h\circ(g\circ f)(x)=(h\circ g)\circ f(x)$。事实上，由复合函数的定义，有

$$h\circ(g\circ f)(x)=h((g\circ f)(x))=h(g(f(x)))$$
$$(h\circ g)\circ f(x)=(h\circ g)(f(x))=h(g(f(x)))$$

即 $h\circ(g\circ f)(x)=(h\circ g)\circ f(x)$，因此 $h\circ(g\circ f)=(h\circ g)\circ f$。

例 5-13　设 $\mathbf{R}$ 为实数集合，对 $x\in\mathbf{R}$ 有 $f(x)=x-1, g(x)=x^2, h(x)=2x$，求 $g\circ f, h\circ g, h\circ(g\circ f)$ 和 $(h\circ g)\circ f$。

解　对任意 $x\in\mathbf{R}$，$g\circ f(x)=g(f(x))=g(x-1)=(x-1)^2$

$$h\circ g(x)=h(g(x))=h(x^2)=2x^2$$

$$h\circ(g\circ f)(x)=h(g\circ f(x))=h((x-1)^2)=2(x-1)^2$$

$$(h\circ g)\circ f(x)=(h\circ g)(f(x))=h\circ g(x-1)=2(x-1)^2$$

定理 5-7　设函数 $f:A\to B, g:B\to C$，则

(1) 若 f 和 g 都是满射，则 $g\circ f:A\to C$ 是满射。

(2) 若 f 和 g 都是单射，则 $g\circ f:A\to C$ 是单射。

(3) 若 f 和 g 都是双射，则 $g\circ f:A\to C$ 是双射。

证明　(1)对于 $c\in C$，因 g 是满射，所以存在 $b\in B$，使 $g(b)=c$。对于 $b\in B$，因 f 是满射，所以存在 $a\in A$，使 $f(a)=b$。于是 $(g\circ f)(a)=g(f(a))=g(b)=c$，因此 $g\circ f$ 是满射。

(2) 对于 $a,b\in A$，若 $a\neq b$，因为 f 是单射，则 $f(a)\neq f(b)$。又因 g 是单射，所以 $g(f(a))\neq g(f(b))$，于是 $g\circ f$ 是单射。

(3) 因为 f 和 g 是满射和单射，由(1)、(2)可知 $g\circ f$ 也是满射和单射，因此 $g\circ f$ 是双射。

至此，自然会有一个问题：定理 5-7(1)，(2)，(3)各自的逆定理成立吗？我们用下面定理来回答这个问题。

定理 5-8　设函数 $f:A\to B, g:B\to C$，则

(1) 若 $g\circ f:A\to C$ 是满射，则 g 是满射。

(2) 若 $g\circ f:A\to C$ 是单射，则 f 是单射。

(3) 若 $g\circ f:A\to C$ 是双射，则 g 是满射，且 f 是单射。

证明　(1) 因为，$g\circ f:A\to C$ 是满射，所以，对于任意的 $c\in C$，存在 $a\in A$，使得 $g\circ f(a)=c$，即 $g(f(a))=c$。又因为 $f:A\to B$ 是函数，则有 $b=f(a)\in B$，而 $g(b)=c$，因此，g 是满射。

(2) 用反证法。设有 $a_1,a_2\in A$，且 $a_1\neq a_2$，但 $f(a_1)=f(a_2)$，而 $g:B\to C$ 是函数，所以 $g\circ f(a_1)=g\circ f(a_2)$，这与 $g\circ f:A\to C$ 是单射矛盾，故 f 是单射。

(3) 因为 $g\circ f:A\to C$ 是双射，所以 $g\circ f$ 既是满射，又是单射，因此，g 是满射，且 f 是单射。

定理 5-9　设 $f:A\to B$ 是任意一个函数，I_A, I_B 分别为 A, B 上的恒等函数，则

$$I_B\circ f=f\circ I_A=f$$

证明　因为 $f:A\to B$ 是函数，所以对任意 $a\in A$，存在 $b\in B$，使 $f(a)=b$，而

$$(I_B \circ f)(a)=I_B(f(a))=I_B(b)=b$$
$$(f \circ I_A)(a)=f(I_A(a))=f(a)=b$$

于是 $I_B \circ f=f \circ I_A=f$。

定理 5-10 若函数 $f:A \to B$ 存在逆函数 f^{-1}，则 $f^{-1} \circ f=I_A$，$f \circ f^{-1}=I_B$。

证明 (1) $f^{-1} \circ f$ 与 I_A 的定义域相同，都是 A。

(2) 因为 f 为双射，所以 f^{-1} 也是双射。若 $f:x \to f(x)$，则 $f^{-1}(f(x))=x$。因此 $f^{-1} \circ f=I_A$。同理可证 $f \circ f^{-1}=I_B$。

例 5-14 令 $f:\{0,1,2,3\} \to \{a,b,c,d\}$，是双射，求 $f^{-1} \circ f$ 和 $f \circ f^{-1}$。

解 由定理 5-10，$f^{-1} \circ f=I_A=\{<0,0>,<1,1>,<2,2>,<3,3>\}$

$$f \circ f^{-1}=I_B=\{<a,a>,<b,b>,<c,c>,<d,d>\}$$

定理 5-11 设函数 $g:A \to B$，$f:B \to C$ 都是双射，则 $(f \circ g)^{-1}=g^{-1} \circ f^{-1}$。

证明 由假设和定理 5-7 可知，$f \circ g$ 是 A 到 C 的双射，所以由定理 5-4 可知，$(f \circ g)^{-1}$ 是 C 到 A 的双射，因此，又可知 g^{-1} 是 C 到 B 的双射和 f^{-1} 是 B 到 A 的双射，所以 $g^{-1} \circ f^{-1}$ 是 C 到 A 的双射。

下面证明，对于任何的 $c \in C$ 都有 $(f \circ g)^{-1}(c)=g^{-1} \circ f^{-1}(c)$。事实上，对于任意的 $c \in C$，且 $f^{-1}(c)=b$，$g^{-1}(b)=a$，则有 $(g^{-1} \circ f^{-1})(c)=g^{-1}(f^{-1}(c))=g^{-1}(b)=a$。

另一方面 $(f \circ g)(a)=f(g(a))=f(b)=c$，因此 $(f \circ g)^{-1}(c)=a$。

综上可知 $(f \circ g)^{-1}=g^{-1} \circ f^{-1}$。

例 5-15 设 $f:\mathbf{R} \to \mathbf{R}$，$g:\mathbf{R} \to \mathbf{R}$，$f(x)=\begin{cases} x^2 & x \geqslant 3 \\ -2 & x<3 \end{cases}$，$g(x)=x+2$。求 $g \circ f$，$f \circ g$，如果 f 和 g 存在逆函数，求出它们的逆函数。

解 $g \circ f:\mathbf{R} \to \mathbf{R}$，$g \circ f(x)=\begin{cases} x^2+2 & x \geqslant 3 \\ 0 & x<3 \end{cases}$

$f \circ g:\mathbf{R} \to \mathbf{R}$，$f \circ g(x)=\begin{cases} (x+2)^2 & x \geqslant 1 \\ -2 & x<1 \end{cases}$

因为 $f:\mathbf{R} \to \mathbf{R}$ 不是双射，所以不存在逆函数，而 $g:\mathbf{R} \to \mathbf{R}$ 是双射，它的逆函数为

$$g^{-1}:\mathbf{R} \to \mathbf{R},\ g^{-1}(x)=x-2$$

习题 5.3

1. 设函数 $f:A \to B$ 是双射。证明 f 的逆关系 $\{<b,a> \mid <a,b> \in f\}$ 是 B 到 A 的一个函数。

2. 设 $f:\mathbf{R} \to \mathbf{R}$ 由 $f(x)=\cos x$ 来定义，试问 f 有没有逆函数？为什么？如果没有将如何修改 f 的定义域或值域使 f 有逆函数。

3. 考虑下述从 $\mathbf{R}$ 到 $\mathbf{R}$ 的函数：$f(x)=2x+5$，$g(x)=x+7$，$h(x)=x/3$，$k(x)$

$=x-4$。

试构造 $g\circ f, f\circ g, f\circ f, g\circ g, f\circ k, g\circ h$。

4. 设 $A=\{a,b,c\}$，$f=\{<a,b>,<b,a>,<c,a>\}$是从 A 到 A 的函数。写出有序对集合 $f\circ f$ 和 $f\circ f\circ f$。

5. 设 $f:\mathbf{R}\to\mathbf{R}, f(x)=x^2-2, g:\mathbf{R}\to\mathbf{R}, g(x)=x+4, h:\mathbf{R}\to\mathbf{R}, h(x)=x^3-1$，求下列各题：

(1)求 $g\circ f, f\circ g$。

(2)问 $g\circ f$ 和 $f\circ g$ 是否为单射、满射或双射?

(3)f,g,h 中哪些函数有逆函数? 如果有，求出这些逆函数。

6. 设 $f:A\to B, g:B\to C$，且 $f\circ g:A\to C$ 是双射的。证明下列各题：

(1)$f:A\to B$ 是单射的。

(2)$g:B\to C$ 是满射的。

7. 证明定理 5-5。

5.4 集合的势与无限集合

5.4.1 集合的势

第 3 章中曾经定义过有限集合的基数，是指有限集合中的不同元素的个数。由基数的概念，有限集合可以确切地数出元素的个数，但对于无限集合，元素的个数是没有意义的或者说不能区分不同无限集的这一特性。另一方面，对于有限集来说，如果存在一个双射 $f:A\to B$，则 $|A|=|B|$；若不存在 A 到 B 的双射，则 $|A|\neq|B|$，也就是说，根据两个有限集合是否存在双射，就可以判断两个集合基数是否相同。这个特性可以推广到无限集合。

定义 5-9 设 A,B 是集合，如果存在从 A 到 B 的双射函数，则称集合 A 和 B **等势**(或称有**相同基数**)，记作 $A\approx B$。如果 A 不与 B 等势，则记作 $A\not\approx B$。

通俗地说，集合的势是量度集合所含元素多少的量，集合的势越大，所含元素越多。等势具有下面的性质：自反性、对称性和传递性。所以在集合上等势是一种等价关系。

定理 5-12 设 A,B,C 是任意集合，则有

(1) $A\approx A$。

(2) 若 $A\approx B$，则 $B\approx A$。

(3) 若 $A\approx B, B\approx C$，则 $A\approx C$。

证明很简单，留作课后练习。

由等势的定义，可以知道两个有限集等势，当且仅当这两个集合有相同的元

素个数，也就是根据有限集的元素个数就能够判断两个有限集是否等势。同样由于这个原因，一个有限集决不与其真子集等势。但对于无限集合有下面一些等势集合的例子。

例 5-16　设 $N_e=\{0,2,4,\cdots\}$，定义函数 $f:\mathbf{N}\to N_e$，$f(n)=2n$。显然 f 是 $\mathbf{N}$ 到 N_e 的双射，所以 $\mathbf{N}\approx N_e$。

例 5-17　求证 $(0,1)\approx\mathbf{R}$，其中 $(0,1)=\{x\mid x\in\mathbf{R}\land 0<x<1\}$。

解　令 $f:(0,1)\to\mathbf{R}$，$f(x)=\tan\dfrac{(2x-1)\pi}{2}$。

易见 f 是严格单调递增的，即 f 是单射，且 $\mathrm{ran}f=\mathbf{R}$，即 f 是满射，从而证明了 $(0,1)\approx\mathbf{R}$。

从这两个例子可以看出，无限集合可与其真子集等势，这是无限集的一个重要特征。

定理 5-13　一个集合 A 是无限集的充分必要条件是集合 A 与它的一个真子集等势。

5.4.2　可数集

定义 5-10　凡与自然数集合 $\mathbf{N}$ 等势的集合称为**可数集**。

由例 5-16 知 $N_e=\{0,2,4,\cdots\}$ 是可数集，通常也把有限集和可数集通称为**至多可数集**。

例 5-18　求证整数集 $\mathbf{Z}$ 是可数集。

证明　令 $f:\mathbf{Z}\to\mathbf{N}$，$f(x)=\begin{cases}2x & x\geqslant 0\\ -2x-1 & x<0\end{cases}$，这个函数可用下表表示：

$\mathbf{Z}$：	0	-1	1	-2	2	-3	3	$\cdots$
$\mathbf{N}$：	0	1	2	3	4	5	6	$\cdots$

显然 f 是 $\mathbf{Z}$ 到 $\mathbf{N}$ 的双射函数，从而证明了 $\mathbf{Z}$ 是可数集。这事实上是将 $\mathbf{Z}$ 的元素排成一个序列。类似地，以后要证明一个集合 A 是可数集，只需将集合 A 的元素排成一个序列即可。

定理 5-14　集合 A 为可数集的充要条件是 A 的元素可以排列成一个序列的形式：

$$A=\{a_0,a_1,a_2,\cdots,a_n,\cdots\}$$

证明　如果 A 可以排列成上述序列的形式，那么将 A 的元素 a_n 与 n 对应，显然这是一个由 A 到自然数集 $\mathbf{N}$ 的双射，故 A 是可数集。

反之，若 A 是可数集，那么在 A 和 $\mathbf{N}$ 之间存在着一个双射 f，由 f 得到 $\mathbf{N}$ 的对应元素 a_n，即 A 可写为 $\{a_0,a_1,a_2,\cdots,a_n,\cdots\}$ 的形式。

例 5-19　求证 $\mathbf{N}\times\mathbf{N}$ 是可数集合。

证明 为证明 $\mathbf{N}\times\mathbf{N}$ 是可数集合，只需把 $\mathbf{N}\times\mathbf{N}$ 中的所有的元素排成一个序列，如图 5-3 所示。$\mathbf{N}\times\mathbf{N}$ 中的元素恰好是坐标平面上第一象限（含坐标轴在内）中所有具有整数坐标的点。按图中的次序可将平面上第一象限所有具有整数坐标的点排成一个序列。

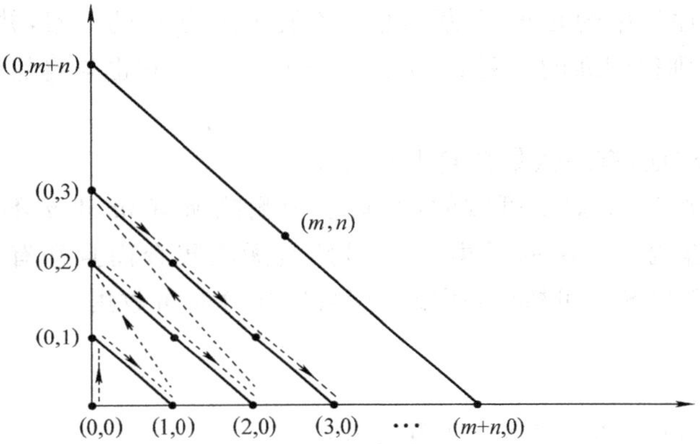

图 5-3

从 $<0,0>$ 开始，按照图中箭头所标明的顺序，依次得到下面的序列

$<0,0>$	$<0,1>$	$<1,0>$	$<0,2>$	$<1,1>$	$<2,0>$	…
0	1	2	3	4	5	…

这个记数过程就是建立 $\mathbf{N}\times\mathbf{N}$ 到 $\mathbf{N}$ 的双射的过程。

为了给出这个函数的解析表达式 $f(<m,n>)=k$。首先对 $<m,n>$ 点所在斜线下方的平面上的点进行计数，得 $1+2+\cdots+(m+n)=\dfrac{(m+n+1)(m+n)}{2}$。

然后对 $<m,n>$ 所在的斜线上按照箭头标明的顺序位于该点之前的点进行计数是 m，因此 $<m,n>$ 点是第 $\dfrac{(m+n+1)(m+n)}{2}+m+1$ 个点，于是得到 $k=\dfrac{(m+n+1)(m+n)}{2}+m$。

根据上面的分析，不难给出 $\mathbf{N}\times\mathbf{N}$ 到 $\mathbf{N}$ 的双射函数 f，即

$$f:\mathbf{N}\times\mathbf{N}\to\mathbf{N},\ f(<m,n>)=\frac{(m+n+1)(m+n)}{2}+m$$

所以 $\mathbf{N}\times\mathbf{N}$ 是可数集。

定理 5-15 任何无限集合都含有可数子集。

证明 设 A 为无限集合，从 A 中取出一个元素 a_0，因为 A 是无限的，不会因为取出 a_1 而变为有限集，所以可以从 $A-\{a_0\}$ 中取元素 a_1，则 $A-\{a_0,a_1\}$ 也是无限集，所以又可以从 $A-\{a_0,a_1\}$ 中取元素 a_2，…，如此继续下去必然可以得到 A 的可数子集

$$\{a_0, a_1, a_2, \cdots, a_n, \cdots\}$$

定理 5-16 可数集的任何无限子集也是可数集。

证明 设 A 为可数集合，B 为 A 的一个无限子集，如果把 A 的元素排列为

$$a_0, a_1, a_2, a_3, \cdots, a_n, \cdots$$

从 a_0 开始检查序列中的元素，不断地删去不属于集合 B 的元素，并将剩下的元素下标重新标号，则得到新的一列 $a_{i0}, a_{i1}, a_{i2}, \cdots, a_{in}, \cdots$，它也与自然数一一对应，所以 B 也是可数的。

例 5-20 求证：有理数集合 $\mathbf{Q}$ 是可数集。

证明 由例 5-19 知是可数的，在集合中删除所有 m 和 n 不是互素的序偶 $<m,n>$，得到集合 $\mathbf{N}\times\mathbf{N}$ 的子集 S，S 显然是无限集合而且和有理数集合 $\mathbf{Q}$ 等势，由定理 5-16 知 S 是可数的，所以有理数集合 $\mathbf{Q}$ 是可数集。

习题 5.4

1. 设 $A=\{11x+3 \mid x\in\mathbf{N}\}$，证明 $A\approx\mathbf{N}$。
2. 找出三个不同的 $\mathbf{N}$ 的真子集，使得它们都与 $\mathbf{N}$ 等势。
3. 已知$[2,3]$和$[0,1]$是实数区间，求证：$[2,3]\approx[0,1]$。
4. 证明定理 5-12 中的(1)，(2)，(3)。
5. 设 A,B,C,D 是集合，且 $A\approx C, B\approx D$，证明 $A\times B\approx C\times D$。

5.5 例题解析

例 5-21 对于以下各题给定的 A,B 和 f，判断是否构成函数 $f:A\to B$。如果是，说明 $f:A\to B$ 是否为单射，满射，双射，并根据要求进行计算。

(1) $A=\{1,2,3,4,5\}, B=\{a,b,c,d,e\}, f=\{<1,c>,<3,d>,<4,e>,<2,a>,<5,d>\}$。

(2) $A=\{1,2,3,4,5\}, B=\{a,b,c,d,e\}, f=\{<1,b>,<2,a>,<4,c>,<1,d>,<5,e>\}$。

(3) $A=\{1,2,3,4,5\}, B=\{a,b,c,d,e\}, f=\{<1,c>,<3,e>,<2,a>,<4,d>\}$。

(4) $A=B=\mathbf{R}, f(x)=x^3$。

(5) $A=B=\mathbf{R}^+, f(x)=x/(x^2+1)$。

(6) $A=B=\mathbf{R}\times\mathbf{R}, f(<x,y>)=<x+y,x-y>$，令 $L=\{<x,y> \mid x,y\in\mathbf{R}\wedge y=x+1\}$，计算 $f(L)$。

解　(1)是 A 到 B 的函数,但 f 既不是单射也不是满射,因为 $f(3)=f(5)=d$,且 $b\notin \mathrm{ran}f$。

(2) 不能构成函数。因为 $<1,b>\in f$ 且 $<1,d>\in f$,与函数定义矛盾。

(3) 不能构成 A 到 B 的函数,因为 $\mathrm{dom}f=\{1,2,3,4\}\neq A$。

(4) 能构成函数 $f:A\to B$,且 $f:A\to B$ 是双射的。

(5) 能构成函数 $f:A\to B$,但是 $f:A\to B$ 既不是单射的也不是满射的。因为该函数在 $x=1$ 取得极大值 $f(1)=1/2$。函数不是单调的,且 $\mathrm{ran}f\neq \mathbf{R}^+$。

(6) 能构成函数 $f:A\to B$,且 $f:A\to B$ 是双射的。

$$f(L)=\{<2x+1,-1>\mid x\in \mathbf{R}\}=\mathbf{R}\times\{-1\}。$$

例 5-22　对于给定的集合 A 和 B 构造双射函数 $f:A\to B$。

(1) $A=[0,1]$,$B=\left[\frac{1}{4},\frac{1}{2}\right]$。

(2) $A=\left[\frac{\pi}{2},\frac{3}{2}\pi\right]$,$B=[-1,1]$。

解　(1) 令 $f:[0,1]\to\left[\frac{1}{4},\frac{1}{2}\right]$,$f(x)=\frac{x+1}{4}$。

(2) 令 $f:\left[\frac{\pi}{2},\frac{3}{2}\pi\right]\to[-1,1]$,$f(x)=\sin x$。

例 5-23　对于给定的集合 $A=P(\{a,b,c\})$ 和 $B=\{0,1\}^{\{a,b,c\}}$,试构造双射函数 $f:A\to B$。

解　$A=\{\varnothing,\{a\},\{b\},\{c\},\{a,b\},\{a,c\},\{b,c\},\{a,b,c\}\}$,$B=\{f_0,f_1,\cdots,f_7\}$,其中

$$f_0=\{<a,0>,<b,0>,<c,0>\},\ f_1=\{<a,0>,<b,0>,<c,1>\},$$

$$f_2=\{<a,0>,<b,1>,<c,0>\},\ f_3=\{<a,0>,<b,1>,<c,1>\},$$

$$f_4=\{<a,1>,<b,0>,<c,0>\},\ f_5=\{<a,1>,<b,0>,<c,1>\},$$

$$f_6=\{<a,1>,<b,1>,<c,0>\},\ f_7=\{<a,1>,<b,1>,<c,1>\}。$$

令 $f:A\to B$,使得 $f(\varnothing)=f_0$,$f(\{a\})=f_1$,$f(\{b\})=f_2$,$f(\{c\})=f_3$,$f(\{a,b\})=f_4$,$f(\{a,c\})=f_5$,$f(\{b,c\})=f_6$,$f(\{a,b,c\})=f_7$。

例 5-24　设 $f:A\to B$,$g:B\to C$ 是函数,如果 $g\circ f$ 为满射,且 g 是一个单射,求证:f 为满射。

证法一　对于任意的 $y\in B$,因 $g:B\to C$ 是函数,则存在 $z\in C$,使得

$$g(y)=z \qquad ①$$

而 $g\circ f$ 是满射,所以,对于 $z\in C$,就有 $x\in A$,使得 $g\circ f(x)=z$,即

$$g(f(x))=z \qquad ②$$

由于 g 是单射，综合①、②可得 $y=f(x)$，即 f 是满射。

证法二 因为 $g\circ f$ 是满射，则由定理 5-8 可知 g 是一个满射，而 g 又是一个单射，所以 g 是一个双射，因此 g 可逆。由此则有 $f=g^{-1}\circ(g\circ f)$，又由题设 $g\circ f$ 是满射，而 g^{-1} 是双射，当然是一个满射，则由定理 5-7 可知，f 为满射。

例 5-25 如果 $a,b\in\mathbf{R}$ 且 $a<b$，则区间 $(a,b)\approx\mathbf{R}$。

证明 对于任意 $x\in(a,b)$，定义 $f:(a,b)\to\mathbf{R}$ 如下：

$$f(x)=\tan\left[\frac{2x-a-b)}{2(b-a)}\pi\right]$$

显然 f 是双射，所以 $(a,b)\approx\mathbf{R}$。

例 5-26 求证：设 $\Sigma=\{a,b\}$，Σ 上所有有限非空字符串的集合为 Σ^+，则 Σ^+ 为可数集。

证明 $\Sigma=\{a,b\}$，$\Sigma^+=\{a,b,aa,ab,ba,bb,aaa,\cdots\}$

按照字符串的长度对集合作一划分，长度为 1 的字符串组成一个有限集，长度为 2 的字符串组成一个有限集，长度为 3 的字符串组成一个有限集，…，这样的划分将得到可数个有限集。由于可数个有限集之并是可数集，所以 Σ^+ 为可数集。

复习题五

1. 设 $A=\{1,2,3,4\}$，$B=\{x,y,z,w\}$，判断下列(1)～(5)的每个关系是不是从 A 到 B 的一个函数。如果是函数，找出其定义域和值域，并确定它是不是单射的或满射的。如果它既是单射又是满射，那么给出用有序对的集合描述的逆函数，并给出该逆函数的定义域和值域。

(1) $\{<1,x>,<2,x>,<3,z>,<4,y>\}$。

(2) $\{<1,z>,<2,x>,<3,y>,<4,z>,<2,w>\}$。

(3) $\{<1,z>,<2,w>,<3,x>,<4,y>\}$。

(4) $\{<1,w>,<2,w>,<4,x>\}$。

(5) $\{<1,y>,<2,y>,<3,y>,<4,y>\}$。

2. 设 $S=(A\cap B)\cup(A\cap C)\cup(B\cap C)$，试用 $\psi_A(x)$，$\psi_B(x)$，$\psi_C(x)$，表达 $\psi_S(x)$。

3. 设 m 和 n 是正整数，f 是 $A=\{0,1,\cdots,m-1\}$ 到 A 的函数：$f(x)=nx(\bmod m)$。写出使 f 是双射，m 和 n 需要满足的条件。

*4. 设 f 是 A 到 B 的满射，又设 $\varphi=\{f^{-1}(\{b\})\mid b\in B\}$。证明：$\varphi$ 是 A 的一个划分，并且描述产生这个划分的等价关系。

*5. 设 R 是集合 A 上的一个等价关系。定义从 A 到 A 的等价类所组成集合 B 的函数 $g:A\to B$，$g(a)=[a]$，对 $a\in A$。证明 g 是满射，且何时有 $g(a)=g(b)$？

6. 设函数 $g:A\to B$，$f:B\to C$，回答下列命题(1)～(6)。若命题为真，则证明之；若命题为假，则给出反例。

(1) 若 f 是单射，则 $f\circ g$ 是单射。

(2) 若 f 是满射，则 $f\circ g$ 是满射。

(3) 若 $f\circ g$ 是单射，则 f 是单射。

(4) 若 $f\circ g$ 是单射，则 g 是单射。

(5) 若 $f\circ g$ 是满射，则 f 是满射。

(6) 若 $f\circ g$ 是双射，则 f 是满射，g 是单射。

7. (1)设 f 是从 A 到 B 的一个函数，定义 A 上的关系 R：aRb 当且仅当 $f(a)=f(b)$。
试证明 R 是 A 上的等价关系。

(2) 设 f 是 A 中特征函数。定义 A 上关系 R：aRb 当且仅当 $f(a)=f(b)$。由(1)知 R 是一个等价关系。试问等价类是什么？

8. 求证：从 $A\times B\to B\times A$ 存在单射，并且此函数为满射。

9. 求证：若 $f:A\to B$ 是单射，则对 A 所有子集 X 和 Y，

$$f(X\cap Y)=f(X)\cap f(Y)。$$

第 6 章　图论基础

图是建立和处理离散数学模型的一种重要工具。图论是一门应用性很强的学科。许多学科，诸如运筹学、网络理论、控制论、化学、生物学、物理学、社会科学、计算机科学等，凡是研究事物之间关系的实际问题或理论问题，都可以建立图论模型来解决。随着计算机科学的发展，图论的应用也越来越广泛，同时图论也得到了充分的发展。这里将主要介绍与计算机科学关系密切的图论的内容。

6.1　图的基本概念

我们已知集合的笛卡尔积的概念，为了定义无向图，还需要给出集合的无序积的概念。

任意两个元素 a，b 构成的无序对记作(a, b)，这里总有 $(a,b)=(b,a)$。

设A，B 为两个集合，无序对的集合 $\{(a,b) \mid a \in A \wedge b \in B\}$ 称为集合 A 与 B 的无序积，记作 $A\&B$。无序积与有序积的不同在于 $A\&B=B\&A$。

例如，设 $A=\{a,b\}, B=\{0,1,2\}$，则

$$A\&B=\{(a,0),(a,1),(a,2),(b,0),(b,1),(b,2)\}=B\&A$$

$$A\&A=\{(a,a),(a,b),(b,b)\}$$

为了引出图的定义，我们先介绍如下的例子。

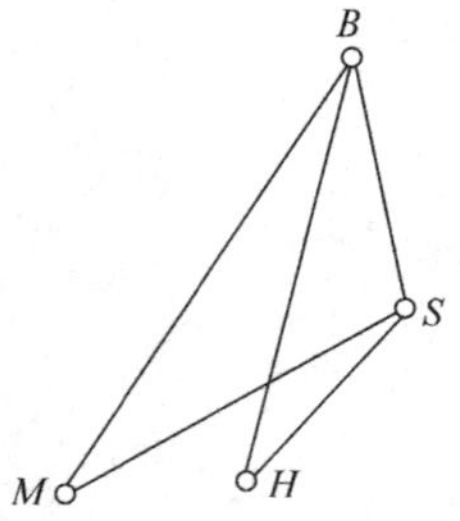

图　6-1

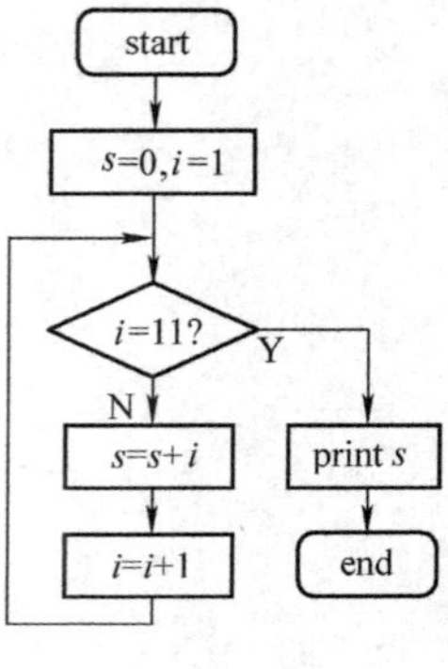

图　6-2

例 6-1　(1) 北京、上海、香港、澳门是中国的几个著名的城市，分别用字母表示为 B，S，H，M，城市的集合为 $V=\{B,S,H,M\}$，这些城市间现有的航空线的集合是 $E=\{(B,S),(B,H),(B,M),(S,H),(S,M)\}$。我们也可以将这些城市间的航空线关系用图 6-1 来表示。

(2) $\sum_{i=1}^{10} i$ 的程序框图如图 6-2 所示。

6.1.1　图的定义及相关概念

定义 6-1　一个无向图 G 是一个有序二元组 $\langle V, E\rangle$，记作 $G=\langle V, E\rangle$，其中 V 是一个非空集合，V 中的元素称为**结点**或**顶点**；E 是无序积 $V\&V$ 的多重子集(元素可重复出现的集合)，称 E 为 G 的边集，E 中的元素称为**无向边**或简称**边**。

在一个图 $G=\langle V, E\rangle$ 中，为了表示 V 和 E 分别是图 G 的结点集和边集，常将 V 记成 $V(G)$，而将 E 记成 $E(G)$。

以上给出的是一个无向图的数学定义。它们可以用图形来表示，而这种图形有助于我们理解图的性质。在这种表示法中，每个结点用点来表示，每条边用线来表示，这样的线连接着代表该边端点的两个结点。例如，

$$G=\langle V,E\rangle, V=\{v_1,v_2,v_3,v_4,v_5\},$$

$$E=\{(v_1,v_2),(v_2,v_2),(v_2,v_3),(v_1,v_3),(v_1,v_3),(v_3,v_4)\},$$

G 的图形如图 6-3 所示。

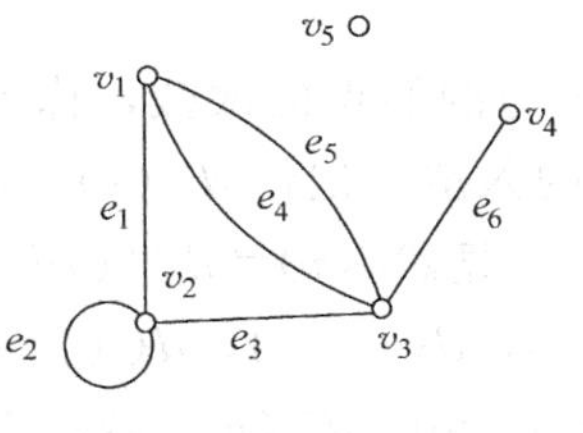

图　6-3

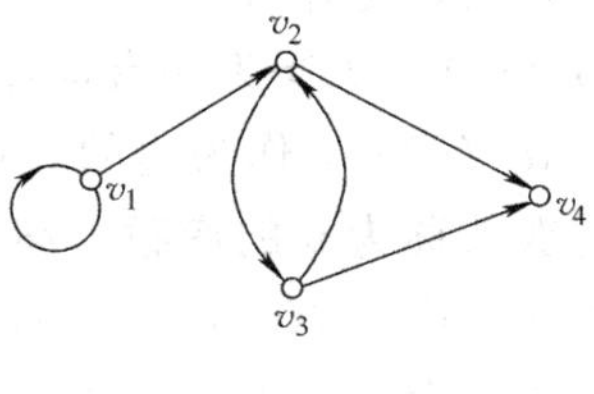

图　6-4

定义 6-2　一个有向图 G 是一个有序二元组 $\langle V, E\rangle$，记作 $G=\langle V,E\rangle$，其中 V 是一个非空的结点(或顶点)集；E 是笛卡尔积 $V\times V$ 的多重子集，其元素称为**有向边**，也简称**边**或**弧**。

对于一个有向图 G，一般也可画出图形来表示。例如 $G=\langle V,E\rangle$，其中

$$V=\{v_1,v_2,v_3,v_4,v_5\},$$

$$E=\{\langle v_1,v_1\rangle,\langle v_1,v_2\rangle,\langle v_2,v_3\rangle,\langle v_3,v_2\rangle,\langle v_2,v_4\rangle,\langle v_3,v_4\rangle\}$$

G 的图形如图 6-4 所示。

给图的结点标以名称，如图 6-3 中的 v_1，v_2，v_3，v_4，v_5，这样的图称为**标**

定图。同时也可对边进行标定，图 6-3 中 $e_1=(v_1,v_2),e_2=(v_2,v_2),e_3=(v_2,v_3),e_4=(v_1,v_3),e_5=(v_1,v_3),e_6=(v_3,v_4)$。

当 $e=(u,v)$ 时，称 u 和 v 是 e 的**端点**（或**顶点**），并称边 e 与结点 u、v 是**关联的**，而称结点 u 与 v 是**邻接的**。若两条边关联于同一个结点，则称两边是**邻接的**。无边关联的结点称为**孤立点**；若一条边关联的两个结点重合，则称此边为**环**或**自回路**。若 $u\neq v$，则称 e 与 u（或 v）关联的次数是 1；若 $u=v$，称 e 与 u 关联的次数为 2；若 u 不是 e 的端点，则称 e 与 u 的关联次数为 0（或称 e 与 u 不关联）。在图 6-3 中，$e_1=(v_1,v_2)$，v_1，v_2 是 e_1 的端点，e_1 与 v_1、v_2 的关联次数均为 1，v_5 是孤立点，e_2 是环，e_2 与 v_2 关联的次数为 2。

当 $e=<u,v>$ 是有向边时，又称 u 是 e 的**始点**，v 是 e 的**终点**。

如果图的结点集 V 和边集 E 都是有限集，则称图为**有限图**。本书讨论的图都是有限图。若图 $G=<V,E>$ 中 $|V|=n$，$|E|=m$，为了方便起见，这样的图也称为 $<n,m>$ 图，有时也简称 ***n* 阶图**。这时 $<n,0>$ 图称为**零图**，$<1,0>$ 图称为**平凡图**。

关联于同一对顶点的两条边称为**平行边**（若是有向边方向应相同），平行边的条数称为**边的重数**。不含平行边和环的图称为**简单图**。在本书中除非特别声明，一般是指简单图。

6.1.2　结点的度

定义 6-3　设 $G=<V,E>$ 为一无向图，$v\in V$，v 关联边的次数称为 v 的**度数**，简称**度**，记作 $d(v)$。

设 $G=<V,E>$ 为一有向图，$v\in V$，v 作为边的始点的次数，称为 v 的**出度**，记作 $d^+(v)$；v 作为边的终点的次数称为 v 的**入度**，记作 $d^-(v)$；v 作为边的端点的次数称为 v 的**度数**，简称**度**，记作 $d(v)$，显然 $d(v)=d^+(v)+d^-(v)$。

在图 6-3 中，$d(v_1)=3$，$d(v_2)=4$，$d(v_3)=4$，$d(v_4)=1$，$d(v_5)=0$。

在图 6-4 中，$d^+(v_1)=2$，$d^-(v_1)=1$，$d^+(v_4)=0$，$d^-(v_4)=2$，$d^+(v_3)=2$，$d^-(v_3)=1$，$d^+(v_2)=d^-(v_2)=2$。

称度为 1 的结点为**悬挂点**，与悬挂点关联的边称为**悬挂边**。图 6-3 中，v_4 是悬挂点，e_6 是悬挂边。

记 $\Delta(G)=\max\{d(v)\mid v\in V(G)\}$，$\delta(G)=\min\{d(v)\mid v\in V(G)\}$，分别称为图 G 的**最大度**和**最小度**。若 $G=<V,E>$ 是有向图，除了 $\Delta(G)$，$\delta(G)$，还有如下的定义

最大出度 $\Delta^+(G)=\max\{d^+(v)\mid v\in V\}$；

最大入度 $\Delta^-(G)=\max\{d^-(v)\mid v\in V\}$；

最小出度 $\delta^+(G)=\min\{d^+(v)\mid v\in V\}$；

最小入度 $\delta^-(G)=\min\{d^-(v)\mid v\in V\}$。

图 6-4 中，$\Delta(G)=4$，$\delta(G)=2$，$\Delta^+(G)=2$，$\delta^+(G)=0$，$\Delta^-(G)=2$，$\delta^-(G)=1$。

例 6-2 在图 6-3 中

$$\sum_{v\in V}d(v)=d(v_1)+d(v_2)+d(v_3)+d(v_4)+d(v_5)=3+4+4+1+0=12$$

而该图有 6 条边，即结点度数和是边数的 2 倍。事实上这是图的一般性质。

定理 6-1 设图 $G=<V, E>$是$<n, m>$图，$V=\{v_1, v_2, \cdots, v_n\}$，则

$$\sum_{i=1}^{n}d(v_i)=2m$$

定理 6-1 是图论中的基本定理，常称为握手定理。

若 $d(v)$ 为奇数，则称 v 为**奇点**；若 $d(v)$ 为偶数，则称 v 为**偶点**。

推论 任一图中，奇点个数为偶数。

证明 设 $V_1=\{v|v\in V, v\text{ 为奇点}\}$，$V_2=\{v|v\in V, v\text{ 为偶点}\}$，则

$$\sum_{v\in V_1}d(v)+\sum_{v\in V_2}d(v)=\sum_{v\in V}d(v)=2m$$

因为 $\sum_{v\in V_2}d(v)$ 是偶数，所以 $\sum_{v\in V_1}d(v)$ 也是偶数，而 V_1 中每个点 v 的度 $d(v)$ 均为奇数，因此 $|V_1|$ 为偶数。

对有向图，还有下面的定理；

定理 6-2 设有向图 $G=<V, E>$，$V=\{v_1, v_2, \cdots, v_n\}$，$|E|=m$，则

$$\sum_{i=1}^{n}d^+(v_i)=\sum_{i=1}^{n}d^-(v_i)=m$$

以上两个定理及推论都很重要，要牢记并灵活运用。

设 $v=\{v_1, v_2, \cdots, v_n\}$ 是图 G 的结点集，称 $d(v_1), d(v_2), \cdots, d(v_n)$ 为 G 的**度序列**。图 6-3 的度序列为 3，4，4，1，0，图 6-4 的度序列是 3，4，3，2。

例 6-3 (1)图 G 的度序列为 2，2，3，3，4，则边数 m 是多少？

(2)3，3，2，3；5，2，3，1，4 能成为图的度序列吗？为什么？

(3) 图 G 有 12 条边，度数为 3 的结点有 6 个，其余结点度均小于 3，问图 G 中至少有几个结点？

解 (1) 由握手定理 $2m=\sum_{v\in V}d(v)=2+2+3+3+4=14$，所以 $m=7$。

(2) 由于这两个序列中有奇数个奇数，由握手定理的推论知，它们都不能成为图的度序列。

(3) 由握手定理知 $\sum d(v)=2m=24$，度数为 3 的结点有 6 个占去 18 度，

还有 6 度由其余结点占有，其余结点的度数可为 0，1，2，当均为 2 时所用结点数最少，所以应由 3 个结点占有这 6 度，即图 G 中至少有 9 个结点。

例 6-4 证明在 $n(n\geqslant 2)$个人的集体中，总有两个人在此团体中恰有相同个数的朋友。

证明 以结点代表人，二人如果是朋友，则在代表他们的结点间连上一条边，这样可得无向简单图 G，每个人的朋友数即是图中代表他的结点的度数，于是问题转化为：n 阶无向简单图 G 必有两个结点的度数相同。

用反证法，设 G 中任何两个结点的度数均不相同，则度序列为 0，1，2，…，$n-1$，说明图中有孤立点，而图 G 是简单图，这与图中有 $n-1$ 度结点相矛盾。所以必有两个结点的度数相同。

6.1.3 完全图和补图

定义 6-4 设 $G=\langle V, E\rangle$是无向简单图，若每一对结点都是邻接的，则称 G 为**完全图**，具有 n 个结点完全图记作 K_n。

设 $G=\langle V, E\rangle$为有向简单图，若每对结点间均有一对方向相反的边相连，则称 G 为**有向完全图**，具有 n 个结点的有向完全图记作 D_n。

例 6-5 图 6-5 给出几个完全图的例子。

由完全图的定义可知，无向完全图 K_n 的边数为 $|E(K_n)|=\frac{1}{2}n(n-1)$，而有向完全图的边数为 $|E(D_n)|=n(n-1)$。

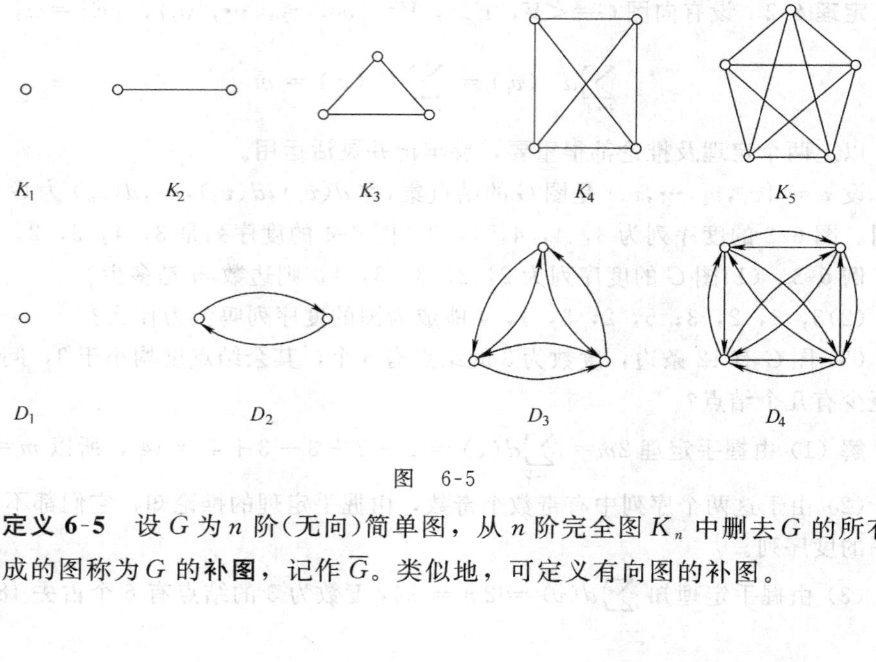

图 6-5

定义 6-5 设 G 为 n 阶(无向)简单图，从 n 阶完全图 K_n 中删去 G 的所有边后构成的图称为 G 的**补图**，记作 $\overline{G}$。类似地，可定义有向图的补图。

例 6-6　图 6-6 中 $\overline{G}$ 是 G 的补图。

由补图的定义，显然有如下的结论：

(1)G 与 $\overline{G}$ 互为补图，即$\overline{\overline{G}}=G$。

(2) 若 G 为 n 阶图，则 $E(G)\cup E(\overline{G})=E(K_n)$，且 $E(G)\cap E(\overline{G})=\varnothing$。

定义 6-6　各结点的度数均为 k 的无向简单图称为 ***k*-正则图**。

图 6-7 所示的图称为**彼得森**(Petersen)图，是 3-正则图。

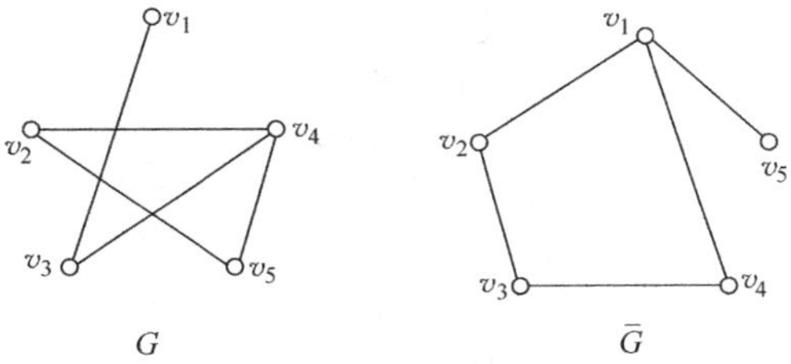

图　6-6

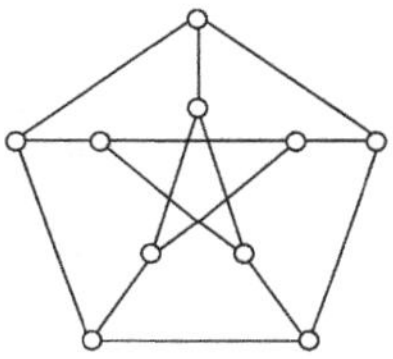

图　6-7

6.1.4　子图与图的同构

定义 6-7　设 $G=\langle V, E\rangle$，$G'=\langle V', E'\rangle$是两个图。若 $V'\subseteq V$，且 $E'\subseteq E$，则称 G'是 G 的**子图**。G 是 G'的**母图**，记作 $G'\subseteq G$。

若 $V'\subseteq V$ 或 $E'\subset E$，则称 $\overline{G}$ 是 G 的**真子图**。

若 $V=V'$且 $E'\subseteq E$，则称 G'是 G 的**生成子图**。

若 $V_1\subseteq V$ 且 $V_1\neq\varnothing$，以 V_1 为结点集，以图 G 中两个端点均在 V_1 中的边为边集的子图，称为由 V_1 导出的**导出子图**，记作 $G[V_1]$。

设 $E_1\subseteq E$，且 $E_1\neq\varnothing$，以 E_1 为边集，以 E_1 中的边关联的结点为结点集的图 G 的子图，称为 E_1 导出的**边导出子图**，记作 $G[E_1]$。

例 6-7　在图 6-8 中，G_1，G_2，G_3 均是 G 的真子图，其中 G_1 是 G 的生成子图，G_2 是由 $V_2=\{a, b, c, f\}$导出的导出子图 $G[V_2]$，G_3 是由 $E_3=\{e_2, e_3, e_4\}$导出的边导出子图 $G[E_3]$。

由于在画图的图形时，结点的位置和边的几何形状是无关紧要的，因此表面上完全不同的图形可能表示的是同一个图。为了判断不同图形是否表示同一个图形，在此我们给出图的同构的概念。

定义 6-8　设有两个图 $G=\langle V, E\rangle$，$G_1=\langle V_1, E_1\rangle$，如果存在双射 $f:V\to V_1$，使得$(u, v)\in E$ 当且仅当$(f(u), f(v))\in E_1$(或者$\langle u, v\rangle\in E$ 当且仅当

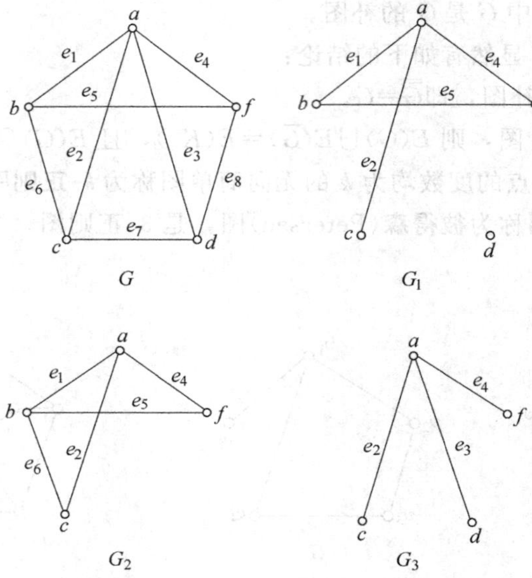

图 6-8

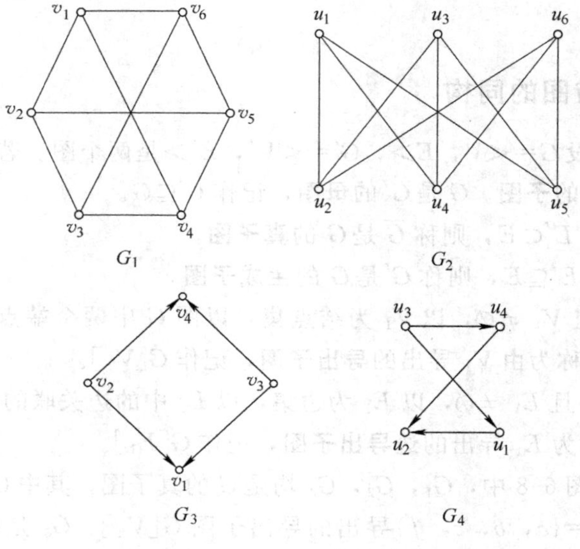

图 6-9

$<f(u), f(v)>\in E_1$)，且它们的重数相同，则称图 G 与 G_1 **同构**，记作 $G\cong G_1$。

定义 6-8 说明，两个图的结点之间如果存在双射，而且这种映射保持了结点间的邻接关系和边的重数(在有向图时还保持方向)，则两个图是同构的。

例 6-8 图 6-9 中，$G_1\cong G_2$，其中 f：$V_1\to V_2$，$f(v_i)=u_i(i=1, 2, \cdots, 6)$；$G_3\cong G_4$，其中 h：$V_3\to V_4$，$h(v_1)=u_3$，$h(v_2)=u_4$，$h(v_3)=u_1$，$h(v_4)=u_2$。

容易看出，两个图同构的必要条件是：①结点数相同；②边数相同；③度序列相同。但这不是充分的条件，例如图 6-10 中图 H_1，H_2 虽然满足以上 3 个条件，但不同构。图 H_1 中的 4 个 3 度结点与 H_2 中的 4 个 3 度结点的相互间的邻接关系显然不相同。

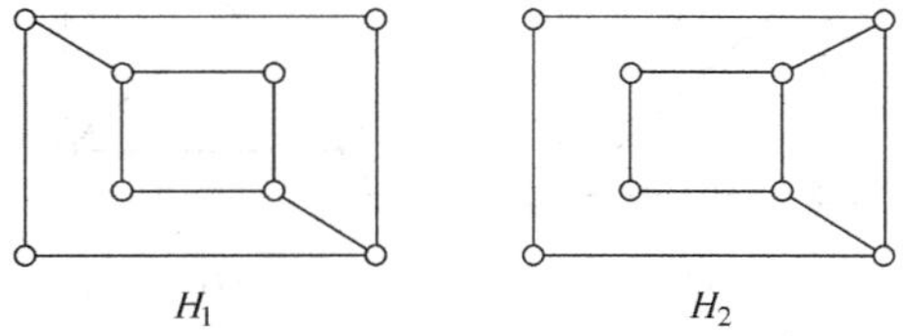

图　6-10

习题 6.1

1. 画出下列各图的图形并求出各结点的度（出度、入度）。

(1) $G=\langle V, E\rangle$，其中 $V=\{a, b, c, d, e\}$，$E=\{(a, b), (a, c), (a, d), (b, a), (b, c), (d, d), (d, e)\}$。

(2) $H=\langle V, E\rangle$，其中 $V=\{a, b, c, d, e\}$，$E=\{\langle a, b\rangle, \langle a, c\rangle, \langle a, e\rangle, \langle b, c\rangle, \langle d, a\rangle, \langle d, d\rangle, \langle d, e\rangle\}$。

2. 下列各组数中，哪些能构成无向图的度序列？哪些能构成无向简单图的度序列？

(1)1，1，1，2，3。(2)2，2，2，2，2。(3)3，3，3，3。(4)1，2，3，4，5。(5)1，3，3，3。

3. 设图 $G=\langle V, E\rangle$，$|V|=8$，若 G 有三个 3 度结点，两个 2 度结点，三个 1 度结点，试问：G 有多少条边？

4. 图 G 有 12 条边，三个度为 4 的结点，其余结点的度均为 3，问图 G 有多少个结点？

5. 图 6-11 中 G_1 与 G_2 同构吗？若两图同构，写出结点之间的对应关系；若不同构，则说明理由。

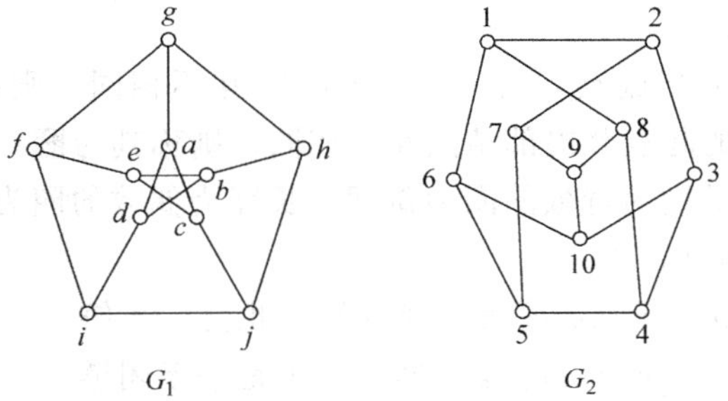

图　6-11

6. 图 6-12 中，G_1 与 G_2，同构吗？为什么？

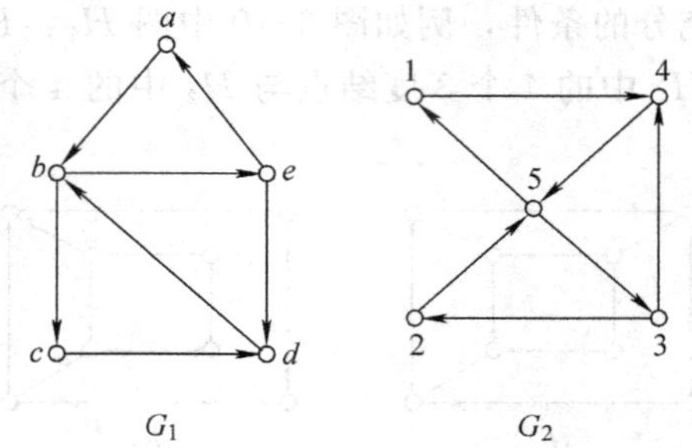

图 6-12

6.2 图的连通性

计算机网络中常见的一个问题是，网络中任何两台计算机是否可以通过计算机间的信息传递而使其资源共享？我们可以用图论的方法对这个问题进行研究，其中用结点表示计算机，用边表示通信连线，因此，计算机的信息资源共享问题就变为图中任何两个结点之间是否都有连接通路存在？

6.2.1 通路

在图论的研究中，经常要考虑这样的问题，如何从一个图中的给定结点出发，沿着一些边移动到另一个结点。这种由结点和边形成的序列就引出了路的概念。

定义 6-9 设 $G=\langle V, E\rangle$ 是图，从图中结点 v_0 到 v_n 的一条**通路**或**路径**是图的一个点、边的交错序列（$v_0 e_1 v_1 e_2 v_2 \cdots v_{n-1} e_n v_n$），其中 $e_i=(v_{i-1}, v_i)$（或者 $e_i=\langle v_{i-1}, v_i\rangle$）（$i=1, 2, \cdots, n$），$v_0$，$v_n$ 分别称为通路的**起点**和**终点**，而称 v_1，v_2，…，v_{n-1} 为**内点**，通路中包含的边数 n 称为通路的**长度**。当起点和终点重合时则称其为**回路**。

若通路的边 e_1，e_2，…，e_n 互不相同，则称其为**链**；如果一条链满足 $v_0=v_n$，则称其为**闭链**。

如果一条通路中结点 v_0，v_1，v_2，…，v_n 互不相同，则称其为**道路**，简称**路**。如果一条回路的起点和内部结点互不相同，则称其为**圈**。一般地称长度为 k 的圈为 **k 圈**，并称长度为奇数的圈为**奇圈**，长度为偶数的圈为**偶圈**。

例 6-9 在图 6-13 中，

（1）$p_1=v_1 e_4 v_5 e_5 v_4 e_6 v_1 e_1 v_2$ 是一条通路，也是一条链。

（2）$p_2=v_4 e_7 v_2 e_2 v_2 e_3 v_3 e_8 v_4$ 是一回路，也是一条闭链。

（3）$p_3=v_4 e_6 v_1 e_1 v_2 e_3 v_3$ 是一条路。

(4) $p_4=v_4e_6v_1e_1v_2e_3v_3e_8v_4$ 是一个圈。

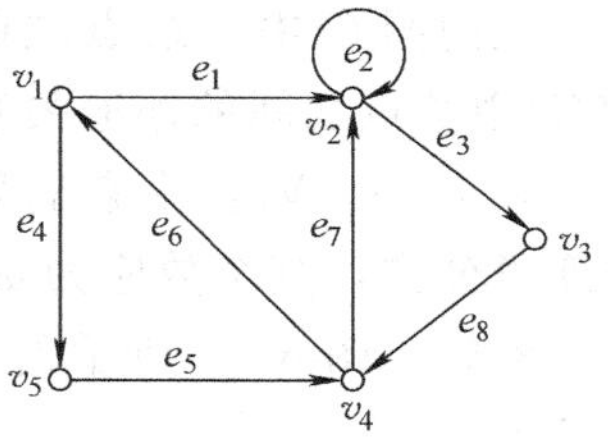

图　6-13

在不引起混淆的情况下，通路有时也可用边的序列或结点的序列来表示，如上例中的 p_3、p_4 可记为 $(v_4v_1v_2v_3)$ 和 $(v_4v_1v_2v_3v_4)$。特别地，单独一个结点也是一个通路，其长度为 0。

由一个环构成的通路 ueu 是回路，通路 ue_1ve_2u 也是回路，其中在无向图中 e_1 和 e_2 是平行边，而在有向图中 e_1 和 e_2 是两条相向边。

定理 6-3　在一个 n 阶图 $G=<V, E>$ 中，如果从结点 v_i 到 $v_j(v_i\neq v_j)$ 存在一条通路，则从 v_i 到 v_j 存在一条长度不大于 $n-1$ 的路。

证明　假定从 v_i 到 v_j 存在一条通路 $(v_i, \cdots, v_k, \cdots, v_j)$，如果其中有相同的结点 v_e，例如 $(v_i, \cdots, v_k, \cdots, v_e, \cdots, v_e, \cdots, v_j)$，删去 v_e 到 v_e 的那些边，它仍是从 v_i 到 v_j 的通路，如此反复地进行直到 $(v_i, \cdots, v_k, \cdots, v_j)$ 中没有重复结点为止。此时所得就是一条从 v_i 到 v_j 的路。路的长度比所经结点数少 1，图中共 n 个结点，故路的长度不超过 $n-1$。

定理 6-4　在一个 n 阶图 $G=<V, E>$ 中，如果存在一经过 v_1 的回路，则存在一经过 v_1 的长度不超过 n 的圈。

定义 6-10　在图 $G=<V, E>$ 中，从结点 v_i 到 v_j 的最短通路(一定是路)称为 v_i 与 v_j 间的**短程线**，短程线的长度称 v_i 到 v_j 的**距离**，记作 $d(v_i, v_j)$。若从 v_i 到 v_j 不存在通路，则记 $d(v_i, v_j)=\infty$。

注意　在有向图中，$d(v_i, v_j)$ 不一定等于 $d(v_j, v_i)$，但一般地有如下性质：

(1) $d(v_i, v_j)\geqslant 0$。

(2) $d(v_i, v_i)=0$。

(3) $d(v_i, v_j)+d(v_j, v_k)\geqslant d(v_i, v_k)$（通常称为三角不等式）

6.2.2　图的连通性

图的连通性分为无向图的连通性和有向图的连通性，而且有向图的连通性要比无向图的连通性复杂些。

定义 6-11　在一个无向图 G 中，若存在从结点 v_i 到 v_j 的通路，则称 v_i 与 v_j 是**连通的**。规定 v_i 到自身是连通的。

在一个有向图 D 中，若存在从结点 v_i 到 v_j 的通路，则称从 v_i 到 v_j 是**可达的**。

定义 6-12　若无向图 G 中任意两结点都是连通的，则称图 G 是**连通的**。规定平凡图是连通的。

无向图 G 中，结点之间的连通关系是等价关系。设 G 为一无向图，R 是 $V(G)$ 中结点之间的连通关系，由 R 可将 $V(G)$ 划分成 $k(k\geqslant 1)$ 个等价类，记作 V_1，V_2，…，V_k，由它们导出的导出子图 $G[V_1]$，$G[V_2]$，…，$G[V_k]$ 称为 G 的**连通分支**，其个数应为 $\omega(G)$。

例如，图 6-14 所示的图 G_1 是连通图，$\omega(G_1)=1$，图 G_2 是一个非连通图，$\omega(G_2)=3$。

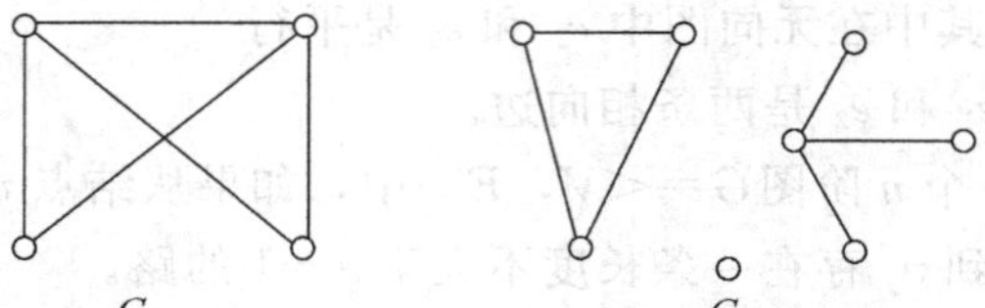

图 6-14

定义 6-13 设 D 是一有向图，若略去 D 中各有向边的方向后所得无向图 G 是连通的，则称 D 是**连通的**，或称 D 是**弱连通的**。

如果 D 中任意两点 v_i，v_j 之间，v_i 到 v_j 或 v_j 到 v_i 至少有一个可达，则称图 D 是**单向连通的**。

如果 D 中任意两结点都互相可达，则称 D 是**强连通的**。

例如在图 6-15 中，G_1 是弱连通的，G_2 是单向连通的，G_3 是强连通的。

注意 强连通图一定是单向连通图，单向连通图一定是弱连通图。但反之不真。

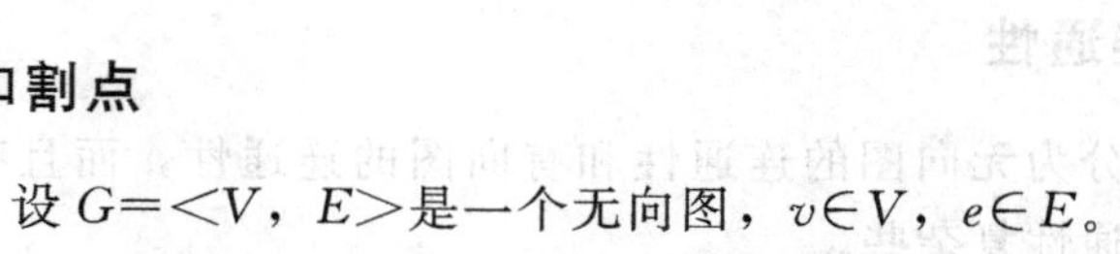

图 6-15

6.2.3 割边和割点

定义 6-14 设 $G=\langle V, E\rangle$ 是一个无向图，$v\in V$，$e\in E$。

(1) 如果从图 G 中删去结点 v(及相关联的边)后得到的子图的连通分支数多于原图的连通分支数，即 $\omega(G-v)>\omega(G)$，则称 v 是图 G 的一个**割点**。

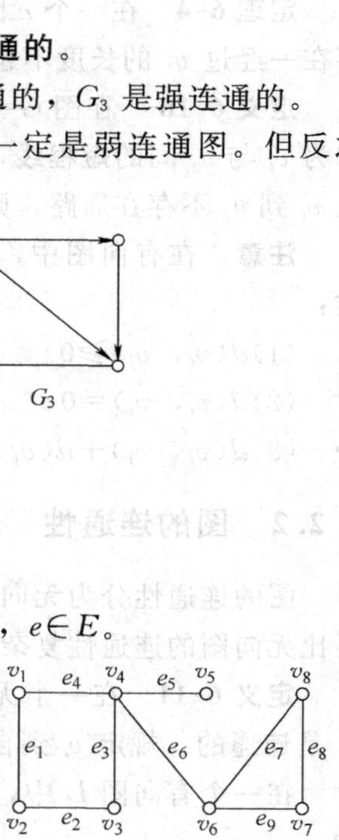

图 6-16

(2) 如果 $\omega(G-e)>\omega(G)$，则称 e 为图 G 的一个**割边或桥**。

显然，从连通图中删去一个割点或割边后得到的子图是不连通的。

例 6-10　图 6-16 中，v_4，v_6 是割点，e_5，e_6 都是割边。关于割边有如下的定理：

定理 6-5　在图 G 中 e 是割边，当且仅当 e 不在任何圈上。

习题 6.2

1. 给定图 6-17，试求：

(1) 从 a 到 f 的所有链。

(2) 从 a 到 f 的所有路。

(3) 从 a 到 f 的所有短程线和距离。

(4) 所有从 a 出发的圈。

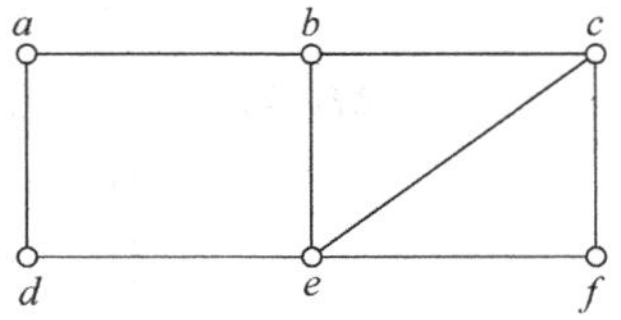

图　6-17

2. (1) 试证明，若无向图 G 中只有两个奇点，则这两个结点一定是连通的。

(2) 若有向图 G 中只有两个奇点，它们一个可达另一个或互相可达吗？

3. 在图 6-18 所示的 4 个图中，哪几个是强连通图？哪几个是单向连通图？哪几个是连通图(弱连通图)？

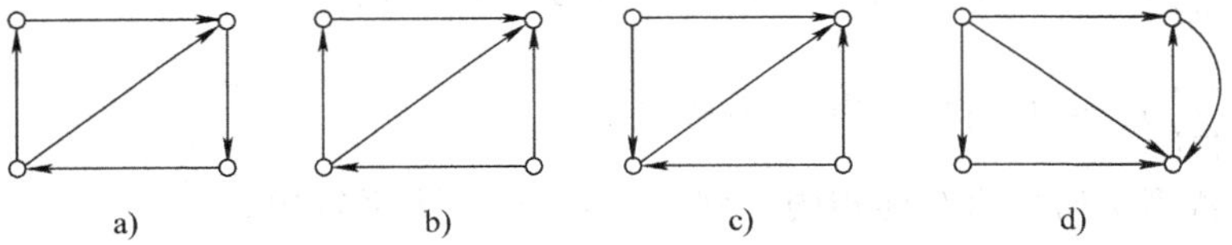

图　6-18

4. 证明定理 6-3(图 G 中的边 e 是割边，当且仅当 e 不在 G 的任何圈上)。

5. u 是无向连通图 $G=(V, E)$中的结点，证明：u 是 G 的割点当且仅当存在 v，$w\in V$，使得 v 到 w 的每一条路都经过 u。

6.3　图的矩阵表示

由图的数学定义可知，一个图可以用集合来描述；从前面的例子可以看出，图也可以用点线图表示，图的这种图形表示直观明了，在较简单的情况下有其优越性。但对于较为复杂的图，这种表示法显示了它的局限性。所以对于结点较多的图常用矩阵来表示，这样便于用代数知识来研究图的性质，同时也便于计算机处理。在图的矩阵表示法中，要求图是标定的。

6.3.1　无向图的关联矩阵

定义 6-15　设无向图 $G=\langle V, E\rangle$，$V=\{v_1, v_2, \cdots, v_n\}$，$E=\{e_1, e_2,$

…，e_m}，令

$$m_{ij}=\begin{cases}0, & \text{若 } v_i \text{ 与 } e_j \text{ 不关联，}\\ 1, & \text{若 } v_i \text{ 是 } e_j \text{ 的端点，}\\ 2, & \text{若 } e_j \text{ 是关联 } v_i \text{ 的一个环}\end{cases}$$

则称$(m_{ij})_{n\times m}$为G的**关联矩阵**，记作$\boldsymbol{M}(G)$。

例 6-11 图 6-19 中的图G的关联矩阵是

$$\boldsymbol{M}(G)=\begin{bmatrix}1&1&1&1&0&0\\1&1&0&0&0&0\\0&0&1&0&2&1\\0&0&0&1&0&1\\0&0&0&0&0&0\end{bmatrix}$$

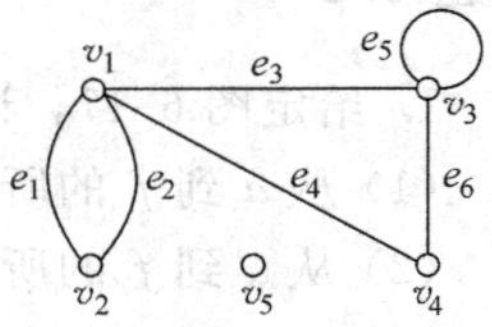

图 6-19

从关联矩阵不难得出下列性质：

(1) $\sum_{i=1}^{n} m_{ij}=2(j=1,2,\cdots,m)$，即$\boldsymbol{M}(G)$每列元素的和为 2，因为每边恰有两个端点(若为简单图则每列恰有两个 1)。

(2) $\sum_{j=1}^{m} m_{ij}=d(v_i)$ (第i行元素之和为v_i的度)。

(3) $\sum_{j=1}^{m} m_{ij}=0$ 当且仅当v_i为孤立点。

(4) 若第j列与第k列相同，则说明e_j与e_k为平行边。

如果图是简单图，则关联矩阵是 0—1 矩阵。

6.3.2 无环有向图的关联矩阵

定义 6-16 设$G=\langle V, E\rangle$是无环有向图，$V=\{v_1, v_2, \cdots, v_n\}$，$E=\{e_1, e_2, \cdots, e_m\}$，令

$$m_{ij}=\begin{cases}1 & v_i \text{ 为 } e_j \text{ 的起点}\\ 0 & v_i \text{ 与 } e_j \text{ 不关联}\\ -1 & v_i \text{ 为 } e_j \text{ 的终点}\end{cases}$$

则称$(m_{ij})_{n\times m}$为G的**关联矩阵**，记作$\boldsymbol{M}(G)$。

$$\boldsymbol{M}(G)=\begin{bmatrix}-1&1&0&0&0\\1&0&1&-1&0\\0&-1&-1&1&1\\0&0&0&0&-1\end{bmatrix}$$

是图 6-20 的关联矩阵。由此可看出$\boldsymbol{M}(G)$有如下性质：

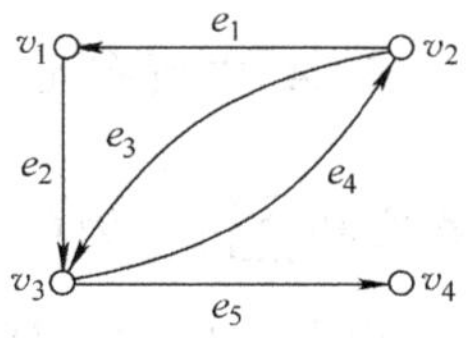

图　6-20

(1) $\sum_{i=1}^{n} m_{ij} = 0 (j = 1,2,\cdots,m)$。

(2) 每行中 1 的个数是该点的出度，-1 的个数是该点的入度。

其他与无向图关联矩阵相同的性质就不再罗列。

6.3.3 有向图的邻接矩阵

定义 6-17　设 $G=<V, E>$是有向图，$V=\{v_1, v_2, \cdots, v_n\}$，令

$$a_{ij}^{(1)} = \begin{cases} k & \text{从 } v_i \text{ 邻接到 } v_j \text{ 的边有 } k \text{ 条} \\ 0 & \text{没有 } v_i \text{ 到 } v_j \text{ 的边} \end{cases}$$

则称$(a_{ij}^{(1)})_{n\times n}$为 G 的**邻接矩阵**，记作 $\mathbf{A}(G)$，简记 $\mathbf{A}$。

$$\mathbf{A} = \begin{pmatrix} 1 & 0 & 1 & 0 \\ 0 & 0 & 1 & 0 \\ 0 & 1 & 0 & 1 \\ 0 & 0 & 1 & 0 \end{pmatrix}$$

是图 6-21 的邻接矩阵，不难看出图的邻接矩阵有如下性质：

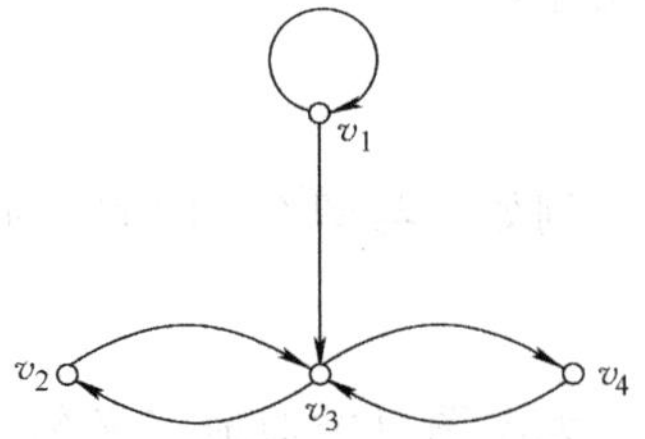

图　6-21

(1) $\sum_{j=1}^{n} a_{ij}^{(1)} = d^+(v_i)$(第 i 行元素的和为 v_i 的出度)，因此$\sum_{i=1}^{n}\sum_{j=1}^{n} a_{ij}^{(1)} = \sum_{i=1}^{n} d^+(v_i) = m$。

(2) $\sum_{i=1}^{n} a_{ij}^{(1)} = d^-(v_j)$(第 j 列元素的和为 v_j 的入度)，因此 $\sum_{j=1}^{n}\sum_{i=1}^{n} a_{ij}^{(1)} = \sum_{j=1}^{n} d^-(v_j) = m$。

(3)$\mathbf{A}$ 中所有元素的和是G 中长度为1的通路的数目，而$\sum_{i=1}^{n} a_{ii}^{(1)}$ 为G 中长度为1 的回路(环)的数目。

下面考查 $\mathbf{A}^l$ 的元素的意义，这里 $\mathbf{A}^l = (a_{ij}^{(l)})_{n\times n} (l \geqslant 2)$，其中 $a_{ij}^{(l)} = \sum_{k=1}^{n} a_{ik}^{(l-1)} \cdot a_{kj}^{(1)}$，则

(4) $a_{ij}^{(l)}$ 为结点v_i 到v_j 长度为l 的通路的数目，$a_{ii}^{(l)}$ 为始于(终于)v_i 长度为l 的回路的数目。

(5) $\boldsymbol{A}^l$ 中所有元素的和 $\sum_{i=1}^{n}\sum_{j=1}^{n}a_{ij}^{(l)}$ 为 G 中长为 l 的通路的总数，而 $\boldsymbol{A}^l$ 对角线上元素之和 $\sum_{i=1}^{n}a_{ii}^{(l)}$ 为 G 中始于(终于)各结点的长为 l 的回路总数。

在图 6-21 中计算 $\boldsymbol{A}^2$，$\boldsymbol{A}^3$，$\boldsymbol{A}^4$ 得

$$\boldsymbol{A}^2=\begin{pmatrix}1&1&1&1\\0&1&0&1\\0&0&2&0\\0&1&0&1\end{pmatrix},\quad \boldsymbol{A}^3=\begin{pmatrix}1&1&3&1\\0&0&2&0\\0&2&0&2\\0&0&2&0\end{pmatrix},\quad \boldsymbol{A}^4=\begin{pmatrix}1&3&3&3\\0&2&0&2\\0&0&4&0\\0&2&0&2\end{pmatrix}$$

由以上各矩阵得，$a_{13}^{(2)}=1$，$a_{13}^{(3)}=3$，$a_{13}^{(4)}=3$，即 G 中 v_1 到 v_3 长为 2，3，4 的通路分别为 1 条，3 条，3 条。而 $a_{11}^{(2)}=a_{11}^{(3)}=a_{11}^{(4)}=1$，则 G 中以 v_1 为起点(终点)的长为 2，3，4 的回路各有一条。由于 $\sum_{i=1}^{n}\sum_{j=1}^{n}a_{ij}^{(2)}=10$，所以 G 中长度为 2 的通路总数为 10，其中长为 2 的回路总数为 5。

(6) 若令 $\boldsymbol{B}_r=\boldsymbol{A}+\boldsymbol{A}^2+\cdots+\boldsymbol{A}^r=(b_{ij}^{(r)})(r\geqslant 1)$，则 $b_{ij}^{(r)}$ 表示从结点 v_i 到 v_j 长度小于或等于 r 的通路总数，而 $b_{ii}^{(r)}$ 表示以 v_i 为起点(终点)长度小于或等于 r 的回路总数。

例如，与图 6-21 对应的矩阵为 $\boldsymbol{B}_4=\begin{pmatrix}4&5&8&5\\0&3&3&3\\0&3&6&3\\0&3&3&3\end{pmatrix}$。

无向图可类似地定义邻接矩阵，对有向图的邻接矩阵得到的结论，可并行地用到无向图上。这里我们只介绍无向简单图的邻接矩阵。

6.3.4 无向简单图的邻接矩阵

定义 6-18 设 $G=\langle V, E\rangle$ 是无向简单图，$V=\{v_1, v_2, \cdots, v_n\}$，令

$$a_{ij}=\begin{cases}1 & (v_i,v_j)\in E\\0 & (v_i,v_j)\notin E\end{cases}$$

则称 $(a_{ij})_{n\times n}$ 为 G 的**邻接矩阵**，记作 $\boldsymbol{A}(G)$，简记 $\boldsymbol{A}$。

例如图 6-22 的邻接矩阵为

$$\boldsymbol{A}=\begin{pmatrix}0&1&1&1&0\\1&0&0&0&0\\1&0&0&1&0\\1&0&1&0&0\\0&0&0&0&0\end{pmatrix}$$

无向图的邻接矩阵与有向图的邻接矩阵的最大不同在于它是对称的，且矩阵的每行(每列)的元素的和等于对应结点的度，其他性质都是类似的，这里就不再重复，而由读者自行给出。

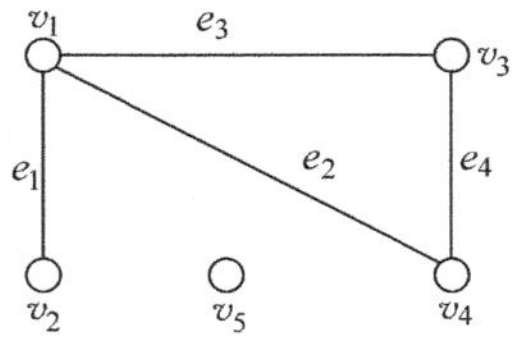

图 6-22

6.3.5 有向图的可达矩阵

定义 6-19　设 $G=\langle V, E\rangle$ 是有向图，$V=\{v_1, v_2, \cdots, v_n\}$，令

$$p_{ij}=\begin{cases}1 & \text{有 } v_i \text{ 到 } v_j \text{ 的路}\\ 0 & \text{没有 } v_i \text{ 到 } v_j \text{ 的路}\end{cases}\quad (i, j=1, 2, \cdots, n)$$

则称 $(p_{ij})_{n\times n}$ 为 G 的**可达矩阵**，记作 $\boldsymbol{P}(G)$，简记 $\boldsymbol{P}$。

图 6-21 所示有向图 G 的可达矩阵为

$$\boldsymbol{P}=\begin{pmatrix}1 & 1 & 1 & 1\\ 0 & 1 & 1 & 1\\ 0 & 1 & 1 & 1\\ 0 & 1 & 1 & 1\end{pmatrix}$$

可达矩阵还可由邻接矩阵用如下的方式求得。

设 $\boldsymbol{B}=\boldsymbol{A}+\boldsymbol{A}^2+\cdots+\boldsymbol{A}^n=(b_{ij}^{(n)})_{n\times n}$，则可达矩阵 $\boldsymbol{P}$ 中的元素可按如下的方式得到

$$p_{ij}=\begin{cases}1 & b_{ij}\neq 0\\ 0 & \text{否则}\end{cases}$$

习题 6.3

1. 设无向图 $G=\langle V, E\rangle$，$V=\{v_1, v_2, v_3, v_4\}$，邻接矩阵

$$\boldsymbol{A}=\begin{pmatrix}0 & 1 & 0 & 1\\ 1 & 0 & 1 & 1\\ 0 & 1 & 0 & 0\\ 1 & 1 & 0 & 0\end{pmatrix}$$

(1) 试问 $d(v_1)$ 和 $d(v_2)$ 是多少？

(2) 图 G 是否为完全图？

(3) 从 v_1 到 v_2 长为 3 的通路有多少条？

(4) 借助图解表示法写出从 v_1 到 v_2 长为 3 的每一条通路。

2. 画出邻接矩阵为 $\boldsymbol{A}$ 的无向图 G 的图形，其中

$$
\boldsymbol{A}=\begin{pmatrix} 0 & 1 & 0 & 1 & 1 \\ 1 & 1 & 1 & 0 & 1 \\ 0 & 1 & 0 & 1 & 1 \\ 1 & 0 & 1 & 0 & 1 \\ 1 & 1 & 1 & 1 & 1 \end{pmatrix}
$$

3. 有向图 G 如图 6-23 所示。

(1) 写出图 G 的邻接矩阵 $\boldsymbol{A}$。

(2) G 中长度为 3 的通路有多少条？其中有几条为回路？

(3) 利用图 G 的邻接矩阵 $\boldsymbol{A}$ 的布尔运算求该图的可达性矩阵 $\boldsymbol{P}$，并根据 $\boldsymbol{P}$ 来判断该图是否为强连通图，单向连通图。

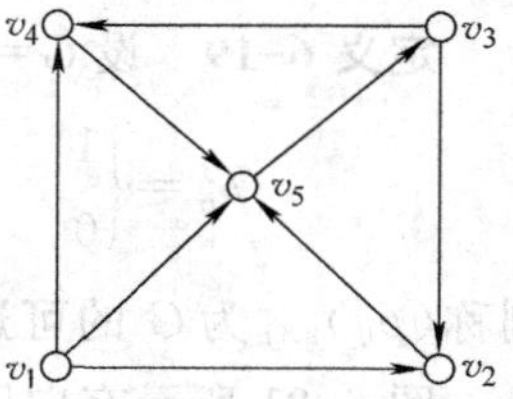

图　6-23

4. 求图 6-24、图 6-25 的关联矩阵。

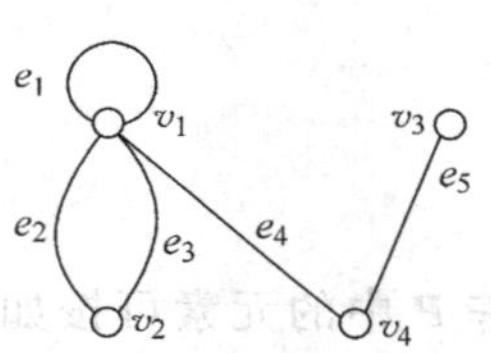

图　6-24

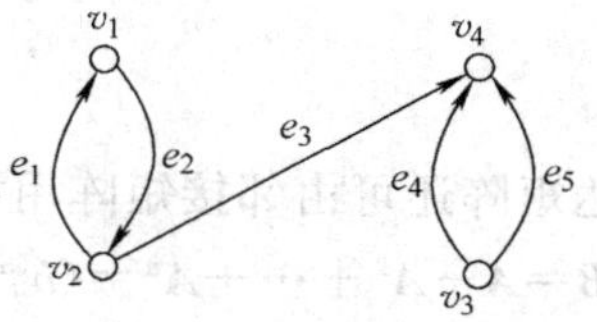

图　6-25

5. 求图 6-24、图 6-25 的邻接矩阵。

6.4　欧拉图与哈密尔顿图

6.4.1　欧拉图

18 世纪，普鲁士的哥尼斯堡(Königsberg)城中有一条普雷格尔(Pregel)河，河上架设的 7 座桥连接着两岸及河中的两个小岛(见图 6-26a)。

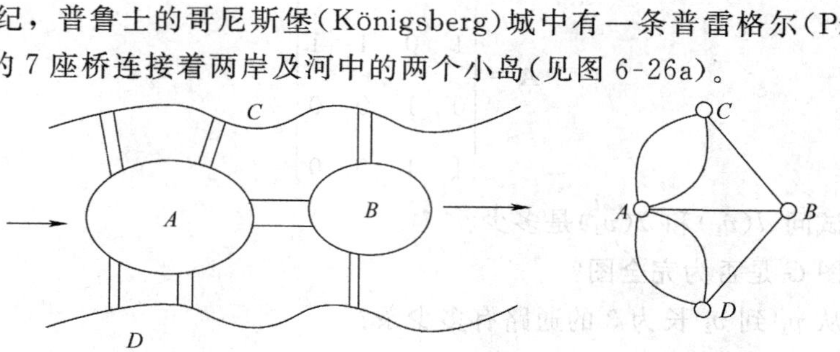

a)　　　　b)

图　6-26

城里的人们喜欢散步，更期望能通过每个桥一次且仅一次再回到出发地，但谁都没能成功。于是哥尼斯堡的人们将这个问题写信告诉了瑞士著名的数学家欧拉(L. Euler)。欧拉在 1736 年证明了这样的散步是不可能的。他用点代表岛和两岸的陆地，用线表示桥，得到该问题的数学模型如图 6-26b 所示，使“七桥问题”转化为图论问题。因此，后来的图论工作者将上述“七桥问题”作为图论的起点，并将欧拉作为图论的创始人。

定义 6-20　设无向图 $G=\langle V, E\rangle$ 是多重图，经过图 G 的所有边的闭链称为**欧拉回路**，存在欧拉回路的图称为**欧拉图**。若图 G 有一条经过图 G 的每条边的链，称其为**欧拉链**，并称该图为**半欧拉图**。

显然，欧拉图除孤立点外是连通的。因此，我们研究欧拉图仅讨论非平凡连通图。

例 6-12　图 6-27 中各图哪些是欧拉图？哪些是半欧拉图？

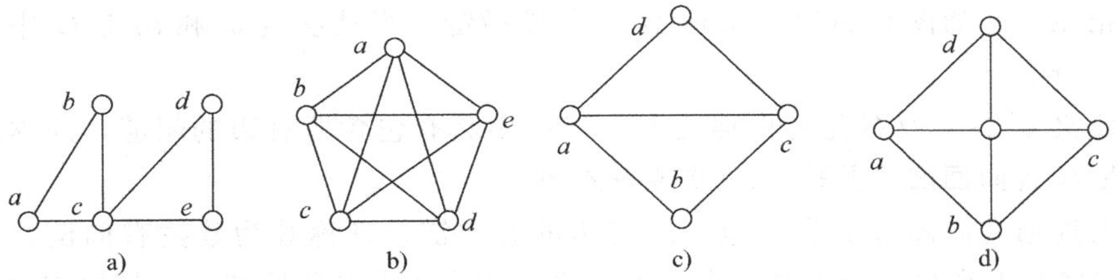

图　6-27

此例中，图 a，图 b 是欧拉图，图 c 是半欧拉图，图 d 中不存在欧拉链，更不存在欧拉回路。这是因为，图 a 中有欧拉回路($abcdeca$)。对于图 b、图 c 读者可作类似的研究。

从上面的例子，我们发现，凡是结点的度均是偶数的图，都是欧拉图，这是不是一般规律呢？回答是肯定的。

定理 6-6　无向连通图 $G=\langle V, E\rangle$ 是欧拉图，当且仅当图 G 中无奇点。

证明　若 G 是平凡图，则定理显然成立。因此我们下面讨论的都是非平凡图。

必要性。设图 G 有欧拉回路 $C=(v_0, v_1, \cdots, v_{k-1}, v_0)$，$v_0$ 是回路的起点和终点。图 G 的所有边都出现在 C 中，且每条边都只出现一次，但是结点 v_i 却可能不止一次出现在 C 中。研究图 G 中的结点 v_i。

若 $v_i \neq v_0$，则 v_i 出现在 C 中既不是起点，也不是终点，则 v_i 在 C 中出现一次，它就关联两条边，因此 $d(v_i)$等于结点 v_i 在 C 中出现的次数的 2 倍。

若 $v_i=v_0$，且 v_0 在除起点和终点外的 C 的中间出现 $k(k\geqslant 0)$次，则 $d(v_i)=2k+2$。因此，对 G 中任何结点 v_i，$d(v_i)$均为偶数。

充分性。因为图 G 是连通的，且每个结点均是偶数，则可按下列步骤构造一条欧拉回路。

(1) 从任一结点 v_0 开始，取一关联 v_0 的边 e_1 到 v_1。因为所有结点为偶点，所以可继续取关联 v_1 的边 e_2 到 v_2，…，关联 v_{i-1}的边 e_i 到 v_i，…，每条边均为前面没取过的，如此继续直到回到起点 v_0，得一回路 C_1：$v_0 e_1 v_1 e_2 v_2 \cdots e_i v_i e_{i+1} \cdots e_k v_0$。若 C_1 包含 G 中所有的边，则 C_1 就是 G 中的欧拉回路，即 G 为欧拉图，否则转(2)。

(2) 若 $G-C_1=G_1$ 的边集非空，G_1 中的每个结点均是偶点，又 G 连通，G_1 与 C_1 必有一结点 v_i 重合，在 G_1 中从 v_i 出发重复步骤(1)，又可得一回路 C_2：$v_i e'_1 u_1 e'_2 \cdots v_i$。若 $C_1 \cup C_2=G$，则 G 是欧拉图；欧拉回路为 $C_1 \cup C_2 = v_0 e_1 v_1 e_2 v_2 \cdots e_i v_i e'_1 u_1 e'_2 \cdots v_i e_{i+1} v_{i+1} \cdots e_k v_0$，否则转(3)。

(3) 重复步骤(2)，直到构造一条包含 G 的所有边的回路为止，此回路即为欧拉回路，因此，G 是欧拉图。

由此定理容易得到如下的推论。

推论 连通图 G 具有一条 v_i 到 v_j 的欧拉链，当且仅当 v_i 和 v_j 是 G 中仅有的两个奇点。

定义 6-21 设 G 是有向连通图，若 G 中具有包含所有边的闭链，则称该闭链为**欧拉有向回路**，并称 G 为**欧拉有向图**。

若连通有向图 G 具有一包含所有边的有向链，则称其为**欧拉有向链**，并称 G 为**半欧拉有向图**。由欧拉有向图的定义，连通的有向欧拉图一定是强连通的。

定理 6-7 一个连通的有向图 G 是欧拉图(具有欧拉回路)，当且仅当 G 的所有结点的入度等于出度。

推论 连通有向图 G 有一条 v_i 到 v_j 的欧拉链，当且仅当

(1) 存在 v_i，$v_j \in V(G)$使得 $d^+(v_i)=d^-(v_i)+1$，$d^+(v_j)+1=d^-(v_j)$。

(2) 而在 $V(G)-\{v_i, v_j\}$中的所有结点的入度等于其出度。

例 6-13 欧拉图和半欧拉图的一个典型的应用是一笔画的判定，即用笔连续移动(笔不离纸，也不重复)将一个图描绘出来，这实质上就是判断图形是否存在欧拉链或欧拉回路的问题。如图 6-28 所示，图 a、b 都可一笔画，因为它们是欧拉图，而 C 不能一笔画。图 6-29 中 a、b 都可一笔画，因为图 a 是欧拉图，图 b 是半欧拉图，而图 c 不能一笔画。

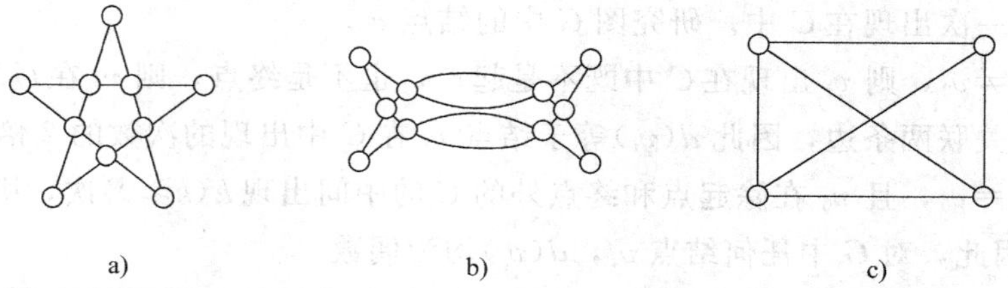

图 6-28

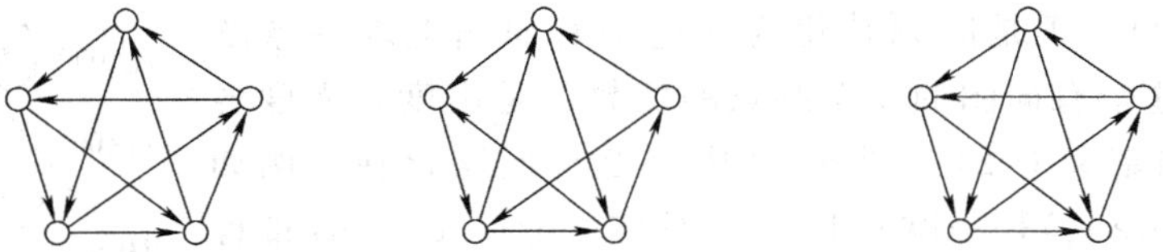

a)　　　b)　　　c)

图　6-29

例 6-14　图 6-30a 表示的是一个展览馆的平面图。馆里各相邻房间之间都有门(共 16 扇)。一个参观者来到展览馆门外，他想在参观过程中，把馆里所有的门都不重复地穿行一遍后出来，这个想法能否实现？

首先建立该问题的图论模型。将展览馆的 5 个房间和馆外场地用 6 个结点表示，两个端点之间的边表示它们所在位置之间有一扇门，则得到如图 6-30b 所示的图。

于是，判断能否不重复地穿过展览馆的每扇门一次的问题就转化为图 b 是否是欧拉图的问题。由图 6-30b 可以看出，图中有 4 个奇点 A，B，D，F，由定理 6-6 知，图 b 不是欧拉图，即参观者的想法不能实现。

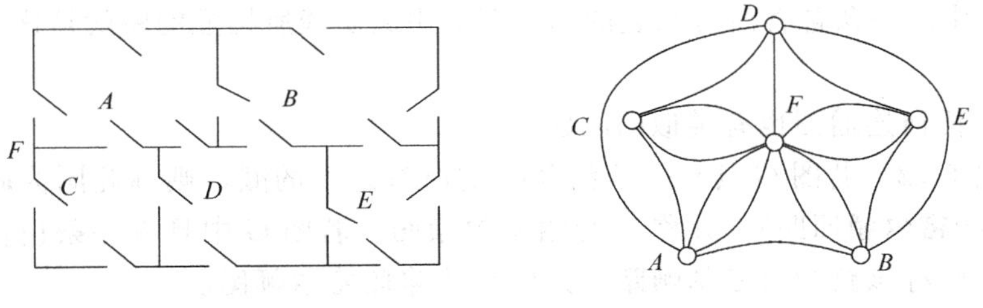

a)　　　b)

图　6-30

例 6-15　计算机鼓轮设计——**布鲁英**(De Bruijn)序列，旋转鼓轮的表面分成 8 个扇面，如图 6-31 所示。

图 6-31 中阴影区表示用导体材料制成。空白区用绝缘材料制成，触点 a，b 和 c 与扇面接触时接触导体输出 1，接触绝缘体输出 0。鼓轮按逆时针旋转，触点每转一个扇区就输出一个二进制信号。问鼓轮上的 8 个扇区应如何安排导体或绝缘体，使鼓轮旋转一周，触点输出一组不同的二进制信号？

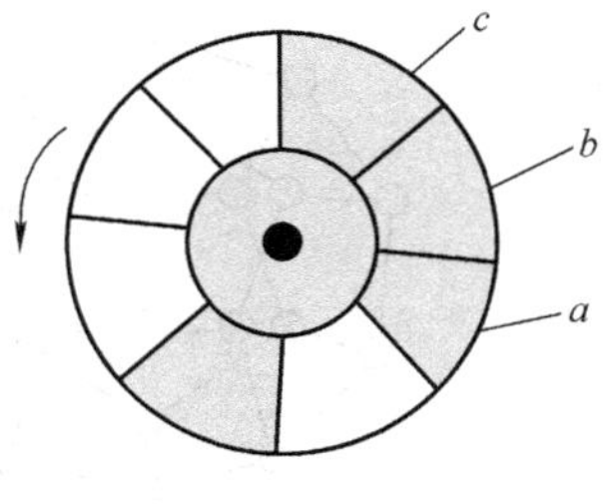

图　6-31

每转一个扇区，信号 $a_1a_2a_3$ 变成 $a_2a_3a_4$，前者右两位决定了后者左两位。因此，我们把所有两位二进制数作结点，从每一个结点 a_1a_2 到 a_2a_3 引一条有向边表示 $a_1a_2a_3$ 这三位二进制数，作出表示所有可能数码变换的有向图

(见图 6-32)。于是问题转化为在这个有向图上求一条欧拉回路，这个有向图的 4 个结点的度数都是出度、入度各为 2，根据定义 6-21，图 6-32 中有欧拉回路存在，例如 $(e_0e_1e_2e_5e_3e_7e_6e_4)$是一欧拉回路，对应于这一回路的布鲁英序列是 00010111，因此材料应按此序列分布。

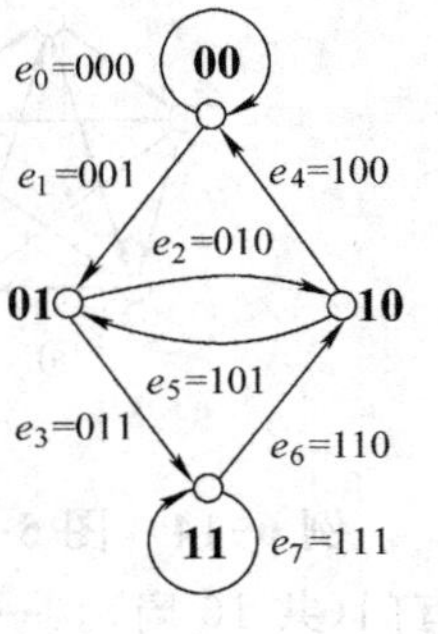

图　6-32

用类似的论证，我们可以证明，存在一个 2^n 个二进制的循环序列，其中 2^n 个由 n 位二进制数组成的子序列都互不相同。例如 16 个二进制数的布鲁英序列是 0000101001101111。

6.4.2　哈密尔顿图

爱尔兰数学家哈密尔顿(William Hamilton)爵士 1859 年提出了一个“周游世界”的游戏。这个游戏把一个正十二面体的 20 个顶点看成地球上的 20 个城市。棱线看成是连接城市的航路(航海线或陆路交通线)，要求游戏者沿棱线走，寻找一条经过所有结点(即城市)一次且仅一次的回路，如图 6-33a 所示，也就是在图 6-33b 中找一条包含所有结点的圈。图 b 中的实线所构成的圈就是这个问题的回答。

对于任何连通图也有类似的问题。

定义 6-22　若图 G 具有一条包含 G 的所有结点的圈，则称此圈为**哈密尔顿圈(或称哈密尔顿回路)**，并称 G 为**哈密尔顿图**。若图 G 中具有一条包含所有结点的路，则称该路为**哈密尔顿路**，并称 G 为**半哈密尔顿图**。

由定义可知哈密尔顿圈与哈密尔顿路通过图 G 中的每个结点一次且仅一次，例如图 6-33b 就是哈密尔顿图(哈密尔顿圈用实线标出)。

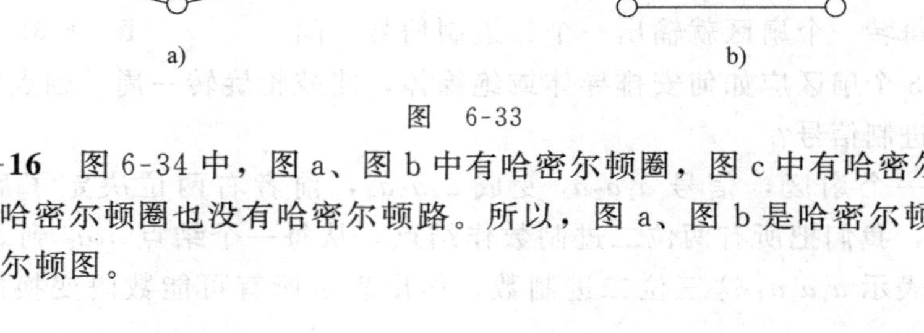

a)　　b)

图　6-33

例 6-16　图 6-34 中，图 a、图 b 中有哈密尔顿圈，图 c 中有哈密尔顿路，d 中既没有哈密尔顿圈也没有哈密尔顿路。所以，图 a、图 b 是哈密尔顿图，图 c 是半哈密尔顿图。

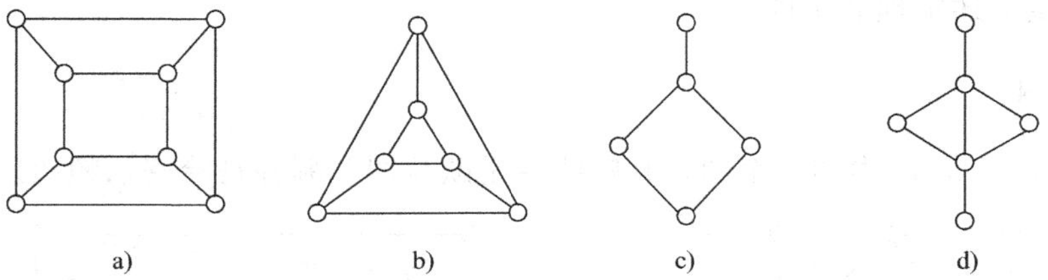

图 6-34

对于哈密尔顿图的判定不像欧拉图那样有好的充分必要条件。下面给出哈密尔顿图的必要条件。

定理 6-8 若 G 是哈密尔顿图，则对于结点集 $V(G)$ 的任一非空真子集 $S \subset V(G)$ 有

$$\omega(G-S) \leqslant |S|$$

哈密尔顿图的必要条件可用来判定某些图不是哈密尔顿图。

例 6-17 证明：图 6-35a 不是哈密尔顿图。

证明 图 6-35a 中共有 9 个结点，如果取结点集 $S=\{3$ 个黑点$\}$，即 $|S|=3$。而这时 $\omega(G-S)=4$(见图 b)。这说明图 6-35a 不是哈密尔顿图。但要注意若一个图满足定理 6-8 的条件也不能保证这个图一定是哈密尔顿图，如图 6-35c。

下面再来介绍几个哈密尔顿图的充分条件。

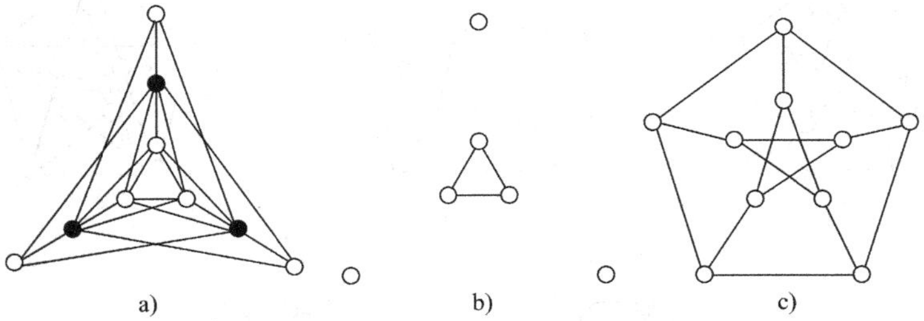

图 6-35

定理 6-9 设 G 是具有 $n(\geqslant 3)$ 个结点的无向简单图，若对于任意一个结点 u 都有 $d(u) \geqslant n/2$，则 G 是哈密尔顿图。

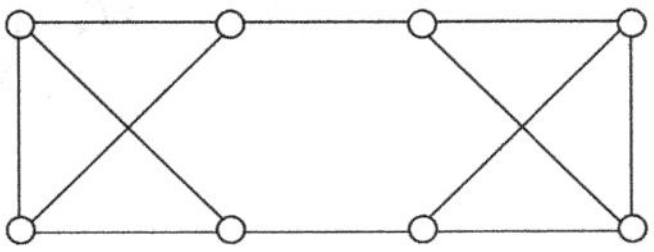

图 6-36

定理 6-10 若 G 是具有 $n(\geqslant 3)$ 个结点的无向简单图，对于 G 中每一对不相邻的结点 u，v 均有 $d(u)+d(v) \geqslant n$，则 G 是一个哈密尔顿图。

定理 6-9 和定理 6-10 都是充分条件，即满足这些条件的图一定是哈密尔顿图。但不是所有的哈密尔顿图都满足这些条件。例如图 6-36 是哈密尔顿图，但

它不满足上述定理的条件。

习题 6.4

1. 对图 6-37 中的 4 个图，判断哪些是欧拉图，哪些是哈密尔顿图。

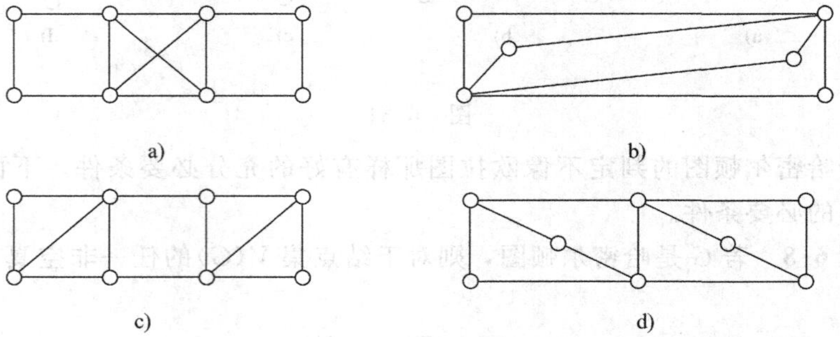

图 6-37

2. n 为何值时，无向完全图 K_n 是欧拉图？n 为何值时 K_n 仅存在欧拉链而不存在欧拉回路？

3. 在如图 6-38 所示的图中，哪些图中有哈密尔顿圈，哪些图中有哈密尔顿路？

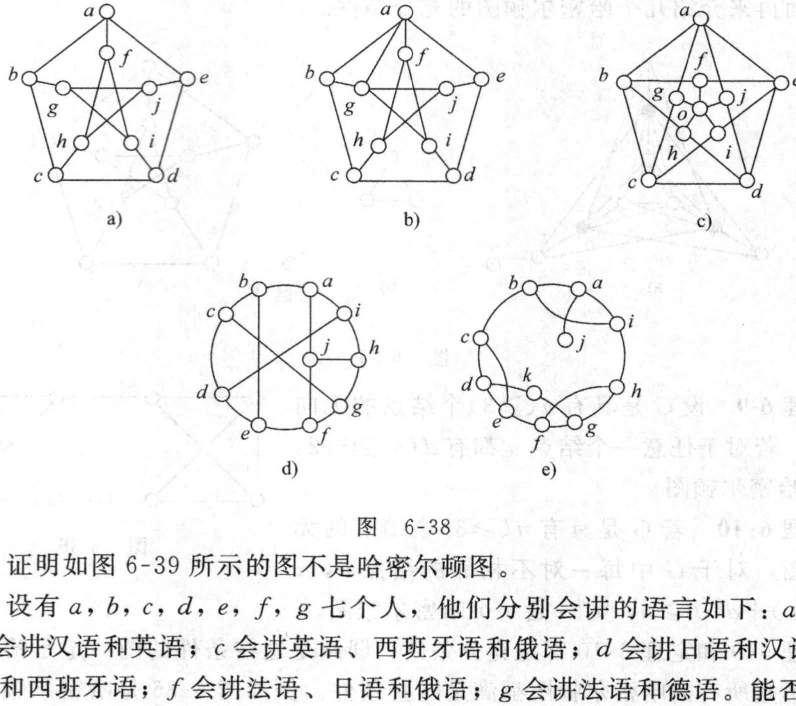

图 6-38

4. 证明如图 6-39 所示的图不是哈密尔顿图。

5. 设有 a，b，c，d，e，f，g 七个人，他们分别会讲的语言如下：a 会讲英语；b 会讲汉语和英语；c 会讲英语、西班牙语和俄语；d 会讲日语和汉语；e 会讲德语和西班牙语；f 会讲法语、日语和俄语；g 会讲法语和德语。能否将这七

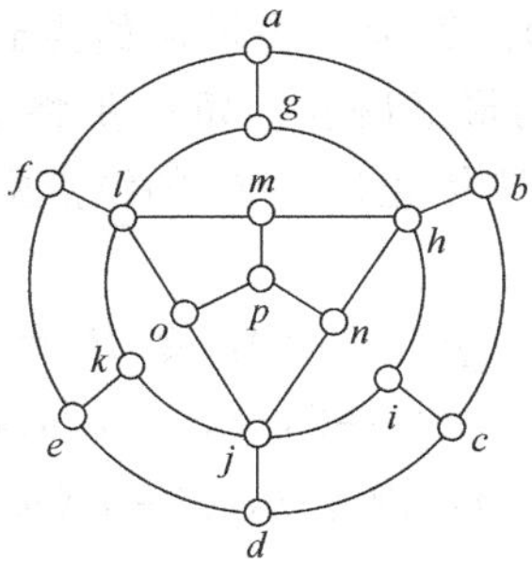

图　6-39

个人的座位安排在圆桌旁，使得每个人均能与他身边的人交谈？

6.5　图论的应用

前面研究了图论的基本概念和基本理论，下面将讨论这些理论的一些重要应用：最短路问题，中国邮递员问题，旅行售货员问题，这里先讨论最短路问题。

6.5.1　最短路问题

定义 6-23　对于图 G 的每条边 e 都对应一个实数 $w(e)$，称 $w(e)$ 为边 e 上的**权**。G 连同在它边上的权称为**带权图**（又称**网络**），带权图常记作 $G=<V, E, W>$，其中 $W=\{w(e)\mid e\in E\}$。若 e 的端点是 u，v，则常用 $w(u, v)$ 表示边 e 的权。

定义 6-24　设 H 是带权图 $G=<V, E, W>$ 的一个子图，H 的每条边的权之和称为 H 的权。若 H 是一条路 P，则称其权为路 P 的**长**。

在带权图中给定了结点 u 及结点 v。若 u，v 连通，则 u(称为**始点**)到 v(称为**终点**)可能有若干条路，这些路中一定有一条长最小的路，这样的路称为从 u 到 v 的**最短路**。最短路的长也称 u 到 v 的**距离**，记作 $d(u, v)$。求给定两个结点之间最短路的问题称为**最短路问题**。要注意的是，我们这里所说的长具有广泛意义，既可指普通意义的距离，也可以是时间或费用等。

下面介绍求从一个始点 v_1 到各点 $v_k(2\leqslant k\leqslant n)$ 的最短路的算法。

在下面的讨论中，假定边 (v_i, v_j) 的权 $w_{ij}\geqslant 0$，如果结点 v_i 与 v_j 不邻接，则令 $w_{ij}=+\infty$(在实际计算中可用任一足够大的数代替)，并对图中每个结点令 $w_{ii}=0$。到目前为止，公认的求最短路的较好的算法是由迪克斯特拉(E. W. Dijkstra，荷兰计算机科学家，1930—2002)1959 年提出的标号法。

算法的基本思想是：先给带权图 G 的每一个结点一个**临时标号**(简称 T 标

号)或**固定标号**(简称 P 标号)。T 标号表示从始点到这一点的最短路长的上界；P 标号则是从始点到这一点的最短路长。每一步将某个结点的 T 标号改变为 P 标号，则最多经过 $n-1$ 步算法停止(n 为 G 的结点数)。

最短路的 Dijkstra 算法：

(1) 给始点 v_1 标上 P 标号 $p(v_1)=0$，令 $P_0=\{v_1\}$，$T_0=V-\{v_1\}$，给 T_0 中各结点标上 T 标号 $t_0(v_j)=w_{1j}(j=2, 3, \cdots, n)$，令 $r=0$，转(2)。

(2) 若 $\min\limits_{v_j\in T_r}\{t_r(v_j)\}=t_r(v_k)$，则令 $p(v_k)=t_r(v_k)$，$P_{r+1}=P_r\cup\{v_k\}$，$T_{r+1}=T_r-\{v_k\}$。若 $T_{r+1}=\varnothing$则结束，否则转(3)。

(3) 修改 T_{r+1} 中各结点 v_j 的 T 标号：$T_{r+1}(v_j)=\min\{t_r(v_j), t_r(v_k)+w_{kj}\}$，

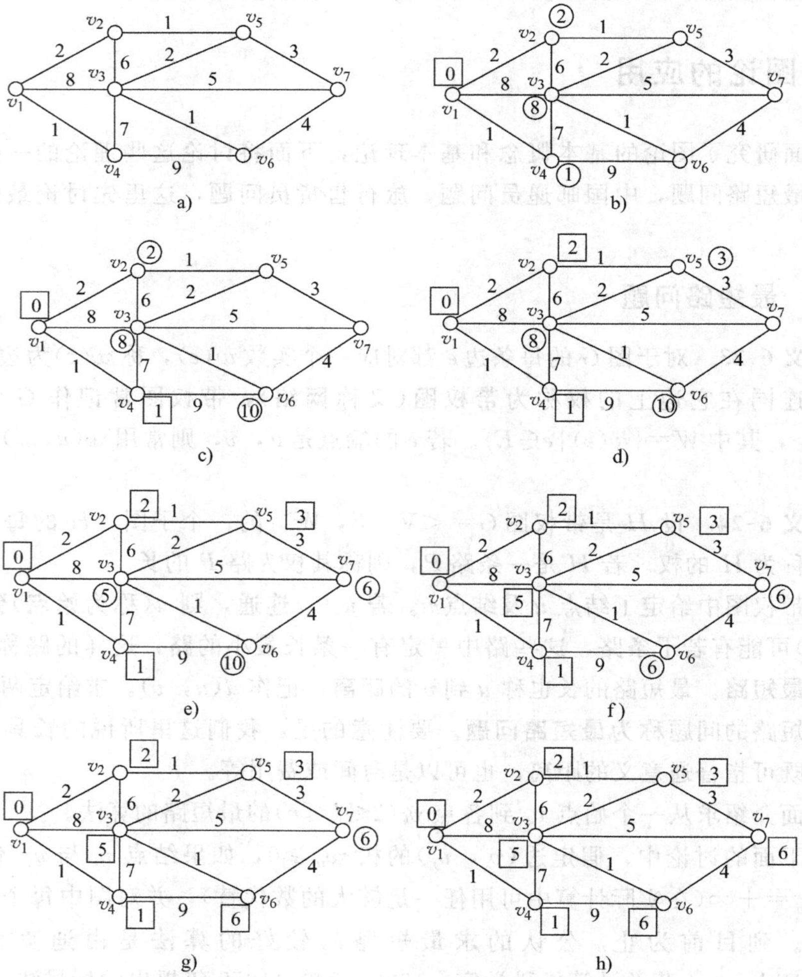

图 6-40

$=r+1$，转(2)。

例 6-18 求图 6-40a 中结点 v_1 到 v_7 的最短路。

解 在图 b 中用方框表示 P 标号，用圆框表示 T 标号，凡图中无标号的点即该点的标号为 $+\infty$（下同）。

(1) $p(v_1)=0$，$P_0=\{v_1\}$，$T_0=\{v_2, v_3, v_4, v_5, v_6, v_7\}$，$T_0$ 中各元素的 T 标号为 $t_0(v_2)=2$，…，如图 6-40b 所示。

(2) $\min\limits_{v_j\in T_0}\{t_0(v_j)\}=t_0(v_4)$，将 v_4 的标号 1 改为 P 标号，且 $P_1=P_0\cup\{v_4\}=\{v_1, v_4\}$，$T_1=\{v_2, v_3, v_5, v_6, v_7\}$，修改 T_1 各结点的 T 标号为

$$t_1(v_2)=\min\{t_0(v_2),\ t_0(v_4)+w_{42}\}=\min\{2,\ 1+\infty\}=2$$

$$t_1(v_3)=\min\{t_0(v_3),\ t_0(v_4)+w_{43}\}=\min\{8,\ 1+7\}=8$$

$$t_1(v_6)=\min\{t_0(v_6),\ t_0(v_4)+w_{46}\}=\min\{+\infty,\ 1+9\}=10$$

$$t_1(v_5)=\min\{+\infty,\ 1+\infty\}=+\infty$$

$$t_1(v_7)=t_0(v_7)=+\infty$$

如图 6-40c 所示，依次类推可得各结点的 P 标号，标号过程如图 6-40b ~ h，由图 h 可知 v_1 到 v_7 的距离为 6，v_1 到 v_7 的最短路为 $v_1v_2v_5v_7$。

6.5.2 中国邮递员问题

1962 年，我国的管梅谷首先提出并研究了如下的问题：邮递员从邮局出发经过他投递的每一条街道，然后返回邮局，邮递员希望找出一条行走距离最短的路线。这个问题被外国人称为中国邮递员问题。

我们把邮递员的投递区域看做一个连通的带权无向图 G，其中 G 的顶点看做街道的交叉口和端点，街道看做边，权看做街道的长度，解决中国邮递员问题，就是在连通带权无向图中，寻找经过每边至少一次且权和最小的回路。

如果对应的图 G 是欧拉图，那么从对应于邮局的顶点出发的任何一条欧拉回路都是符合上述要求的邮递员的最优投递路线。

如果图 G 只有两个奇点 x 和 y，则存在一条以 x 和 y 为端点的欧拉链，因此，由这条欧拉链加 x 到 y 最短路即是所求的最优投递路线。

如果连通图 G 不是欧拉图也不是半欧拉图，由于图 G 有偶数个奇点，对于任两个奇点 x 和 y，在 G 中必有一条路连接它们。将这条路上的每条边改为二重边得到新图 H_1，则 x 和 y 就变为 H_1 的偶点，在这条路上的其他顶点的度数均增加 2，即奇偶数不变，于是 H_1 的奇点个数比 G 的奇点个数少 2。对 H_1 重复上述过程得 H_2，再对 H_2 重复上述过程得 H_3，…，经若干次后，可将 G 中所有顶点变成偶点，从而得到多重欧拉图 G'（在 G' 中，若某两点 u 和 v 之间连接的边数多于 2，则可去掉其中的偶数条多重边，最后剩下连接 u 与 v 的边仅有 1 或 2 条边，

或 2 条边，这样得到的图 G'' 仍是欧拉图）。这个欧拉图 G'' 的一条欧拉回路就相应于中国邮递员问题的一个可行解，且欧拉回路的长度等于 G 的所有边的长度加上由 G 到 G'' 所添加的边的长度之和。但怎样才能使这样的欧拉回路的长度最短呢？如此得到的图 G'' 中最短的欧拉回路称为图 G 的**最优环游**。

定理 6-11 设 P 是加权连通图 G 中一条包含 G 的所有边至少一次的闭链，则 P 最优（即具有最小长度）的充要条件是

(1) P 中没有二重以上的边。

(2) 在 G 的每个圈 C 中，重复边集 E 的长度之和不超过这个圈的长度的一半，即 $w(E)\leqslant\frac{1}{2}w(C)$。

根据上面的讨论及定理 6-11，我们可以设计出求非欧拉带权连通图 G 的最优环游的算法。此算法称为最优环游的**奇偶点图上作业法**。

(1) 把 G 中所有奇点配成对，将每对奇点之间的一条路上的每边改为二重边，得到一个新图 G_1，新图 G_1 中没有奇点，即 G_1 为多重欧拉图。

(2) 若 G_1 中每一对顶点之间有多于 2 条边连接，则去掉其中的偶数条边，留下 1 条或 2 条边连接这两个顶点。直到每一对相邻顶点至多由 2 条边连接，得到图 G_2。

(3) 检查 G_2 的每一个圈 C，若某一个圈 C 上重复边的权和超过此圈权和的一半，则将 C 中的重复边改为不重复，而将单边改为重复边。重复这一过程，直到对 G_2 的所有圈，其重复边的权和不超此圈权和的一半，得到图 G_3。

(4)求 G_3 的欧拉回路。

例 6-19 求如图 6-41 所示图 G 的最优环游。

解 图 G 中有 6 个奇点 v_2，v_4，v_5，v_7，v_9，v_{10}，把它们配成三对：v_2 与 v_5，v_4 与 v_7，v_9 与 v_{10}。在图 G 中，取一条连接 v_2 与 v_5 的路 $v_2v_3v_4v_5$，把边(v_2, v_3)，(v_3, v_4)，(v_4, v_5)作为重复边加入图中；再取 v_4 与 v_7 之间一条路 $v_4v_5v_6v_7$，把边(v_4, v_5)，(v_5, v_6)，(v_6, v_7)作为重复边加入图中，在 v_9 和 v_{10} 之间加一条重复边(v_9, v_{10})，如图 6-42 所示，这个图没有奇点，是一个欧拉图。

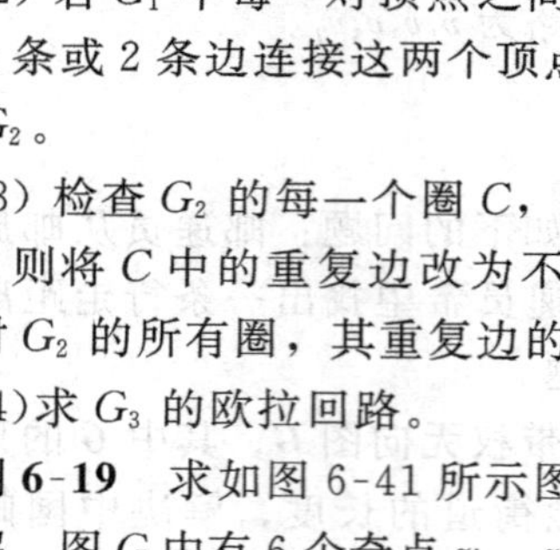

图 6-41

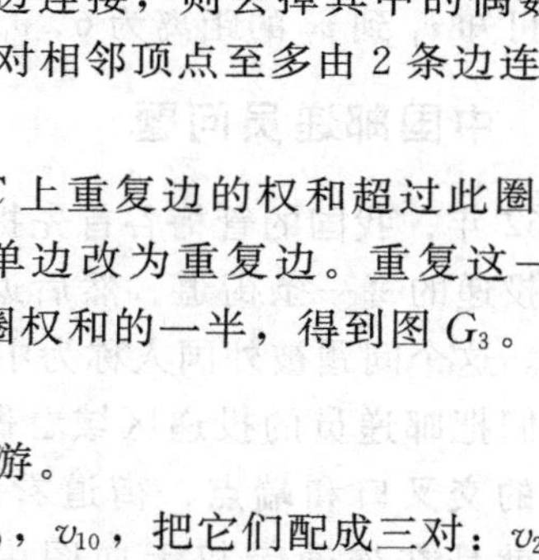

图 6-42

在图 6-42 中，顶点 v_4 与 v_5 之间有三条重边，去掉其中两条，得图 6-43 所示的图，该图仍是一个欧拉图。

如图 6-43 中，圈 $v_2v_3v_4v_{11}v_2$ 的总权为 24，而圈上重复边的权和为 14，大于该圈总权的一半，于是去掉边(v_2, v_3)和(v_3, v_4)上的重复边，而在边(v_2, v_{11})和(v_4, v_{11})上加入重复边，此时重复边的权和为 10，小于该圈总权的一半。同理，圈$v_5v_6v_7v_{12}v_5$ 的总权为 25，而重复边权和为 15，于是去掉边(v_5, v_6)和(v_6, v_7)上的重复边，在边(v_5, v_{12})和(v_7, v_{12})上加重复边，如图 6-44 所示。

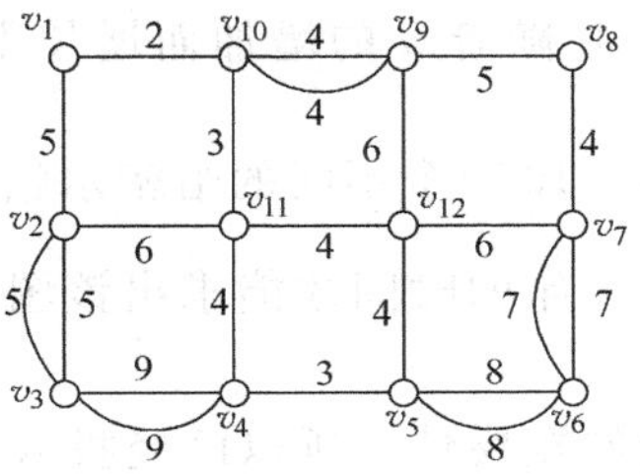

图　6-43

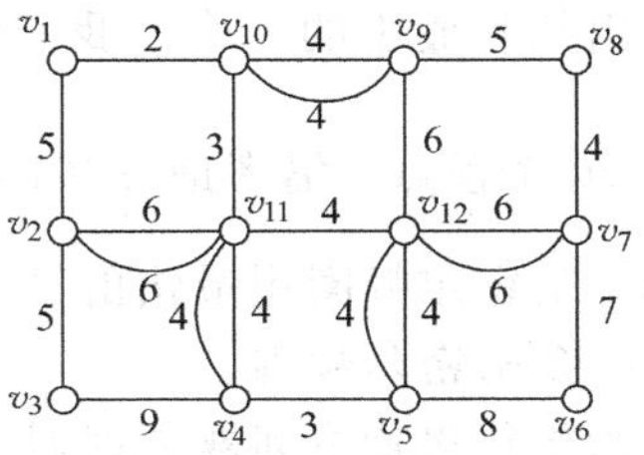

图　6-44

图 6-44 中，圈 $v_4v_5\ v_{12}v_{11}v_4$ 的总权为 15，而重复边的权和为 8，从而调整为图 6-45 所示。

图 6-45 中，圈 $v_1v_2v_{11}v_{12}v_7\ v_8v_9v_{10}v_1$ 的总权为 36，而重复边的总权为 20，继续调整为图 6-46 所示。

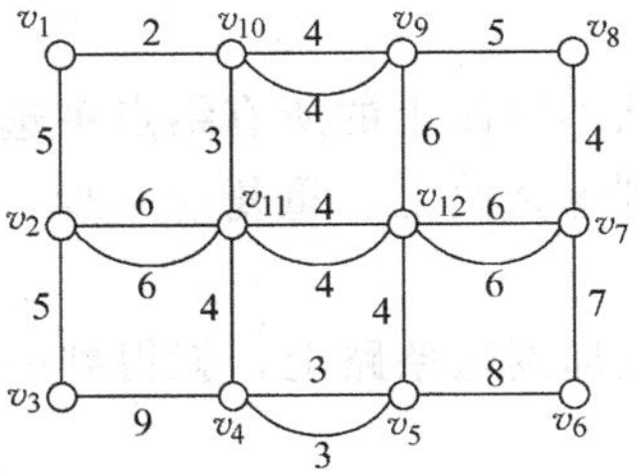

图　6-45

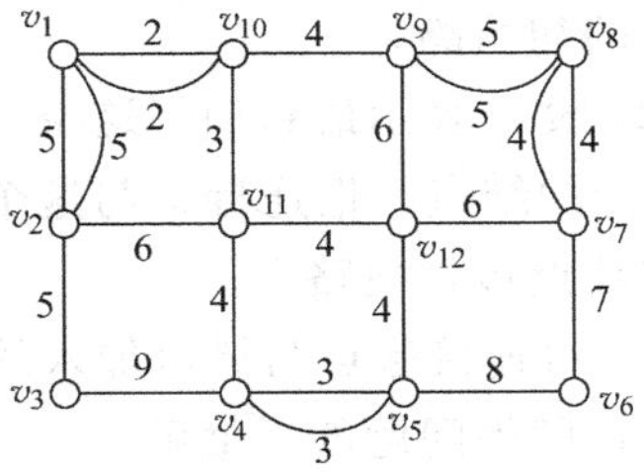

图　6-46

检查图 6-46，可知定理 6-11 的(1)和(2)均满足，故为最优方案，接着给出图 6-46 所示图的欧拉回路，即为图 G 的最优环游。

由上例可知，对于比较大的图，要考查每个圈上重复边权和不大于该圈总权和的一半，确定每个圈的时间复杂性太大。1973 年 Edmonds 和 Johnson 给出了一个更有效算法。

6.5.3　旅行售货员问题

旅行售货员问题是在加权完全无向图中，求经过每个顶点恰好一次的(边)

权和最小的哈密尔顿圈，又称之为**最优哈密尔顿圈**。如果我们将加权图中的结点看做城市，加权边看做距离，旅行售货员问题就成为找出一条最短路线，使得旅行售货员从某个城市出发，遍历每个城市一次，最后再回到出发的城市。

若选定出发点，对 n 个城市进行排列，因第二个顶点有 $n-1$ 种选择，第三个顶点有 $n-2$ 种选择，依次类推，共有 $(n-1)!$ 个哈密尔顿圈。考虑到一个哈密尔顿圈可以用正反两个方向来遍历，因而只需检查 $\frac{1}{2}(n-1)!$ 个哈密尔顿圈，从中找出权和最小的一个。我们知道 $\frac{1}{2}(n-1)!$ 随着 n 的增加而增长得极快，比如有 20 个顶点，需考虑 $\frac{1}{2}\times 19!$（约为 6.08×10^{16}）个不同的哈密尔顿圈。要检查每个哈密尔顿圈用最快的计算机也需大约 1 年的时间才能求出该图中长度最短的一条哈密尔顿圈。

因为旅行售货员问题同时具有理论和实践的重要性，所以已经投入了巨大的努力来设计解决它的有效算法。目前还没有找到一个有效算法。

当有许多需要访问的顶点时，解决旅行售货员问题的实际方法是使用近似算法。

下面介绍简便的“最邻近方法”，给出旅行售货员问题的近似解。

最邻近方法的步骤如下：

(1) 由任意选择的结点开始，找出与该结点最靠近(即权最小)的点，形成有一条边的初始路。

(2) 设 x 表示最新加到这条路上的结点，从不在路上的所有结点中选一个与 x 最靠近的结点，把连接 x 与这个结点的边加到这条路上。重复这一步，直到图中所有结点包含在路上。

(3) 将连接起点与最后加入的结点之间的边加到这条路上，就得到一个哈密尔顿圈，即得问题的近似解。

例 6-20 用“最邻近方法”找出如图 6-47 所示加权完全图中具有充分小权的哈密尔顿圈。

解 $ADCBEFA$ 的权和为 55，$BCADEFB$ 的权和为 53，$CBADEFC$ 的权和为 42，$DABCFED$ 的权和为 42，$EADCBFE$ 的权和为 51，$FCBADEF$ 的权和为 42。

由上例可知，所选取的哈密尔顿圈不同，其近似解也不同，而“最邻近插入法”对上述方法可以进行改进，从而产生一个较好的结果。

该方法在每次迭代中都构成一个闭的旅行路线。它是由多个阶段形成的一个个旅程，逐步建立起来的，每一次比上一次多一个顶点，即是说，下一个旅程比上一个旅程多一个顶点，求解时，在已建立旅程以外的顶点中，寻找最邻近于旅程中某个顶点的顶点，然后将其插入该旅程中，并使增加的距离尽可能小，当全部顶点收入这个旅程后，就找到了我们所求的最短哈密尔顿圈的近似解。

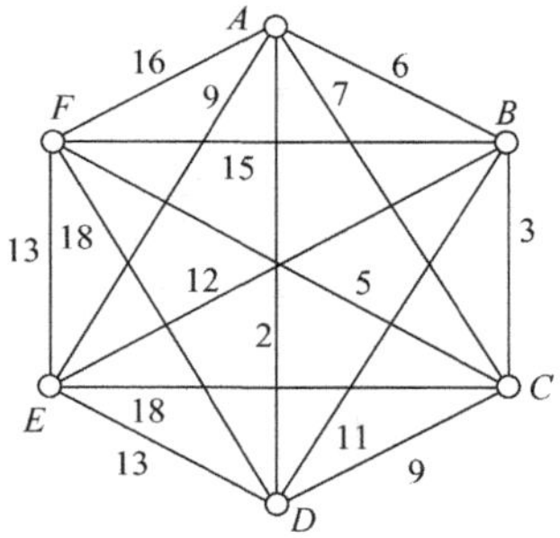

图　6-47

最邻近插入法的步骤如下(图中有 n 个结点)：

(1) 任取图中一点 v_1，作闭回路 v_1v_1，置 $k=1$。

(2) 若 $k=n$，则输出闭回路，结束；否则转(3)。

(3) 在已有闭回路 $C_k=v_1v_2\cdots v_kv_1$ 之外的结点 $V-\{v_1, v_2, \cdots, v_k\}$ 中，选取与闭回路 C_k 最邻近的点 u。

(4)将 u 插入闭回路 C_k 的不同位置可得 k 条不同的闭回路，从这 k 条闭回路选取一条长度最小的作为新的闭回路。$k=k+1$，转(2)。

例 6-21　用“最邻近插入法”找出如图 6-47 所示加权完全图中具有充分小权的哈密尔顿圈。

解　(1)开始于顶点 A，组成闭旅程 AA。

(2)最邻近 A 的顶点为 D，建立闭旅程 ADA。

(3)顶点 B 最邻近顶点 A，建立闭旅程 $ADBA$。

(4)由于 C 最邻近 B，将 C 插入，分别得到三个闭旅程 $ACDBA$、$ADCBA$、$ADBCA$，其长度依次为 33、20、23，选取长度最短的旅程 $ADCBA$。

(5)距旅程 $ADCBA$ 中顶点最邻近顶点为 F，将 F 插入，分别得到四个闭旅程 $AFDCBA$、$ADFCBA$、$ADCFBA$、$ADCBFA$，其长度依次为 52、34、37、45，选取长度最短的旅程 $ADFCBA$。

(6)把顶点 E 插入旅程 $ADFCBA$ 中，得到五个闭旅程 $AEDFCBA$、$ADEFCBA$、$ADFECBA$、$ADFCEBA$、$ADFCBEA$，其长度依次为 54、42、60、61、49。显然，长度最短的旅程 $ADEFCBA$ 即为我们要求的最短哈密尔顿圈的近似解。

习题 6.5

1. 求图 6-48 中从 v_1 到 v_8 的各条道路中，哪一条总长度(各弧长度之和)最短？

2. 求图 6-49 的带权图中最优投递路线，邮局在 D 点。

3. 分别用最邻近算法和最邻近插入法求表示图 6-50 中的最短哈密尔顿回路。

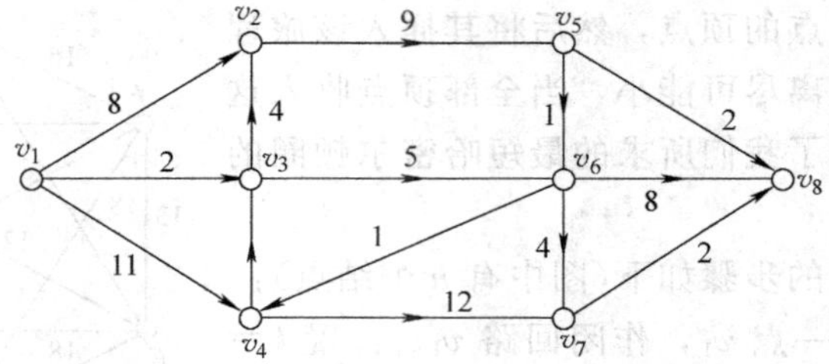

图 6-48

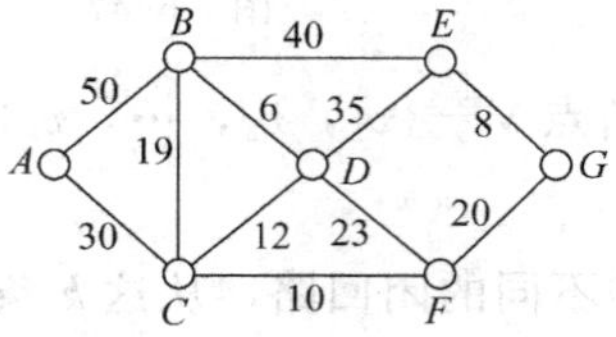

图 6-49

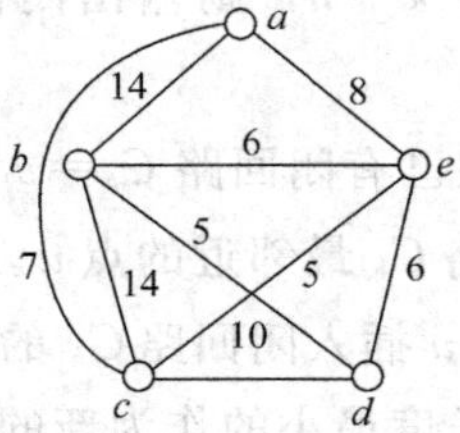

图 6-50

6.6 例题解析

例 6-22 设图 G 中有 9 个结点，每个结点的度不是 5 就是 6。试证明：G 中至少有 5 个 6 度结点或至少有 6 个 5 度结点。

证明 由握手定理的推论可知，G 中 5 度结点只能是 0，2，4，6，8 五种情况(此时 6 度结点分别为 9，7，5，3，1 个)。以上五种情况都满足至少 5 个 6 度结点或至少有 6 个 5 度结点。

例 6-23 若有 n 个人，每个人恰有 3 个朋友，则 n 必为偶数。

证明 用 n 个结点 v_1，v_2，…，v_n 代表 n 个人，两个朋友对应的结点之间连边，则得到一个 3 次正则图 G，该题可以转化为 3 次正则图必有偶数个结点。由于所有结点度数和为 $\sum\deg(v_i)=3n$，而 $\sum\deg(v_i)$ 为偶数，所以 $3n$ 为偶数，则 n 为偶数。

例 6-24 证明：若无向图 G 是不连通的，则 G 的补图 $\overline{G}$ 是连通的。

证明 因为无向图 G 不连通，则可设 $G=<V，E>$至少有两个连通分支，并设其中一个连通分支为 $G_1=<V_1，E_1>$，且 V_1，$V_2(=V-V_1)$都非空。现在证明任意两点 u，$v\in V$ 在 $\overline{G}$ 中都是连通的。

(1)若 u，v 分属不同结点子集，不妨设 $u\in V_1$，$v\in V_2$，由假设在 G 中显然结点 u，v 是不连通的，所以在$\overline{G}$中 u，v 有边连接，即在$\overline{G}$中 u，v 连通。

(2)若 u，v 属于同一结点子集，不妨设 u，$v\in V_1$，取 $w\in V_2$(因 V_2 非空)，

则在$\overline{G}$中有路 uwv，即在$\overline{G}$中 u，v 连通。

由此可知，无论是(1)或(2)都有 G 的补图$\overline{G}$是连通的，所以对于任意不连通的图 G，其补图都是连通的。

例 6-25　如果一个简单图 G 与它的补图 $\overline{G}$ 同构，则称 G 是**自补图**。证明：若 n 阶无向简单图是自补图，则 $n\equiv 0$，$1(\mathrm{mod}4)$，即 $n=4k$ 或 $n=4k+1$(k 为正整数)。

证明　若 n 阶无向简单图是自补图，则因 $G\cong\overline{G}$，而 G 与$\overline{G}$的边数相同，设它们的边数为 m。又因为 G 与$\overline{G}$的边数之和为 K_n 的边数$\dfrac{n(n-1)}{2}$，所以$\dfrac{n(n-1)}{2}=2m$，即 $n(n-1)=4m$，因此 $n=4k$ 或 $n=4k+1$(k 为正整数)。

例 6-26　设 G 为有 n 个结点的简单图，且$|E|>(n-1)(n-2)/2$，证明 G 是连通图。

证明　假设 $G=<V, E>$不连通，不妨设 G 可分为两个连通分支 G_1，G_2，设 G_1，G_2 分别有 n_1，n_2 个结点，所以有 $n_1+n_2=n$。由于 $n_i\geqslant 1(i=1, 2)$，则有 $n_i\leqslant n-1(i=1, 2)$，从而

$$|E|\leqslant\frac{n_1(n_1-1)}{2}+\frac{n_2(n_2-1)}{2}\leqslant\frac{(n-1)(n_1+n_2-2)}{2}=\frac{(n-1)(n-2)}{2}$$

这与假设矛盾。所以 G 是连通图。

例 6-27　对于如图 6-51 所示的有向图 $D=<V, E>$中，请计算下列问题：

(1)D 中 v_1 到 v_4 长度为 1 的通路有几条？

(2)长度为 2 的通路有几条？

(3)长度为 3 的通路有几条？

(4)长度为 4 的通路有几条？

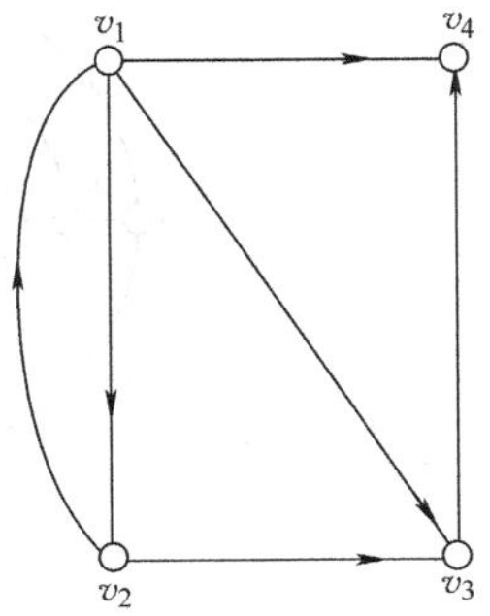

图　6-51

解　图的邻接矩阵为

$$\mathbf{A}=\begin{pmatrix}0&1&1&1\\1&0&1&0\\0&0&0&1\\0&0&0&0\end{pmatrix}$$

由 $a_{14}^{(1)}=1$，可知 v_1 到 v_4 长度为 1 的通路为 1 条。计算 $\mathbf{A}^2$ 得

$$\mathbf{A}^2=\begin{pmatrix}1&0&1&1\\0&1&1&2\\0&0&0&0\\0&0&0&0\end{pmatrix}$$

由 $a_{14}^{(2)}=1$，可知 v_1 到 v_4 长度为 2 的通路为 1 条。计算 $\mathbf{A}^3$ 得

$$A^3=\begin{pmatrix}0&1&1&2\\1&0&1&1\\0&0&0&0\\0&0&0&0\end{pmatrix}$$

由 $a_{14}^{(3)}=2$，可知 v_1 到 v_4 长度为 3 的通路为 2 条。计算 A^4 得

$$A^4=\begin{pmatrix}1&0&1&1\\0&1&1&2\\0&0&0&0\\0&0&0&0\end{pmatrix}$$

由 $a_{14}^{(4)}=1$，可知 v_1 到 v_4 长度为 4 的通路为 1 条。

例 6-28 问图 6-52 中的两个图，各需要几笔画出（笔不离纸，每条边均不能重复画）？

解 在图 a 中有 8 个奇数度结点，则图 a 中存在 4 条边不重合的链，它们含有图中的全部边。因此，图 a 可 4 笔画出，如 *aei*，*kgc*，*badcbfjilkj*，*dhefghl* 四条链包含了图 a 中的全部边。图 b 中有 4 个奇数度结点，因此图 b 中存在两条边不重合的链，它们含有图 b 中的全部边。如 *eabiadhg*，*fgcjdcbfeh* 两条边不重合的链包含图 b 中全部边，因此图 b 可以 2 笔画出。

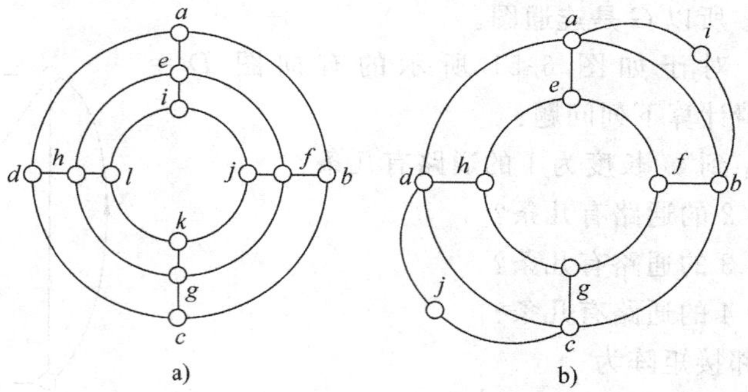

图 6-52

例 6-29 11 个学生打算几天都在一张圆桌上共进午餐，并且希望每次午餐时每个学生两旁所坐的人都不相同，问这 11 个人共进午餐最多能有多少天？

解 将这 11 个学生分别用结点表示，由于任意两个学生都可能是邻座，因此每两个结点之间都连一条边，得到无向完全图 K_{11}，每次午餐时，学生都按一条哈密尔顿圈沿桌而坐，若两个圈有公共边，则公共边端点上的两个学生是相邻的，从而上述问题转化为求 K_{11} 有多少条无公共边的哈密尔顿圈问题，而 K_{11} 共有

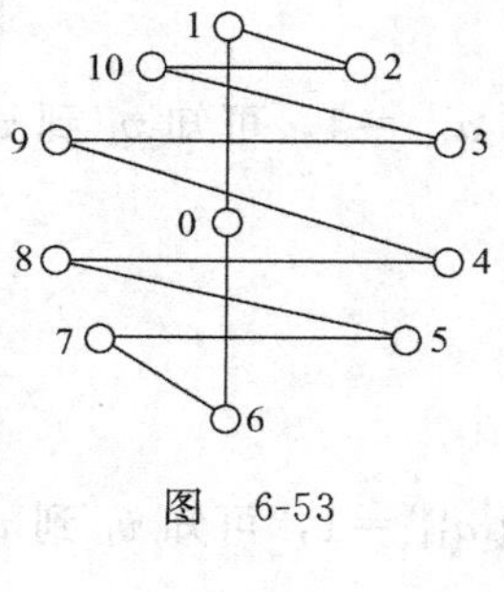

图 6-53

55 条边，又每个哈密尔顿圈恰有 11 条边，因此，11 个人共进午餐最多能有 5 天。实事上，先将 11 个结点分别编号为 0，1，2，…，10，并作图，如图 6-53 所示，在图中先取一个哈密尔顿圈为 0，1，2，10，3，9，4，8，5，7，6，0，然后将圆周上的结点按逆时针方向转动一个位置，就可由图取得另一个哈密尔顿圈为 0，2，3，1，4，10，5，9，6，8，7，0，显然这两个哈密尔顿圈是没有公共边的。这样继续下去 K_{11} 中共产生 5 个无公共边的哈密尔顿圈，故这 11 个人共进午餐最多能有 5 天。

复习题六

1. 设无向图 G 有 12 条边，已知 G 中度数为 3 的结点有 6 个，其余结点的度数均小于 3，问 G 中至少有多少个结点？为什么？

2. 一个 $n(n\geqslant 2)$ 阶无向简单图 G 中，n 为奇数，已知 G 中有 r 个奇度数结点，问 G 的补图 $\overline{G}$ 中有几个奇度结点？

3. 证明：任何 6 个人中，要么有 3 人彼此相识，要么有 3 人彼此不认识。

4. 画出 K_4 的所有非同构的子图，其中有几个是生成子图？生成子图中有几个是连通图？

5. 如图 6-54 所示之两图是否同构？

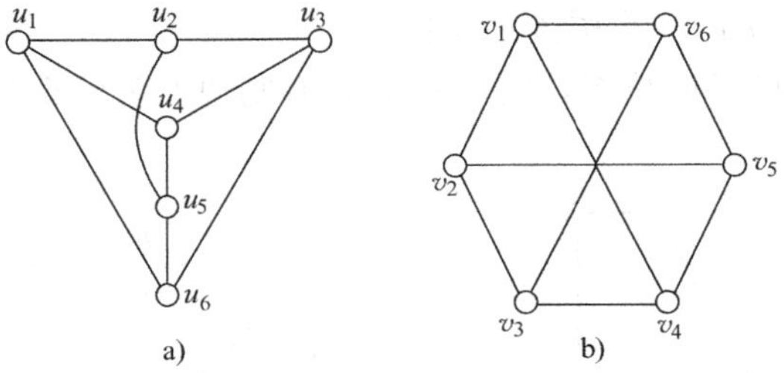

图　6-54

6. 试给出所有不同构的无向 5 阶自补图。

7. 在图 6-55 中找出其所有的路和圈。

8. 设 G 是具有 n 个结点的简单无向图，如果 G 中每一对结点的度数之和均大于等于 $n-1$，那么 G 是连通图。

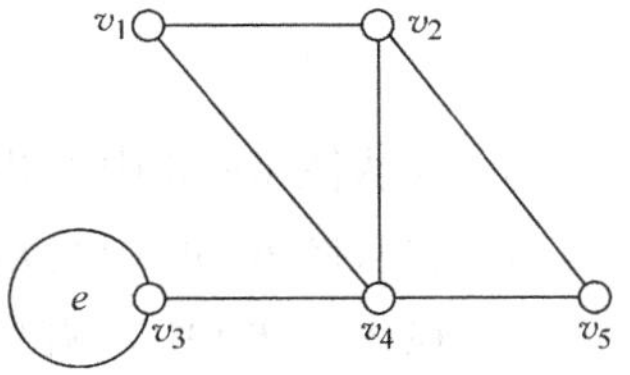

图　6-55

9. 寻找 3 个 4 阶有向简单图 D_1，D_2，D_3，使得 D_1 为强连通图；D_2 为单向连通图但不是强连通图；D_3 是弱连通图但不是单向连通图，当然更不是强连通图。

10. (1) 写出图 6-56 的关联矩阵和邻接矩阵。

(2) 说明如何从关联矩阵中判断一个结点为割点，一条边为割边。

11. 图 6-57 是有向图。

(1) 求出它的邻接矩阵 $\boldsymbol{A}$。

(2) 求出 $\boldsymbol{A}^{(2)}$，$\boldsymbol{A}^{(3)}$，$\boldsymbol{A}^{(4)}$ 说明从 v_1 到 v_4 长度为 1，2，3，4 的路径各有几条？

(3) 求出 $\boldsymbol{A}^{\mathrm{T}}$，$\boldsymbol{A}^{\mathrm{T}}\boldsymbol{A}$，$\boldsymbol{A}\boldsymbol{A}^{\mathrm{T}}$，说明 $\boldsymbol{A}^{\mathrm{T}}$，$\boldsymbol{A}$，$\boldsymbol{A}\boldsymbol{A}^{\mathrm{T}}$ 中(2，3)个元素和(2，2)个元素的意义。

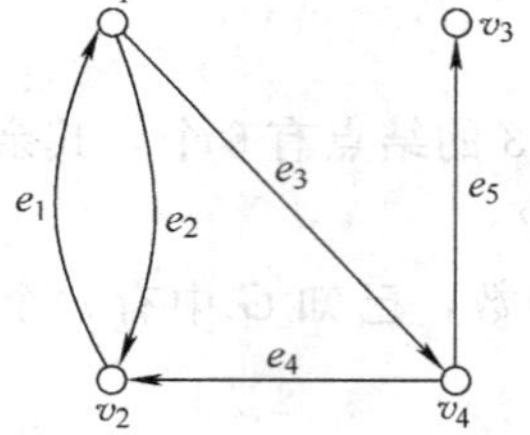

图 6-56

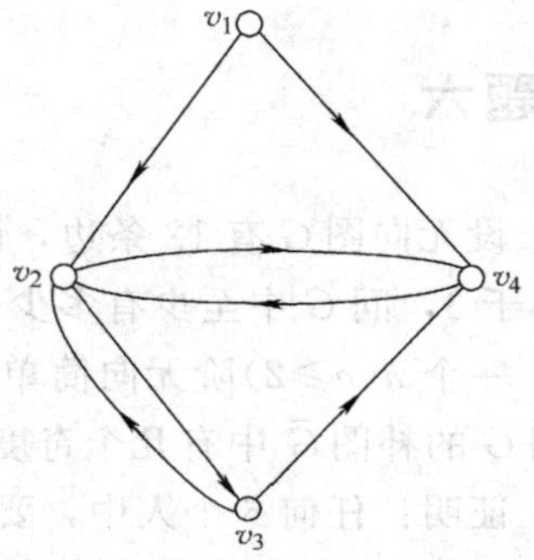

图 6-57

(4) 求出 $\boldsymbol{A}^2$，$\boldsymbol{A}^3$，$\boldsymbol{A}^4$ 及可达性矩阵。

(5) 求出图 6-57 的一个强连通子图。

12. 若无向图 G 是欧拉图，问 G 中是否有割边？为什么？

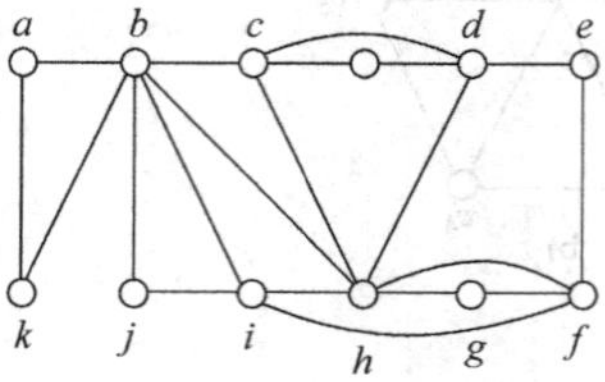

图 6-58

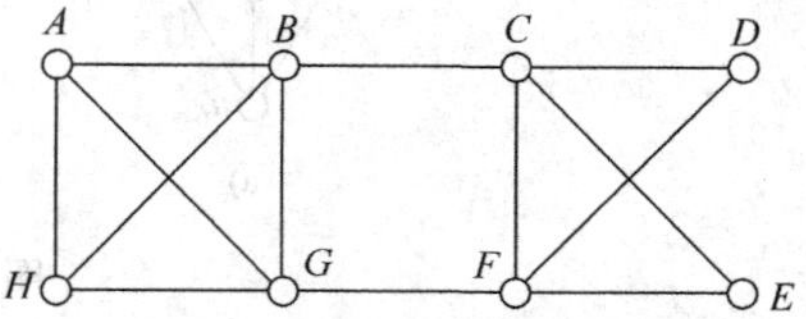

图 6-59

13. 试从图 6-58 中找出一条欧拉回路。

14. 试从图 6-59 中找出一条欧拉回路。

15. 在图 6-60 中，哪些是哈密尔顿图？哪些是半哈密尔顿图？是哈密尔顿图的，请各在图中画出一条哈密尔顿回路；是半哈密尔顿图的，请画出一条哈密尔顿通路。

16. 给出满足下列条件之一的图的实例。

(1) 图中同时存在欧拉回路和哈密顿回路。

(2) 图中存在欧拉回路，但不存在哈密顿回路。

（3）图中不存在欧拉回路，但存在哈密顿回路。

（4）图中不存在欧拉回路，也不存在哈密顿回路。

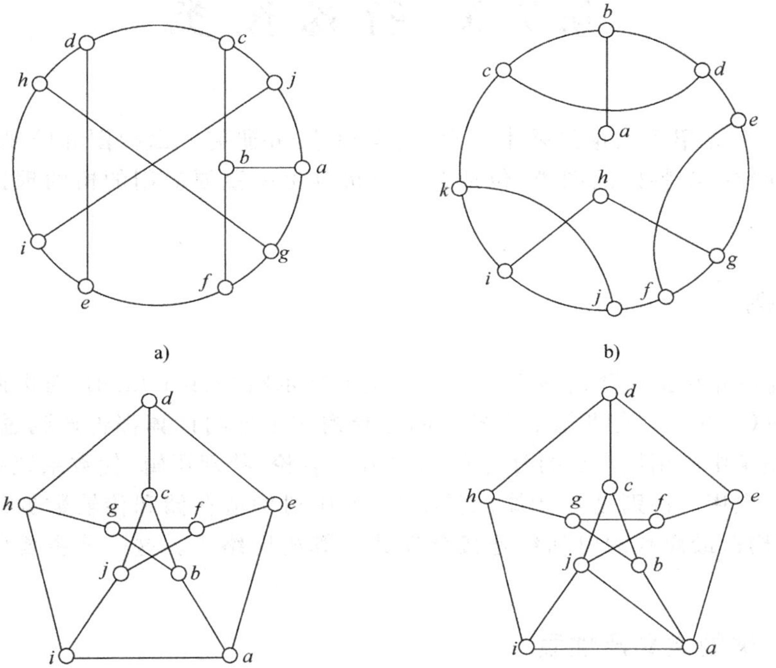

a)　b)　c)　d)

图　6-60

17．图 6-61 中的各个图是否能够一笔画出？如果能够，给出具体的画法。

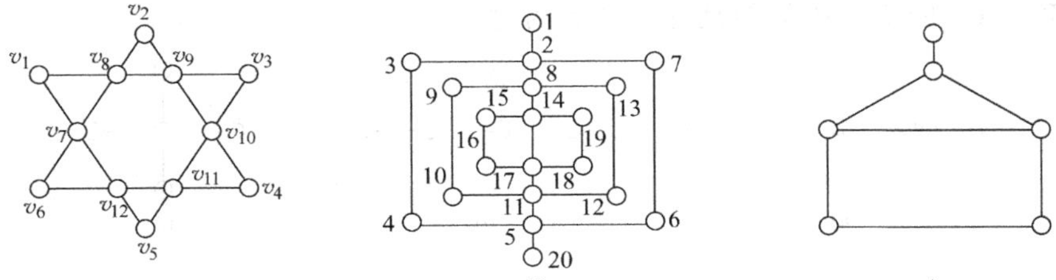

a)　b)　c)

图　6-61

第 7 章　特殊图类

第 6 章介绍了图论的基本概念、基本理论，并研究了欧拉图和哈密尔顿图。这里将研究一些特殊的图类，包括在计算机理论中重要应用的树的理论及其应用。

7.1　树

树是图论中最重要的概念之一。历史上基尔霍夫(Kirchhoff)对电网络的研究，凯莱(Cayley)对有机化学中各种同分异构体个数的计算都曾遇到过这类图。树又是图论中应用最广泛的分支之一，如在集合论、数理逻辑、代数系统中都可以找到树的应用。特别是在计算机科学中，如用树构造存储和传输数据的有效编码，用树构造最便宜的电话线连接分布式计算机网络等。这一节主要研究无向树。

7.1.1　树的定义及性质

定义 7-1　连通无圈图称为**树**，记作 T。无圈图称为**森林**。

树中的 1 度结点称为**树叶**，其余结点称为**分支结点**。每个连通分支均为树的图是森林。平凡图称为**平凡树**。

例 7-1　图 7-1 中的图是五个结点的树。

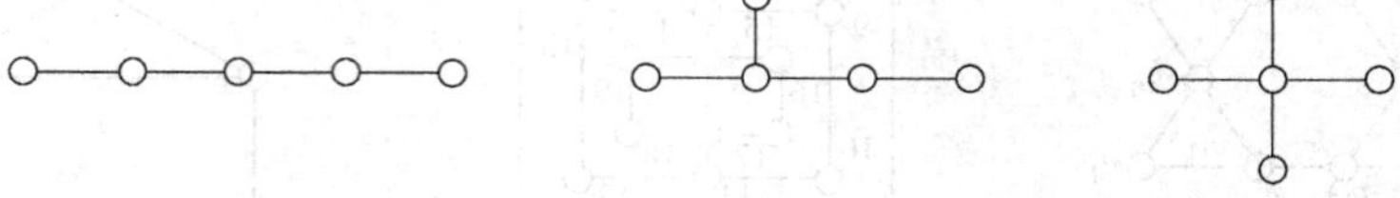

a)　　　b)　　　c)

图　7-1

树有很多等价的特征，这些特征由下述定理一并给出。

定理 7-1　设图 T 是 $<n,m>$ 图，下列命题等价。

(1) T 是树(连通且无圈)。

(2) T 连通，且每条边均是割边(这时称 T 是**最小连通图**)。

(3) T 连通，且 $m=n-1$。

(4) T 无圈，且 $m=n-1$。

(5) T 无圈，且在 T 中任意两个不相邻的结点之间加一条边，恰得一圈（这时称 T 为**最大无圈图**）。

(6) T 的每对结点间有唯一路。

证明(1)⇒(2)。因 T 是树，所以 T 连通。下面用反证法证明 T 的每条边均是割边。假设 T 中有一条边 $e=(u,v)$ 不是割边，即 $T-e$ 仍连通，则在 $T-e$ 中有 u 到 v 的路 l，因此，图 $T=(T-e)+e$ 中有圈 $l+e$，这与 T 无圈矛盾。

(2)⇒(3)。由(2)知 T 连通。下面对 n 用数学归纳法证明 $m=n-1$。

当 $n=1$ 时，因为所有边都是割边，所以图不能有边，即 $m=0$，结论(3)成立。

假设对于任何结点数小于 $n(n\geqslant 2)$ 的图结论(3)都成立。现在研究 $<n,m>$ 图 T，设 e 是 T 中一边（当然是割边），则 $T-e$ 有两个连通分支，设其为 T_1,T_2，分别是 $<n_1,m_1>$ 图和 $<n_2,m_2>$ 图，且均有(2)中的性质。而 n_1,n_2 都小于 n，则由归纳假设，分别有 $m_1=n_1-1, m_2=n_2-1$，因此 $m_1+m_2=n_1+n_2-2$，即 $m-1=n-2$，故 $m=n-1$。由第二数学归纳法原理，结论(3)成立。

(3)⇒(4)。由(3)知，$m=n-1$，现在对 n 用归纳法证明图 T 无圈。

当 $n=1,2$ 时图 T 显然无圈。假设对任意结点数为 $n-1$ 的图结论(4)都成立，下面考查结点数为 n 的 $<n,m>$ 图 T。由于 T 是连通的，所以 T 中每个结点 v 都有 $d(v)\geqslant 1$，又因为 $m=n-1$，所以必有一结点 v_0 满足 $d(v_0)=1$。否则，若对于任意结点 v 均有 $d(v)\geqslant 2$，则由握手定理有 $2m=\sum\limits_{v\in V}d(v)\geqslant 2n$，从而 $m\geqslant n$，这与题设矛盾。现在从 T 中删去 v_0 及其关联的边 $e=(v_0,u)\in E$，得到图 $T'=<V-\{v_0\},E-(v_0,u)>$，由归纳假设 T' 无圈。又因为 $d(v_0)=1$，故在 T' 中增加边 (v_0,u) 仍无圈，即图 T 无圈。

(4)⇒(5)。已知 T 无圈，下面证明 T 连通。设 T 有 k 个连通分支 $T_1,T_2,\cdots,T_k$，由于 T 无圈，所以 T 的每个连通分支也不存在圈，因此它们都是树。设 T_i 有 n_i 个结点，则其边数为 n_i-1；现在 $n=n_1+n_2+\cdots+n_k$，所以 T 的边数为

$$m=(n_1-1)+(n_2-1)+\cdots+(n_k-1)=n-k$$

然而已知 $m=n-1$，从而必有 $k=1$，即 T 连通。

既然 T 连通，则任意两点间都有路。而在任意两个不相邻的结点 u,v 间加一边 $e=(u,v)$ 则至少得一圈。下面用反正法证明只能得到一圈，若得两圈 C_1,C_2，则两圈必都经过 e，因此 $C_1\cup C_2-\{e\}$ 仍有回路，即图 T 中有圈，矛盾。

(5)⇒(6)。设 u,v 是 T 中任意一对结点。若 u,v 相邻，则显然有 (u,v) 路；若 u,v 不相邻，由题设 $T+(u,v)$ 有一圈，则 T 中有 (u,v) 路。由于 T 无圈，则任意两点间只有一条路。否则，若某一对结点 u,v 间有两条 (u,v) 路 P_1,P_2，所以 P_1+P_2 是一回路，即 T 中有圈，矛盾。

(6)⇒(1)。因为 T 的任何一对结点间有路，所以 T 连通。又 T 的任何一对

结点间有唯一路，则无圈。否则，若有圈，则圈上的任何两个结点间都至少有两条路，矛盾。因此，T 是树。

例 7-2 任何一棵非平凡树中至少有两片树叶。

证明 由定理 7-1，在任一 $<n,m>$ 树中，边数 $m=n-1$，则由握手定理得

$$\sum_{i=1}^{n} d(v_i) = 2m = 2(n-1) \quad ①$$

(1) 若 T 没有树叶，由于 T 是连通图，所以 T 中任一结点均有 $d(v_i) \geqslant 2$，从而

$$\sum_{i=1}^{n} d(v_i) \geqslant 2n \quad ②$$

则方程①与不等式②矛盾。

(2) 若 T 仅有一片树叶，则其余 $n-1$ 个结点的度数均不小于 2，于是

$$\sum_{i=1}^{n} d(v_i) \geqslant 2(n-1)+1 = 2n-1 \quad ③$$

则①与③矛盾。

综合(1)、(2)知树中至少有两片树叶。

7.1.2 生成树

定义 7-2 若无向图 $G=<V,E>$ 的生成子图 T 是树，则称 T 为 G 的**生成树**。生成树 T 中的边称为 T 的**树枝**，不在 T 中的 G 中的边称 T 的**弦**。T 的所有弦的集合的边导出子图称 T 的**余树**。

例 7-3 图 7-2 中图 b 是图 a 的生成树 T，图 c 是 T 的余树。要注意的是余树不一定是树。

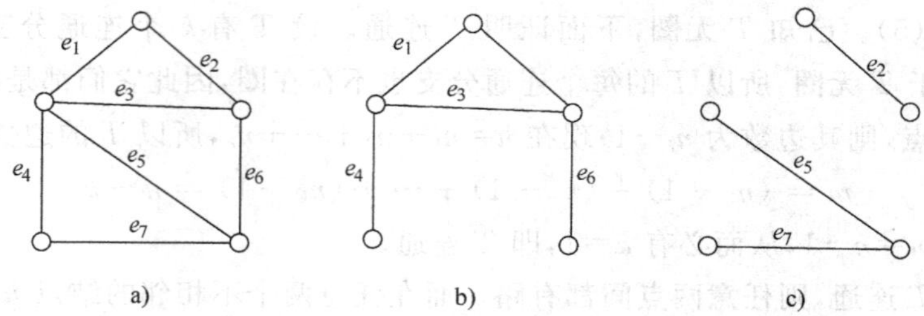

图 7-2

一个图是否连通与它是否有生成树关系密切，我们有下面的定理：

定理 7-2 图 G 连通的充分必要条件是 G 有生成树。

证明 充分性。若 G 有生成树 T，即 G 的子图 T 是连通的，所以 G 也是连通的。

必要性。设 G 连通，若 G 中无圈，则 G 本身就是生成树；若 G 中有圈，则任取一圈，并删去圈上一边得图 G_1，仍连通。若 G_1 无圈，则 G_1 就是生成树；若 G_1 还有

圈，则取 G_1 的一圈，并删去圈上一边。重复上述过程，直到无圈时即得一棵生成树。

推论　设 G 是 $<n,m>$ 连通图，则 $m \geqslant n-1$。

证明　因图 G 连通，由定理 7-2，则 G 有生成树 T。又由定理 7-1，则有

$$|E(G)| \geqslant |E(T)| = n-1$$

例 7-4　图 7-3 中，图 b、图 c 是图 a 的生成树，图 d 是图 a 的生成子图，但不是树，图 e 不是图 a 的生成子图，因此图 d、图 e 都不是图 a 的生成树。

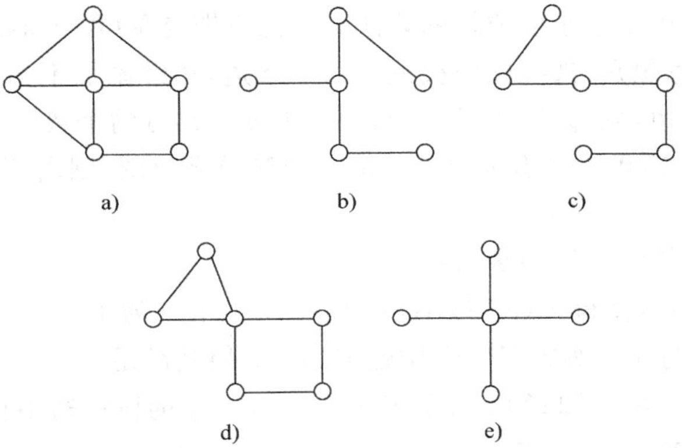

图　7-3

定理 7-2 的必要性的证明过程就是求连通图生成树的一个方法——**破圈法**。

例 7-5　图 7-4 中图 d 是图 a 的一棵生成树。图 a 到图 d 正是用破圈法求生成树的过程。

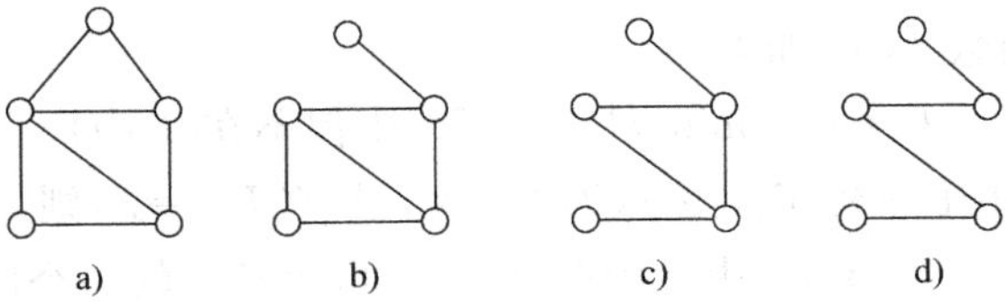

图　7-4

求连通图的生成树还有另一个方法——**避圈法**，图 7-5 中图 a～d 就是用避圈法求的生成树的过程。

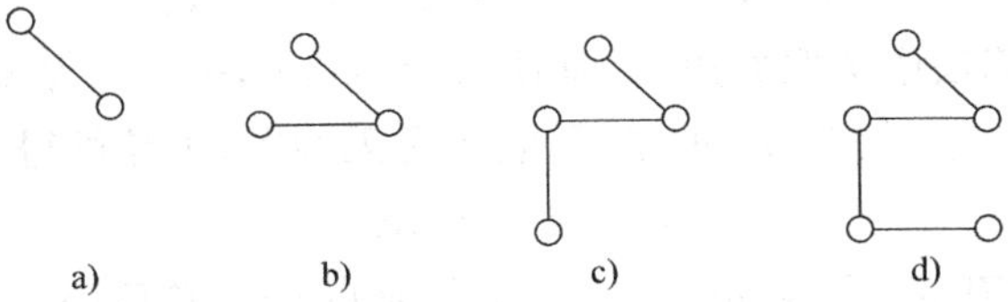

图　7-5

7.1.3 最小生成树

最小生成树问题有很广泛的应用，在大规模集成电路、管道网、公路网和通信网的布线等问题中常常遇到。

定义 7-3 设 $G=\langle V,E,W\rangle$ 是带权连通图，T 是 G 的一棵生成树，T 的各树枝的权之和称为 T 的**权**，记作 $W(T)$，即 $W(T)=\sum_{e\in T}w(e)$。

G 的所有生成树中权最小的生成树称为**最小生成树**（或称**最小支撑树**）。

下面介绍一个求最小生成树的算法——**克鲁斯克尔**(Kruskal)**算法**，它是一种避圈法，其基本思想是：选择图中权最小的一条边，相继添加不与已经选择的边形成圈的权最小的边，挑选 $n-1$ 条边为止(其中 n 为结点的个数)。

设 $G=\langle V,E,W\rangle$ 是有 n 个结点的连通简单带权图，则由下述算法可求得 G 的最小生成树。

克鲁斯克尔算法(1956)步骤：

(1) 选取边 e_1，使得 $w(e_1)$ 最小，令 $E_1=\{e_1\}$，置 i 为 1。

(2) 若已选好 E_i，则从 $E-E_i$ 中选取边 e_{i+1} 使其满足：

① $E_i\cup\{e_{i+1}\}$ 中无圈；② e_{i+1} 是 $E-E_i$ 中满足①的所有边中权最小的。

(3) 若 e_{i+1} 存在，则令 $E_{i+1}=E_i\cup\{e_{i+1}\}$，$i+1\to i$。

(4) 若 $i=n-1$，则停止，否则转(2)。

此时得到的 E_{n-1} 的边导出子图就是所求的最小生成树 T^*。

定理 7-3 由克鲁斯克尔算法得到的生成树 T^* 是 G 的最小生成树。

证明 用反证法，设 T^* 不是 G 的最小生成树。对 G 的任何异于 T^* 的生成树 T，定义 T 的函数 $f(T)$ 如下：

$$f(T)=\min\{i\,|\,e_i \text{ 在 } T^* \text{ 中但不在 } T \text{ 中}\}$$

选取 G 的一棵最小生成树 T_0，使 $f(T_0)$ 最大，设 $f(T_0)=k$，则 $e_1,e_2,\cdots,e_{k-1}$ 同时在 T_0 和 T^* 中，但 e_k 不在 T_0 中。因此 T_0+e_k 包含唯一的一个圈，记为 C，则 C 中至少有一条边(设为 e_k')不在 T^* 中。取

$$T'=(T_0+e_k)-e_k'$$

则 T' 是含有 $n-1$ 条边的连通图，因此 T' 也是 G 的生成树，且

$$w(T')=w(T_0)+w(e_k)-w(e_k') \tag{1}$$

由于克鲁斯克尔算法中选取的边 e_k，是使 $E_i=\{e_1,e_2,\cdots,e_k\}$ 为无圈图的权最小的边，而 $\{e_1,e_2,\cdots,e_{k-1},e_k'\}$ 是 T_0 的子图，它也是无圈图，于是可得

$$w(e_k')\geqslant w(e_k) \tag{2}$$

综合(1)、(2)两式有 $w(T')\leqslant w(T_0)$，所以 T' 是 G 的一颗最小生成树。然而，由于 $\{e_1,e_2,\cdots,e_k\}\subseteq E(T')$，则有 $f(T')>k=f(T_0)$。

这与 T_0 的选取相矛盾。因此 T^* 是 G 的最小生成树。

克鲁斯克尔算法事实上是一种避圈法。

例 7-6　求图 7-6a 的最小生成树。

解　由克鲁斯克尔算法求得的最小生成树的边依次为 $e_1=(v_1,v_2)$，$e_2=(v_2,v_6)$，$e_3=(v_2,v_3)$，$e_4=(v_3,v_4)$，$e_5=(v_4,v_5)$。这种算法执行的结果如图 7-6b～f。其中图 f 中的虚线就是最小生成树的树枝。

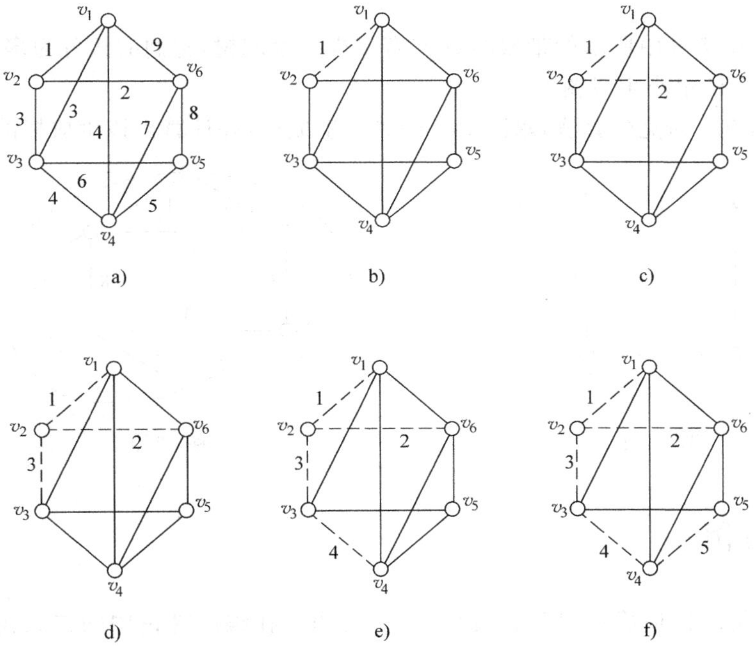

图　7-6

习题 7.1

1. 设树 T 有 6 条边，试问 T 有多少个结点？

2. 若无向图 G 中有 n 个结点，$n-1$ 条边，G 为树。这个命题正确吗？为什么？

3. 设无向图 G 有 n 个结点，$n-1$ 条边，则 G 为连通图当且仅当 G 中无圈。

4. 设 G 是一个森林，由 3 个连通分支组成，若它有 15 个结点，试问 G 有多少条边？

5. 画出具有 6 个结点的所有不同构的树。

6. 任何一棵非平凡树中，至少有两片树叶。

7. 在图 7-7 中，图 a，图 b 所示的连通图中各有几棵非同构的生成树？

a) b)

图 7-7

8. 在图 7-8 中所示的带权图 G 共有多少棵生成树，它们的权各为多少？其中哪些是图中的最小生成树？

9. 用克鲁斯克尔算法，求图 7-9 的最小生成树，并计算出该生成树的权。

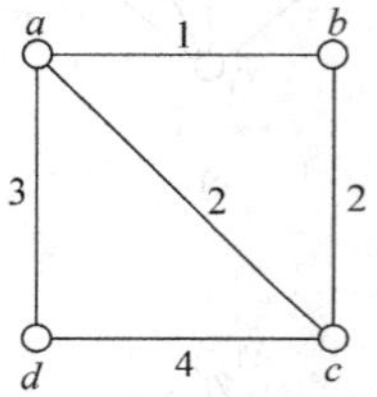

图 7-8

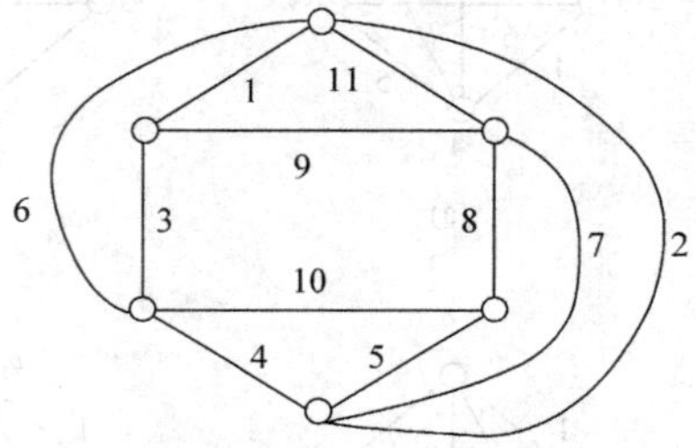

图 7-9

7.2 根树

根树是结构最简单，应用广泛一类有向图。在编码理论中的二叉树，在情报检索中的目录树等。根树是递归构造的，因此在计算机科学中应用也极为广泛。

如果有向图在不考虑边的方向时是树，则称其为**有向树**。根树是特殊的有向树。

7.2.1 根树及相关概念

定义 7-4 一个不含圈的有向图 T，若它只有一个结点 v_0 的入度为 0，而其他结点的入度都等于 1，则称 T 为**根树**。v_0 称为**根**。

一个孤立结点也是一棵根树。

例如，一个家族的族谱是一棵根树，电脑中的目录也是一棵根树。

出度为 0 的结点称为**叶**。出度不为 0 的结点称为**分支点**。由根到某结点 v_i 的路的长度称为结点 v_i 的**层数**（或级）。所有结点的层数中最大的称为根树的**高**。

例 7-7　图 7-10 中各图是否是根树？

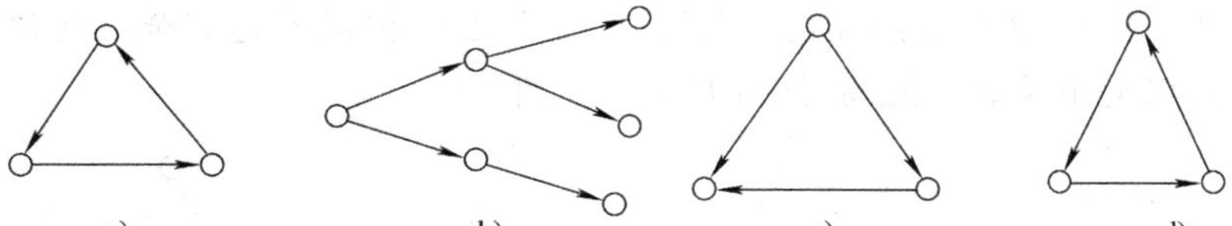

图　7-10

解　只有图 b 是根树，其余都不是。这是因为图 a 中没有入度为 0 的结点，图 c 中有入度为 2 的结点，图 d 中有两个入度为 0 的结点。

习惯上将根树画成树根在上，各边箭头均朝下，并为方便起见，略去边上的箭头。图 7-10 中的根树 b 画成图 7-11 的形式。

由根树的定义不难得到如下的定理：

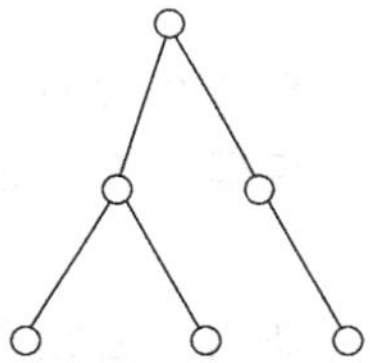

图　7-11

定理 7-4　设 T 是根树，则从根 v_0 到每个结点都存在唯一的有向路。

一棵根树可以看成一棵家族树，因此有如下的概念：

(1) 若结点 u 邻接到结点 v，即 $\langle u,v\rangle \in E(T)$，则称 v 是 u 的**子结点**，u 为 v 的**父亲结点**。

(2) 若 u、v 同为 w 的子结点，则称 u、v 为**兄弟**。

(3) 如果结点 u 可达结点 v，则称 u 是 v 的**祖先**，v 是 u 的**后代**。

(4) 由某个结点 v 及其所有后代构成的导出子图 T' 称为 T 的以 v 为根的**子树**。

上面我们研究根树时，没有考虑同一层上结点的次序。然而在编码理论和计算机科学中常常要考虑同一层上结点的次序。

定义 7-5　在根树中若给定了同一层次结点的次序，则称这样的根树为**有序树**。

在画有序树时，常假定每一层结点的次序是从左到右的。

7.2.2　二元树

在有序树中，二元树的应用最广泛。

定义 7-6　设 T 是一棵根树。

(1) 若 T 中每个结点 v 都满足 $d^+(v)\leqslant m$，则称 T 为 $\boldsymbol{m}$ **元树**。

(2) 若 T 中每个结点 v 都满足 $d^+(v)=m$ 或 0，则称 T 为完全 $\boldsymbol{m}$ **元树**或**正则 $\boldsymbol{m}$ 元树**。

(3) 若 T 是完全 m 元树，且 T 的所有叶结点都在同一层上，则称 T 为**满 $\boldsymbol{m}$ 元树**。

特别地，当 $m=2$ 时，分别称**二元树**，**完全二元树**(正则二元树)，**满二元树**。

例 7-8 图 7-12 中的图 a 是三元树，图 b 是二元树但不是完全二元树。图 c 是完全二元树但不是满二元树，图 d 是满二元树。

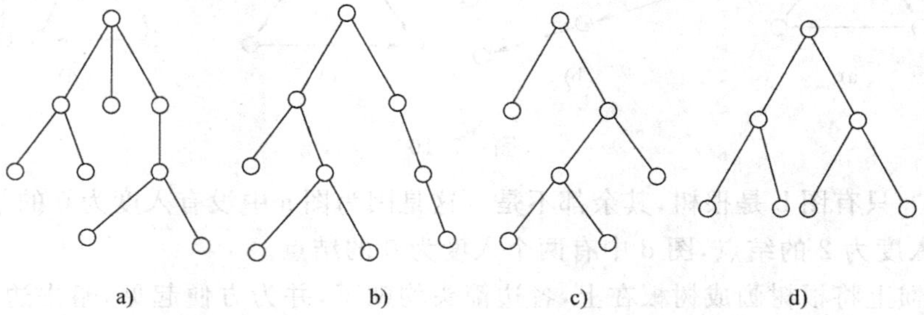

图 7-12

根树和无向树一样，满足 $m=n-1$，并且还满足其他一些数量关系。

定理 7-5 设 T 是一棵完全 m 元树，并有 n_0 个叶结点，t 个分支点，则

$$(m-1)t=n_0-1$$

证明 由完全 m 元树的定义可知，T 的边数是 mt，结点数为 n_0+t。于是 $mt=n_0+t-1$，即 $(m-1)t=n_0-1$。

定理 7-6 设 T 是一棵二元树，n_0 表示叶结点数，n_2 表示出度为 2 的结点数，则

$$n_2=n_0-1$$

证明 设 T 的出度为 1 的结点数为 n_1，则 T 的边数为 $m=n_1+2n_2$，结点数为 $n_0+n_1+n_2$，由 $m=n-1$ 得 $n_1+2n_2=n_0+n_1+n_2-1$，所以 $n_2=n_0-1$。

若 T 是完全二元树，则无出度为 1 的结点，因此得下面定理：

定理 7-7 完全二元树有奇数个结点。

利用二元树进行信息处理，经常会涉及逐个不重复地访问二元树的所有结点，我们称其为二元树的遍历。下面介绍二元树遍历的三种常用的递归算法。

算法一(先根遍历)

(1) 访问根。

(2) 在根的左子树上执行先根遍历。

(3) 在根的右子树上执行先根遍历。

算法二(中根遍历)

(1) 在根的左子树上执行中根遍历。

(2) 访问根。

(3) 在根的右子树上执行中根遍历。

算法三(后根遍历)

(1) 在根的左子树上执行后根遍历。

(2) 在根的右子树上执行后根遍历。

(3) 访问根。

例 7-9　运用上述三种算法访问图 7-13 所示的根树的结点顺序分别为

先根遍历：$ABDEHCFIJGK$；

中根遍历：$DBHEAIFJCGK$；

后根遍历：$DHEBIJFKGCA$。

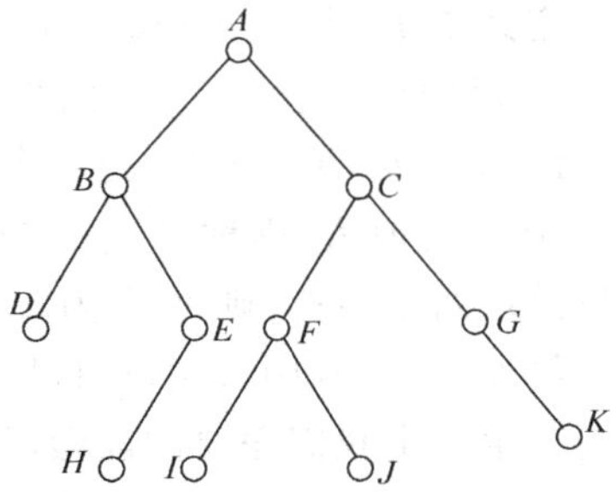

图　7-13

利用二元有序树可以表示算术表达式。表示时，通常将运算符放在分枝结点上，数字或变量放在树叶结点上；另外被减数和被除数放在左子树的树叶上。

例 7-10　(1)利用二元有序树表示算术表达式 $(a-b)\times c+\left(\frac{d+e}{f}-g\right)$。

(2) 用三种方法遍历此树。

解　(1) 二元有序树如图 7-14 所示。

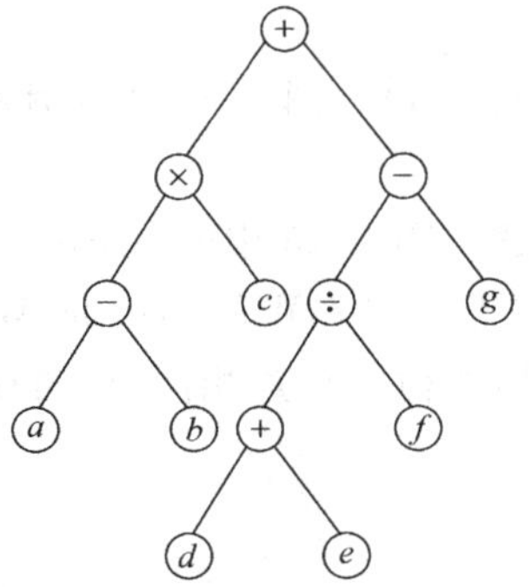

图　7-14

(2) 先根遍历的结果为

$+(\times(-ab)c)(-(\div(+de)f)g)$；

中根遍历的结果为

$((a-b)\times c)+(((d+e)\div f)-g)$；

后根遍历的结果为

$((ab-)c\times)(((de+)f\div)g-)+$。

上述遍历结果显示，中根遍历的结果是还原算术表达式；先根遍历的结果是将运算符号放在参加运算的两个数之前，称此为**前缀符号法**或**波兰符号法**；后根遍历的结果是将运算符号放在参加运算的两个数之后，称此为**后缀符号法**或**逆波兰符号法**。为了清楚起见，式中的括号是人为加上去的。

7.2.3　二元树的一个应用——前缀码

在计算机及远程通讯中常用二进制编码来表示字符。例如可用 2 位二进制数字符 00，01，10，11 分别表示 A，B，C，D。这样传输 100 个字符需用 200 个二进制字符。而实际中上述字符出现的频率是不一样的，如果 A 的频率是 50%，B 的频率为 30%，C 的频率为 15%，D 的频率为 5%，能否用不等长的二进制数序列表示字母 A，B，C，D，使传输的信息的二进制尽可能少呢？事实上可用 000 表示 D，用 001 表示 C，00 表示 B，1 表示 A。这样表示传输 100 个字母所用二进制位为

$3\times5+3\times15+2\times30+1\times50=170$。显然此时比用等长的二进制序列表示法好，节省了二进制位。但又带来了问题：如果收到的信息为 0100，则无法辨认是 BAB 还是 CB。因此我们要寻找更好的表示法。

为此我们先给出前缀码的定义：

定义 7-7　设 $a_1a_2\cdots a_{n-1}a_n$ 是长度为 n 的字符串，称其子串 $a_1, a_1a_2, \cdots, a_1a_2\cdots a_{n-1}$ 分别是 $a_1a_2\cdots a_{n-1}a_n$ 的长度为 $1,2,\cdots,n-1$ 的**前缀**。

设 $A=\{b_1,b_2,\cdots,b_n\}$ 是一个字符串的集合，若对于任意的 $b_i,b_j\in A, b_i\neq b_j$，$b_i$ 和 b_j 互不为前缀，则称 A 为一个**前缀码**。若 A 的每一个字符串 $b_i(i=1,2,\cdots,m)$ 中只出现两个字符，则称 A 为**二元前缀码**。

例如 $A=\{0,10,110,1111\}$ 是前缀码，而 $B=\{00,001,111\}$ 不是前缀码。那么如何产生一个我们需要的前缀码呢？

定义 7-8　设完全二元树 T 有 t 片树叶 $v_1,v_2,\cdots,v_t$，它们分别带权 $w_1,w_2,\cdots,w_t$，则称 T 为（叶）**带权树**，称 $W(T)=\sum_{i=1}^{t}w_il_i$ 为 T 的**权**，其中 l_i 是 v_i 的层数。

例 7-11　图 7-15 中 4 片树叶的权分别为 3,4,5,6 的四个二元树，求它们的权。

解　图 7-15 中 a,b,c,d 对应的二元树别记为 T_1,T_2,T_3,T_4，它们的权分别为 $W(T_1)=37, W(T_2)=38, W(T_3)=44, W(T_4)=36$。由于树叶的层数不同，虽然各树的树叶权重相同，但树权各不相同。其中必存在一棵权最小的二元树。

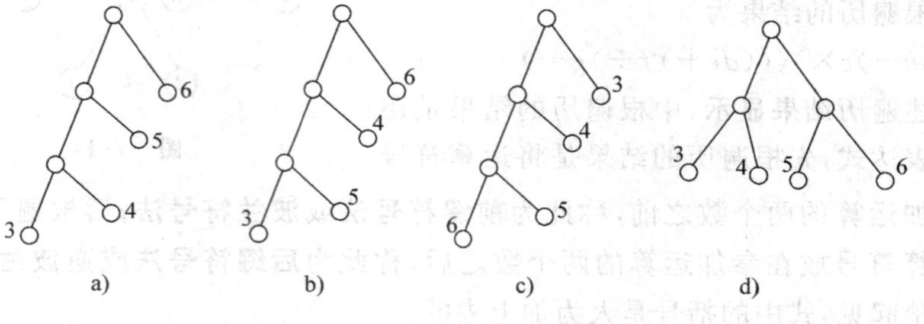

图　7-15

定义 7-9　在所有叶带权 $w_1,w_2,\cdots,w_t$ 的完全二元树中，权最小的完全二元树称为**最优二元树**，简称**最优树**（又称**霍夫曼树**）。

1952 年霍夫曼（Huffman）给出了求最优二元树的算法，即**霍夫曼算法**。

设 $S=\{w_1,w_2,\cdots,w_t\}$，$w_1\leqslant w_2\leqslant\cdots\leqslant w_t$，$w_i$ 是树叶 v_i 所带的权（$i=1,2,\cdots,t$），则霍夫曼算法的步骤为：

(1) 在 S 中选取两个最小的权 w_i、w_j，使它们对应的结点 v_i、v_j 做兄弟，产生一分支点 v_r，使其带权 $w_r=w_i+w_j$。

(2) 用 w_r 替换掉 S 中的 w_i 和 w_j。

(3) 若 S 中只有一个元素，则停止，否则转(1)。

例 7-12　构造一棵带权 2,3,4,5,7,9 的最优树，并求其权 $W(T)$。

解　构造过程如图 7-16 中的 a～f。图 f 即为最优树 T，最优树 T 的权重为

$$W(T)=4\times(2+3)+3\times4+2\times(9+5+7)=20+12+42=74$$

一般说来，带权 $w_1,w_2,\cdots,w_t$ 的最优二元树并不唯一，但它们的权是一样的。

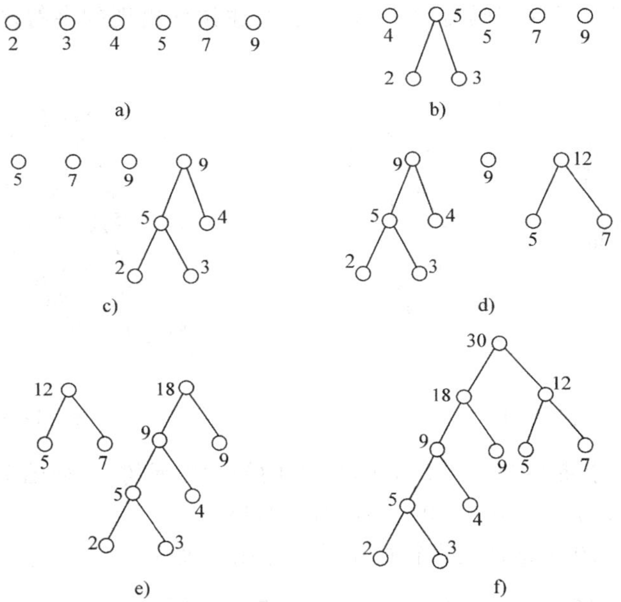

图　7-16

有了最优树和霍夫曼算法，我们就容易构造二元前缀码，它既节省二进制代码的长度，又不会产生一个二进制代码与两个字符串对应的情况。下面介绍二元前缀码的生成方法。

一棵完全二元树可产生一个二元前缀码，方法如下：

在一棵完全二元树中，将每个结点和它的左子结点之间的边标记 0；和它的右子结点之间的边记为 1，如图 7-17a 所示，把从根到每片树叶所经过的边的标记序列作为**树叶的标记**。

由于每片树叶标记的前缀是它的祖先的标记，而不可能是任何其他树叶的标记，所以这些树叶的标记就是前缀码。由图 7-17a 可以看出前缀码是{000,001,01,10,11}。相反，如果给定前缀码，也可找出对应的二元树。例如{000,001,01,1}对应的完全二元树如图 7-17b 所示。因此，二元前缀码与完全二元树是一一对

应的。

当知道了要传输的字符的频率时，可用各个字符出现的频率作权，用霍夫曼算法构造一棵最优树 T，由 T 产生的二元前缀码称为**最优前缀码**（又称**霍夫曼码**）；用这样的前缀码传输对应的符号可以传输的二进制数码最少。

例 7-13　假设通信中，A，B，C，D，E，F 出现的频率分别为 30%，25%，20%，10%，10%，5%。

（1）求传输它们的最优二元前缀码。

（2）用最优二元前缀码传输 1000 个按上述频率出现的字符需要多少个二进制数？

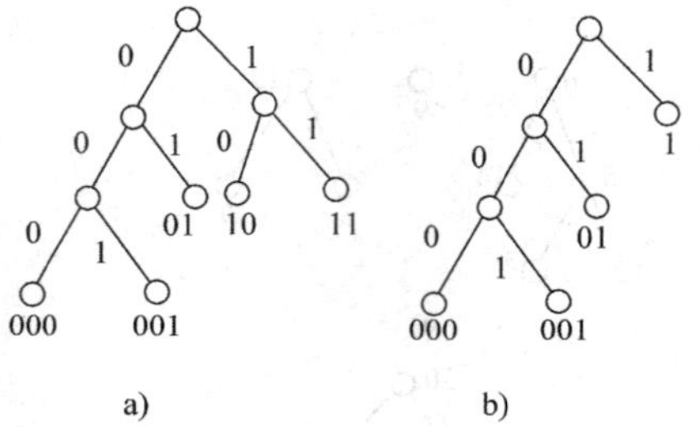

图　7-17

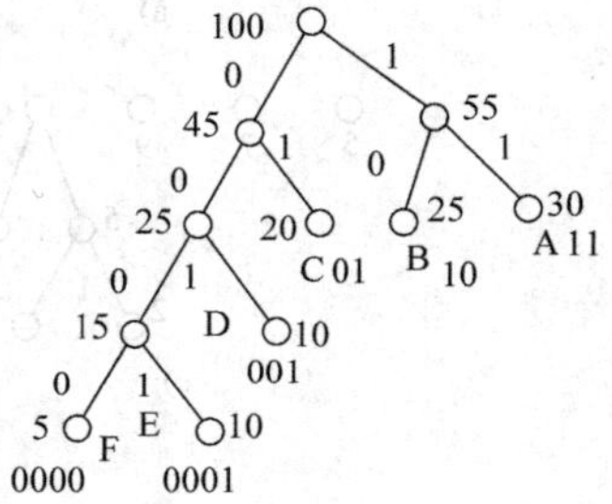

图　7-18

解　（1）先求带权 30，25，20，10，10，5 的最优二元树 T，如图 7-18 所示，并由 T 产生一个前缀码是{0000，0001，001，01，10，11}。

（2）传输 1000 个这样的字符所用的二进制长度为

$$[4\times(5+10)+3\times10+2\times(20+25+30)]\times1000\times\frac{1}{100}=2400$$

即用最优前缀码传输 1000 个按上述频率出现的字符需要 2400 个二进制数。

习题 7.2

1. 一个有向图 G，仅有的一个结点入度为 0，其余所有结点的入度均为 1，G 一定是根树吗？

2. 五个结点可以形成多少棵根树？并指出这些根树都是几元树。

3. 根树中最长路径的端点都是树叶吗？为什么？

4. 证明定理 7-7。

5. 对图 7-19 给出的二元树分别进行先根遍历、中根遍历、后根遍历并写出结果。

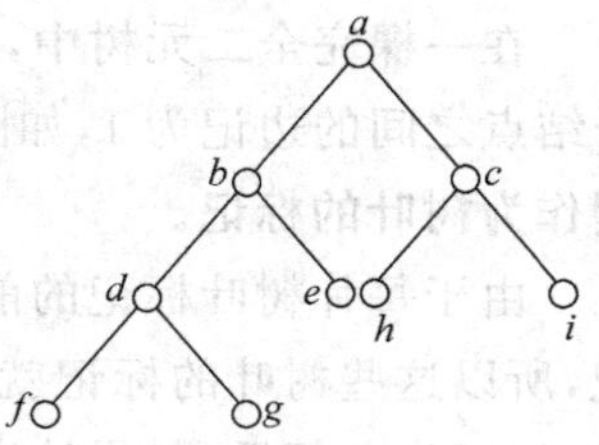

图　7-19

6. 求带权 2、3、5、7、8、11 的最优树。

7.3 二部图与匹配

7.3.1 二部图的概念及性质

本节讨论的图都是无向图。

定义 7-10 若图 $G=<V,E>$ 的结点集 V 可以划分为 $V_1 \cup V_2$，使得对于任何的 $(v_i,v_j) \in E$，都有 $v_i \in V_1, v_j \in V_2$，则称 G 为**二部图**(或称**偶图**)。其子集 V_1，V_2 称为**互补结点子集**。此时可将 G 记作 $G=<V_1,V_2,E>$。

若 V_1 中的任一结点与 V_2 中的每一结点都邻接，称 $G=<V_1,V_2,E>$ 为**完全二部图**(或**完全偶图**)。若 $|V_1|=n$，$|V_2|=m$，则记完全二部图 G 为 $K_{n,m}$。

例 7-14 下列各图哪些是二部图？

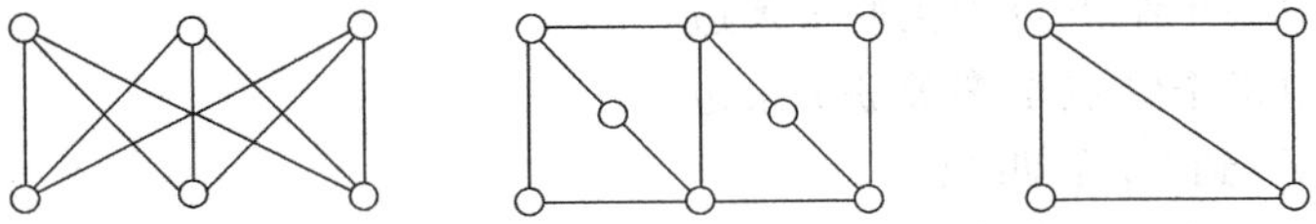

a) b) c)

图 7-20

解 图 7-20 中，图 a、图 b 都是二部图，且图 a 是完全二部图是 $K_{3,3}$，但图 c 不是二部图。

注意 ① $K_{m,n}$ 与 K_n 的区别；②二部图不一定连通。

定理 7-8 图 G 是二部图当且仅当 G 中无奇圈。

对二部图的研究源于对二部图的匹配的研究。

7.3.2 二部图的匹配

定义 7-11 设 $G=<V_1,V_2,E>$ 是二部图，其中 $V_1=\{v_1,v_2,\cdots,v_r\}$，若存在 E 的子集 $M=\{(v_1,v_1'),(v_2,v_2'),\cdots,(v_r,v_r')\}$，使得 $v_1',v_2',\cdots,v_r'$ 是 V_2 中 r 个不同的元素，则称 M 为从 V_1 到 V_2 的一个匹配。

图 7-21 中，图 a 是一个二部图，它的互补结点集为 V_1、V_2，图中的粗线边的集合是一个从 V_1 到 V_2 的匹配。但图 b 中就不存在 V_1 到 V_2 的匹配。

1935 年 Hall 给出二部图存在匹配的充分必要条件。

定理 7-9 (Hall 婚姻定理)设二部图 $G=<V_1,V_2,E>$，则 G 中存在 V_1 到 V_2 的匹配。当且仅当 V_1 中的任何 k 个结点($k=1,2,\cdots,|V_1|$)至少和 V_2 中 k 个结点相邻接。这个定理通常称为**相异性条件**。

在图 7-21 中，二部图 a 满足相异性条件，所以存在 V_1 到 V_2 的匹配。而二部图 b 不满足相异性条件，故不存在 V_1 到 V_2 的匹配。

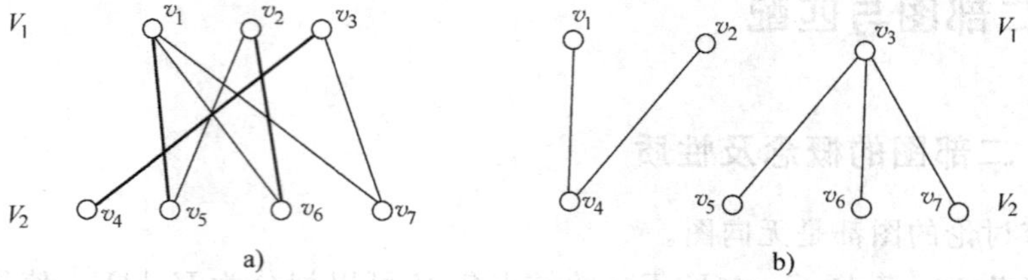

图 7-21

判断一个二部图是否满足相异性条件通常比较复杂，下面给出一个判断二部图是否存在 V_1 到 V_2 的匹配的充分条件，对于任何二部图来说都很容易确定这些条件。

定理 7-10 设 $G=\langle V_1,V_2,E\rangle$ 是一个二部图，如果存在正整数 t 使得：

(1) V_1 中每个结点至少关联 t 条边；

(2) V_2 中每个结点至多关联 t 条边，

则 G 中存在 V_1 到 V_2 的匹配。

这个定理的条件通常称为 t 条件。但要注意 t 条件是一个充分条件。例如图 7-22a，显然存在 V_1 到 V_2 的匹配。但它不满足 t 条件。

例 7-15 某工厂要招收三个工人，工种分别为车工、钳工、铣工，现有 m_1,m_2,m_3,m_4,m_5 等 5 个人来应聘。已知 m_1,m_2 会车工，m_1,m_3,m_4 会钳工，m_3,m_4,m_5 会铣工。问该工厂能否从 5 个人中招到符合要求的工人？

解 以 3 个工种车工、钳工、铣工作为结点集 V_1，以 5 个人 m_1,m_2,m_3,m_4,m_5 作为结点集 V_2，若某人会某工种则在对应的结点间连边，因此，构造二部图 $G=\langle V_1,V_2,E\rangle$，如图 7-22b 所示。该图满足 $t(=2)$ 条件，所以存在 V_1 到 V_2 的匹配，因此工厂能招到符合要求的工人。例如 m_1——车工，m_3——钳工，m_4——铣工。

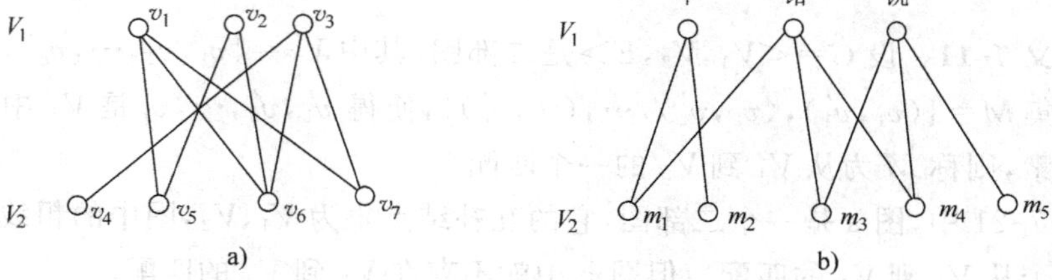

图 7-22

习题 7.3

1. 在如图 7-23 所示的三个图中，哪几个是偶图？哪几个不是偶图？是偶图的，请给出互补结点子集；不是的，请说明理由。

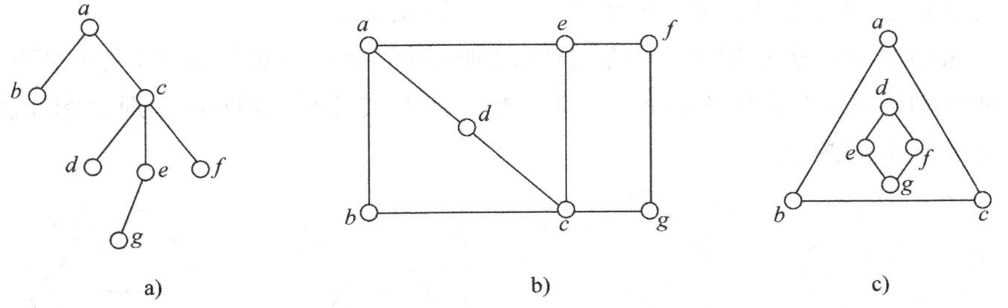

图　7-23

2. 试证明树是一个偶图。

3. 一次舞会，共有 n 位男士和 n 位女士参加，已知每位男士至少认识两位女士，而每位女士至多认识两位男士，问能否将男士和女士分配为 n 对，使得每对中的男士和女士彼此都认识？

4. 今有赵、钱、孙、李、周五位教师，要承担语文、数学、物理、化学、英语五门课程。已知赵熟悉数学、物理、化学三门课程，钱熟悉语文、数学、物理、英语四门课程，孙、李、周三人只熟悉数学、物理两门课程。问能否安排他们五人每人只上一门自己熟悉的课程，使得每门课程都有人教。说明理由。

7.4　平面图

在许多实际问题中，往往涉及图的可平面化研究，例如印刷电路板和集成电路的布线等。

7.4.1　平面图的定义

定义 7-12　一个图 G 若能画在平面上，使它的任何两边除端点外没有其他交点，则称 G 为**平面图**。画出没有边交叉的图称为图 G 的一个**平面嵌入**。

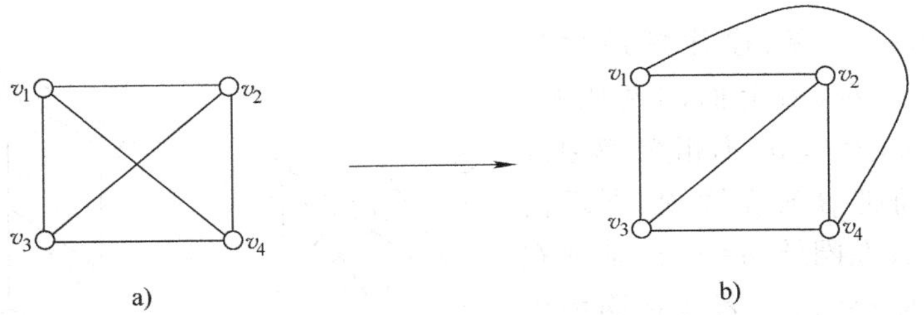

图　7-24

注意　有些图表面看有边交叉，但并不能就此判定它不是平面图。例如图 7-

24a 表面上有两条边相交，但若把它画成图 7-24b，则可看出它是一个平面图。

但是有些图无论如何画，除结点外，总有边交叉。

例如图 7-25a 所示的 K_5，不管怎样改画，都至少有一对边交叉，图 7-25b 是它的一种改画形式，图 d 是图 c($K_{3,3}$)的一种改画形式，图 b 和图 d 分别是图 a 和图 c 的边交叉最少的画法。

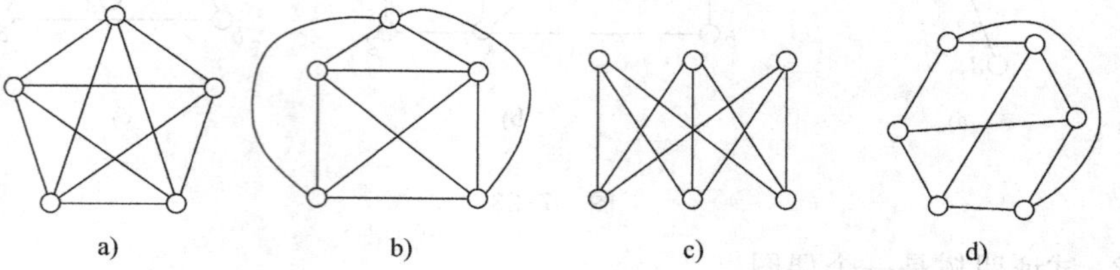

图　7-25

下面给出判断一个图是否为平面图的直观方法。

设 G 是画在平面上的图，$C=v_1\cdots v_2\cdots v_3\cdots v_4\cdots v_1$ 是 G 的一个圈。$\alpha=v_1\cdots v_3$ 和 $\beta=v_2\cdots v_4$ 是 G 的任意两条无公共结点的路。显然，当且仅当 α 和 β 同在圈的内部或同在圈的外部时，它们才会相交。根据这一简单的性质，往往可用观察的方法来判定一个图是否为平面图。

例 7-16　判定图 7-26a 中 K_5 是否为平面图？

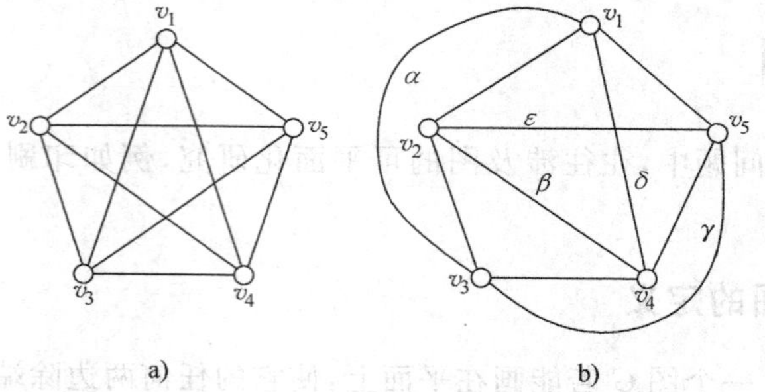

图　7-26

先给出一个圈(往往是最大的圈)$v_1v_2v_3v_4v_5v_1$，由上面的性质知，要使 $\alpha=v_1v_3$，$\beta=v_2v_4$ 不相交，需把 α 放在圈外，而把 β 放在圈内，同理需把 $\gamma=v_3v_5$ 放在圈外，$\delta=v_1v_4$ 需放在圈内，而这时 $\varepsilon=v_2v_5$ 若放在圈内则与 δ 相交，若放在圈外则与 α 相交。因此 K_5 不是平面图。

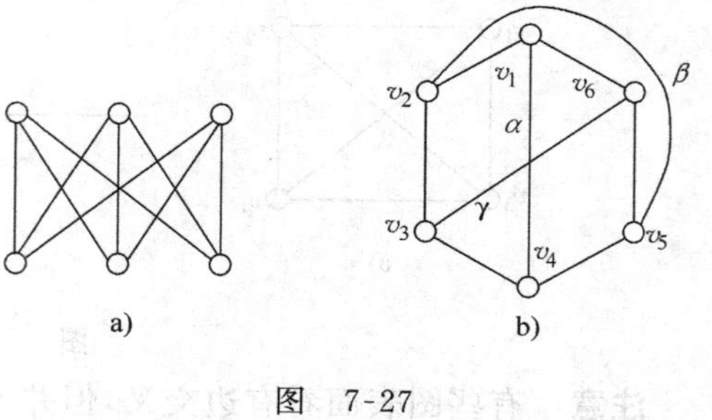

图　7-27

例 7-17　判定图 7-27a 中的 $K_{3,3}$ 是否为平面图？

如图 7-27b 所示，先给出一个圈 $v_1v_2v_3v_4v_5v_6v_1$，由上面的性质知要使路 $\alpha=v_1v_4$ 和 $\beta=v_2v_5$ 不相交，将 α 放在圈内，β 放在圈外，但 $\gamma=v_3v_6$ 无论是放在圈内或圈外都不能避免边相交的情况产生。因此图 7-27a 不是平面图。

当一个图的每个连通分支都是平面图时，则这个图是平面图。所以在研究平面图时只研究连通图就可以了，故在本节中研究的图都是连通图。

7.4.2　欧拉公式

欧拉于 1750 年提出任何一个凸多面体的顶点数 n，棱数 m 和面数 k 满足公式 $n-m+k=2$。如图 7-28 所示。

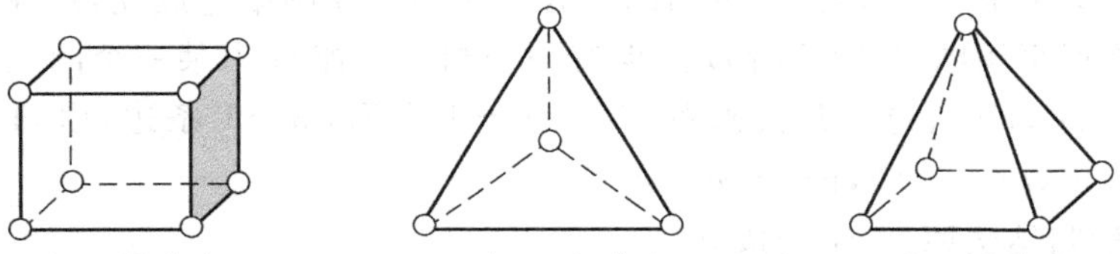

图　7-28

这个欧拉公式的适用范围不仅限于凸多面体，而且在许多领域中都有类似的公式，这里我们将它推广到平面图的情形。

定义 7-13　平面图 G 嵌入平面后，图 G 的边将 G 所在的平面划分成若干个区域，每个区域称为 G 的一个**面**。其中面积无限的区域称为无限面或外部面，否则称为有限面或内部面。包围一个面 F 的所有边构成的回路（可能不是圈），称为面 F 的**边界**，边界的长度称为面 F 的**秩**，记作 $r(F)$。若两个面的边界至少有一条边相同，则称**两面相邻**。

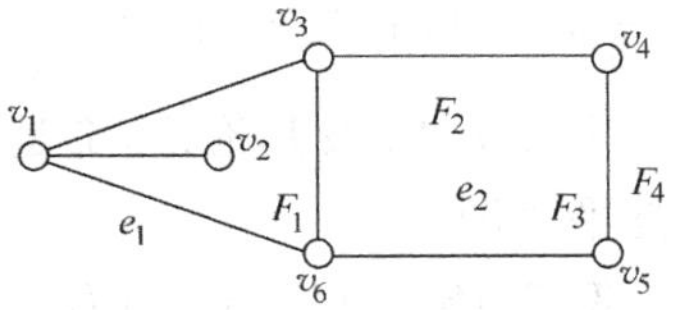

图　7-29

例如，图 7-29 具有 6 个结点，8 条边，4 个面，其中各个面的边界回路分别为

$$F_1: v_1e_1v_2e_1v_1v_3v_6v_1, F_2: v_3v_4v_5e_2v_5v_6v_3, F_3: v_5e_2v_5, F_4: v_1v_3v_4v_5v_6v_1$$

其中，F_1, F_2, F_3 都是有限面，而 F_4 是无限面。各面的秩为 $r(F_1)=5, r(F_2)=5, r(F_3)=1, r(F_4)=5$。我们注意到，任何一边都是面的边界，且在计算面的秩时，每一条边都被使用了两次。因此有如下的定理：

定理 7-11　在一个平面图 G 中，所有面的秩之和等于边数 m 的 2 倍，即

$$\sum_{i=1}^{k} r(F_i) = 2m\text{（其中 } k \text{ 为面数）}$$

同一平面图可以有不同形状的平面嵌入，但它们都是同构的。另外还可以将一个平面嵌入的某个有限面变换成无限面，或将无限面变成有限面，得到不同形状的另一个平面嵌入。

定理 7-12 设 G 是一个连通平面图，若它有 n 个结点，m 条边，k 个面，则有

$$n-m+k=2$$

这个公式称为**欧拉公式**，可用多种方法证明该公式，下面给出其中的一种证明。

证明 对面数 k 作归纳。

(1) $k=1$ 时，图 G 无圈，即图 G 是一棵树，则 $m=n-1$，因此 $n-m+k=n-(n-1)+1=2$。结论成立。

(2) 假设对有 $k-1(k\geqslant 2)$ 个面的所有连通的平面图结论成立，现在来研究有 k 个面的连通平面图 G，则这时 G 至少有一个圈。去掉 G 中某一个圈上的一条边 e，则 $G'=<V,E-\{e\}>$ 是连通的，G' 有 $k-1$ 个面，$m-1$ 条边，由归纳假设有 $n-(m-1)+(k-1)=2$，即 $n-m+k=2$。

由数学归纳法原理，结论成立。

推论 设 G 是简单连通平面图，且 $m\geqslant 2$，则 $m\leqslant 3n-6$。

证明 当 $m=2$ 时，因为 G 是简单连通图，则必无圈，所以 $n=3$，因此上式成立。

当 $m>2$ 时，因为 G 是简单图，所以每个面至少由 3 条边围成，因此各面的秩之和为 $\sum\limits_i r(F_i)\geqslant 3k$ 。而由定理 7-11 有 $\sum\limits_i r(F_i)=2m$，因此可得 $3k\leqslant 2m$，即 $k\leqslant \frac{2}{3}m$，由欧拉公式有 $2=n-m+k\leqslant n-m+\frac{2}{3}m$，即 $m\leqslant 3n-6$。

定理 7-12 及其推论，都是平面图的必要条件，它们的重要应用是判定一个图不是平面图。

例 7-18 判定 K_5 和 $K_{3,3}$ 不是平面图。

解 (1)在 K_5 中，$n=5$，$m=10$，而 $3n-6=15-6=9$，则 $m=10>9=3n-6$。由推论可知 K_5 不是平面图。

(2) 要证明 $K_{3,3}$ 不是平面图不能直接用推论，而是用推论证明的思想方法。在 $K_{3,3}$ 中，$n=6$，$m=3\times 3=9$。因为 $K_{3,3}$ 是二部图，所以每个面至少由 4 条边围成，因此可得 $2m\geqslant 4k$，即 $k\leqslant \frac{m}{2}$，若 $K_{3,3}$ 是平面图，则由欧拉公式得 $m\leqslant 2n-4$，但这里 $m=9>8=2\times 6-4=2n-4$，矛盾。故 $K_{3,3}$ 不是平面图。

注意 欧拉公式成立是平面图的必要条件，只能用欧拉公式来判定一个图不是平面图。下面讨论平面图的充分必要条件，该条件是 1930 年由波兰数学家库拉图斯基(Kuratowski)给出的。

7.4.3 库拉图斯基定理

为了介绍库拉图斯基定理，我们先介绍在边上插入点和删去点概念。

设 $e=(u,v)$是无向图 G 的一条边，若先删去边 e，再用长为 2 的路 ue_1we_2v 代替边 e，则称在边 e 上插入一个 2 度结点，反之称为删去一个 2 度结点。

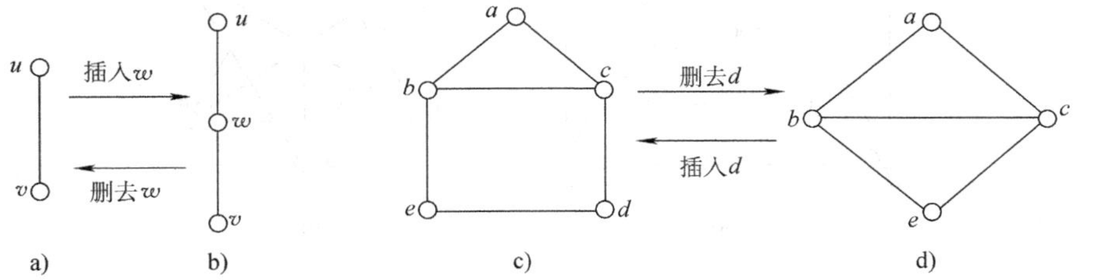

图 7-30

如在图 7-30 中图 a 到图 b 是在边(u,v)上插入 2 度结点 w，图 b 到图 a 是删去 2 度结点 w，图 c 到图 d 是删去 2 度结点 d，图 d 到图 c 是在边(c,e)上插入 2 度结点 d。

定义 7-14 如果两个图 G_1 和 G_2 同构，或经过(有限次)反复插入或删去 2 度结点后同构，则称 G_1 与 G_2 **同胚**。

由于同胚的两个图具有相同的平面性，而 K_5 和 $K_{3,3}$是典型的非平面图，因此有：

定理 7-13 (库拉图斯基定理)一个图是平面图的充分必要条件是它不含有与 K_5 或 $K_{3,3}$同胚的子图。

例 7-19 证明彼得森图(见图 7-31a)不是平面图。

证明 去掉图 a 中的两边后得子图 b，而图 b 同胚于 $K_{3,3}$，如图 c 所示。因此彼得森图不是平面图。

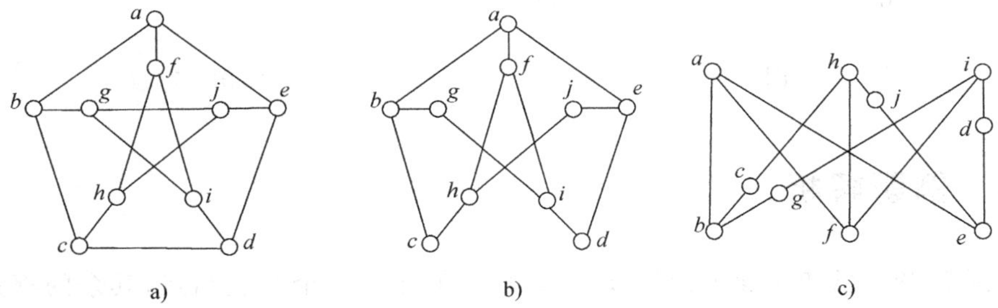

图 7-31

习题 7.4

1. 试证明如图 7-32 所示的两个图均为平面图。

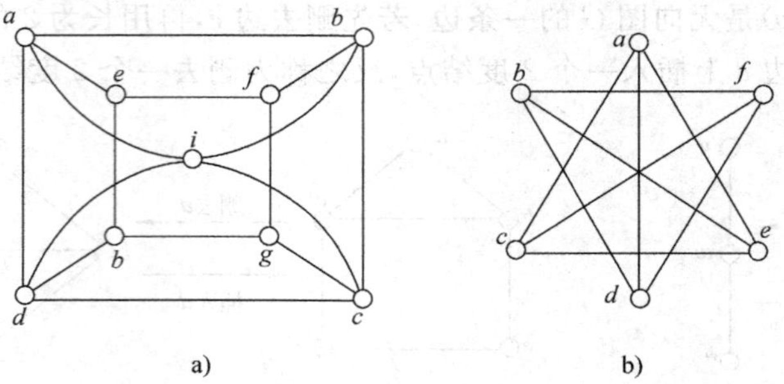

图 7-32

2. 指出如图 7-33 所示的两个图各有几个面；写出每个面的边界和秩。
3. 试证明：在有 6 个结点、12 条边的连通简单平面图中，每个面均由 3 条边围成。
4. 指出图 7-34 所示的图是否为平面图。
5. 在简单平面图 G 中，至少有一个度数小于等于 5 的结点。
6. 证明小于 30 条边的简单平面图 G 中至少有一个度数小于等于 4 的结点。

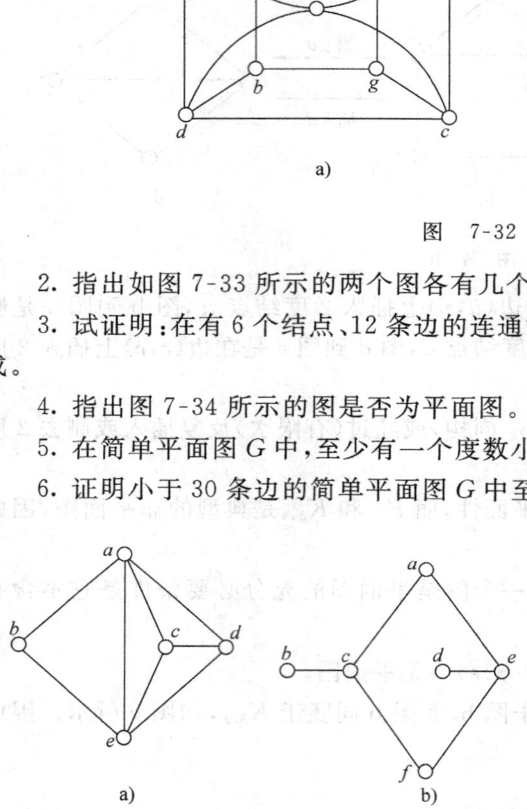

图 7-33

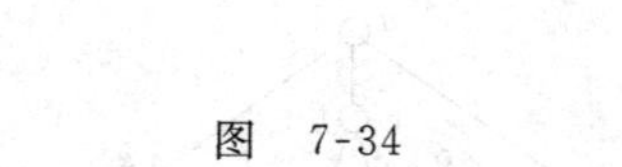

图 7-34

7.5 例题解析

例 7-20 已知一棵无向树 T 有 3 个 3 度结点，1 个 2 度结点，其余的都是 1 度结点。

（1）求它有几个 1 度结点。

（2）满足题设要求的树都同构吗？

解　(1)设 T 中有 x 个 1 度结点，则 T 中结点数 $n=3+1+x$。由定理 7-1 可知，T 中边数 $m=3+1+x-1=3+x$，而 T 中各结点度数之和为 $\sum_{i=1}^{n}d(v_i)=3\times3+2\times1+1\times x=11+x$ 。由握手定理知 $11+x=2m=6+2x\Rightarrow x=5$，故 T 中有 5 个 1 度结点。

(2) 如图 7-35 所示的两棵树均满足要求，但它们并不是同构的。

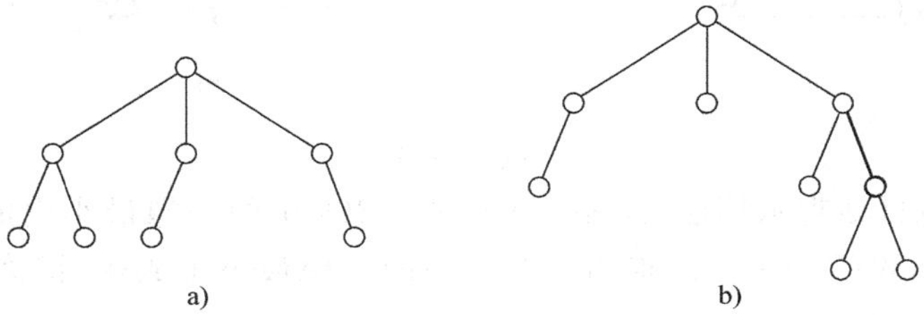

图　7-35

例 7-21　设 $G=\langle V,E\rangle$ 是连通图，且 $e\in E$，试证明：当且仅当 e 是 G 中的割边时，e 包含在 G 的每棵生成树中。

证明　必要性。假设边 e 包含在 G 的每棵生成树中但不是割边，从 G 中删去 e 得到 G' 仍是连通的且是 G 的生成子图，G' 必有一棵生成树 T，而 T 也是 G 的生成树但不包含 e，这与假设矛盾。故 e 必是割边。

充分性。设 e 是 G 的割边，若删去 e，则得到两个连通分支 G_1、G_2，而 G 的任意一棵生成树 T 必是连通的，故连结 G_1 和 G_2 的唯一边 e 必在 T 中。

例 7-22　试证明：恰有两个结点的度数为 1 的树必为一条路。

证明　设 T 是一棵具有两个 1 度结点的 $\langle n,m\rangle$ 树，则 $m=n-1$，具有

$$\sum_{i=1}^{n}\mathrm{d}(v_i)=2m=2(n-1)$$

又 T 连通且除两个 1 度结点外，其他结点度数均大于等于 2，而

$$\sum_{i=1}^{n}\mathrm{d}(v_i)=2+\sum_{i=1}^{n-2}\mathrm{d}(v_i)$$

有

$$2(n-1)=2+\sum_{i=1}^{n-2}\mathrm{d}(v_i)$$

故

$$\sum_{i=1}^{n-2}\mathrm{d}(v_i)=2(n-2)$$

因此 $n-2$ 个分支结点的度数都是 2，即 T 为一条通路。

例 7-23　在图 7-36a，b 所示的两个图中各求一棵最小生成树，将最小生成树用粗边给出并计算它们的权。

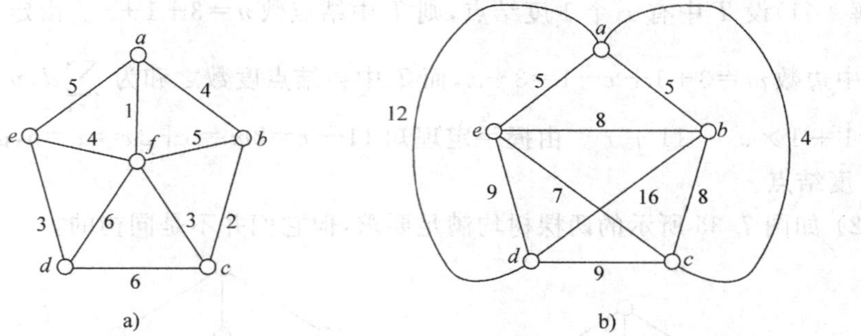

图　7-36

解　用克鲁斯克尔算法(避圈法)求图 7-36a 中的一棵最小生成树,记为 T_1(见图 7-37a),$W(T_1)=13$。求图 7-36b 中的一棵最小生成树,记为 T_2(见图 7-37b),$W(T_2)=23$。

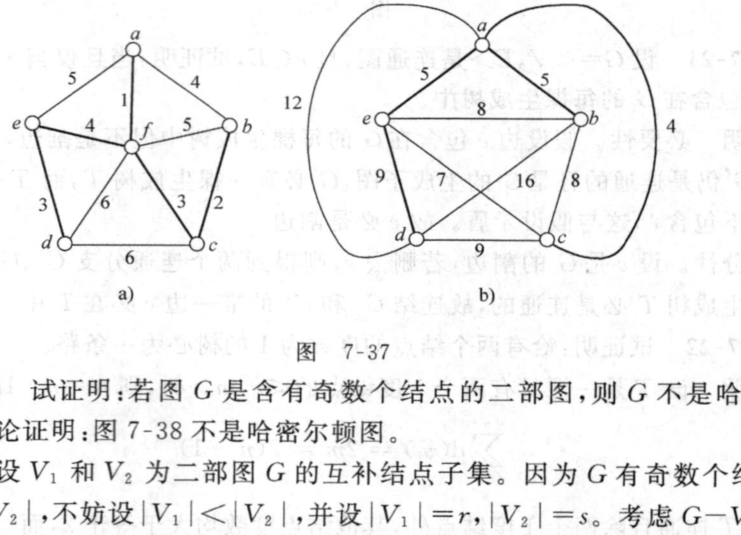

图　7-37

例 7-24　试证明:若图 G 是含有奇数个结点的二部图,则 G 不是哈密尔顿图。用此结论证明:图 7-38 不是哈密尔顿图。

证明　设 V_1 和 V_2 为二部图 G 的互补结点子集。因为 G 有奇数个结点,所以 $|V_1|\neq|V_2|$,不妨设 $|V_1|<|V_2|$,并设 $|V_1|=r$,$|V_2|=s$。考虑 $G-V_1$,则 $G-V_1$ 中有 s 个连通分支,因为 $r<s$,所以 $s=\omega(G-V_1)>|V_1|=r$,故 G 不是哈密尔顿图。

下面来考查图 7-38,容易验证该图是二部图,且有奇数个结点,由此结论可知,图 7-38 不是哈密尔顿图。

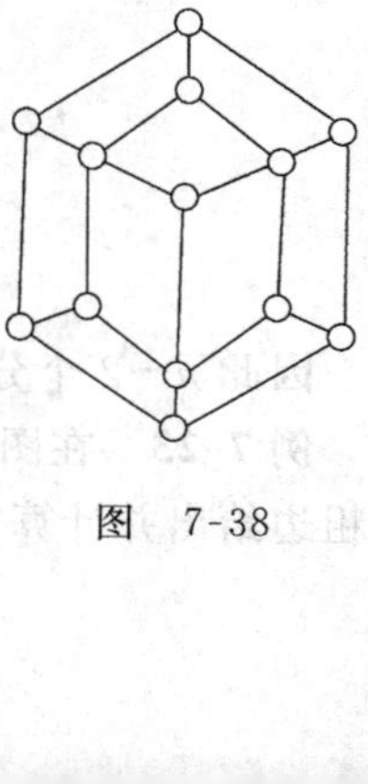

图　7-38

例 7-25　在由 6 个结点、12 条边构成的连通平面图 G 中,每个面由几条边围成?为什么?

解　每个面由 3 条边围成。因为图中结点数和边数分别为 $n=6$,$m=12$,根据欧拉公式 $n-m+k=2$,得 $k=8$。又 $\sum\limits_i \mathrm{d}(v_i)=2m=24$,而简单连通平面图的每个面至少有 3

条边围成，所以 G 中的每个面由 3 条边围成。

复习题七

1. 一棵树 T 有 5 个 2 度结点，3 个 3 度结点，4 个 4 度结点，2 个 5 度结点，其余都是 1 度结点，问 T 有多少个 1 度结点？

2. 设无向 $\langle n,m\rangle$ 图 G 是连通图，试证明：$m\geqslant n-1$。

3. 设无向 $\langle n,m\rangle$ 图 G 是森林，且 G 有 ω 个连通分支，试证明：$m=n-\omega$。

4. T_1 和 T_2 是连通图 G 的两棵不同的生成树，a 是在 T_1 中但不在 T_2 中的一条边。试证明存在边 b，它在 T_2 中但不在 T_1 中，使得 $(T_1-\{a\})\cup\{b\}$ 和 $(T_2-\{b\})\cup\{a\}$ 都是 G 的生成树。

5. 设无向图 G 是由 $k(k\geqslant 2)$ 棵树构成的森林，至少在 G 中添加多少条边才能使 G 成为一棵树？

6. 用克鲁斯克尔算法给出图 7-39 的一棵最小生成树。

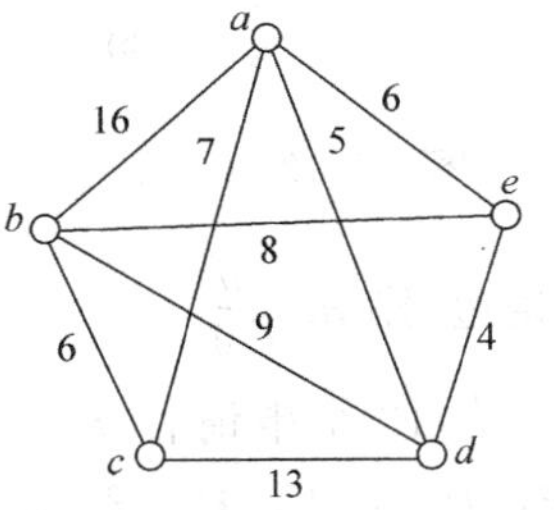

图　7-39

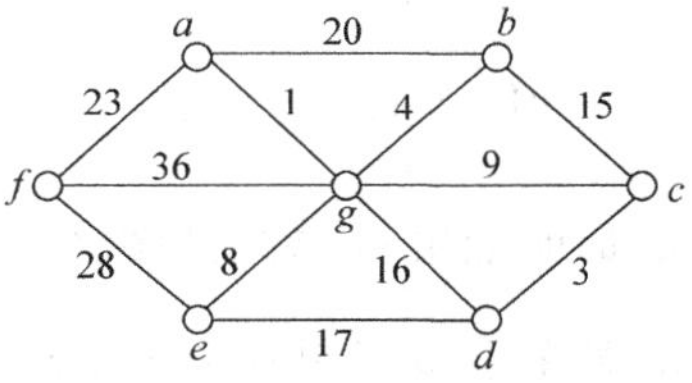

图　7-40

7. 图 7-40 中给出的赋权图表示 7 个城市 a，b，c，d，e，f，g 及架设城市间直接通讯线路的预测造价，试给出一个设计方案，使各城市之间能够通信且总造价最小，要求算出最小总造价。

8. 画出所有不同构且高为 2 的二元树，其中有多少棵是完全二元树？有多少棵是满二元树？

9. 设 T 为任意一棵完全二元树，边数为 m，树叶数为 t，试证明：$m=2t-2$，其中 $t\geqslant 2$。

10. 证明：若 T 是有 n 个结点的完全二元树，则 T 有 $(n+1)/2$ 片树叶。

11. 分别用先根、中根和后根的次序遍历如图 7-41 所示的二元树。

12. 根据如图 7-42 所示的两棵二元树，产生两个前缀码。

13. (1)求带权 2，3，5，7，8 的最优二元树 T。

(2)求 T 对应的二元前缀码。

14. 在通信中要传输八进制数字 0,1,2,…,7。这些数字出现的频率分别为 30%、20%、15%、10%、10%、60%、5%、4%。

编一个前缀码,使通信中出现的二进制数字尽可能地少。具体要求如下:

(1) 画出相应的二元树。

(2) 写出每个数字对应的前缀码。

(3) 传输按上述比例出现的数字 10000 个时,至少要用多少二进制数字?

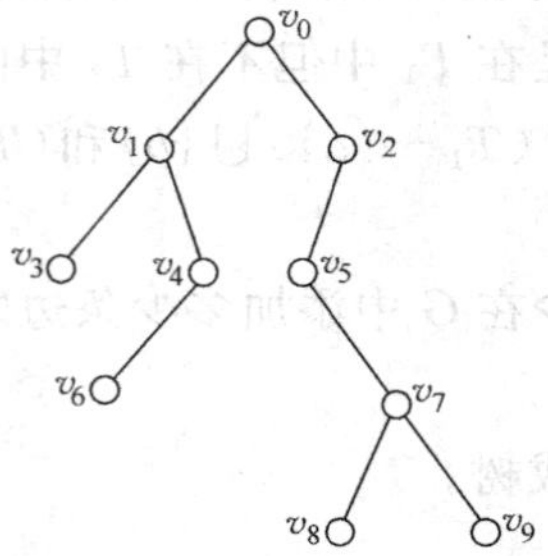

图　7-41

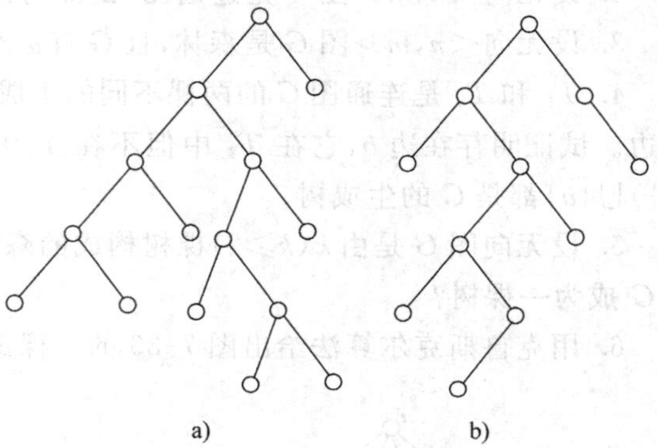

a)　　b)

图　7-42

15. 证明如果 G 是二部图,它有 n 个顶点,m 条边,则 $m\leqslant\frac{n^2}{4}$。

16. 某单位按编制有 7 个空缺 $P_1,P_2,\cdots,P_7$。有 10 个申请者 $a_1,a_2,\cdots,a_{10}$,他们的合格工作岗位集合依次是 $\{P_1,P_5,P_6\}$,$\{P_2,P_6,P_7\}$,$\{P_3,P_4\}$,$\{P_1,P_5\}$,$\{P_6,P_7\}$,$\{P_3\}$,$\{P_2,P_3\}$,$\{P_1,P_3\}$,$\{P_1\}$,$\{P_5\}$。如何安排他们的工作使得无工作的人最少?

17. 在某单位有 6 个未婚女青年 L_1,L_2,L_3,L_4,L_5,L_6,有 6 个未婚男青年 G_1,G_2,G_3,G_4,G_5,G_6,他们都想结婚,但也不是随便哪一个都可以,他们心中都有一张表,只愿意和表上的人结婚,现在知道 $L_1,L_2,\cdots,L_6$ 的表分别是

$L_1:\{G_1,G_2,G_4\}$;　$L_2:\{G_3,G_5\}$;　$L_3:\{G_1,G_2,G_4\}$;

$L_4:\{G_2,G_5,G_6\}$;　$L_5:\{G_3,G_6\}$;　$L_6:\{G_2,G_5,G_6\}$。

$G_1,G_2,\cdots,G_6$ 的表分别是

$G_1:\{L_1,L_3,L_6\}$　$G_2:\{L_2,L_4,L_6\}$　$G_3:\{L_2,L_5\}$

$G_4:\{L_1,L_3\}$　$G_5:\{L_2,L_6\}$　$G_6:\{L_3,L_4,L_5\}$

请问如何匹配,使得男女双方都满意且结婚的对象最多。

第 8 章　代 数 系 统

初等代数研究的对象是数，运算是数的加法、减法、乘法等。在线性代数里我们研究过矩阵，那里的研究对象是矩阵，运算是矩阵的加法、减法、乘法和矩阵的求逆等。由于数学和科学的发展，人们需要对许多不是数(例如矩阵)的对象进行研究，并给出类似于以上运算的方法进行计算，因此，我们有必要将这些东西抽象出来统一研究，这就产生了抽象代数。

由以上的实例可以看出，当我们掌握一类数(或量)时，几乎同时要掌握它的运算，离开了运算，这类数(或量)就没有意义了。由集合和集合上的运算所构成的系统称为代数系统，又叫做代数结构或抽象代数。它是人们对前人研究的代数的抽象和归结，它是用代数的方法构造的数学模型。代数的概念和方法是研究计算机科学的重要工具，在许多理论领域都是必不可少的。本章给出代数系统的定义与基本性质，并进而介绍群、环等典型的代数系统。

8.1　运算与代数系统

为了给出代数系统定义，我们先给出集合 S 上运算的概念。

8.1.1　运算

我们已经学了很多的运算，那么什么是运算呢？下面用函数给出运算的定义。

定义 8-1　设 S 是一个非空集合，函数 f：$S\to S$ 称为 S 上的一个**一元运算**；二元函数 f：$S^2\to S$ 称为 S 上的一个**二元运算**；…；一般地，n 元函数 f：$S^n\to S$，则称 f 为 S 上的一个 **n 元运算**，其中 n 为正整数。

我们研究的运算主要是二元运算，有时也涉及一元运算。通常用 $\circ$，$*$，$\otimes$，$\oplus$，…，表示二元运算，也叫运算符。

设 $*$：$S\times S\to S$ 是 S 上的二元运算，则对任意的 x，$y\in S$，存在唯一的 $z\in S$ 使得 $*(<x, y>)=z$，可以简记为 $x*y=z$。

集合 S 中的元素经某一运算后它的结果仍在 S 中，则称此运算在集合 S 上是**封闭的**。n 元运算是一个封闭的运算，它要求对 S 中的任何 n 个元素经运算后所得的结果必须是集合 S 中的元素。

例如 f：$\mathbf{N}\times\mathbf{N}\to\mathbf{N}$，$f(<a, b>)=a+b$ 就是自然数集合 $\mathbf{N}$ 上的一个二元运

算，即普通的加法运算。但普通的减法运算就不是集合 **N** 上的二元运算，因为，2，$3\in \mathbf{N}$ 但 $2-3\notin \mathbf{N}$，即 **N** 对减法不封闭。要验证一个二元运算是否为集合 S 上的二元运算主要应考虑以下两点：

(1)S 中任何两个元素都可以进行这种运算，且运算的结果是唯一的。

(2)S 中任何两个元素的运算的结果都属于 S，即 S 对该运算是封闭的。

例如除法运算就不是实数集合 **R** 上的二元运算，因为 $0\in \mathbf{R}$，而 0 不能作除数。但除法运算是 $\mathbf{R}-\{0\}$ 上的二元运算。下面再给出一些运算的例子。

例 8-1　(1)自然数集合 **N** 上的加法、乘法是 **N** 上的二元运算，但减法、除法不是。

(2)整数集合 **Z** 上的加法、减法、乘法是 **Z** 上的二元运算，但除法不是。

(3)非零实数集 $\mathbf{R}^*$ 上的乘法、除法都是 $\mathbf{R}^*$ 上的二元运算，而加法、减法不是。

(4)$P(S)$是任意集合 S 的幂集，则并、交、差、补是集合 $P(S)$上的二元运算。

例 8-2　对于通常数的乘法运算是否可以看做下列集合上的二元运算？

(1)$A=\{1,2\}$。

(2)$B=\{x\mid x$ 是素数$\}$。

(3)$C=\{x\mid x$ 是偶数$\}$。

(4)$D=\{2^n\mid n\in \mathbf{N}\}$。

解　(1)乘法运算不是集合 A 上的二元运算，这是因为 $2\times 2=4\notin A$。

(2)乘法运算不是集合 B 上的二元运算，因为素数乘素数不是素数。

(3)乘法运算是集合 C 上的二元运算，因为偶数乘偶数仍是偶数。

(4)乘法运算是集合 D 上的二元运算。因为对于任意的 2^n，$2^m\in D$，$2^n\times 2^m=2^{n+m}\in D$。

对于有限集合上的一元运算和二元运算可用称为**运算表**的表格来定义。

例 8-3　设集合 $A=\{0,1\}$，A 上二元运算 $*$ 和一元运算 $\sim$ 可用表 8-1 与表 8-2 给出的运算表定义如下：

表 8-1

*	0	1
0	0	1
1	1	1

表 8-2

～	0
0	1
1	0

这里定义的 n 元运算具有一定的广泛性与抽象性，它不仅包括我们常用的数的加、减、乘、除等运算，也包括集合的并、交、差、补等运算，还包括较为抽象的运算，如两字符串的“并置”等，甚至包括任意定义的运算。

8.1.2　二元运算的性质

下面来讨论一般的二元运算所具有的性质。

1. 交换律

定义 8-2　设 $*$ 是 S 上的一个二元运算，如果对 S 内的任意两个元素 a，b 均有 $a*b=b*a$，则称运算“$*$”满足**交换律**。

例 8-4　设 $\mathbf{Q}$ 是有理数集，二元运算$\oplus$定义为，对任意 a，$b\in\mathbf{Q}$ 有 $a\oplus b=a+b-ab$。问运算“$\oplus$”满足交换律吗？

解　因为 $a\oplus b=a+b-ab=b+a-ba=b\oplus a$，所以运算“$\oplus$” 满足交换律。

2. 结合律

定义 8-3　设 $*$ 是 S 上的二元运算，如果对 S 内的任意元素 a，b，c 均有

$$a*(b*c)=(a*b)*c,$$

则称运算“$*$”满足**结合律**。

注意　一个代数运算如果满足结合律，则进行此运算时不需设置括号，如

$$a*(b*c)=(a*b)*c=a*b*c$$

例 8-5　设$\otimes$是 A 上的二元运算，对任意 a，$b\in A$ 定义为 $a\otimes b=b$。试证明运算“$\otimes$”满足结合律。

证明　因为对任意的 a，b，$c\in A$，有

$$(a\otimes b)\otimes c=b\otimes c=c,$$

且

$$a\otimes(b\otimes c)=a\otimes c=c,$$

故

$$(a\otimes b)\otimes c=a\otimes(b\otimes c)。$$

3. 分配律

定义 8-4　设 $\circ$，$*$ 是 S 上的两个二元运算，如果对 S 内的任意三个元素 a，b，c 均有

$$a\circ(b*c)=(a\circ b)*(a\circ c) \tag{8-1}$$

则称运算“$\circ$”对运算“$*$”满足**左分配律**。如果有

$$(b*c)\circ a=(b\circ a)*(c\circ a) \tag{8-2}$$

则称运算“$\circ$”对运算“$*$”满足**右分配律**。

如果同时有式(8-1)、式(8-2)，则称运算“$\circ$”对运算“$*$”满足**分配律**。

4. 吸收律

定义 8-5　设 $\circ$，$*$ 是 S 上的两个二元运算，如果对于 S 中的任意元素 a，b，有

$$a\circ(a*b)=a \tag{8-3}$$

则称运算“$\circ$”对运算“$*$”满足**左吸收律**。同理，如果有

$$(a*b)\circ a=a \tag{8-4}$$

则称运算“∘”对运算“∗”满足**右吸收律**。

如果同时有式(8-3)、式(8-4)，则称运算“∘”对运算“∗”满足**吸收律**。

运算“∗”对运算“∘”满足左、右吸收律和吸收律可以类似地定义。

例 8-6 设 **N** 是自然数集，∘，∗ 都是 **N** 上的二元运算，运算“∘”和“∗”定义如下：

对任意的 a，$b\in \mathbf{N}$，有 $a\circ b=\max\{a, b\}$，$a*b=\min\{a, b\}$，试证

(1)运算“∘”对“∗”满足吸收律。

(2)运算“∗”对“∘”满足吸收律。

解 (1)对任意的 a，$b\in \mathbf{N}$，

① 若 $a\leqslant b$，则

$$a\circ(a*b)=\max\{a,\min\{a,b\}\}=\max\{a,a\}=a,$$

$$(a*b)\circ a=\max\{\min\{a,b\},a\}=\max\{a,a\}=a。$$

② 若 $a>b$，则 $a\circ(a*b)=\max\{a, \min\{a, b\}\}=\max\{a, b\}=a$，

$$(a*b)\circ a=\max\{\min\{a, b\}, a\}=\max\{b, a\}=a。$$

由运算“∘”和“∗”的定义可知“∘”和“∗”都满足交换律，因此，综合①、②可知运算“∘”对“∗”满足吸收律。

(2)同理可证运算“∗”对“∘”满足吸收律。

5. 幂等律

定义 8-6 设 ∗ 是 S 上的二元运算。

(1)若存在 $a\in S$ 有 $a*a=a$，称 a 是关于运算“∗”的**幂等元**。

(2)若对任意的 $a\in S$，都有 $a*a=a$，则称运算“∗”满足**幂等律**。

例 8-7 (1) 设 **R** 是实数集合，× 是 **R** 上的乘法运算，**R** 中 0 和 1 都是关于运算“×”的幂等元。

(2) $P(S)$是集合 S 的幂集，∪，∩ 分别是集合的并和交运算，则∪，∩都是 $P(S)$上的二元运算，且∪，∩都具有幂等律。

6. 单位元

定义 8-7 设 ∗ 是 S 上的二元运算，如果存在元素 e_l，e_r，$e\in S$。

(1) 若对任一 $x\in S$ 有

$$e_l * x=x,$$

则称元素 e_l 是 S 上关于运算“∗”的**左单位元**。

(2) 若对任一 $x\in S$ 有

$$x * e_r=x,$$

则称元素 e_r 是 S 上关于运算“∗”的**右单位元**。

(3) 若对任一 $x\in S$ 有

$$e * x=x * e=x$$

即称 e 为 S 上关于运算“$*$”的**单位元**。

由定义可知单位元 e 既是运算“$*$”的左单位元，又是运算“$*$”的右单位元。

例 8-8　在实数集合 $\mathbf{R}$ 上，乘法运算$\times$的单位元为 1，加法运算$+$的单位元为 0。

注意　单位元素的符号我们用“e”来表示，有时也用“1”来表示，但“1”不一定具有自然数 1 的含义，它只是单位元的符号。

定理 8-1　设 $*$ 是 S 上的二元运算，如果关于运算“$*$”既有左单位元 e_l，又有右单位元 e_r，则 $e_l=e_r$。

证明　根据左单位元定义有

$$e_l * e_r=e_r,$$

根据右单位元定义有

$$e_l * e_r=e_l,$$

综合上述有 $e_l=e_r$。故命题得证。

定理 8-2　设 $*$ 是 S 上的二元运算，如果关于运算“$*$”的单位元存在，则必唯一。

证明　设 S 中关于运算“$*$”有两个单位元，它们分别为 e 和 e'。由于 e' 是单位元，所以对任一个 $x\in S$ 有 $e' * x=x * e'=x$，用 e 代替 x 代入上式，得

$$e' * e=e。$$

又因为 e 也是单位元素，所以 $e * x=x * e=x$，用 e' 代替 x 代入上式得

$$e' * e=e'。$$

综合上述有 $e'=e' * e=e$。故命题得证。

7. 零元

定义 8-8　设 $*$ 是 S 上的二元运算，如果存在元素 θ_l，θ_r，$\theta\in S$。

(1) 若对任意一个 $x\in S$ 均有

$$\theta_l * x=\theta_l,$$

则称元素 θ_l 为 S 上关于运算“$*$”的**左零元**。

(2) 若对任意一个 $x\in S$ 均有

$$x * \theta_r=\theta_r,$$

则称元素 θ_r 为 S 上关于运算“$*$”的**右零元**。

(3) 若对任一个 $x\in S$，均有

$$\theta * x=x * \theta=\theta,$$

则称 θ 为 S 上关于运算“$*$”的**零元**。

注意　零元的符号用“θ”，有时候也用“0”表示，但“0”不一定具有自然数 0 的含义，它只是零元的记号。

例 8-9　“$\times$”是 $\mathbf{Z}$ 上的乘法运算，关于$\times$的零元是“0”。因为对于任何整数

x，均有

$$x\times 0=0\times x=0。$$

例 8-10 min 是 $S=\{2, 3, 4, 5\}$上的二元运算，运算“min”是“取小”运算。S 上关于运算“min”的零元为 2。“取大”运算“max”也是 $S=\{2, 3, 4, 5\}$上的二元运算，S 上关于运算“max”的零元为 5。

与单位元类似，可以证明，若左、右零元都存在，则左零元和右零元是相等的，即有

$$\theta_l=\theta_r=\theta。$$

也可证明，零元若存在也是唯一的。

8. 逆元

定义 8-9 设 $*$ 是 S 上的二元运算，如果关于运算 $*$ 存在单位元 e。

(1) 对 S 内的某个元素 a，若存在 $a_l^{-1}\in S$，使得

$$a_l^{-1}*a=e,$$

则称 a_l^{-1} 为 a 关于运算“$*$”的**左逆元**。

(2) 对 S 内的某个元素 a，若存在 $a_r^{-1}\in S$，使得

$$a*a_r^{-1}=e,$$

则称 a_r^{-1} 为 a 关于运算“$*$”的**右逆元**。

注意 若 S 中的某个元素关于 S 上的二元运算“$*$”既有左逆元又有右逆元，但并不总是相等。

定理 8-3 设 $*$ 是 S 上的二元运算，如果 $a\in S$ 存在左逆元 a_l^{-1} 和右逆元 a_r^{-1}，且运算“$*$”满足结合律，则 a 的左、右逆元素相等，即 $a_l^{-1}=a_r^{-1}$。

证明 $a_l^{-1}=a_l^{-1}*e=a_l^{-1}*(a*a_r^{-1})=(a_l^{-1}*a)*a_r^{-1}=e*a_r^{-1}=a_r^{-1}$。

注意 当一个代数运算满足结合律时，则元素 a 的左、右逆元相等，可记作 a^{-1}，并称其为 a 的**逆元**，故这时有 $a_l^{-1}=a_r^{-1}=a^{-1}$。

定理 8-4 设 $*$ 是 S 上的二元运算，如果运算“$*$”满足结合律，且 S 内元素 a 有逆元存在，则其逆元是唯一的。

证明 若对某一元素 a 存在两个逆元素 a' 与 a^{-1}，则我们有

$$a'=a'*e=a'*(a*a^{-1})=(a'*a)*a^{-1}=e*a^{-1}=a^{-1}$$

定理得证。

例 8-11 加法＋是集合 $\mathbf{Z}$ 上的二元运算。$\mathbf{Z}$ 上关于加法＋的单位元素是 0，对任意一个 $x\in\mathbf{Z}$，它的逆元素是 $-x$，因为 $x+(-x)=0$。

9. 消去律

定义 8-10 设 $*$ 是 S 上的二元运算，如果对任意的 $a, b, c\in S$ 都有

(1)若 $a*b=a*c$ 且 $a\neq\theta$，则 $b=c$。

(2)若 $b*a=c*a$ 且 $a\neq\theta$，则 $b=c$。

那么称运算“ * ”满足**消去律**。

如果只满足(1)，则称运算“ * ”满足**左消去律**。

如果只满足(2)，则称运算“ * ”满足**右消去律**。

8.1.3　代数系统

一个代数系统就是一个定义了运算的集合。有了集合 S 上的 n 元运算的概念，可以对代数系统给一个一般的定义，具体定义如下：

定义 8-11　非空集合 S 和 S 上 k 个运算 f_1，f_2，…，f_k 组成的系统称为一个**代数系统**。记作 $<S, f_1, f_2, \cdots, f_k>$。

例如，n 维实向量组成的集合，和向量之间的加法运算就构成一个代数系统。

注意　一个代数系统需要满足下面三个条件：

(1)有一个非空集合 S。

(2)有若干个建立在集合 S 上的运算。

(3)这些运算在集合 S 上都是封闭的。

集合 S 上的元素一般讲是一些经过抽象的元素，如自然数、实数、向量、矩阵、字符串等。集合 S 给出了代数系统研究对象的范围。

在集合 S 上的运算可以有若干个，如可以在实数集上建立两个二元运算：“+”，“×”。运算可以是一元的，二元的，也可以是多元的，而以一元、二元运算居多。

具备上述三个条件的系统构成了一个代数系统。一个在集合 S 上具有运算“ * ”的代数系统记作 $<S, *>$。

例 8-12　一个在整数集合 **Z** 上带有加法运算的系统构成了一个代数系统 $<\mathbf{Z}, +>$。因为它有一个集合 $\mathbf{Z}=\{\cdots, -3, -2, -1, 0, 1, 2, 3, \cdots\}$ 且有集合 **Z** 上的运算“+”，这个加法运算对集合 **Z** 是封闭的，因此它构成了一个代数系统 $<\mathbf{Z}, +>$。

例 8-13　在有理数集 **Q** 上带有两个二元运算“+”和“×”的系统构成一个代数系统。因为 **Q** 是一个集合，在 **Q** 上的二个运算均是封闭的，故构成了一个代数系统 $<\mathbf{Q}, +, \times>$。

例 8-14　我们可以构造一个代数系统：设有限个字符组成的集合 X，在 X 上构造任意长的字符串，串中字符的个数 m 叫这个串的**长度**，我们规定当一个串的长度 $m=0$ 时用符号 Λ 表示，称其为**空串**，这样可以构造一个在 X 上的所有字符串的集合 X^*。

其次我们在 X^* 上定义一个称为**并置**的运算，运算符号用“ ∘ ”表示，对于任意的 α，$\beta \in X^*$，定义为

$$\alpha \circ \beta = \alpha\beta。$$

通过并置运算将两个字符串联接成一个新的字符串，而联接成的新字符串也在 X^* 中。这样我们构造了一个代数系统 $<X^*, \circ>$。

我们也可以令 $X^+ = X^* - \{\Lambda\}$，则 $<X^+, \circ>$ 也是一个代数系统。

习题 8.1

1. 判断下列集合对所给的二元运算是否封闭。

(1) 整数集合 $\mathbf{Z}$ 和普通的减法运算。

(2) 非零整数集合 $\mathbf{Z}^*$ 和普通的除法运算。

(3) $S=\{2x-1 \mid x \in \mathbf{Z}\}$ 和乘法运算。

(4) $S=\{0, 1\}$ 和普通的加法及乘法运算。

2. 给定正整数集合 $\mathbf{Z}^+$，对于任意的 $a, b \in \mathbf{Z}^+$ 二元运算 $*$ 和 $\circ$ 分别定义如下：

$$a * b = a^b, \quad a \circ b = a \cdot b$$

试证明 $*$ 对 $\circ$ 是不可分配的。

3. 设 S 是非空有限集，代数系统 $<P(S), \cup, \cap>$ 中

(1) 指出 $P(S)$ 关于 $\cup$ 运算的单位元和零元。

(2) 指出 $P(S)$ 关于 $\cap$ 运算的单位元和零元。

4. 在实数集合上定义二元运算 $x * y = xy - 2x - 2y + 6$。

(1) 验证 $*$ 是否满足交换律和结合律。

(2) 求 $*$ 的单位元和零元。

(3) 对任何实数 x，求其逆元。

5. 设 $S=\{a, b\}$，S 上的 4 个运算 f_1，f_2，f_3，f_4 见表 8-3。问哪些满足交换律，哪些满足幂等律，哪些有单位元，哪些有零元？

表 8-3

f_1	a	b	f_2	a	b	f_3	a	b	f_4	a	b
a	a	a	a	a	b	a	b	b	a	a	b
b	a	a	b	b	a	b	a	a	b	a	b

6. 设 $\mathbf{N}$ 为自然数集合，$<\mathbf{N}, \circ>$ 在下列哪些运算下构成代数系统。

(1) $x \circ y = x + y - 2xy$。

(2) $x \circ y = xy$。

(3) $x \circ y = x + y$。

(4) $x \circ y = |x| + |y|$（提示：$+$，$-$，$\cdot$ 分别为普通加、减和乘法）。

(5) $G=\{a\sqrt{2} \mid a \in \mathbf{N}\}$，$*$ 是普通乘法，问 $<G, *>$ 是否构成代数系统。

8.2 半群与独异点

在8.1节中介绍了一般代数系统的9个性质，但并不是每个代数系统都具有这9条性质。我们这里介绍的代数系统只具有这9条性质中的某些性质，我们可以对具有相同性质的代数系统进行集中和统一的研究，因而形成了一些特定的代数系统。下面主要介绍具有一个二元运算的代数系统——群。

在介绍群之前，先介绍同样是具有一个二元运算的代数系统——半群和独异点。半群与独异点在形式语言、加法器设计、纠错码指定、时序线路等理论中都有卓有成效的应用。

8.2.1 半群与独异点

定义8-12 设$<S, *>$是一个代数系统，其中$*$是非空集合S上的二元运算，满足结合律，则此代数系统称为**半群**。

一个半群，如果其二元运算满足交换律，则叫**可交换半群**。

例8-15 代数系统$<\mathbf{Z}^+, +>$，$<\mathbf{N}, +>$，$<\mathbf{Z}, +>$，$<\mathbf{R}, +>$和$<\mathbf{Z}^+, \times>$，$<\mathbf{N}, \times>$，$<\mathbf{Z}, \times>$，$<\mathbf{R}, \times>$都是可交换半群，但代数系统$<\mathbf{Z}, ->$和$<\mathbf{R}^+, \div>$不是半群。

例8-16 (1) 设$S=\{R|R$是集合A上的二元关系$\}$，“$\circ$”是关系的复合运算，则代数系统$<S, \circ>$是半群，但不可交换。

(2) 设$F=\{f|f: A\to A\}$，“$\circ$”是函数的复合运算，则代数系统$<F, \circ>$是半群，但不可交换。

定义8-13 设$<S, *>$是一个半群，并且存在单位元e，则称此代数系统为**独异点**，也称其为**含幺半群**，有时也记作$<S, *, e>$。

如果一个独异点满足交换律，则称其为**可交换独异点**。

注意 由独异点的定义可知，独异点一定是半群，反之不真。

例8-17 例8-15中的半群$<\mathbf{Z}^+, +>$不是独异点，因为它没有单位元，$<\mathbf{N}, +>$，$<\mathbf{Z}, +>$，$<\mathbf{R}, +>$都是可交换独异点，单位元是0，$<\mathbf{Z}^+, \times>$，$<\mathbf{N}, \times>$，$<\mathbf{Z}, \times>$，$<\mathbf{R}, \times>$也都是可交换独异点，单位元是1。

在例8-16中的半群$<S, \circ>$，$<F, \circ>$是独异点，单位元分别是恒等关系和恒等函数，但这两个独异点都不可交换。

例8-18 有限字母集X上的字符串集合X^*与并置运算“$\circ$”所组成的代数系统$<X^*, \circ>$是一个独异点，它的单位元是空串Λ，但也是不可交换的。

8.2.2　子代数

子代数是一个非常重要的概念。

定义 8-14　设 $<S, *>$ 是代数系统，其中 $*$ 是 S 上的二元运算，若代数系统 $<M, *>$ 满足下列条件：

(1) $M \subseteq S$；

(2) M 对运算 $*$ 是封闭的，即 $a \in M$，$b \in M$，则 $a * b \in M$，

则称 $<M, *>$ 是 $<S, *>$ 的**子系统**或**子代数**。

注意　这里运算 $*$ 可以是一个、两个，也可以是多个的情况。

例 8-19　$<\mathbf{N}, +>$ 是 $<\mathbf{Z}, +>$ 的子代数，因为 $\mathbf{N}$ 对加法运算 $+$ 是封闭的。

例 8-20　设 $Z_2 = \{2i \mid i \in \mathbf{Z}\}$ 是所有偶数所组成的集合，则代数系统 $<\mathbf{Z}_2, +>$ 是 $<\mathbf{Z}, +>$ 的一个子代数。

例 8-21　代数系统 $<[0, 1], \times>$ 是 $<\mathbf{R}, \times>$ 的子代数。

可以用一个代数系统的子代数来推测它的性质，因为子代数保留了原代数系统的许多性质，并且子代数比原代数系统简单。

定义 8-15　一个半群 $<S, *>$ 的子代数 $<M, *>$ 叫做半群 $<S, *>$ 的子半群。

定义 8-16　设 $<S, *>$ 是一个独异点，如果 $<M, *>$ 是它的子半群，且 $<S, *>$ 的单位元 $e \in M$，则称 $<M, *>$ 为 $<S, *>$ 的**子独异点**。

例 8-22　$<\mathbf{N}, +>$ 是 $<\mathbf{Z}, +>$ 的子半群，又 $<\mathbf{Z}, +>$ 的单位元 $0 \in \mathbf{N}$，所以 $<\mathbf{N}, +>$ 也是 $<\mathbf{Z}, +>$ 的子独异点。

例 8-23　设有半群 $<\mathbf{N}, \times>$，其中 $\mathbf{N}$ 是自然数集合，$\times$ 是普通的乘法运算，则 $<N_2, \times>$ 是 $<\mathbf{N}, \times>$ 的子半群，其中 $N_2 = \{2n \mid n \in \mathbf{N}\}$。因为半群 $<\mathbf{N}, \times>$ 有单位元 1，所以 $<\mathbf{N}, \times>$ 是独异点，但 $1 \notin N_2$，所以 $<N_2, \times>$ 不是 $<\mathbf{N}, \times>$ 的子独异点。

定理 8-5　设 $<S, *>$ 是一个独异点。如果它有一个子代数 $<M, *>$，且 $<S, *>$ 的单位元 $e \in M$，则 $<M, *>$ 是一个独异点。

证明　由于 $<S, *>$ 是个独异点，所以也是一个半群。而 $<M, *>$ 是 $<S, *>$ 的一个子代数，所以 $<M, *>$ 是一个半群。又 $e \in M$，故 $<M, *>$ 构成了一个独异点。

8.2.3　幂

定义 8-17　设 $<S, *>$ 是一个半群，对于任一个元素 $a \in S$，我们可以定义它的幂为

$$\begin{cases}a^1 = a \\ a^{i+1} = a^i * a \quad i \in \mathbf{Z}^+\end{cases}$$

由结合律，我们可以得到半群元素幂的性质

$$a^m * a^n = a^{m+n}, (a^n)^m = a^{nm} (n, m \in \mathbf{Z}^+)$$

定理 8-6 设<S，$*$>是一个半群，如果 S 是一个有限集，则有元素 $a \in S$，使得 $a * a = a$。

证明 因为<S，$*$>是半群。由 $*$ 的封闭性，则对于任意的 $b \in S$ 有

$$b^2 \in S, b^3 \in S, \cdots,$$

因为 S 是有限集，所以必存在 $j > i$，使得

$$b^i = b^j$$

令

$$t = j - i$$

则有

$$b^i = b^t * b^i$$

所以

$$b^r = b^t * b^r, r \geqslant i$$

因为 $t \geqslant 1$，所以总可以找到 $k \geqslant 1$，使得

$$kt \geqslant i$$

对于 S 中的元素 b^{kt} 有

$$\begin{aligned} b^{kt} &= b^t * b^{kt} \\ &= b^t * (b^t * b^{kt}) \\ &= b^{2t} * b^{kt} \\ &= \cdots \\ &= b^{kt} * b^{kt} \end{aligned}$$

这就证明了在 S 中存在元素 $a = b^{kt}$，使得 $a * a = a$

定义 8-18 一个独异点<S，$*$，e>，对它的任一个元素 a，我们可以定义它的幂为

$$\begin{cases}a^0 = e \\ a^{n+1} = a^n * a \quad n \in \mathbf{N}\end{cases}$$

由结合律，我们可以得到独异点元素幂的性质

$$a^m * a^n = a^{m+n}, (a^n)^m = a^{nm} (n, m \in \mathbf{N})$$

定义 8-19 设<S，$\circ$>是一个半群，如果它的每个元素均为 S 内某一固定元素 a 的正整数幂，则半群<S，$\circ$>叫做由 a 所生成的**循环半群**，而 a 叫做这个循环半群的**生成元素**。

例 8-24 代数系统<$\mathbf{Z}^+$，$+$>中 $\mathbf{Z}^+$ 为正整数集，此代数系统是一个循环半群，它的生成元素是 1，因为它的任何元素均可表示成 1 正整数次幂。例如

$$1^1 = 1, 1^2 = 1^1 + 1 = 2, 1^3 = 1^2 + 1 = 2 + 1 = 3, \cdots,$$

$$1^n = 1^{n-1} + 1 = (n-1) + 1 = n, \cdots。$$

定理 8-7 一个循环半群一定是可交换半群。

证明 设有循环半群$<S, \circ>$，它的生成元素是a，则对它的任何两个元素b，c均存在m，$n \in \mathbf{Z}^+$使得，$b=a^m$，$c=a^n$，因此，

$$b \circ c = a^m \circ a^n = a^{m+n} = a^{n+m} = a^n \circ a^m = c \circ b$$

由于b，c的任意性，故循环半群$<S, \circ>$是交换半群。

定理 8-8 一个半群内的任一元素a和它所有的幂组成一个由a生成的循环子半群。

证明 设$<S, \circ>$是一个半群，它的任一元素a以及a的幂所组成的集合是$M=\{a, a^2, a^3, \cdots\}$，显然，运算“$\circ$”在$M$上是封闭的，又因为$M \subseteq S$，故$<M, \circ>$是$<S, \circ>$的一个子代数，因此它也是一个半群，故$<M, \circ>$是$<S, \circ>$的一个子半群。

其次，$<M, \circ>$的任一元素均可由a生成，故$<M, \circ>$是一个由a生成的循环子半群。

定义 8-20 设$<S, \circ>$是一个独异点，如果它的每一个元素都可以表示为它的一个固定的元素a的自然数幂，则称其为由a所生成的**循环独异点**，而a叫此独异点的**生成元素**。

定理 8-9 一个循环独异点是一个可交换独异点。

例 8-25 一个可交换独异点的所有幂等元构成一个子独异点。

证明 设$<M, \circ, e>$是一个可交换独异点，它的幂等元所组成的子集为M'。设a，$b \in M'$，则有$a \circ a=a$，$b \circ b=b$，而运算“$\circ$”是可结合且可交换的，所以

$$(a \circ b) \circ (a \circ b) = (a \circ a) \circ (b \circ b) = a \circ b$$

由此可知$a \circ b$亦是幂等元，即$a \circ b \in M'$，故$<M', \circ>$是$<M, \circ>$的一个子代数。又由于$e \circ e=e$，即单位元$e \in M'$。根据定理 8-6 和定义 8-16 可知$<M', \circ>$是$<M, \circ>$一个子独异点。

习题 8.2

1. 判断下列运算关于自然数集合是否构成半群。

(1)$a \circ b=\max\{a, b\}$。 (2)$a \circ b=b$。 (3)$a \circ b=2ab$。

(4)$a \circ b=|a-b|$。

2. 在实数集$\mathbf{R}$上的二元运算$*$定义为

$$a \circ b=a+b+ab(a, b \in \mathbf{R})$$

试判断下列论断是否正确：

(1)$<\mathbf{R}, \circ>$是一个代数系统。

(2)$<\mathbf{R}, \circ>$是一个半群。

(3)＜**R**，∘＞是一个独异点。

3. 集合{a，b}上的运算 $*$ 由表 8-4 定义，问哪一个运算能使＜{a，b}，$*$＞构成独异点。

表 8-4

f_1	a	b	f_2	a	b	f_3	a	b	f_4	a	b
a	a	a	a	a	b	a	b	a	a	a	b
b	a	a	b	b	a	b	a	a	b	a	b

4. 设 $S=\{1, 2, 3, 4\}$，$M=\{2, 3\}$，＜S，min＞是一个独异点，问：

(1) ＜M，min＞是否是＜S，min＞的子代数。

(2) ＜M，min＞是否是＜S，min＞的子半群。

(3) ＜M，min＞是否是＜S，min＞的子独异点。

5. 设＜A，$*$＞是可交换半群。试证明对于 A 中任意元素 a 和 b 及任意正整数 n，有

$$(a*b)^n=a^n*b^n$$

6. 给定独异点 V=＜$\mathbf{Z}^+$，×，1＞，其中 $\mathbf{Z}^+$ 是正整数集合，×是通常数的乘法，试证＜{0}，×＞是 V 的子半群，但不是子独异点.

7*. 试求独异点＜N_4，$\times_4$＞的所有子半群，并给出＜N_4，$\times_4$＞的一个子半群，它是独异点，但不是＜N_4，$\times_4$＞的子独异点。

8.3　群的定义与性质

群论是代数系统中的一个重要组成部分，在数学、物理、化学、通信和计算机科学等很多领域都有很广泛的应用，特别是在计算机科学的自动机理论、编码理论及计算机网络的纠错码理论中都有重要的应用，而且其应用已日趋完善。

8.3.1　群的定义

定义 8-21　设＜G，∘＞是一个代数系统，其中∘是非空集合 G 的一个二元运算。如果(1)运算∘在 G 上是封闭的；

(2)运算∘满足结合律；

(3)＜G，∘＞中存在单位元；

(4)对任一 $a\in G$，均有一个 $a^{-1}\in G$。

则称代数系统＜G，∘＞为一个群。

注意　由群的定义可知群是对独异点作进一步限制而成，由半群到独异点再到群，对代数系统作了一步步更深入的讨论。

定义 8-22 一个群<G，∘>如果满足交换律，则称其为**可交换群**或**阿贝尔(N. Abel)群**。

例 8-26 代数系统<**N**，+>，<**Z**，×>，<**R**，×>都不是群，而<**Z**，+>,<**R**，+>和<**R**−{0}，×>都是群，且都是可交换群。

例 8-27 设 $R=\{0°, 60°, 120°, 180°, 240°, 300°\}$表示在平面上几何图形绕其中心按顺时针旋转角度的六种可能情况，设∘是 R 上的二元运算，对于 R 中任意两个元素 a 和 b，$a\circ b$ 表示平面图形连续旋转 a 和 b 得到的总旋转角度，并规定旋转 360°等于原来的状态，就看做没有经过旋转。验证<R，∘>是一个群。

解 由题意，R 上二元运算∘的运算表见表 8-5。

表 8-5

∘	0°	60°	120°	180°	240°	300°
0°	0°	60°	120°	180°	240°	300°
60°	60°	120°	180°	240°	300°	0°
120°	120°	180°	240°	300°	0°	60°
180°	180°	240°	300°	0°	60°	120°
240°	240°	300°	0°	60°	120°	180°
300°	300°	0°	60°	120°	180°	240°

由表 8-5 可以看出运算∘在 R 上是封闭的。

对于任意的 a，b，$c\in R$，$(a\circ b)\circ c$ 表示将图形依次旋转 a，b 和 c，$a\circ(b\circ c)$表示将图形依次旋转 a 和$(b\circ c)$，而总的旋转角度都等于 $a+b+c$ (mod360°)，因此

$$(a\circ b)\circ c=a\circ(b\circ c)$$

0°是单位元。

0°，60°，120°，180°的逆元分别是 0°，300°，240°，180°。

综上所述，<R，∘>是一个群。

例 8-28 设 $N_4=\{0, 1, 2, 3\}$，模 4 的加法$+_4$ 定义为

$$a+_4 b=\mathrm{res}_4(a+b)$$

其运算表见表 8-6，则代数系统<N_4，$+_4$>是一个群。

证明 由表 8-6 可以看出，运算$+_4$ 在 N_4 上是封闭的，且 0 是单位元。又 0 的逆元是 0，1 和 3 互为逆元，2 的逆元是 2。下面只需证明运算$+_4$ 满足结合律。

表 8-6

$+_4$	0	1	2	3
0	0	1	2	3
1	1	2	3	0
2	2	3	0	1
3	3	0	1	2

对于任意的 a，b，$c\in N_4$，令

$$a+b=4m_1+\mathrm{res}_4(a+b),b+c=4m_2+\mathrm{res}_4(b+c)$$

于是

$$(a+_4b)+_4c=\mathrm{res}_4(a+b)+_4c=\mathrm{res}_4(\mathrm{res}_4(a+b)+c)$$
$$=\mathrm{res}_4(4m_1+\mathrm{res}_4(a+b)+c)=\mathrm{res}_4(a+b+c)$$
$$a+_4(b+_4c)=a+_4\mathrm{res}_4(b+c)=\mathrm{res}_4(a+\mathrm{res}_4(b+c))$$
$$=\mathrm{res}_4(a+4m_2+\mathrm{res}_4(b+c))=\mathrm{res}_4(a+b+c)$$

因此$(a+_4b)+_4c=a+_4(b+_4c)$，即$+_4$ 满足结合律。

综上所述，$<N_4$，$+_4>$是一个群。

注意 我们可以类似地定义模 $m(m\geqslant2)$的加法$+_m$，且可同样证明$<N_m$，$+_m>$是群。

例 8-29 设 $Z_4^+=\{1, 2, 3, 4\}$，模 5 的乘法$\times_5$ 定义为

$$a\times_5b=\mathrm{res}_5(ab)$$

其运算表见表 8-7，则代数系统$<Z_4^+$，$\times_5>$是一个群。

解 由表 8-7 可以看出，运算$\times_5$ 在 Z_4^+ 上是封闭的，且 1 是单位元。又 1 的逆元是 1，2 和 3 互为逆元，4 的逆元是 4。下面只需证明运算$\times_5$ 满足结合律。

对于任意的 a，b，$c\in Z_4^+$，令

$$ab=5m_1+\mathrm{res}_5(ab),bc=5m_2+\mathrm{res}_5(bc)$$

表 8-7

$\times_5$	1	2	3	4
1	1	2	3	4
2	2	4	1	3
3	3	1	4	2
4	4	3	2	1

于是

$$(a\times_5b)\times_5c=\mathrm{res}_5(ab)\times_5c=\mathrm{res}_5(\mathrm{res}_5(ab)c)$$
$$=\mathrm{res}_5((5m_1+\mathrm{res}_5(ab))c)=\mathrm{res}_5(abc)$$
$$a\times_5(b\times_5c)=a\times_5\mathrm{res}_5(bc)=\mathrm{res}_5(a\times\mathrm{res}_5(bc))$$
$$=\mathrm{res}_5(a(5m_2+\mathrm{res}_5(bc)))=\mathrm{res}_5(abc)$$

因此，$(a\times_5b)\times_5c=a\times_5(b\times_5c)$，即$\times_5$ 满足结合律。

综上所述，$<Z_4^+$，$\times_5>$是一个群。

定义 8-23 设$<G$，$\circ>$是一个群，如果 G 是有限集合，则称$<G$，$\circ>$为**有限群**，并称 G 的基数(即群的元素个数)$|G|$为群的**阶**；如果 G 是无限集合，则称$<G$，$\circ>$为**无限群**，并定义群的阶是无穷大。

为了给出群的元素的周期，先给出群的元素的幂的定义。

定义 8-24 设$<G$，$\circ>$是一个群，$a\in G$，则它的幂定义为

$$a^0 = e$$
$$a^{i+1} = a^i \circ a \quad (i \in \mathbf{Z}, i \geqslant 0)$$
$$a^{-i} = (a^{-1})^i \quad (i \in \mathbf{Z}, i > 0)$$

由幂的定义，可立即得到幂的性质：

(1) $a^m \circ a^n = a^{m+n}$　$(m, n \in \mathbf{Z})$。

(2) $(a^m)^n = a^{mn}$　$(m, n \in \mathbf{Z})$。

(3) $a^{-n} = (a^{-1})^n = (a^n)^{-1}$　$(n \in \mathbf{Z})$。

定义 8-25　设$<G, \circ, e>$是一个群，$a \in G$，如果存在正整数 r，使得 $a^r = e$，则称元素 a 具有**有限的周期**；使得 $a^r = e$ 的最小正整数 r 称为元素 a 的**周期**。

如果对于任意的正整数 r，都有 $a^r \neq e$，则称 a **有无限的周期**。

例 8-30　在群$<\mathbf{R}-\{0\}, \times>$中，单位元 1 的周期为 1，因为$(-1)^2 = 1$，所以$-1$ 的周期是 2，而其他元素的周期均为无限。

例 8-31　在例 8-28 给出的群$<N_4, +_4>$中，因为

$0^1 = 0$，$2^1 = 2$，$2^2 = 2 +_4 2 = \mathrm{res}_4(2+2) = 0$，

$1^1 = 1$，$1^2 = 1 +_4 1 = 2$，$1^3 = 1^2 +_4 1 = 2 +_4 1 = 3$，$1^4 = 1^3 +_4 1 = 3 +_4 1 = 0$，

$3^1 = 3$，$3^2 = 3 +_4 3 = 2$，$3^3 = 3^2 +_4 3 = 2 +_4 3 = 1$，$3^4 = 3^3 +_4 3 = 1 +_4 3 = 0$，

所以 0 的周期是 1，2 的周期是 2，1、3 的周期是 4。

8.3.2　群的性质

由群的定义我们立即可以得到群所具有的一些性质。

定理 8-10　设$<G, \circ>$是群，对于任意的 $a, b, c \in G$。

(1) 如果 $a \circ b = a \circ c$，则 $b = c$。

(2) 如果 $b \circ a = c \circ a$，则 $b = c$。

证明　(1) 因为 $a \circ b = a \circ c$，所以有

$$b = e \circ b = (a^{-1} \circ a) \circ b = a^{-1} \circ (a \circ b)$$
$$= a^{-1} \circ (a \circ c) = (a^{-1} \circ a) \circ c = e \circ c = c$$

同理，可证(2)。

定理 8-10 告诉我们群$<G, \circ>$满足消去律。

定理 8-11　设$<G, \circ>$是群，对于任意 $a, b \in G$，则方程 $a \circ x = b$ 与 $y \circ a = b$，在群$<G, \circ>$内有唯一解。

证明　因为 $a \circ (a^{-1} \circ b) = (a \circ a^{-1}) \circ b = e \circ b = b$，所以 $x = a^{-1} \circ b$ 是方程 $a \circ x = b$ 的解。

其次证明唯一性，如果 $a \circ x = b$ 有另一解 c，则必有

$$a \circ c = b = a \circ (a^{-1} \circ b)$$

由消去律可知 $c=a^{-1}\circ b$。

同理可证，方程 $y\circ a=b$ 有唯一解 $y=b\circ a^{-1}$。

定理 8-12　设 $<G, \circ>$ 是群，如果 $|G|\geqslant 2$，则群 $<G, \circ>$ 没有零元。

证明　用反证法，假设群 $<G, \circ>$ 中有零元 θ，即对于任意的 $a\in G$ 有

$$a*\theta=\theta*a=\theta$$

因为群的任何元素都有逆元，所以零元 θ 也有逆元，即有 $\theta^{-1}\in G$ 使得

$$\theta^{-1}*\theta=\theta*\theta^{-1}=e$$

因此　$$a=a*e=a*(\theta*\theta^{-1})=(a*\theta)*\theta^{-1}=\theta*\theta^{-1}=e$$

这与 $|G|\geqslant 2$ 矛盾。

定理 8-13　设 $<G, \circ>$ 是群，除了单位元外，群 $<G, \circ>$ 无其他幂等元。

证明留给读者。

定理 8-14　若群 $<G, \circ>$ 的元素 a 具有有限周期 r，则 $a^k=e$ 当且仅当 k 是 r 的倍数。

证明　若 $k=mr$，则 $a^k=a^{mr}=(a^r)^m=e$。

反之，假设 $a^k=e$，并设 $k=mr+i(0\leqslant i<r)$，则 $a^i=a^{k-mr}=a^k\circ a^{-mr}=a^k\circ (a^r)^{-m}=e\circ e=e$。又因为 $0\leqslant i<r$，而 a 的周期是 r，即 r 是使 $a^r=e$ 的最小正整数，所以必有 $i=0$，因此，$k=mr$，即 k 是 r 的倍数。

本定理对于求群的元素的周期有指导意义：

(1) 如果 $a^k=e$，则 a 的周期只能是 k 的因数之一，进而 a 的周期 r 一定满足 $r\leqslant k$。

(2) 如果 $a^r=e$，而没有 r 的因子 $d(1<d<r)$ 能满足 $a^d=e$，则 r 就是 a 的周期。

例如，若 $a^6=e$，则 a 的周期只能是 1，2，3，6 中的一个；进而若 $a\neq e$，$a^2\neq e$，$a^3\neq e$，则 a 的周期一定是 6。

定理 8-15　设 $<G, \circ>$ 是群，则对于任意的 $a\in G$，a 与 a^{-1} 有相同的周期。

证明　若 a 是具有有限周期 r 的元素，a^{-1} 具有周期 t，则 $a^r=e$，所以 $(a^{-1})^r=(a^r)^{-1}=e^{-1}=e$，因此 a^{-1} 的周期 t 也是有限的，且 $t\leqslant r$。

另一方面，因为 $a^t=(a^{-t})^{-1}=[(a^{-1})^t]^{-1}=e^{-1}=e$，所以 $r\leqslant t$。因此，$r=t$。

习题 8.3

1. 下列集合关于给定的运算是否构成群？

(1) 给定实数 $a>0$，集合 $G=\{a^n\,|\,n\in \mathbf{Z}\}$，关于数的乘法。

(2) 正有理数集 $\mathbf{Q}^+$，关于数的乘法。

(3) 给定正整数 n，集合 $U_n=\{z|z\in\mathbf{C}, z^n=1\}$，关于数的乘法。

(4) 一元实系数多项式集合，关于多项式加法。

(5) n 维实向量的集合，关于向量的加法。

(6) $G=\left\{\begin{pmatrix}1 & x\\0 & 1\end{pmatrix}\Big| x\in\mathbf{Z}\right\}$，$*$ 是矩阵乘法。

(7) 集合 $S=\{1, 2\}$，运算为模 3 乘法 $\times_3$，即对于任意的 a，$b\in S$，$a\times_3 b=ab(\mathrm{mod}3)$

2. 设 $\mathbf{Z}$ 为整数集合，在 $\mathbf{Z}$ 上定义二元运算 $\circ$，对任意的 x，$y\in\mathbf{Z}$，$x\circ y=x+y-2$，那么 $\mathbf{Z}$ 与运算 $\circ$ 能否构成群？为什么？

3. 给定独异点 $<G, *, e>$，且对任何元素 $a\in G$，有 $a*a=e$。试证明 $<G, *>$ 是阿贝尔群。

4. 设 $<G, \circ>$ 是一个群，a，b，$c\in G$。试证明

$$a\circ x\circ b\circ a=b\circ c$$

在 G 中有且仅有一个解。

5. 设 $<G, \circ>$ 为群，证明单位元为 G 中唯一的幂等元。

6. 设 $<G, \circ>$ 是一个群，若有 $a\in G$ 的周期是 2，则有 $a^{-1}=a$。

8.4 子群及其特征

定义 8-26 设 $<G, \circ>$ 是一个群，如果 H 是 G 的非空子集，且

(1) 对于任何的 a，$b\in H$，则 $a\circ b\in H$；

(2) 群 $<G, \circ>$ 的单位元 $e\in H$；

(3) 对于任意 $a\in H$ 都有 $a^{-1}\in H$，

则称 $<H, \circ>$ 是 $<G, \circ>$ 的一个**子群**。如果 H 是 G 的真子集，则称 $<H, \circ>$ 是 $<G, \circ>$ 的一个**真子群**。

对于任何的群 $<G, \circ>$，则 $<G, \circ>$ 和 $<\{e\}, \circ>$ 都是 $<G, \circ>$ 的子群，称它们为 $<G, \circ>$ 的**平凡子群**。

对于群 $<\mathbf{Z}, +>$，则 $<\mathbf{N}, +>$ 和 $<N_2, +>$（其中 N_2 是全部非负偶数的集合）都是 $<\mathbf{Z}, +>$ 的子代数，但不是 $<\mathbf{Z}, +>$ 的子群，这是因为，它们都不满足子群定义中的条件(3)。

例 8-32 如果 $Z_3=\{3i|i\in\mathbf{Z}\}$，则 $<Z_3, +>$ 是 $<\mathbf{Z}, +>$ 的子群。

证明 (1) 对于任意的 x，$y\in Z_3$，不妨设 $x=3m$，$y=3n$，m，$n\in\mathbf{Z}$，则

$$x+y=3m+3n=3(m+n)$$

而

$$m+n\in\mathbf{Z}$$

所以
$$x + y \in Z_3$$
因此，$+$在 Z_3 上是封闭的。

(2) 运算$+$在 Z_3 上保持可结合性。

(3) $<\mathbf{Z}, +>$中的单位元 0 也在 Z_3 中。

(4) 对于任意的 $x \in Z_3$，必有 $n \in \mathbf{Z}$ 使得 $x = 3n$，而
$$-x = -3n = 3(-n)$$
因为$-n \in \mathbf{Z}$，所以$-x \in Z_3$，即 x 的逆元在 Z_3 中。

综合上述，$<Z_3, +>$是$<\mathbf{Z}\ +>$的子群。

从子群的定义和前面的例子可以看出，一个群$<G, \circ>$同它的一个子集 H 所构成的代数系统$<H, \circ>$是$<G, \circ>$一个子群必须满足一些条件，但定义中的条件并非都是必需的。首先定义中群$<G, \circ>$的单位元 $e \in H$ 就是多余的。

定理 8-16　设$<G, \circ>$是群，H 是 G 的一个非空子集，则$<H, \circ>$是$<G, \circ>$的子群的充分必要条件是：

(1) 若 $a, b \in H$，则 $a \circ b \in H$。

(2) 若 $a \in H$，则 $a^{-1} \in H$。

证明　由子群定义，必要性是显然的，下面证明充分性。由条件(1)(2)及子群的定义，要证明$<H, \circ>$是$<G, \circ>$的子群只需证明群$<G, \circ>$的单位元 $e \in H$。

由于 H 是 G 的非空子集，所以存在 $a \in H$，由条件(2)可知 $a^{-1} \in H$，再由条件(1)可知 $e = a \circ a^{-1} \in H$。因此，$<H, \circ>$是群$<G, \circ>$的子群。

事实上，定理中的条件(1)、(2)还可用另一条件代替，我们有定理：

定理 8-17　设$<G, \circ>$是一个群，H 是 G 的非空子集，则$<H, \circ>$是$<G, \circ>$的子群的充分必要条件是：

(3) 对于任意的 $a, b \in H$，则 $a \circ b^{-1} \in H$。

证明　必要性。设$<H, \circ>$是$<G, \circ>$的子群，对于任意的 $a, b \in H$，由定义 8-26(3)，则 $b^{-1} \in H$；再由定义 8-26(1)，可得 $a \circ b^{-1} \in H$，即条件(3)成立。

充分性。因为 H 非空，所以存在 $a \in H$，则由条件(3)知 $a \circ a^{-1} = e \in H$。因此，对于任意的 $a \in H$，再由条件(3)可得 $e \circ a^{-1} = a^{-1} \in H$。又若 $a, b \in H$，则 $b^{-1} \in H$，故由条件(3)可得 $a \circ (b^{-1})^{-1} = a \circ b \in H$。由定义 8-26 可知，$<H, \circ>$是$<G, \circ>$的子群。

如果$<H, \circ>$是$<G, \circ>$一个有限子群，则上述两个定理的条件可进一步放宽。

定理 8-18　设$<G, \circ>$是一个群，若 H 是 G 的一个有限非空子集，则$<H, \circ>$是$<G, \circ>$的子群的充分必要条件是：

(4) 若 a，$b\in H$ 则 $a\circ b\in H$。

证明 必要性是显然的，现在证明充分性。设 $|H|=m$，若 $a\in H$，由条件(4)可知，a，a^2，…，a^m，$a^{m+1}\in H$，而 H 中只有 m 个不同的元素，所以 a 的 $m+1$ 个幂中至少有两个相等，不妨设 $a^t=a^s(1\leqslant t<s\leqslant m+1)$，所以 $a^t=a^s=a^{s-t}\circ a^t$，因此，由群的消去律，则有 $a^{s-t}=e\in H(1\leqslant s-t\leqslant m)$，设 $r=s-t$，则 $e=a^r=a^{r-1}\circ a=a\circ a^{r-1}$，所以 a 可逆，且 $a^{-1}=a^{r-1}\in H$。综合上述及条件(4)，可知 $\langle H,\circ\rangle$ 是 $\langle G,\circ\rangle$ 的子群。

例 8-33 在例 8-27 的群 $\langle R,\circ\rangle$ 中 $\{0°, 180°\}$ 对运算 $\circ$ 是封闭的，所以 $\langle\{0°, 180°\},\circ\rangle$ 是 $\langle R,\circ\rangle$ 的子群。同理，$\langle\{0°, 120°, 240°\},\circ\rangle$ 也是 $\langle R,\circ\rangle$ 的子群。

例 8-34 群 $\langle N_4, +_4\rangle$ 中 $\langle\{0, 2\}, +_4\rangle$ 构成 $\langle N_4, +_4\rangle$ 的一个子群。

习题 8.4

1. 设 $G=\{1, 5, 7, 11\}$，$\langle G, *\rangle$ 为群，其中 $*$ 为模 12 乘法，则 $\langle G, *\rangle$ 有几个真子群?

2. 设 $\langle G, *\rangle$ 是群，给定 $a\in G$ 确定集合 $H=\{x|x*a=a*x\wedge x\in G\}$。试证明 $\langle H, *\rangle$ 是 $\langle G, *\rangle$ 的子群。

3. 设 $\langle H, *\rangle$ 和 $\langle K, *\rangle$ 都是群 $\langle G, *\rangle$ 的子群，且

$$HK=\{h*k|h\in H, k\in K\}$$

试证明当 $HK=KH$ 时，$\langle HK, *\rangle$ 是 $\langle G, *\rangle$ 子群。

8.5 循环群与置换群

循环群是最简单、最基本的群，也是我们了解得比较清楚的一类群。通过对循环群的介绍，可以看出整个群论的研究方法来。

8.5.1 循环群

定义 8-27 设 $\langle G,\circ\rangle$ 群，若存在 $g\in G$，使得对于任一个元素 $a\in G$，都能表示成

$$a=g^i \quad (i\in \mathbf{Z})$$

则称群 $\langle G,\circ\rangle$ 是由 g 生成的**循环群**。而 g 称为群 $\langle G,\circ\rangle$ 的**生成元**。

例如，60°是群 $\langle\{0°, 60°, 120°, 180°, 240°, 300°\},\circ\rangle$ 的生成元，因此，该群是循环群。

例 8-35 整数加群：$\langle \mathbf{Z}, +\rangle$ 是一个无限的循环群。

证明 群 $\langle \mathbf{Z}, +\rangle$ 的单位元为 0，且若 $a\in \mathbf{Z}$，则它的逆元素为 $-a$。下面

证明 1 是生成元，由群的元素的幂的定义知，$1^0=0$。

对任意一个正整数 m 有 $m=\overbrace{1+1+\cdots+1}^{m}=1^m$

对于任何负整数 $-m$ 有 $-m=(-1)+(-1)+\cdots+(-1)$

按群的逆元的表示方法有，

$$-m=1^{-1}+1^{-1}+\cdots+1^{-1}=(1^{-1})^m=1^{-m}$$

因此，1 为群 $<\mathbf{Z}, +>$ 的生成元。所以 $<\mathbf{Z}, +>$ 是由 1 所生成的循环群。

例 8-36　试证明 $<N_4, +_4>$ 是一个循环群。

证明　要证明 $<N_4, +_4>$ 是循环群，只需在 $<N_4, +_4>$ 中找到生成元。

因为　$1^1=1$，$1^2=1^1+_4 1=1+_4 1=2$，$1^3=1^2+_4 1=2+_4 1=3$，$1^4=1^3+_4 1=3+_4 1=0$。

因此，1 是生成元。事实上，任何与 4 互素的正整数都可以作生成元，例如 3 也是生成元，故 $<N_4, +_4>$ 是循环群。一般地，我们可以证明，当 $m\geqslant 2$ 时，$<N_m, +_m>$ 也是循环群。

我们分别给出了无限循环群与有限循环群的例子。由此给出循环群的一个重要的定理：

定理 8-19　设有一个由 g 生成的循环群 $<G, \circ>$，则我们有

(1) 若 g 的周期无限，则 $<G, \circ>$ 是无限循环群，且 $G=\{\cdots, g^{-2}, g^{-1}, g^0, g^1, g^2, \cdots\}$。

(2) 若 g 的周期为 m，则 $<G, \circ>$ 是有限循环群，且 $G=\{g^1, g^2, \cdots, g^{m-1}, g^m=e\}$。

证明　下面仅就有限群的情形(2)给出证明。无限群的情形与有限群的证明类似。

因为 g 的周期为 m，所以不存在正整数 $n<m$ 使得 $g^n=e$。下面用反证法证明 $g^1, g^2, \cdots, g^{m-1}, g^m$ 均是互不相同的。

假设存在两个相同的元素，即有 $g^r=g^s(1\leqslant r<s\leqslant m)$，则有 $g^{s-r}=e$ 且 $1\leqslant s-r<m$，表明存在一个比 m 小的正整数 $s-r$，能使 $g^{s-r}=e$，这与 g 的周期为 m 是矛盾的。

因此，$g^1, g^2, \cdots, g^{m-1}, g^m$ 均是互不相同的，则有 $G=\{g^1, g^2, \cdots, g^{m-1}, g^m=e\}$。

这个定理还表明，若 g 的周期为 m，则由 g 生成的循环群 $<G, \circ>$ 的阶为 m，即 $|G|=m$。

定理 8-20　循环群一定是可交换群。

证明　设 $<G, \circ>$ 是一个循环群，它的生成元是 g，则对于任意的 $a, b\in G$，都有 $r, s\in\mathbf{Z}$，使得

$$a=g^r, b=g^s$$

所以 $a \circ b = g^r \circ g^s = g^{r+s} = g^{s+r} = g^s \circ g^r = b \circ a$

因此，$<G, \circ>$是一个可交换群。

例 8-37 群$<G, \circ>$中的任一个元素 a 的所有整数次幂生成一个$<G, \circ>$的循环子群。

证明 元素 a 的所有整数次幂的集合 $H=\{a^n \mid n\in \mathbf{Z}\}$，对于任何的 a^r，$a^s \in H$，因为 r，$s\in\mathbf{Z}$，所以 $r+s\in\mathbf{Z}$，因此 $a^{r+s}\in H$，即 H 关于运算“$\circ$”封闭；群$<G, \circ>$的单位元 $e=a^0\in H$；对于任何的 $a^r\in H$，有逆元 $a^{-r}\in H$。综上所述，$<H, \circ>$是$<G, \circ>$的子群，由 H 中元素的构成可知$<H, \circ>$是$<G, \circ>$的循环子群。

8.5.2 置换群

先介绍置换的定义。

定义 8-28 有限集合 $S=\{a_1, a_2, \cdots, a_n\}$上的双射函数称为集合 S 上的**置换**。整数 n 称为**置换的阶**。

一个 n 阶置换 P：$S\rightarrow S$ 通常表示成如下形式

$$P=\begin{pmatrix} a_1 & a_2 & \cdots & a_n \\ P(a_1) & P(a_2) & \cdots & P(a_n) \end{pmatrix}$$

由于 P 是双射，所以 $P(a_1)$，$P(a_2)$，…，$P(a_n)$各不相同，然而 $P(a_i)(i=1, 2, \cdots, n)$都是 S 中的元素，因此 $P(a_1)$，$P(a_2)$，…，$P(a_n)$必为 a_1，a_2，…，a_n 的一个排列。由于 n 个元素的不同排列共有 $n!$ 个，所以 S 上的不同置换的个数为 $n!$ 个。

例如，设 $S=\{1, 2, 3\}$，S 上有 $3!$ 个置换，它们分别是

$$I=\begin{pmatrix} 1 & 2 & 3 \\ 1 & 2 & 3 \end{pmatrix},\alpha=\begin{pmatrix} 1 & 2 & 3 \\ 1 & 3 & 2 \end{pmatrix},\beta=\begin{pmatrix} 1 & 2 & 3 \\ 2 & 1 & 3 \end{pmatrix}$$

$$\gamma=\begin{pmatrix} 1 & 2 & 3 \\ 2 & 3 & 1 \end{pmatrix},\delta=\begin{pmatrix} 1 & 2 & 3 \\ 3 & 1 & 2 \end{pmatrix},\varepsilon=\begin{pmatrix} 1 & 2 & 3 \\ 3 & 2 & 1 \end{pmatrix}$$

其中 I 是一个恒等函数，称为**恒等置换**。

因为双射函数是可逆的，所以任何置换 P 都有逆置换 P^{-1}，若

$$P=\begin{pmatrix} a_1 & a_2 & \cdots & a_n \\ P(a_1) & P(a_2) & \cdots & P(a_n) \end{pmatrix}$$

则

$$P^{-1}=\begin{pmatrix} P(a_1) & P(a_2) & \cdots & P(a_n) \\ a_1 & a_2 & \cdots & a_n \end{pmatrix}$$

如上例中 $I^{-1}=I$，$\alpha^{-1}=\alpha$，$\beta^{-1}=\beta$，$\gamma^{-1}=\delta$，$\delta^{-1}=\gamma$，$\varepsilon^{-1}=\varepsilon$。

设 P_1：$S\rightarrow S$，P_2：$S\rightarrow S$ 是 S 上的两个置换，因为置换是函数，所以两个置换的复合 $P_1\circ P_2$：$S\rightarrow S$ 也是 S 上的一个置换，这就是说置换在复合运算下是封闭的。不过在作置换的复合运算时，我们规定，优先顺序与关系的复合运算顺序相同，即从左到右，而不同于函数复合的优先顺序，例如

$$\beta\circ\delta=\begin{pmatrix}1&2&3\\2&1&3\end{pmatrix}\circ\begin{pmatrix}1&2&3\\3&1&2\end{pmatrix}=\begin{pmatrix}1&2&3\\1&3&2\end{pmatrix}=\alpha$$

我们考虑 $S=\{1,2,3\}$上的所有 3！个置换的集合 $S_3=\{I,\alpha,\beta,\gamma,\delta,\varepsilon\}$及在 S_3 上定义的复合运算，则可构成代数系统$<S_3,\circ>$，其运算表见表 8-8。

表 8-8

$\circ$	I	α	β	γ	δ	ε
I	I	α	β	γ	δ	ε
α	α	I	γ	β	ε	δ
β	β	δ	I	ε	α	γ
γ	γ	ε	α	δ	I	β
δ	δ	β	ε	I	γ	α
ε	ε	γ	δ	α	β	I

由于置换的复合就是函数的复合，所以置换的复合满足结合律；恒等置换 I 是置换复合运算的单位元；每个置换都有逆元。因此，$<S_3,\circ>$是一个群。但由于运算表关于主对角线不对称，所以$<S_3,\circ>$不是可交换群。我们称$<S_3,\circ>$为 3 次对称群。一般地我们有

定义 8-29 一个阶为 n 的有限集合 S 上所有的置换所组成的集合 S_n 及其复合运算构成的群$<S_n,\circ>$叫 S 上的 ***n* 次对称群。**$<S_n,\circ>$的任何一个子群称为 S 上的**置换群**。S 上的 n 次对称群当然是 S 上的置换群。

显然，若有限集合 S，它的阶为 n，则 S 上的 n 次对称群$<S_n,\circ>$的阶为 $n!$。

例 8-38 在 3 次对称群$<S_3,\circ>$中$\{I,\alpha\}$对运算$\circ$是封闭的，所以，$<\{I,\alpha\},\circ>$是$<S_3,\circ>$的子群，因此$<\{I,\alpha\},\circ>$是 $S=\{1,2,3\}$上的置换群。同理，$<\{I,\gamma,\delta\},\circ>$也是 $S=\{1,2,3\}$上的置换群。

至此，我们已经给出了有限群的典型例子：置换群。置换群是很重要的，它是有限群的一个典型代表，同时也是非交换群的例子。

可以证明每个有限群与一个置换群是一一对应的。因此，研究有限群的问题可以归结为研究置换群的问题。

对有限群，可用一张运算表将其运算表示出来。有限群的运算表简称**群表**。

设有限群$<G,\circ>$其中 $G=\{1,2,3\}$，这个群可以用群表定义（见表 8-9）。

在群表中可以得到群的一些特性：

(1) 单位元的存在使群表中总存在一行（一列），其元素与首行（列）的元素相同。

(2) 消去律的存在使得每一行（列）内元素各不相同，且任何两行（列）对应元素间亦均不相同，故群表每一行（列）都是有限群元素的一个排列。

(3) 如果一个群是可交换群，其可交换性与群表关于主对角线的对称性是一致的。如表 8-9 是对称的。

由群表的一些性质分别得出元素个数为一、二、三、四的群的群表来。

一个元素的群是由单位元所组成的群。

二个元素的群的群表是唯一的，可见表 8-10。

表 8-9

*	1	2	3
1	1	2	3
2	2	3	1
3	3	1	2

表 8-10

*	1	2
1	1	2
2	2	1

三个元素的群的群表也是唯一的，可见表 8-9。

四个元素的群的群表不是唯一的。表 8-11 及表 8-12 分别给出了四元群的群表。这些群表所对应的群均是可交换的。其中表 8-11 表示的群常称为**克莱茵(Klein)四元群**。

元素个数为四个以上的群的群表都不止一个。

表 8-11

*	0	1	2	3
0	0	1	2	3
1	1	0	3	2
2	2	3	1	0
3	3	2	0	1

表 8-12

*	0	1	2	3
0	0	1	2	3
1	1	2	3	0
2	2	3	0	1
3	3	0	1	2

习题 8.5

1. 请给出循环群 $\langle N_{12}, +_{12}\rangle$ 所有生成元，并说明什么元素才可以作 $\langle N_{12}, +_{12}\rangle$ 的生成元。

2. 证明：循环群的任何子群都是循环群。

3. 设 $S=\{1,2,3,4,5\}$ 上的置换为

$$\sigma=\begin{pmatrix}1&2&3&4&5\\5&3&1&2&4\end{pmatrix},\tau=\begin{pmatrix}1&2&3&4&5\\4&3&5&1&2\end{pmatrix}$$

求 $\sigma\circ\tau,\tau\circ\sigma,\sigma^2,\tau^2,\sigma^{-1},(\sigma\circ\tau)^{-1}$，并解方程 $\sigma\circ x=\tau$。

8.6* 陪集与拉格朗日定理

定义 8-30 设 $\langle H,\circ\rangle$ 是群 $\langle G,\circ\rangle$ 的子群。对于 $a\in G$，用元素 a 分别右乘 H 的每个元素所得的集合记作

$$Ha=\{h\circ a \mid h\in H\}$$

称为子群$<H,\circ>$在群$<G,\circ>$中一个**右陪集**,而用元素 a 分别左乘 H 的每个元素所得的集合记作

$$aH=\{a\circ h \mid h\in H\}$$

称为子群$<H,\circ>$在群$<G,\circ>$中的一个**左陪集**。

注意 如果 $a\in H$,则 $Ha=aH=H$,这就是说 H 本身既是一个右陪集,又是一个左陪集。

例 8-39 三次对称群$<S_3,\circ>$和它的子群$<\{I,\alpha\},\circ>$在群$<S_3,\circ>$中的右陪集是

$$\{I,\alpha\}I=\{I,\alpha\},\{I,\alpha\}\alpha=\{I,\alpha\}$$
$$\{I,\alpha\}\beta=\{\beta,\gamma\},\{I,\alpha\}\gamma=\{\gamma,\beta\}$$
$$\{I,\alpha\}\delta=\{\delta,\varepsilon\},\{I,\alpha\}\varepsilon=\{\varepsilon,\delta\}$$

即$<\{I,\alpha\},\circ>$在群$<S_3,\circ>$中有三个互异的右陪集,在群$<S_3,\circ>$中$<\{I,\alpha\},\circ>$也有三个互异的左陪集。

$$I\{I,\alpha\}=\{I,\alpha\},\alpha\{I,\alpha\}=\{I,\alpha\}$$
$$\gamma\{I,\alpha\}=\{\gamma,\varepsilon\},\varepsilon\{I,\alpha\}=\{\varepsilon,\gamma\}$$
$$\beta\{I,\alpha\}=\{\beta,\delta\},\delta\{I,\alpha\}=\{\delta,\beta\}$$

考虑群$<S_3,\circ>$的子群$<\{I,\gamma,\delta\},\circ>$在群$<S_3,\circ>$中的右陪集是

$$\{I,\gamma,\delta\}I=\{I,\gamma,\delta\},\{I,\gamma,\delta\}\gamma=\{\gamma,\delta,I\},\{I,\gamma,\delta\}\delta=\{\delta,I,\gamma\}$$
$$\{I,\gamma,\delta\}\alpha=\{\alpha,\varepsilon,\beta\},\{I,\gamma,\delta\}\beta=\{\beta,\alpha,\varepsilon\},\{I,\gamma,\delta\}\varepsilon=\{\varepsilon,\beta,\alpha\}$$

即$<\{I,\gamma,\delta\},\circ>$在群$<S_3,\circ>$中有两个相异的右陪集。容易验证,对于任意的 $a\in S_3$,有$\{I,\gamma,\delta\}a=a\{I,\gamma,\delta\}$,我们称这样的子群为**正规子群**。

在例 8-39 中,我们发现子群$<\{I,\alpha\},\circ>$在$<S_3,\circ>$中所有相异的右陪集构成 S_3 的一个划分(所有不同的左陪集也构成 S_3 的一个划分)。这个结论是否具有一般性呢?回答是肯定的。

定理 8-21 设$<H,\circ>$是群$<G,\circ>$的一个子群,对于任意的 $a,b\in G$,则有

(1) $Ha=Hb$ 或者 $Ha\cap Hb=\varnothing$。

(2) $aH=bH$ 或者 $aH\cap bH=\varnothing$。

证明 (1)设 $Ha\cap Hb\neq\varnothing$,取 $x\in Ha\cap Hb$,则存在 $h_1,h_2\in H$,使得

$$x=h_1\circ a=h_2\circ b$$

因为$<H,\circ>$是$<G,\circ>$的子群,于是存在 $h_3=h_1^{-1}\circ h_2\in H$,使得

$$a=(h_1^{-1}\circ h_2)\circ b=h_3\circ b$$

因此,对于任意 $h\circ a\in H\circ a$,存在 $h_4=h\circ h_3\in H$,使得

$$h\circ a=(h\circ h_3)\circ b=h_4\circ b\in Hb$$

这意味着 $Ha\subseteq Hb$。同理可得 $Hb\subseteq Ha$,故 $Ha=Hb$。

(2) 的证明类似于(1)。

在群$<G,\circ>$中,对于任意$a,b\in G$,什么时候$Ha=Hb$,什么时候$Ha\cap Hb=\varnothing$呢?这个问题由如下的定理回答。

定理 8-22 设$<H,\circ>$是$<G,\circ>$的子群,则

(1) $Hb=Ha$当且仅当$b\in Ha$。

(2) $bH=aH$当且仅当$b\in aH$。

证明 (1) 充分性。设$b\in Ha$,而$<G,\circ>$的单位元$e\in H$,所以$b=e\circ b\in Hb$,于是$Ha\cap Hb\neq\varnothing$,由定理 8-21 有$Ha=Hb$。

必要性。设$Hb=Ha$,则由$b=e\circ b\in Hb$,可得$b\in Ha$。

(2) 的证明类似于(1)。

定理 8-23 设$<H,\circ>$是群$<G,\circ>$的子群,则

(1) $<G,\circ>$中$<H,\circ>$的所有相异的右陪集构成G的一个划分。

(2) $<G,\circ>$中$<H,\circ>$的所有相异的左陪集构成G的一个划分。

证明 (1)因$<H,\circ>$是$<G,\circ>$的子群,而$<G,\circ>$的单位元$e\in H$,所以,对于任意$a\in G$,都有$a=e\circ a\in Ha$,即Ha非空,且可得$G\subseteq\bigcup\limits_{a\in G}Ha$。而另一方面,对任何$a\in G$,都有$Ha\subseteq G$,所以,$\bigcup\limits_{a\in G}Ha\subseteq G$,故$\bigcup\limits_{a\in G}Ha=G$。而由定理 8-21,任何两个相异的右陪集的交集都是空集,故H的所有相异右陪集构成G的一个划分。

类似可证明(2)。

我们知道由集合A上的一个划分可以构造集合A上的一个等价关系。而$<G,\circ>$中$<H,\circ>$的所有相异的右陪集(左陪集)构成G的一个划分,因此,就可以得到与其对应的G上的一个等价关系R,称**右陪集关系**(左陪集关系)。

若R是G上的右陪集关系,则$<a,b>\in R$当且仅当$a\circ b^{-1}\in H$。这时也将$<a,b>\in R$记作$a\equiv b$或$a\equiv b(\mathrm{mod}H)$。

定理 8-24 设$<H,\circ>$是群$<G,\circ>$的子群,则对于$a\in G$,有$|Ha|=|aH|=|H|$。

证明 定义函数$f:H\to Ha$,$f(h)=h\circ a$,$\forall h\in H$,显然f是一个满射,又由群的消去律知f是一个单射,所以f是一个双射,因此$|Ha|=|H|$。

类似地,可以证明$|aH|=|H|$。

如果群$<G,\circ>$是有限群,由定理 8-24 可知,$<H,\circ>$的相异右陪集的个数和相异左陪集的个数相同。

若$|G|=n$,$|H|=m$,则$\dfrac{n}{m}$就等于$<H,\circ>$在G中所有相异右陪集(左陪集)的个数。即有如下的拉格朗日定理:

定理 8-25 (Lagrange 定理)设$<G,\circ>$是有限群,子群$<H,\circ>$的右陪集的

个数是 κ(称其为 H 在 G 中的**指数**),则有 $\kappa=\frac{|G|}{|H|}$(或 $|G|=\kappa|H|$)。

注意　由拉格朗日定理我们可以推出很多结果：

(1) 任一个素数阶的有限群只有平凡子群,而没有真子群。

(2) 设有限群 $<G,\circ>$ 的阶为 n,则它的任一子群的阶都是 n 的因子。

(3) 设有限群 $<G,\circ>$ 的阶为 n,则对于任意的 $a\in G$,都有 $a^n=e$,其中 e 是群 $<G,\circ>$ 的单位元。

这是因为由 G 的任意元素 a 生成的循环群

$$H=\{a^i\,|\,i\in \mathbf{Z},a\in G\}$$

它一定是 G 的一个子群。若 a 的周期是 m,则由定理 8-19 有 $|H|=m$。由拉格朗日定理就有 $n=mk,k\in \mathbf{Z}^+$,因此,a 的阶 m 是 n 的因子,且有

$$a^n=a^{mk}=(a^m)^k=e^k=e$$

这些结论可以指导我们如何寻找一个有限群的子群,及如何去求一个元素的周期。同时也可看出拉格朗日定理的重要性。

习题 8.6

1. 设 i 为虚数单位,$\mathrm{i}^2=-1$,令

$$G=\left\{\pm\begin{pmatrix}1 & 0\\ 0 & 1\end{pmatrix},\pm\begin{pmatrix}\mathrm{i} & 0\\ 0 & -\mathrm{i}\end{pmatrix},\pm\begin{pmatrix}0 & 1\\ -1 & 0\end{pmatrix},\pm\begin{pmatrix}0 & \mathrm{i}\\ \mathrm{i} & 0\end{pmatrix}\right\}$$

G 上的二元运算 $*$ 为矩阵的乘法运算。

(1) 给出 G 的运算表,并证明 $<G,*>$ 是一个群。

(2) 找出 G 的所有子群。

2. 设 $H=\{0,4,8\}$,$<H,+_{12}>$ 是群 $<N_{12},+_{12}>$ 的子群,其中 $N_{12}=\{0,1,2,\cdots,11\}$,$+_{12}$ 是模 12 的加法,则 $<N_{12},+_{12}>$ 有________个真子群,H 的左陪集 $3H=$________,$4H=$________。

3. 试求群 $<N_5,+_5>$ 的每个子群的各左陪集和右陪集。

8.7 同态与同构

代数系统有很多，但仔细分析这些众多的代数系统会发现，有些代数系统之间具有一定的关系。代数系统的同态与同构就是研究两个代数系统之间关系的。

如果两个代数系统有相同个数的运算符，每个相对应的运算符有相同的元数，则我们称这两个代数系统具有相同的类型,简称**同型的**。

例 8-40　(1)代数系统 $<\mathbf{N},+>$ 与代数系统 $<\mathbf{Z},\times>$ 是同型的，因为它们都有一个运算,且都是二元运算。

(2) 代数系统<**Z**, +, ×>与<**N**, +>是不同型的，因为它们所含运算符的个数不同。

定义 8-31 设<G,∘>与<H, ∗>是两个同型代数，∘和 ∗ 分别是 G 和 H 上的二元(n 元)运算，如果存在一个映射 $f:G\to H$，使得对任意的 $a,b\in G$，有

$$f(a\circ b)=f(a)*f(b)$$

则称 f 是从<G,∘>到<H, ∗>的一个**同态映射**，或称<G,∘>与<H, ∗>**同态**，记作 $G\sim H$。而把<$f(G)$, ∗>称为<G,∘>的一个**同态像**。其中

$$f(G)=\{x\mid x=f(a),a\in G\}\subseteq H$$

注意 在两个同类型的代数系统的同态定义中的运算可以是一个、两个，也可以是多个运算的任何两个同类型代数系统。

例 8-41 考查代数系统<**R**, ×>，这里 **R** 是实数集，×是普通的乘法。如果我们只对运算的结果正、负、零的特征感兴趣，那么代数系统<**R**, ×>中运算结果的特征就可以用另一个代数系统<B,⊗>运算结果来描述，其中 $B=\{1,-1,0\}$，⊗是定义在 B 的二元运算，如表 8-13 所示。

表 8-13

∗	1	−1	0
1	1	−1	0
−1	−1	1	0
0	0	0	0

作映射 $f:R\to B$ 如下，对于任意的 $r\in\mathbf{R}$，有

$$f(r)=\begin{cases}1 & r>0\\ -1 & r<0\\ 0 & r=0\end{cases}$$

显然，对于任意的 $a,b\in\mathbf{R}$，有

$$f(a\times b)=f(a)\otimes f(b)$$

因此，映射 f 是从<**R**, ×>到<B,⊗>的一个同态。

例 8-41 告诉我们，在<**R**, ×>中研究运算结果的正、负、零的特征就等价于在<B,⊗>中的运算特征。可以说，代数系统<B,⊗>描述了<**R**, ×>中运算结果的这些特征。而这正是研究两个代数系统之间是否存在同态的重要意义。

定义 8-32 设 f 是<S,∘>到<**R**, ∗>的一个同态。

(1) 若 f 是 S 到 **R** 的一个满射，则称 f 是<S,∘>到<**R**, ∗>的一个**满同态**。

(2) 若 f 是 S 到 **R** 的一个单射，则称 f 是<S,∘>到<**R**, ∗>的一个**单一同态**。

(3) 若 f 是 S 到 **R** 的一个双射，则称 f 是**同构映射**，并称<S,∘>和<**R**, ∗>是**同构**，记作 $S\cong\mathbf{R}$。

例 8-42 设 $f:\mathbf{R}\to\mathbf{R}$ 定义为，对于任意的 $x\in\mathbf{R}$，有

$$f(x)=2^x$$

则 f 是从<**R**, +>到<**R**, ×>的一个单一同态。

这是因为，对任意的 $x,y\in R$ 有

$$f(x+y)=2^{(x+y)}=2^x\times 2^y=f(x)\times f(y)$$

即 f 是从$<\mathbf{R},+>$到$<\mathbf{R},\times>$的一个同态。

对任意的 $x,y\in\mathbf{R}$,若 $f(x)=f(y)$,即 $2^x=2^y$,因此 $x=y$,故 f 是从$<\mathbf{R},+>$到$<\mathbf{R},\times>$的一个单一同态。

例 8-43　设 $f:\mathbf{Z}\to N_4$ 定义为,对任意的 $x\in\mathbf{Z}$,有

$$f(x)=x(\text{mod}4)$$

那么 f 是从$<\mathbf{Z},+>$到$<N_4,+_4>$的一个满同态。

这是因为,对任意的 $x,y\in\mathbf{Z}$ 有

$$f(x+y)=(x+y)(\text{mod}4)=x(\text{mod}4)+_4y(\text{mod}4)=f(x)+_4f(y)$$

即 f 是从$<\mathbf{Z},+>$到$<N_4,+_4>$的一个同态。

对于任意的 $y\in N_4$,存在 $y\in\mathbf{Z}$,使得 $f(y)=y(\text{mod}4)=y$,即 f 是一个满同态。

例 8-44　定义映射 $f:\mathbf{Z}\to Z_3$,对于任意的 $n\in\mathbf{Z}$,有

$$f(n)=3n$$

则 f 是$<\mathbf{Z},+>$到$<Z_3,+>$的一个同构,所以 $\mathbf{Z}\cong Z_3$。

这是因为,对于任意的 $m,n\in\mathbf{Z}$ 有,

$$f(m+n)=3(m+n)=3m+3n=f(m)+f(n)$$

即 f 是同态映射。

对于任意的 $y\in Z_3$,则存在 $k\in\mathbf{Z}$ 使得 $y=3k$,则

$$f(k)=3k=y$$

即 f 是满射。

若对于任意的 $m,n\in\mathbf{Z}$ 有,$f(m)=f(n)$,即 $3m=3n$,因此 $m=n$,故 f 是单射。因此,f 是一个从 $\mathbf{Z}$ 到 Z_3 的双射,故 f 是$<\mathbf{Z},+>$到$<Z_3,+>$的一个同构。

如果作映射 $g:\mathbf{Z}\to Z_3$,对于任意的 $n\in\mathbf{Z}$,

$$g(n)=-3n$$

可以证明,g 也是$<\mathbf{Z},+>$到$<Z_3,+>$的一个同构。

这个例子告诉我们,当两个代数系统同构时,它们之间的同构映射可能是不唯一的。

定义 8-33　设$<S,\circ>$是一个代数系统,如果 f 是$<S,\circ>$到$<S,\circ>$的同态,则称 f 是**自同态**。如果 f 是$<S,\circ>$到$<S,\circ>$的同构,则称 f 是**自同构**。

定理 8-26　设 f 是代数系统$<G,\circ>$到代数系统$<H,*>$的一个同态映射。

(1) 如果$<G,\circ>$是半群,则 f 的同态像$<f(G),*>$也是半群。

(2) 如果$<G,\circ>$是独异点,则 f 的同态像$<f(G),*>$也是独异点。

(3) 如果$<G,\circ>$是群,则 f 的同态像$<f(G),*>$也是群。

证明　(1) 设$<G,\circ>$是半群,$<H,*>$是代数系统,如果 f 是$<G,\circ>$到

$<H, *>$的一个同态映射，则 $f(G)\subseteq H$。

对于任意的 $x, y\in f(G)$有 $a, b\in G$ 使得

$$f(a)=x, f(b)=y$$

在 G 中有 $c=a\circ b$，而 f 是同态映射，因此

$$x*y=f(a)*f(b)=f(a\circ b)=f(c)\in f(G)$$

即运算 $*$ 对于 $f(G)$是封闭的。下面证明 $*$ 在 $f(G)$上是可结合的，对于任意的 $y_1, y_2, y_3\in H$，则存在 $x_1, x_2, x_3\in G$，使得 $f(x_1)=y_1, f(x_2)=y_2, f(x_3)=y_3$，而 $<G,\circ>$满足结合律，所以

$$(x_1\circ x_2)\circ x_3=x_1\circ(x_2\circ x_3)$$

再根据同态定义，我们有

$$\begin{aligned}(y_1*y_2)*y_3&=(f(x_1)*f(x_2))*f(x_3)=f(x_1\circ x_2)*f(x_3)\\&=f((x_1\circ x_2)\circ x_3)=f(x_1\circ(x_2\circ x_3))=f(x_1)*f(x_2\circ x_3)\\&=f(x_1)*(f(x_2)*f(x_3))=y_1*(y_2*y_3)\end{aligned}$$

即 $*$ 在 $f(G)$上是可结合的。因此，$<f(G), *>$也是半群。

(2) 设$<G,\circ>$是独异点，e 是$<G,\circ>$中的单位元，则 $f(e)$是$<f(G), *>$中的单位元。事实上，对任意一 $x\in f(G)$有 $a\in G$ 使得

$$f(a)=x$$

所以有

$$x*f(e)=f(a)*f(e)=f(a\circ e)=f(a)=x=f(a)=f(e\circ a)=f(e)*f(a)=f(e)*x$$

因此，由(1)可知$<f(G), *>$也是独异点。

(3) 如果$<G,\circ>$是群，对于任意的 $y\in f(G)$，则有 $x\in G$ 使得

$$f(x)=y$$

因为$<G,\circ>$是群，则有逆元 $x^{-1}\in G$，且 $f(x^{-1})\in f(G)$，而

$$y*f(x^{-1})=f(x)*f(x^{-1})=f(x\circ x^{-1})=f(e)$$
$$f(x^{-1})*y=f(x^{-1})*f(x)=f(x^{-1}\circ x)=f(e)$$

所以$<f(G), *>$中元素 y 都存在逆元，并且 $y^{-1}=(f(x))^{-1}=f(x^{-1})$。

因此，由(2)可知$<f(G), *>$也是群。

定义 8-34 设 f 是从群$<G,\circ>$到群$<H, *>$的同态，则 G 的子集

$$K=\{k\mid k\in G, f(k)=e_H\}$$

叫同态映射 f 的核，简称**同态核**。

定理 8-27 设 K 是从群$<G,\circ>$到$<H, *>$的同态 f 的核，则$<K,\circ>$是$<G,\circ>$的一个子群。

证明 设 $k_1, k_2\in K$ 则，因此

$$f(k_1\circ k_2^{-1})=f(k_1)*f(k_2^{-1})=f(k_1)*[f(k_2)]^{-1}=e_H*e_H^{-1}=e_H$$

所以，$k_1\circ k_2^{-1}\in K$，故$<K,\circ>$是$<G,\circ>$的一个子群。

若两个群同构，则就表示它们有相同的性质，实际上可以看成是一个群。我们只要研究其中的一个就够了。

习题 8.7

1. 群 $\langle R,+\rangle$ 与 $\langle R-\{0\},\times\rangle$ 之间的关系是________。

(A) 同态　　(B) 同构

(C) 后者是前者的子群　　(D) A,B,C 均不正确

2. 给定群 $\langle G,*\rangle$ 且 $a\in G$，定义映射 f 如下：

$$f(x)=a*x*a^{-1},\ x\in G$$

试证 f 是 $\langle G,*\rangle$ 的自同构映射。

3. 设 f 是从 $\langle X,*\rangle$ 到 $\langle Y,\circ\rangle$ 的同态映射，g 是从 $\langle Y,\circ\rangle$ 到 $\langle Z,\diamond\rangle$ 的同态映射。试证明：$g\circ f$ 是从 $\langle X,*\rangle$ 到 $\langle Z,\diamond\rangle$ 的同态映射。

4. 设 f 是从 $\langle X,*\rangle$ 到 $\langle Y,\circ\rangle$ 的同构映射，试证明：f^{-1} 是从 $\langle Y,\circ\rangle$ 到 $\langle X,*\rangle$ 的同构映射。

8.8* 环和域

环和域都是具有两个二元运算的代数系统。环和域的知识应用在研究错误检测、代码校正及其物理实现上。

8.8.1 环的定义及其性质

定义 8-35　设 $\langle \mathbf{R},+,\circ\rangle$ 是代数系统，如果二元运算 $+$ 和 $\circ$，对于任意 $a,b,c\in \mathbf{R}$，都满足：

(1) $\langle \mathbf{R},+\rangle$ 是可交换群。

(2) $\langle \mathbf{R},\circ\rangle$ 是半群。

(3) 运算 $\circ$ 对于 $+$ 满足分配律：

$$a\circ(b+c)=a\circ b+a\circ c$$

$$(b+c)\circ a=b\circ a+c\circ a$$

则称 $\langle \mathbf{R},+,\circ\rangle$ 为是一个**环**。

在环 $\langle \mathbf{R},+,\circ\rangle$ 中，如果一个群的二元运算满足交换律，运算符号用 $+$ 表示，并称其为**加法**，那么我们就把这个群称为**加法群**，并称另一个运算 $\circ$ 为**乘法**。因此，环 $\langle \mathbf{R},+,\circ\rangle$ 中的群 $\langle \mathbf{R},+\rangle$ 是加法群。

在环 $\langle \mathbf{R},+,\circ\rangle$ 中，加法运算的单位元用 0 表示，称为环的**零元**。如果乘法运算有单位元，则用 1 表示，并称它为环的**单位元**。环中元素 a 对加法的逆元用 $-a$ 表示，称它为 a 的**负元**。$a+$“b 的加法逆元”即 $a+(-b)$ 通常写成 $a-b$，而乘

法逆元如果存在的话，用 a^{-1} 表示，并称为 a 的**逆元**。对于加法运算＋，a 的 n 次幂表示成 na，即 $na=\overbrace{a+a+\cdots+a}^{n个}$，而对于乘法运算$\circ$，$a$ 的 n 次幂表示成 $a^n=\overbrace{a\circ a\circ\cdots\circ a}^{n个}$。在没有括号时，我们约定指数优先于乘法，而乘法优先于加法。

由环的定义可以看出一个环 $<\mathbf{R},+,\circ>$ 中的乘法运算。可以满足也可以不满足如下的条件。

(1) 交换律：对于任意的 $a,b\in\mathbf{R}$，有 $a\circ b=b\circ a$。

(2) 单位元：存在一个元素 $1\in\mathbf{R}$ 使得对于任意的 $a\in\mathbf{R}$，有

$$1\circ a=a\circ 1=a$$

(3) 消去律：设 $a,b,c\in\mathbf{R}$ 且 $a\neq 0$，若 $a\circ b=a\circ c$，则 $b=c$；若 $b\circ a=c\circ a$ 则 $b=c$。

定义 8-36 如果环 $<\mathbf{R},+,\circ>$ 对于运算$\circ$满足交换律，则称 $<\mathbf{R},+,\circ>$ 是**交换环**。

例 8-45 代数系统 $<\mathbf{Z},+,\times>$，$<\mathbf{Q},+,\times>$，$<\mathbf{R},+,\times>$ 都是环，其中＋和×都是通常的加法和乘法。它们都是具有单位元 1 且满足消去律的交换环。

例 8-46 $n(n\geqslant 2)$ 阶实矩阵的集合 $M_n(R)$ 关于矩阵的加法和乘法构成环，称 $<M_n(R),+,\circ>$ **实矩阵环**。

例 8-47 $<Z_3,\oplus_3,\otimes_3>$ 是一个环，其中 $\oplus_3$ 与 $\otimes_3$ 是模 3 的加法和模 3 的乘法，即

$$a\oplus_3 b=\mathrm{res}_3(a+b);a\otimes_3 b=\mathrm{res}_3(ab)$$

其运算表见表 8-14。

该环的单位元是 1，该环还满足消去律，且是一个交换环。

一般来说，对于任意的正整数 m，$<N_m,\oplus_m,\otimes_m>$ 是一个具有单位元 1 的交换环，数 0 是零元。

表 8-14

$\oplus_3$	0	1	2	$\otimes_3$	0	1	2
0	0	1	2	0	0	0	0
1	1	2	0	1	0	1	2
2	2	0	1	2	0	2	1

定理 8-28 设 $<\mathbf{R},+,\circ>$ 是一个环，则对于任意的 $a,b\in\mathbf{R}$，有

(1) $a\circ 0=0\circ a=0$。

(2) $(-a)\circ b=a\circ(-b)=-(a\circ b)$。

(3) $(-a)\circ(-b)=a\circ b$。

证明 (1) 因为 $0\circ a+0\circ a=(0+0)\circ a=0\circ a$

所以
$$0\circ a+0\circ a-(0\circ a)=0\circ a-(0\circ a)$$

即得

$$0\circ a=0。$$

同理可得 $a\circ 0=0$,因此 $a\circ 0=0\circ a=0$。

(2) $(-a)\circ b=a\circ b+(-a)\circ b-a\circ b=(a+(-a))\circ b-a\circ b=0\circ b-a\circ b=-a\circ b$

同理可得 $a\circ(-b)=-a\circ b$,所以 $(-a)\circ b=a\circ(-b)=-(ab)$。

(3) $(-a)\circ(-b)=-(a\circ(-b))=-(-a\circ b)=a\circ b$。

定义 8-37　若在环 $<\mathbf{R},+,\circ>$ 中,$a\neq 0$,$b\neq 0$,但有 $a\circ b=0$,则我们称 a 是这个环的一个**左零因子**。b 是这个环的一个**右零因子**。

显然,一个环若是交换环,则它的左零因子当然也是右零因子,这时称其为**零因子**。但在非交换环中,一个左零因子不一定同时也是右零因子。

例如,环 $<N_4,\oplus_4,\otimes_4>$ 中,因为 $2\neq 0$,但 $2\oplus_4 2=0$,所以 2 是一个零因子。

如果一个环没有零因子,也就是说,由 $a\circ b=0$ 必然推出 $a=0$ 或者 $b=0$,那么称这个环是**无零因子环**。

定理 8-29　环 $<\mathbf{R},+,\circ>$ 是无零因子环当且仅当它满足消去律。

证明　设 $<\mathbf{R},+,\circ>$ 是无零因子环,且设 $a,b,c,\in\mathbf{R}$,其中 $a\neq 0$,使得 $a\circ b=a\circ c$,$b\circ a=c\circ a$,因此 $a\circ b-a\circ c=0$,$b\circ a-c\circ a=0$,从而 $a\circ(b-c)=0$,$(b-c)\circ a=0$。又 $<\mathbf{R},+,\circ>$ 是无零因子环,且 $a\neq 0$,所以必有 $b-c=0$,即 $b=c$,故 $<\mathbf{R},+,\circ>$ 满足消去律。

反之,设 $<\mathbf{R},+,\circ>$ 满足消去律,且设 $a,b\in\mathbf{R}$ 使 $a\circ b=0$,如果 $a\neq 0$,我们有 $a\circ b=a\circ 0$,由消去律得 $b=0$。因此 $<\mathbf{R},+,\circ>$ 是无零因子环。

下面介绍环同态和同构。

定义 8-38　设 $<\mathbf{R},+,\circ>$ 和 $<S,\oplus,\otimes>$ 是两个环,f 是由 $\mathbf{R}$ 到 S 的一个函数,若对于所有的 $a,b\in\mathbf{R}$,有

$$g(a+b)=g(a)\oplus g(b),g(a\circ b)=g(a)\otimes g(b)$$

则称 g 是由环 $<\mathbf{R},+,\circ>$ 到 $<S,\oplus,\otimes>$ 的一个**环同态**,或称环 $<\mathbf{R},+,\circ>$ 与 $<S,\oplus,\otimes>$ **同态**。如果 g 是双射,则称 g 是**环同构**,或称环 $<\mathbf{R},+,\circ>$ 与 $<S,\oplus,\otimes>$ **同构**,并记作 $<\mathbf{R},+,\circ>\cong<S,\oplus,\otimes>$,或简记为 $\mathbf{R}\cong S$。

例 8-48　设 $R_1=<\mathbf{Z},+,\times>$ 是整数环,$R_2=<N_n,\oplus_n,\otimes_n>$ 是环,设

$$\phi:\mathbf{Z}\rightarrow N_n,\phi(x)=x(\mathrm{mod}n)$$

则对于任意的 $x,y\in\mathbf{Z}$ 有

$$\phi(x+y)=(x+y)(\mathrm{mod}n)=x(\mathrm{mod}n)\oplus_n y(\mathrm{mod}n)=\phi(x)\oplus_n\phi(y)$$

$$\phi(xy)=(xy)(\mathrm{mod}n)=x(\mathrm{mod}n)\otimes_n y(\mathrm{mod}n)=\phi(x)\otimes_n\phi(y)$$

所以 ϕ 是 R_1 到 R_2 的同态,不难看到 ϕ 也是满同态。

8.8.2　子环

定义 8-39　如果环 $<\mathbf{R},+,\circ>$ 的子代数 $<S,+,\circ>$ 也是一个环,则称

$<S,+,\circ>$是环$<\mathbf{R},+,\circ>$的**子环**。如果 S 是 $\mathbf{R}$ 的真子集，则称$<S,+,\circ>$是$<\mathbf{R},+,\circ>$的**真子环**。

由子环的定义可知，$<\{0\},+,\circ>$和$<\mathbf{R},+,\circ>$都是$<\mathbf{R},+,\circ>$子环，这两个子环称为**平凡子环**。

定理 8-30 （子环判定定理）设$<\mathbf{R},+,\circ>$是环，S 是 $\mathbf{R}$ 的非空子集，如果

(1) 若 $a,b\in S$，则 $a-b\in S$；

(2) 若 $a,b\in S$，则 $a\circ b\in S$，

则$<S,+,\circ>$是$<\mathbf{R},+,\circ>$的子环。

证明 由(1)S 关于环 $\mathbf{R}$ 中的加法构成群，由(2)S 关于环 $\mathbf{R}$ 中的乘法构成半群。显然 $\mathbf{R}$ 中关于乘法对加法的分配律在 S 中也成立。因此$<S,+,\circ>$也是一个环，故$<S,+,\circ>$是$<\mathbf{R},+,\circ>$的一个子环。

例 8-49 整数环$<\mathbf{Z},+,\times>$和有理数环$<\mathbf{Q},+,\times>$都是实数环$<\mathbf{R},+,\times>$的真子环。

例 8-50 设 n 是正整数，$Z_n=\{ni\,|\,i\in\mathbf{Z}\}$，试证：$<Z_n,+,\times>$是$<\mathbf{Z},+,\times>$的子环。

证明 因为 Z_n 是 $\mathbf{Z}$ 的非空子集，且对任意 $nk_1,nk_2\in Z_n$ 有

$$nk_1-nk_2=n(k_1-k_2)\in Z_n,(nk_1)\cdot(nk_2)=n(k_1nk_2)\in Z_n$$

根据定理 8-30，$<Z_n,+,\times>$是$<\mathbf{Z},+,\times>$的子环。

8.8.3 整环和域

下面介绍特殊的环，先介绍整环。

定义 8-40 设$<\mathbf{R},+,\circ>$是环，若它可交换、有单位元但无零因子，则称环$<\mathbf{R},+,\circ>$是**整环**。

例 8-51 试证：整数环$<\mathbf{Z},+,\times>$（其中 $\mathbf{Z}$ 是全体整数集合，$+$和$\times$分别是普通加法和乘法）是一个整环。

证明 (1) 对于乘法$\times$，交换律成立。

(2) 元素 1 是单位元，因为对任意 $a\in\mathbf{Z}$，有 $a\times1=1\times a=a$。

(3) 没有零因子，对整数乘法，若 $a\times b=0$，必有 $a=0$ 或 $b=0$。

综合上述可知，$<\mathbf{Z},+,\times>$是一个整环。

同样可证有理数环$<\mathbf{Q},+,\times>$、实数环$<\mathbf{R},+,\times>$和环$<N_5,\oplus_5,\otimes_5>$都是整环，但$<N_4,\oplus_4,\otimes_4>$不是整环，这是因为 $2\otimes_4 2=0$。

注意 因为整环无零因子，所以在整环中消去律成立。

定理 8-31 环$<N_m,\oplus_m,\otimes_m>$是整环当且仅当 m 是素数。

证明从略。

一般说来，在环中可以加上、减去或乘以环中的元素，但“除以”环中的元素往

往是不可以的，即使在整环上，消去律成立，但也并不总可以用其中的非零元素“除以”另一个元素。例如环$<\mathbf{Z},+,\times>$是整环，但并不是$\mathbf{Z}$中每个元素都能用2除的。

下面介绍另一个特殊的环——域，在其中总能用非零元素除以另一个元素。

我们已经在环里给出了逆元的定义，并且知道环的任意一个元素不一定有逆元。现在我们问，在一个环里会不会每一个非零元素都有逆元呢？在特殊的环——域中这是完全可能的。

定义 8-41　如果环$<F,+,\circ>$满足下列条件：

(1) F中至少有两个元素。

(2) $<F,\circ>$中有单位元。

(3) $<F,\circ>$是可交换的。

(4) 每一个非零元都有逆元，则称$<F,+,\circ>$是一个**域**。

例如，$<\mathbf{Q},+,\times>$，$<\mathbf{R},+,\times>$都是域，分别称为有理数域和实数域。$<N_5,\oplus_5,\otimes_5>$也是域。

注意　(1) 由域的定义可以看出，域$<F,+,\circ>$中，$<F-\{0\},\circ>$也构成一个可交换群。

(2) 由于域中无零因子，所以域有消去律。

(3) 域一定是整环，但其逆不成立。

例 8-52　$<\mathbf{Z},+,\times>$不是一个域。它虽有单位元1，但除了1和-1外，其他非零元无逆元。但$<\mathbf{Z},+,\times>$是一个整环。

定理 8-32　阶不小于2有限整环必定是域。

证明　设$<\mathbf{R},+,\circ>$是一有限整环，且$|\mathbf{R}|\geqslant 2$，要证明它是域只需证明它的任意一个非零元素都有逆元。对于任一非零元$a\in\mathbf{R}$，由于整环有消去律可知，如果$a_i\neq a_j$，则有$a\circ a_i\neq a\circ a_j$。因此$a\circ\mathbf{R}=\mathbf{R}$。因而必存在某一元素$a_k$，使得$a\circ a_k=1$，即每一非零元$a\in\mathbf{R}$，都有一个逆元$a_k$，故$<\mathbf{R},+,\circ>$是一个域。

例 8-53　设$Q(\sqrt{2})=\{a+b\sqrt{2}\mid a,b\in\mathbf{Q}\}$，试证$<Q(\sqrt{2}),+,\times>$是一个域。

证明　显然乘法在$Q(\sqrt{2})$中是可交换的，又$1=1+0\sqrt{2}\in Q(\sqrt{2})$，所以，要证明$<Q(\sqrt{2}),+,\times>$是一个域，只需证明$Q(\sqrt{2})$中的每一个非零元素都可逆。事实上，若$a+b\sqrt{2}(a,b\in\mathbf{Q})$是非零元素，则$a,b$中至少有一个不为零，因此它的逆元是

$$\frac{1}{a+b\sqrt{2}}=\frac{a}{a^2-2b^2}-\frac{b}{a^2-2b^2}\sqrt{2}\in Q(\sqrt{2})$$

所以$<Q(\sqrt{2}),+,\times>$是一个域，故它也是一个整环。

例 8-54　若p是素数，则$<N_p,\oplus_p,\otimes_p>$是域。

证明　$N_p=\{0,1,\cdots,p-1\}$，任取 $a,b\in N_p$，若 $a\otimes_p b=0$，即 $ab\equiv 0(\mathrm{mod}\,p)$，于是 p 整除 ab，因为 p 是素数，所以 p 整除 a 或 b，又 p 与 $1,2,\cdots,p-1$ 都互素，因此 $a=0$ 或 $b=0$，故 $<N_p,\oplus_p,\otimes_p>$ 无零因子，所以它是整环。又因为 N_p 有限，所以它是域。

习题 8.8

1. 令 $\mathbf{Z}[\mathrm{i}]=\{a+b\mathrm{i}\,|\,a,b\in\mathbf{Z}\}$，其中 i 为虚数单位，即 $\mathrm{i}^2=-1$，那么 $\mathbf{Z}[\mathrm{i}]$ 对于普通加法和乘法能否构成环？为什么？

2. 证明 $<\{a+b\sqrt{2}\,|\,a,b\in\mathbf{Z}\},+,\times>$ 是一个整环，其中 $\mathbf{Z}$ 是整数集合，$+$，$\times$ 分别是普通的加法和乘法。

3. 证明 $<\{a+b\mathrm{i}\,|\,a,b\in\mathbf{Q},\mathrm{i}^2=-1\},+,\times>$ 是一个域，其中 $\mathbf{Q}$ 是有理数集合，$+$，$\times$ 分别是普通的加法和乘法。

8.9　例题解析

例 8-55　对以下定义的集合和运算判断它们是不是代数系统。如果是，是哪一种？

(1) $S_1=\left\{1,\frac{1}{2},2,\frac{1}{3},3,\frac{1}{4},4\right\}$，$*$ 为普通乘法。

(2) $S_2=\{a_1,a_2,\cdots,a_n\}$，$a_i\in\mathbf{R}$，$i=1,2,\cdots,n$，对于任意 $a_i,a_j\in S_2$，有 $a_i\cdot a_j=a_i$。

(3) $S_3=\{0,1\}$，$*$ 为普通乘法。

(4) $S_4=\{0,1\}$，$+$，$*$ 分别为模 2 加法和模 2 乘法。

解　(1)因为 S_1 对乘法不封闭，所以 S_1 和 $*$ 不构成代数系统。

(2) $<S_2,\circ>$ 是代数系统，运算 $\circ$ 适合结合律，但无幺元，只构成半群。

(3) S_3 在乘法下封闭，结合律成立，幺元是 1，$<S_3,*>$ 是独异点。但 0 没有逆元，不能构成群。

(4)易证 $<S_4,+,*>$ 是代数系统，并且就是 $<N_2,\oplus_2,\otimes_2>$，所以是整环，除 0 以外只有元素 1，1 的模 2 乘法的逆元就是 1，所以 $<S_4,+,*>$ 是域。

例 8-56　设集合 $A=\{a,b,c,d\}$，$*$ 由运算表 8-15 定义。问

(1) $*$ 是否是可交换的。

(2) A 上是否有关于运算 $*$ 的单位元。

(3) 如果有单位元，指出哪些元素是可逆的，并给出他们的逆元。

解　一个有限代数系统的运算是可交换的充要条件是其运算表关于对角线对称。

如果运算表中的最左列的某个元素所对应的行与最上面的行相同，则该元素

是 A 中关于 $*$ 的左单位元。

如果运算表中最上面一行的某个元素所对应的列与表中最左边一列相同，则该元素是 A 中关于 $*$ 的右单位元。

既是左单位元又是右单位元的元素一定是 $\langle A, * \rangle$ 的单位元。

表 8-15

$*$	a	b	c	d
a	a	b	c	d
b	b	c	d	a
c	c	d	a	b
d	d	a	b	c

由表 8-15 可知 $*$ 是可交换的，不难看出 a 是单位元，进一步可知 a,b,c,d 都是可逆的，且 $a^{-1}=a; b^{-1}=d;\ c^{-1}=c; d^{-1}=b$ 。

例 8-57　设 $\mathbf{R}$ 是实数集，$M=\{\langle a,b\rangle \mid a,b\in\mathbf{R}, a\neq 0\}$，定义

$$\langle a,b\rangle\circ\langle c,d\rangle=\langle ac,ad+b\rangle$$

这时 M 对运算 $\circ$ 构成群吗？试验证之。

证明　M 对运算 $\circ$ 构成群。首先，对于任意的 $\langle a,b\rangle,\langle c,d\rangle\in M$，则因 $a,b,c,d\in\mathbf{R}$，且 $a,c\neq 0$，于是 $ac,ad+b\in\mathbf{R}$，且 $ac\neq 0$，从而

$$\langle a,b\rangle\circ\langle c,d\rangle=\langle ac,ad+b\rangle\in M$$

所以，$\circ$ 是 $\boldsymbol{M}$ 上的二元运算。

其次，对于任意的 $\langle a,b\rangle,\langle c,d\rangle,\langle e,f\rangle\in M$，有

$$(\langle a,b\rangle\circ\langle c,d\rangle)\circ\langle e,f\rangle=\langle ac,ad+b\rangle\circ\langle e,f\rangle=\langle ace,acf+ad+b\rangle$$

$$\langle a,b\rangle\circ(\langle c,d\rangle\circ\langle e,f\rangle)=\langle a,b\rangle\circ\langle ce,cf+d\rangle=\langle ace,acf+ad+b\rangle$$

即

$$(\langle a,b\rangle\circ\langle c,d\rangle)\circ\langle e,f\rangle=\langle a,b\rangle\circ(\langle c,d\rangle\circ\langle e,f\rangle)$$

所以，关于 $\circ$ 的结合律成立。

然后，$\langle 1,0\rangle$ 是 M 上关于 $\circ$ 的单位元。事实上，对于任意的 $\langle a,b\rangle\in M$，有

$$\langle 1,0\rangle\circ\langle a,b\rangle=\langle 1\cdot a,1\cdot b+0\rangle=\langle a,b\rangle$$

$$\langle a,b\rangle\circ\langle 1,0\rangle=\langle a\cdot 1,a\cdot 0+b\rangle=\langle a,b\rangle$$

最后，对于任意的 $\langle a,b\rangle\in M$，则 $\langle a^{-1},-a^{-1}b\rangle$ 是 $\langle a,b\rangle$ 的逆元。事实上

$$\langle a,b\rangle\circ\langle a^{-1},-a^{-1}b\rangle=\langle a\cdot a^{-1},a\cdot(-a^{-1}b)+b\rangle=\langle 1,0\rangle$$

$$\langle a^{-1},-a^{-1}b\rangle\circ\langle a,b\rangle=\langle a\cdot a^{-1},a^{-1}b-a^{-1}b\rangle=\langle 1,0\rangle$$

因此，$\langle M,\circ\rangle$ 是群。

例 8-58　代数系统 $\langle\{0, 1\}, \vee\rangle$ 与 $\langle\{H, M\},\circ\rangle$ 同构，其中 H, M 分别表示高电位，低电位，$\langle\{0,1\},\vee\rangle$ 与 $\langle\{H,M\},\circ\rangle$ 的运算表见表 8-16 与表 8-17。

证明　给出这两个代数系统间的一个映射为 $g:\{0, 1\}\rightarrow\{M, H\}; g(0)=M, g(1)=H$。此映射是双射，而且对于任意的 $x_1,x_2\in\{0,1\}$，容易验证，$g(x_1\vee x_2)=g(x_1)\circ g(x_2)$，故它们是同构的。

注意　一个逻辑电路与开关代数是同构的，可以用开关代数来讨论逻辑电路，反之，又可以用逻辑电路来表示开关代数。

例 8-59　设 $S=\{4, 5, 6\}$，在 S 上的二元运算"∘"其定义可用表 8-18 表示。

表 8-16

∨	0	1
0	0	1
1	1	1

表 8-17

∘	M	H
M	M	H
H	H	H

又有 $P=\{1, 2, 3\}$及在 P 上的二元运算"$*$"，其运算表可用表 8-19 表示。这样所构成的两个代数系统$<S, \circ>$与$<P, *>$是同构的。

证明　这两个代数系统间存在一个映射 $g:S\to P, g(a)=a-3$，其中 $a\in S$。显然它是一个双射。同时它满足条件

$$g(a\circ b)=g(a)*g(b)$$

故这两个代数系统是同构的。

表 8-18

∘	4	5	6
4	4	5	4
5	4	5	5
6	4	5	6

表 8-19

$*$	1	2	3
1	1	2	1
2	1	2	2
3	1	2	3

例 8-60　$<N_3, \oplus_3, \otimes_3>$是一个域。它的单位元是 1，且 $1^{-1}=1$，$2^{-1}=2$，因此$<N_3, \oplus_3, \otimes_3>$也是一个整环。

$<N_4, \oplus_4, \otimes_4>$不是一个域。它的单位元是 1，$1^{-1}=1$，$3^{-1}=3$，但 2 没有逆元。事实上，2 是零因子，因此，$<N_4, \oplus_4, \otimes_4>$也不是整环。

例 8-61　$<\mathbf{Z}, +, \times>$不是一个域。它虽有单位元 1，但除了 1 和 -1 外，其他非零元无逆元。但$<\mathbf{Z}, +, \times>$是一个整环。

例 8-62　在域$<N_3, \oplus_3, \otimes_3>$中，1 和 2 的加法周期均是 3，0 的加法周期是 1。1 的乘法周期是 1，2 的乘法周期是 2。

复习题八

1. 设 $S=\mathbf{Q}\times\mathbf{Q}$，$\mathbf{Q}$ 为有理数集合，$*$ 为 S 上的二元运算，对于任意的

$$<a, b>, <x, y>\in S, <a, b>*<x, y>=<ax, ay+b>$$

则关于运算 $*$

(1) 是否有单位元。

(2) 哪些元素$<a, b>$存在逆元，并求其逆元。

2. 给定集合 A，且 A 上的二元运算 $*$ 是可结合的。若对 A 中任意元素 a 和 b，有 $a*b=b*a\Rightarrow a=b$。试证 $*$ 满足幂等律。

3. 给定代数系统 $<A, *>$，对于 A 中任意元素 a, b, c, d，有

$$a * a = a, (a * b) * (c * d) = (a * c) * (b * d)$$

试证明

$$a * (b * c) = (a * b) * (a * c)$$

4. 给定代数结构 $<A, *>$，且 $*$ 满足结合律和交换律。试证：对于 A 中任意元素 a 和 b 和任意正整数 n，有 $(a * b)^n = a^n * b^n$。

5. 给定代数系统 $<\mathbf{R}, *>$，其中 $\mathbf{R}$ 是实数集合，对 $\mathbf{R}$ 中任意元 a 和 b，$*$ 定义如下

$$a * b = a + b + ab$$

试证明：$<\mathbf{R}, *>$ 是独异点。

6. 给定半群 $<S, \circ>$，$a \in S$ 对于 S 中任意元素 x 和 y，定义二元运算 $*$ 如下

$$x * y = x \circ a \circ y$$

试证 $<S, *>$ 是半群。

7. 给定半群 $<S, *>$，试证对 S 中任意元 a, b 和 c，若 $a * c = c * a$ 和 $b * c = c * b$，则

$$(a * b) * c = c * (a * b)$$

8. 给定交换半群 $<S, *>$。试证：若 a, b 是 $<S, *>$ 的幂等元，则 $a * b$ 也是其幂等元。

9. 给定代数系统 $<S, *>$，其中 S 中元素为实数有序对，运算 $*$ 定义为

$$<a, b> * <c, d> = <a + c, b + d + 2bd>$$

试证：$<S, *>$ 是可交换独异点。

10. 给定群 $<G, *>$，若对任意元 $a, b \in G$，都有 $a^3 * b^3 = (a * b)^3$，$a^4 * b^4 = (a * b)^4$，$a^5 * b^5 = (a * b)^5$。试证明 $<G, *>$ 是可交换群。

11. 给定代数系统 $<\mathbf{N}, \times>$ 和 $<\{0,1\}, \times>$ 其中 $\mathbf{N}$ 为自然数集合，设 $f: \mathbf{N} \to \{0,1\}$，定义为

$$f(n) = \begin{cases} 1 & n = 2^k, n, k \in \mathbf{N} \\ 0 & 否则 \end{cases}$$

试证：代数系统 $<\mathbf{N}, \times>$ 与 $<\{0,1\}, \times>$ 同态。

12. 试证明代数系统 $<\mathbf{Q}, +>$ 与代数系统 $<\mathbf{Q} - \{0\}, \times>$ 不同构。

第 9 章　格和布尔代数

这一章研究特殊的代数系统——格。我们在偏序集的基础上引入格的概念，研究格的性质。对格逐渐增加限制条件得到各种特殊的格，最后是布尔代数。格的概念在有限自动机的研究方面是重要的，布尔代数可直接用于开关理论和逻辑设计。为此我们先复习一下偏序集的有关概念。

9.1　格的定义及性质

9.1.1　偏序集的性质

在第 4 章我们将集合 L 上具有自反性、反对称性、传递性的关系称为集合 L 上的**偏序关系**，并用记号"$\leqslant$"来表示，还将集合 L 和 L 上的偏序关系"$\leqslant$"放在一起称为**偏序集**，用 $<L, \leqslant>$ 来表示，并讨论了 L 的子集上的最大下界、最小上界、最大元、最小元等概念。我们先复习偏序集的这些概念和性质，并由此引出格的定义。由于"$\leqslant$"和它的逆"$\geqslant$"都是 L 上的偏序关系，因此，对于偏序集 $<L, \leqslant>$ 中所有的元素 a，b，c 有如下性质：

$$a \leqslant a \tag{9-1}$$

若 $a \leqslant b$，$b \leqslant a$，则有 $$a = b \tag{9-2}$$

若 $a \leqslant b$，$b \leqslant c$，则有 $$a \leqslant c \tag{9-3}$$

$$a \geqslant a \tag{9-1$'$}$$

若 $a \geqslant b$，$b \geqslant a$，则有 $$a = b \tag{9-2$'$}$$

若 $a \geqslant b$，$b \geqslant c$，则有 $$a \geqslant c \tag{9-3$'$}$$

定义 9-1　设 $<L, \leqslant>$ 是偏序集，对于 $a, b \in L$，

(1) 如果存在元素 $x \in L$，满足 $x \leqslant a$，$x \leqslant b$，则称 x 为 a 和 b 的下界。

(2) 如果存在元素 $y \in L$，满足 $a \leqslant y$，$b \leqslant y$，则称 y 为 a 和 b 的上界。

(3) 如果元素 x 是 a 和 b 的下界，且对于 a 和 b 的任何下界 x'，都有 $x' \leqslant x$，则称 x 是 a 和 b 的最大下界(下确界)。

(4) 如果元素 y 是 a 和 b 的上界，且对于 a 和 b 的任何上界 $y' \in L$，都有 $y \leqslant y'$，则称 y 是 a 和 b 的最小上界(上确界)。

定理 9-1　设 $<L, \leqslant>$ 是一偏序集，a，$b \in L$，则

(1) 若 a 和 b 有最大下界，则最大下界是唯一的，并记作 $\mathrm{glb}(a, b)$。

(2) 若 a 和 b 有最小上界，则最小上界是唯一的，并记作 $\mathrm{lub}(a, b)$。

证明　(1)设 a 和 b 有最大下界 x_1 和 x_2。因为，最大下界是下界，所以 x_1 是 a 和 b 的下界，而 x_2 是 a 和 b 的最大下界，因此 $x_1 \leqslant x_2$；同理可证 $x_2 \leqslant x_1$，故有 $x_1 = x_2$。

同理可证(2)成立。

9.1.2　格的定义

对任意一个偏序集来说，其中的每一对元素不一定都有最大下界或最小上界，我们讨论其中每一对元素都有最大下界和最小上界的偏序集，并将这种偏序集称作是“格”。

定义 9-2　设 $<L, \leqslant>$ 是一个偏序集，如果对于每一对元素 $a, b \in L$ 构成的子集 $\{a, b\}$ 均存在最大下界和最小上界，则称偏序集 $<L, \leqslant>$ 为格。

由格的定义和定理 9-1 可知，格 $<L, \leqslant>$ 中任何一对元素 a 和 b 都有唯一的最大下界 $\mathrm{glb}(a, b)$，和唯一的最小上界 $\mathrm{lub}(a, b)$ 与其对应，也就是定义了两个 $L \times L \rightarrow L$ 的函数，亦即定义了两个 L 上的二元运算，这两个二元运算分别用 $a \wedge b$ 和 $a \vee b$ 来表示，即

$$a \wedge b = \mathrm{glb}(a, b)$$
$$a \vee b = \mathrm{lub}(a, b)$$

$\wedge$ 和 $\vee$ 分别称为交和并。

例 9-1　集合 S 的幂集 $L = 2^S$ 和定义在其上的包含关系构成偏序集 $<L, \subseteq>$。对于任意 $A, B \in 2^S$，则 $A, B \subseteq S$，因为 $A \subseteq A \cup B$，$B \subseteq A \cup B$，而且若 $A \subseteq C$，$B \subseteq C$，则 $A \cup B \subseteq C$。因此，$\{A, B\}$ 的最小上界 $A \vee B = A \cup B$。同理 $\{A, B\}$ 的最大下界 $A \wedge B = A \cap B$。于是，$<L, \subseteq>$ 是一个格。

由集合 $S = \{a, b, c\}$ 得到的格 $<2^S, \subseteq>$ 的哈斯(Hass)图如图 9-1 所示。

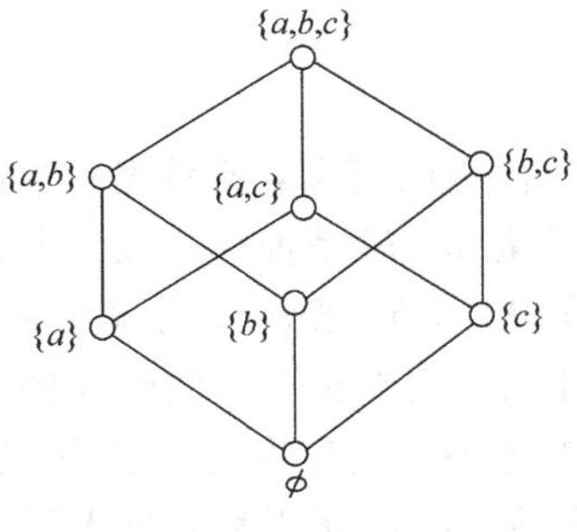

图　9-1

例 9-2　设 $\mathbf{Z}^+$ 为正整数集合，对于 $a, b \in \mathbf{Z}^+$，关系“$\leqslant$”定义为：$a \leqslant b$ 当且仅当 a 整除 b。则偏序集 $<\mathbf{Z}^+, \leqslant>$ 构成格，其中 $a \wedge b$ 是 a，b 的最大公因数(记作 $\mathrm{GCD}(a, b)$)，$a \vee b$ 是 a，b 的最小公倍数(记作 $\mathrm{LCM}(a, b)$)，即

$$a \wedge b = \mathrm{GCD}(a, b)$$
$$a \vee b = \mathrm{LCM}(a, b)$$

例 9-3　设 n 为正整数，S_n 为 n 的正因数的集合，$\leqslant$ 为例 9-2 中的整除关系，则 $<S_n, \leqslant>$ 是格。$S_6 = \{1, 2, 3, 6\}$，$S_{20} = \{1, 2, 4, 5, 10, 20\}$，$S_{30} =$

$\{1, 2, 3, 5, 6, 10, 15, 30\}$，图 9-2 中的图 a、b、c 分别给出了格 $<S_6, \leqslant>$ 和 $<S_{20}, \leqslant>$，$<S_{30}, \leqslant>$ 的哈斯图。

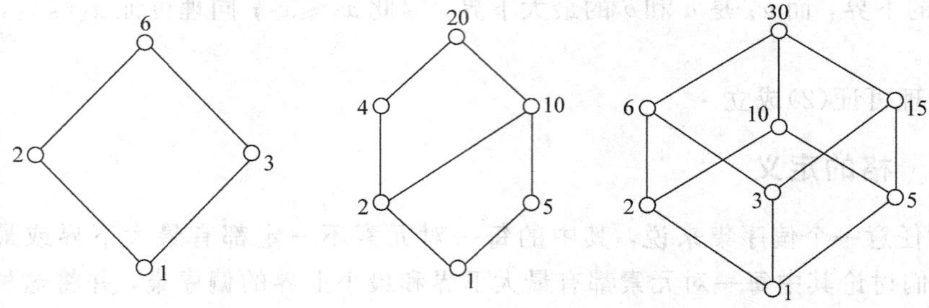

a)　　　b)　　　c)

图　9-2

例 9-4　判断图 9-3 中的哈斯图表示的偏序集是否构成格，为什么。

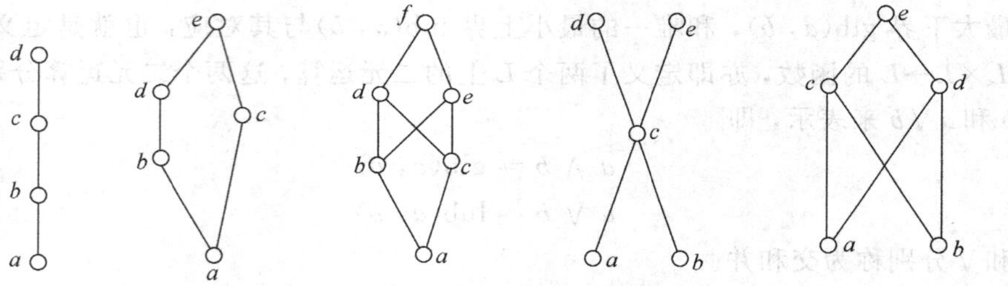

a)　　　b)　　　c)　　　d)　　　e)

图　9-3

由格的定义，要考查一个偏序集是不是格，只要考查它的任何两个元素构成的子集$\{a, b\}$是否都有最大下界和最小上界。我们知道，对于偏序集中的任何两个元素 a，b，若 a，b 有偏序关系，则由 a，b 构成的子集$\{a, b\}$就有最大下界和最小上界。而在偏序集的哈斯图上一条线上的任何两个元素都有偏序关系。因此，要考查一个偏序集是不是格，我们只需考查不在一条线上的两个元素 a，b 构成的子集$\{a, b\}$是否都有最大下界和最小上界即可。

图 a 中的元素都在一条线上，所以它是一个格。

图 b 中$\{b, c\}$的最大下界和最小上界分别是 a，e；a 和 e 也分别是$\{d, c\}$最大下界和最小上界，所以图 b 是格。

在图 c 中，因为$\{b, c\}$没有最小上界，$\{d, e\}$没有最大下界，所以它不是格。

在图 d 中，因为$\{a, b\}$没有最大下界，$\{d, e\}$没有最小上界，所以它也不是格。

在图 e 中，因为$\{a, b\}$没有最大下界也没有最小上界，所以它也不是格。

由于最大下界也是下界，同理最小上界也是上界。由下界和上界的定义，则

对于任何的 $a, b \in L$ 都有

$$a \wedge b \leqslant a, \ a \wedge b \leqslant b \tag{9-4}$$

$$a \vee b \geqslant a, \ a \vee b \geqslant b \tag{9-4'}$$

由最大下界和最小上界的定义，在格 $<L, \leqslant>$ 中，对于所有的元素 $a, b, x \in L$，有

若 $x \leqslant a$，$x \leqslant b$，则　　$x \leqslant a \wedge b$　　(9-5)

若 $x \geqslant a$，$x \geqslant b$，则　　$x \geqslant a \vee b$　　(9-5′)

注意　式(9-4)、式(9-4′)、式(9-5)、式(9-5′)是格的重要性质，在此后的学习中，常用这四个关系式来证明各种相等关系和偏序关系。

9.1.3　格的对偶原理和性质

观察前面这些格的公式或性质，我们发现它们都是有规律地成对出现。这就是我们要介绍的对偶原理。

设 f 是一个含有格中的元素和符号 $=$，$\leqslant$，$\geqslant$，$\wedge$，$\vee$ 的命题，而 f^* 是将 f 中的 $\leqslant$，$\geqslant$，$\wedge$ 和 $\vee$ 分别用 $\geqslant$，$\leqslant$，$\vee$ 和 $\wedge$ 代替后得到的命题，则称 f^* 是 f 的**对偶命题**。

例如 $(a \wedge b) \vee (a \wedge c) \leqslant a \wedge (b \vee c)$ 与 $(a \vee b) \wedge (a \vee c) \geqslant a \vee (b \wedge c)$ 互为对偶命题。

容易看出，前面列出的有关格的 10 个基本关系式中，式(9-1′)、式(9-2′)、式(9-3′)、式(9-4′)、式(9-5′)分别是式(9-1)、式(9-2)、式(9-3)、式(9-4)、式(9-5)的对偶命题。由此可见，在格的任一由这些基本关系式所导出的关系式中，同时交换 $\leqslant$ 和 $\geqslant$ 以及 $\wedge$ 和 $\vee$ 所得到的关系式也可以从这些基本关系式的对偶命题导出。于是，对于格中的每一条定理都存在着一条与其对偶的定理。

格的对偶原理　设 f 是一个含有格 $<L, \leqslant>$ 的元素和符号 $=$，$\leqslant$，$\geqslant$，$\wedge$，$\vee$ 的任一真命题，其对偶命题 f^* 亦为真。

由格的对偶原理，每一条关于格的定理，都有一对互相对偶的命题。因此，在证明格的性质时，我们只需证明一对互相对偶命题中的一个就可以了。

定理 9-2　设 $<L, \leqslant>$ 是格，则格的交 $\wedge$ 和并 $\vee$ 运算满足：

(1) 交换律：对于任意的 $a, b \in L$ 有

$$a \vee b = b \vee a, \ a \wedge b = b \wedge a$$

(2) 结合律：对于任意的 $a, b, c \in L$ 有

$$a \vee (b \vee c) = (a \vee b) \vee c, \ a \wedge (b \wedge c) = (a \wedge b) \wedge c$$

(3) 幂等律：对于任意的 $a \in L$ 有

$$a \vee a = a, \ a \wedge a = a$$

(4) 吸收律：对于任意的 $a, b \in L$，有

$$a\vee(a\wedge b)=a,\ a\wedge(a\vee b)=a$$

证明　(1) 我们先证 $a\vee b=b\vee a$。由式(9-4′)有 $a\vee b\geqslant b$，$a\vee b\geqslant a$，则由式(9-5′)有

$$a\vee b\geqslant b\vee a$$

同理可得　　　　　　$b\vee a\geqslant a\vee b$

于是由反对称性，得　　$a\vee b=b\vee a$

再证 $a\wedge b=b\wedge a$。由式(9-4)有

$$a\wedge b\leqslant b,\ a\wedge b\leqslant a$$

则由(9-5)有　　　　　$a\wedge b\leqslant b\wedge a$

同理可得　　　　　　$b\wedge a\leqslant a\wedge b$

于是由反对称性，得　　$b\wedge a=a\wedge b$

(2) 我们只证 $a\vee(b\vee c)=(a\vee b)\vee c$。设 $x=a\vee(b\vee c)$，$x'=(a\vee b)\vee c$。

由(9-4′)有　　　　　$x\geqslant a$，$x\geqslant b\vee c$

再由(9-4′)和传递性，有　$x\geqslant b$，$x\geqslant c$

由 $x\geqslant a$，$x\geqslant b$ 和式(9-5′)有　$x\geqslant a\vee b$

又因 $x\geqslant c$，所以由式(9-5′)有　$x\geqslant(a\vee b)\vee c$

即 $x\geqslant x'$。同理可证 $x'\geqslant x$。

故由反对称性，得 $x=x'$，即 $a\vee(b\vee c)=(a\vee b)\vee c$。

(3) 我们只证 $a\wedge a=a$。由式(9-4)有

$$a\wedge a\leqslant a$$

而由自反性式(9-1)有　　$a\leqslant a$

又由式(9-5)有　　　　$a\leqslant a\wedge a$

故由反对称性式(9-2)有　$a\wedge a=a$

(4) 我们只证 $a\vee(a\wedge b)=a$。由式(9-4′)有

$$a\leqslant a\vee(a\wedge b)$$

再由自反性有　　　　　$a\leqslant a$

又由式(9-4)得　　　　$a\wedge b\leqslant a$

故由式(9-5)有　　　　$a\vee(a\wedge b)\leqslant a$

最后由反对称性可得　　$a\vee(a\wedge b)=a$

例 9-5　设 $\mathbf{Z}^+$ 是正整数集合，$\leqslant$是普通的小于等于关系，试证明$<\mathbf{Z}^+,\leqslant>$是格，并且格$<\mathbf{Z}^+,\leqslant>$中的并运算是 max，交运算是 min。

证明　我们知道普通的小于等于关系是偏序关系。又因为$\leqslant$是普通的小于等于关系，所以对于任意的 $a,b\in\mathbf{Z}^+$，都有 $a\leqslant b$ 或 $b\leqslant a$。若 $a\leqslant b$，则$\{a,b\}$的最小上界是 b，最大下界是 a；若 $b\leqslant a$，则$\{a,b\}$的最小上界是 a，最大下界是 b。因此，$<\mathbf{Z}^+,\leqslant>$是格。

由以上的证明过程可以看出，在格$<\mathbf{Z}^+, \leqslant>$中，$\{a, b\}$的最大下界，最小上界分别是

$$a \vee b = \mathrm{LUB}(a, b) = \max\{a, b\}, \ a \wedge b = \mathrm{GLB}(a, b) = \min\{a, b\}$$

习题 9.1

1. 下列各集合对于整除关系都构成偏序集，判断哪些偏序集是格？

(1) $L=\{1, 2, 3, 4, 5\}$。

(2) $L=\{1, 2, 3, 4, 6, 9, 12, 18, 36\}$。

(3) $L=\{1, 2, 2^2, \cdots, 2^n\}$。

(4) $L=\{1, 2, 3, 4, 5, 6, 7, 8, 9, 10\}$。

2. 试证明在格中若 $a \leqslant b \leqslant c$，则

(1) $a \vee b = b \wedge c$。

(2) $(a \wedge b) \vee (b \wedge c) = (a \vee b) \wedge (b \vee c)$。

9.2　格的代数定义

如果$<L, \leqslant>$是一个格，则“$\wedge$”和“$\vee$”是集合 L 上的两个二元运算，它们满足交换律、结合律、幂等律和吸收律。结论的逆也成立，即若在集合 L 上定义两个二元运算，且这两个二元运算满足以上四条定律，则 L 上必存在一个偏序关系$\leqslant$，使得$<L, \leqslant>$成为一个格。

这里我们给出格作为特殊代数系统的另一种定义。

定义 9-3　设$<L, \vee, \wedge>$是一个代数系统，其中$\vee$和$\wedge$是 L 上的两个二元运算，如果这两个运算满足交换律、结合律、幂等律和吸收律，则称$<L, \wedge, \vee>$是一个格。

注意　定义中的幂等律可以省略，因为幂等律可以由吸收律推出。

例 9-6　例 9-1 中的格$<2^S, \subseteq>$又可表示为$<2^S, \cup, \cap>$。

为了要证明定义 9-2 定义的格（称为**偏序格**）与定义 9-3 格（称为**代数格**）是等价的，我们先证明如下的重要性质。

定理 9-3　设$<L, \leqslant>$是格，对于 $a, b \in L$，则

$$a \vee b = b \Leftrightarrow a \leqslant b \Leftrightarrow a \wedge b = a \tag{9-6}$$

证明　设 $a \vee b = b$，由式(9-4′)有 $a \leqslant a \vee b$，即 $a \leqslant b$。因此，再由自反性 $a \leqslant a$，于是由式(9-5)可得 $a \leqslant a \wedge b$；而由式(9-4)有 $a \wedge b \leqslant a$。因此，由反对称性，得 $a \wedge b = a$。

设 $a \wedge b = a$，则由式(9-4)，有 $a = a \wedge b \leqslant b$。由自反性 $b \leqslant b$，因而由式(9-5′)，有 $a \vee b \leqslant b$，又由式(9-4′)，有 $b \leqslant a \vee b$，于是有 $a \vee b = b$。

综合上述可得 $a \vee b = b \Leftrightarrow a \leqslant b \Leftrightarrow a \wedge b = a$。

由偏序格和代数格的定义及定理 9-2 可知，偏序格$<L, \leqslant>$及由在 L 上定义的两个二元运算 $a \wedge b = \text{glb}(a, b)$，$a \vee b = \text{lub}(a, b)$，则偏序格$<L, \leqslant>$一定是代数格$<L, \vee, \wedge>$。反之，由在代数格$<L, \vee, \wedge>$上定义的偏序关系：$a \leqslant b$ 当且仅当 $a \vee b = b$，及定理 9-3，容易证明代数格$<L, \vee, \wedge>$一定是偏序格$<L, \leqslant>$，即有如下的定理：

定理 9-4 偏序格$<L, \leqslant>$和代数格$<L, \vee, \wedge>$是等价的。

注意 (1)既然偏序格$<L, \leqslant>$和代数格$<L, \vee, \wedge>$是等价的，以后就不加区别。

(2) 格可以看做是一个代数，则可用代数的方法来研究格，即可以研究格的子格及格的同态和同构等格的代数性质。

定义 9-4 设$<L, \wedge, \vee>$是一个格，如果$<A, \vee, \wedge>$是$<L, \vee, \wedge>$的子代数，则称$<A, \vee, \wedge>$是$<L, \vee, \wedge>$的**子格**。

子格也是一个格，因为当运算$\vee$和$\wedge$限制在 A 上时，交换律、结合律和吸收律也是成立的。

例 9-7 设$<L, \vee, \wedge>$是一个格，其中 $L = \{a, b, c, d, e, f, g\}$，如图 9-4 所示。令 $S_1 = \{c, e, f, g\}$，$S_2 = \{a, b, e, g\}$，$S_3 = \{a, e, f, g\}$，则$<S_1, \vee, \wedge>$和$<S_2, \vee, \wedge>$都是格$<L, \vee, \wedge>$的子格，但$<S_3, \vee, \wedge>$不是格$<L, \vee, \wedge>$的子格，这是因为 $e \wedge f = c \notin S_3$。

格$<L, \leqslant>$除具有交换律、结合律、幂等律和吸收律等主要性质外，格中的元素还有如下一些关系。

定理 9-5 在格$<L, \leqslant>$中，对于任意的 $a, b, c, d \in L$，若 $a \leqslant c$，$b \leqslant d$，则

$$a \vee b \leqslant c \vee d, a \wedge b \leqslant c \wedge d \tag{9-7}$$

证明 由式(9-4′)$c \vee d \geqslant c$，而 $c \geqslant a$，由传递性有 $c \vee d \geqslant a$；同理，由 $c \vee d \geqslant d$，且 $d \geqslant b$，所以 $c \vee d \geqslant b$，于是由式(9-5′)有

$$c \vee d \geqslant a \vee b$$

即

$$a \vee b \leqslant c \vee d$$

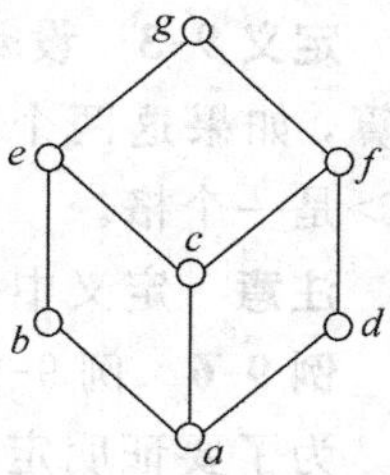

图 9-4

$a \wedge b \leqslant c \wedge d$ 的证明留给读者。

推论(格的保序性)格$<L, \leqslant>$中，对于任意的 $a, b, c \in L$，若 $b \leqslant c$，则

$$a \vee b \leqslant a \vee c, a \wedge b \leqslant a \wedge c \tag{9-8}$$

定理 9-6 在格$<L, \leqslant>$中，对于任意的 $a, b, c \in L$，有下列分配不等式成立：

(1)
$$a \vee (b \wedge c) \leqslant (a \vee b) \wedge (a \vee c) \tag{9-9}$$

(2)　$$a \wedge (b \vee c) \geqslant (a \wedge b) \vee (a \wedge c) \tag{9-9'}$$

证明　(1)由式(9-4)，$b \wedge c \leqslant b$，$b \wedge c \leqslant c$，于是由定理 9-5 的推论有

$$a \vee (b \wedge c) \leqslant a \vee b\ ,\ a \vee (b \wedge c) \leqslant a \vee c$$

再由式(9-5)有　$$a \vee (b \wedge c) \leqslant (a \vee b) \wedge (a \vee c)$$

根据对偶原理，(2)亦成立。

习题 9.2

1. 设$<L, \leqslant>$是一个格，其哈斯图如图 9-4 所示，L 的如下三个子集哪个能构成子格?

$$S_1 = \{b, c, e, f\};\ S_2 = \{a, e, f, g\};\ S_3 = \{a, b, d, g\}$$

2. 至少给出 8 个 S_{24}的子格，使其每个子格至少包含 5 个元素。

3. 设$<L, \vee, \wedge>$是格，试证明它的线序子集是它的子格。

4. 设$<L, \leqslant>$是一个格，证明：对于任意的 $a, b, c, d \in L$，若有 $a \leqslant c$，$b \leqslant d$，则有

$$a \wedge b \leqslant c \wedge d$$

5. 设$<L, \leqslant>$是一个格，证明：对于任意的 $a, b, c, d \in L$，则有

$$(a \wedge b) \vee (c \wedge d) \leqslant (a \vee c) \wedge (b \vee d)$$

9.3　特殊格

9.3.1　分配格

根据定理 9-6 我们知道格满足分配不等式，但任意一个格$<L, \leqslant>$其运算 $\vee$ 与 $\wedge$ 不一定能满足分配律。

定义 9-5　设$<L, \vee, \wedge>$是一个格，若对于任意的 $a, b, c \in L$，有

$$a \vee (b \wedge c) = (a \vee b) \wedge (a \vee c)$$
$$a \wedge (b \vee c) = (a \wedge b) \vee (a \wedge c)$$

则称$<L, \vee, \wedge>$为分配格。

例 9-8　集合 A 的幂集 2^A 与其上所定义的并和交运算所组成的格$<2^A, \cup, \cap>$是一个分配格。

例 9-9　图 9-5a、b 两个格都不是分配格，这是因为：

在图 a 中 $b \vee (c \wedge d) = b \vee a = b$，而$(b \vee c) \wedge (b \vee d) = e \wedge d = d$

在图 b 中 $b \vee (c \wedge d) = b \vee a = b$，$(b \vee c) \wedge (b \vee d) = e \wedge e = e$

但图 c 是分配格，为什么?

注意　在分配格的定义中有些条件是多余的。

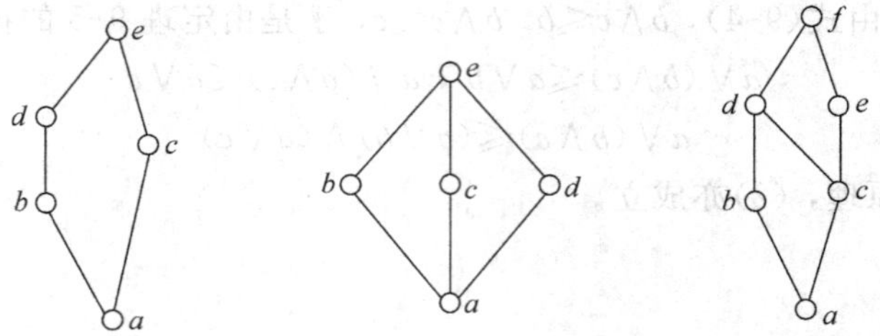

a) b) c)

图 9-5

定理 9-7 设<L, $\vee$, $\wedge$>是格，则

(1) 如果交运算对并运算是可分配的，则并运算对交运算也是可分配的。

(2) 如果并运算对交运算是可分配的，则交运算对并运算也是可分配的。

证明 (1)设在格<L, $\vee$, $\wedge$>中，对任意的 a, b, $c \in L$，有

$$a \wedge (b \vee c) = (a \wedge b) \vee (a \wedge c)$$

则

$$\begin{aligned}(a \vee b) \wedge (a \vee c) &= [(a \vee b) \wedge a] \vee [(a \vee b) \wedge c] \\ &= a \vee [(a \vee b) \wedge c] = a \vee [(a \wedge c) \vee (b \wedge c)] \\ &= [a \vee (a \wedge c)] \vee (b \vee c) = a \vee (b \wedge c)\end{aligned}$$

由对偶原理同样可证(2)。

定理 9-8 设<L, $\vee$, $\wedge$>是分配格，对于任意的 a, b, $c \in L$，有

$$b \vee a = c \vee a \text{ 且 } b \wedge a = c \wedge a$$

的充分必要条件是 $b = c$。

证明 充分性是显然的。下面证明必要性，利用交换律、吸收律和分配律，则有

$$\begin{aligned}b &= b \vee (b \wedge a) = b \vee (c \wedge a) \\ &= (b \vee c) \wedge (b \vee a) = (c \vee b) \wedge (c \vee a) \\ &= c \vee (b \wedge a) = c \vee (c \wedge a) = c\end{aligned}$$

9.3.2 有界格和有补格

在 4.7 节中我们给出过偏序集的最大元和最小元的概念，并证明了它们的唯一性。因格是偏序集，格当然也要考查最大元和最小元。

定义 9-6 设<L, $\vee$, $\wedge$>是格，如果 L 中存在有最小元和最大元，分别用 0 和 1 来表示，则称格<L, $\vee$, $\wedge$>为**有界格**，并称 0、1 为格的**全下界**和**全上界**。

例如图 9-5 中的三个格都是有界格。

定理 9-9　有限格都是有界格。

如果一个格$<L, \vee, \wedge>$有全下界 0 和全上界 1，则对于任意的 $a \in L$，都有

$$0 \leqslant a \leqslant 1 \tag{9-10}$$

因此，由式(9-6)可得，对于任意的 $a \in L$，都有

$$a \wedge 1 = a \tag{9-11}$$

$$a \vee 0 = a \tag{9-11'}$$

$$a \wedge 0 = 0 \tag{9-12}$$

$$a \vee 1 = 1 \tag{9-12'}$$

由式(9-11)和式(9-12)可知，有界格的全下界 0 是关于并运算 $\vee$ 的单位元，又是关于交运算 $\wedge$ 的零元；全上界 1 是关于交运算 $\wedge$ 的单位元，又是关于并运算 $\vee$ 的零元。

设$<L, \vee, \wedge>$是一个含有元素 1 和 0 的有界格，对于 $a \in L$，若有元素 $b \in L$，使得

$$a \vee b = 1, \ a \wedge b = 0$$

则称元素 b 是 a 的**补元**。

注意　a 和 b 是互补的。特别地，0 和 1 互补。

定义 9-7　设$<L, \vee, \wedge>$是有界格，如果 L 中每一个元素都有补元，则称$<L, \vee, \wedge>$为**有补格**。

例如，格$<2^A, \cup, \cap>$是一个有补格，其中集合 A 是全上界，空集$\varnothing$是全下界，2^A 中的每一个元素(即 A 的每一子集)S_i 的补元素是 S_i 的补集$\overline{S}_i$。

例 9-10　图 9-6 中格都是有界格，但都不是有补格。

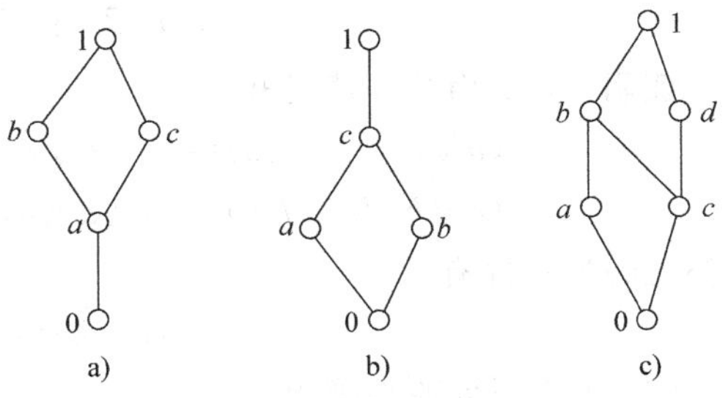

图　9-6

例 9-11　图 9-5a 中格是有补格，这里的全下界、全上界分别是 a、e。显然 a、e 互为补元，因为 $b \wedge c = a$，$b \vee c = e$，所以 b 的补元是 c，同理因为 $d \wedge c = a$，$d \vee c = e$，所以 d 的补元也是 c，因此 b、d 都是 c 补元。图 9-5b 中格也是有补格，全下界、全上界分别是 a、e，a、e 互为补元，b 的补元是 c、d，c 的补元是 b、d，d 的补元是 c、b。

由此可知有补格中的每个元素都有补元，但补元并不都是唯一的。那么自然会要问：什么格中每一个元素既有补元，且补元又是唯一的呢？

9.3.3　有补分配格

定义 9-8　如果一个格既是有补格又是分配格，则称它为**有补分配格**或称其

为**布尔代数**。

例如，格$<2^A, \cup, \cap>$就是一个有补分配格，而图 9-5 中的三个格都不是有补分配格。有补分配格有一些特殊性质。

定理 9-10 在有补分配格$<L, \vee, \wedge>$中，任一元素$a \in L$都有唯一的补元。这时将a的补元记作$\bar{a}$。

证明 假设元素a有两个补元b、b_1，由补元的定义有

$$a \vee b=1, a \wedge b=0$$

$$a \vee b_1=1, a \wedge b_1=0$$

则有

$$a \vee b=a \vee b_1, a \wedge b=a \wedge b_1$$

由定理 9-8 则有$b=b_1$，即a的补元唯一。因此，对于任一元素$a \in L$有

$$a \vee \bar{a}=1, a \wedge \bar{a}=0$$

这两式合称为**互补律**。

定理 9-11(对合律) 在有补分配格$<L, \vee, \wedge>$中，对于任一元素$a \in L$，有

$$\bar{\bar{a}}=a$$

证明 因为$a \vee \bar{a}=1$，$a \wedge \bar{a}=0$，由交换律有$\bar{a} \vee a=1$，$\bar{a} \wedge a=0$，所以a是$\bar{a}$的补。又由定理 9-10，$\bar{a}$的补是唯一的，故得$\bar{\bar{a}}=a$。

定理 9-12(德·摩根定律) 在有补分配格$<L, \vee, \wedge>$中，对于任意的a，$b \in L$，有

(1) $$\overline{(a \vee b)}=\bar{a} \wedge \bar{b}$$

(2) $$\overline{(a \wedge b)}=\bar{a} \vee \bar{b}$$

证明 (1) 由分配律可知

$$(a \vee b) \vee(\bar{a} \wedge \bar{b})=(a \vee b \vee \bar{a}) \wedge(a \vee b \vee \bar{b})=1 \wedge 1=1$$

$$(a \vee b) \wedge(\bar{a} \wedge \bar{b})=(a \wedge \bar{a} \wedge \bar{b}) \vee(b \wedge \bar{a} \wedge \bar{b})=0 \vee 0=0$$

由补元的唯一性有

$$\overline{(a \vee b)}=\bar{a} \wedge \bar{b}$$

(2) 可由对偶原理推出。

习题 9.3

1. 设$<L, \leqslant>$是一个格，其中$L=\{1, 2, 3, 4, 6, 8, 12, 24\}$，$\leqslant$是整除关系。

(1) 格$<L, \leqslant>$是否是有界格，若是请指出其全下界和全上界。

(2) 若$<L, \leqslant>$是有界格，则 1，3，4，6，8 是否都有补元，若有请给出。

2. 试举例说明并非每一有补格都是分配格；并非每一分配格都是有补格。

3. 设$<L, \leqslant>$是一个格，试证明：$<L, \leqslant>$是分配格的充分必要条件是，对于任何的$a, b, c \in L$都有$(a \vee b) \wedge c \leqslant a \vee(b \wedge c)$。

4. 设$<L, \leqslant>$是有补分配格，试证明对于任何的 a，$b \in L$ 都有$\overline{(a \wedge b)} = \bar{a} \vee \bar{b}$。

9.4　布尔代数

有补分配格又称为一个**布尔代数**。而在有补分配格中，每一元素都是唯一的补元，因此求补运算能够作为这种格（布尔代数）的域上的一元运算，于是具有域 B 的布尔代数可表示为$<B, {}^{-}, \vee, \wedge>$（这里$\vee$和$\wedge$是原有的并与交运算，${}^{-}$是求补运算）。

一个布尔代数$<B, {}^{-}, \vee, \wedge>$具有下列的基本性质：

对于 B 中的任意元素 x，y，z，有

(1)交换律　$x \vee y = y \vee x$

$x \wedge y = y \wedge x$

(2)结合律　$x \vee (y \vee z) = (x \vee y) \vee z$

$x \wedge (y \wedge z) = (x \wedge y) \wedge z$

(3)幂等律　$x \vee x = x$

$x \wedge x = x$

(4)吸收律　$x \vee (x \wedge y) = x$

$x \wedge (x \vee y) = x$

(5)分配律　$x \wedge (y \vee z) = (x \wedge y) \vee (x \wedge z)$

$x \vee (y \wedge z) = (x \vee y) \wedge (x \vee z)$

(6)同一律　$x \vee 0 = x$

$x \wedge 1 = x$

(7)零一律　$x \vee 1 = 1$

$x \wedge 0 = 0$

(8)互补律　$x \vee \bar{x} = 1$

$x \wedge \bar{x} = 0$

(9)对合律　$\bar{\bar{x}} = x$

(10)德·摩根定律　$\overline{(x \vee y)} = \bar{x} \wedge \bar{y}$

$\overline{(x \wedge y)} = \bar{x} \vee \bar{y}$

以上这 10 条性质都可由其中的交换律、分配律、同一律和互补律推导出来。也就是说，若代数系统$<B, {}^{-}, \vee, \wedge>$中的运算满足交换律、分配律、同一律和互补律，则它必定也满足结合律、幂等律等其他 6 条定律。

注意　交换律、分配律、同一律和互补律这四条基本定律，每一条都包含了互相对偶的两个关系式。

由交换律和同一律可知，0 是$\vee$运算的单位元，1 是$\wedge$运算的单位元，根据例

4-38，<B，$^{-}$，$\vee$，$\wedge$>中满足同一律的元素 0 和元素 1 是唯一的。

在代数系统<B，$^{-}$，$\vee$，$\wedge$>中交换律、结合律和吸收律成立，因此<B，$^{-}$，$\vee$，$\wedge$>是一个格，由于分配律成立，可知<B，$^{-}$，$\vee$，$\wedge$>是一个分配格，又由于同一律和互补律成立，因此<B，$^{-}$，$\vee$，$\wedge$>是一个有补分配格。

将布尔代数<B，$^{-}$，$\vee$，$\wedge$>看做满足一些运算律的一个代数系统，得到其第二定义。

定义 9-9 设<B，$^{-}$，$\vee$，$\wedge$>是一个代数系统，其中$\vee$，$\wedge$是 B 上的二元运算，$^{-}$是 B 上的一元运算。如果该代数系统满足交换律、分配律、同一律和互补律，则称<B，$^{-}$，$\vee$，$\wedge$>是一个**布尔代数**。

例 9-12 设 $B=\{0, 1\}$，运算$^{-}$，$\vee$，$\wedge$分别由表 9-1～表 9-3 定义：

表 9-1

—	0
0	1
1	0

表 9-2

$\vee$	0	1
0	0	1
1	1	1

表 9-3

$\wedge$	0	1
0	0	0
1	0	1

则<B，$^{-}$，$\vee$，$\wedge$>是一个布尔代数，称为**开关代数**，如图 9-7 所示。

例 9-13 设 A 是一个集合，则<2^A，$^{-}$，$\cup$，$\cap$>是一个布尔代数，称其为**集合代数**。

证明 因为运算$\cup$，$\cap$满足交换律、分配律；而<2^A，$\cup$，$\cap$>中的全上界是全集 A，全下界是空集$\varnothing$，因此，对于任意的 $S\in A$，则 $A-S$ 是 S 的补元；由集合的运算性质可知，<2^A，$^{-}$，$\cup$，$\cap$>中同一律和互补律成立。所以<2^A，$^{-}$，$\cup$，$\cap$>是一个布尔代数。

$A=\{a, b\}$和 $A=\{a, b, c\}$的集合代数<2^A，$^{-}$，$\cup$，$\cap$>如图 9-8 所示。

图 9-7

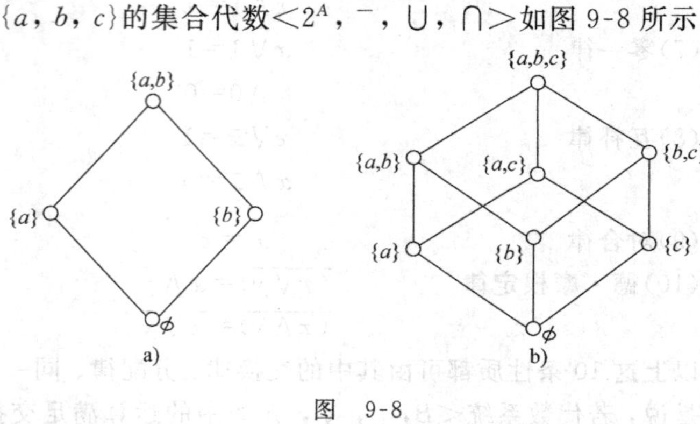

图 9-8

定义 9-10 设<B，$^{-}$，$\vee$，$\wedge$>是布尔代数，S 是 B 的非空子集。若 S 对$^{-}$，$\vee$和$\wedge$运算封闭，并且$\{0, 1\}\subseteq S$，则称<S，$^{-}$，$\vee$，$\wedge$>是<B，$^{-}$，$\vee$，$\wedge$>的**子布尔代数**。

例如，$S=B$ 和 $S=\{0, 1\}$都是布尔代数<B，$^{-}$，$\vee$，$\wedge$>的子布尔代数。

定理 9-13　布尔代数的任一子布尔代数是布尔代数。

证明　设$<S, ^-, \vee, \wedge>$是布尔代数$<B, ^-, \vee, \wedge>$的子布尔代数，由子布尔代数的定义可知$0, 1 \in S$；由于S对$^-$，$\vee$和$\wedge$封闭，所以，若$a \in S$，则$\bar{a} \in S$；于是同一律和互补律成立。而交换律、分配律是继承的。由定义 9-9，$<S, ^-, \vee, \wedge>$是布尔代数。

定理 9-14　布尔代数的同态像是布尔代数。

证明　设$<B_0, ', \cup, \cap>$是布尔代数$<B, ^-, \vee, \wedge>$在同态h下的同态像。由于同态保持运算，可知交换律和分配律在$<B_0, ', \cup, \cap>$中仍然成立，由布尔代数$<B, ^-, \vee, \wedge>$满足同一律，知$h(1)$和$h(0)$分别是$<B_0, ', \cup, \cap>$的全上界和全下界。因此$<B_0, ', \cup, \cap>$满足同一律，又因为h是从B到B_0的满射，因此对于任一元素$x_0 \in B_0$，都存在$x \in B$使得$h(x)=x_0$。因此对于$x_0 \in B_0$，有

$$h(0)=h(x \wedge \bar{x})=h(x) \cap h(\bar{x})=h(x) \cap (h(x))'=x_0 \cap x_0'$$

$$h(1)=h(x \vee \bar{x})=h(x) \cup h(\bar{x})=h(x) \cup (h(x))'=x_0 \cup x_0'$$

即$<B_0, ', \cup, \cap>$满足互补律，故$<B_0, ', \cup, \cap>$是一个布尔代数。

例 9-14　设$U=\{u_1, u_2, u_3\}$。布尔代数$<2^U, ^-, \cup, \cap>$有子布尔代数：

$$<\{\varnothing, U\}, ^-, \cup, \cap>$$

$$<\{\varnothing, \{u_1\}, \{u_2, u_3\}, U\}, ^-, \cup, \cap>$$

$$<\{\varnothing, \{u_2\}, \{u_1, u_3\}, U\}, ^-, \cup, \cap>$$

$$<\{\varnothing, \{u_3\}, \{u_1, u_2\}, U\}; ^-, \cup, \cap>$$

它们都是布尔代数$<2^U, ^-, \cup, \cap>$的子布尔代数。

可以看出，以上三例给出的布尔代数都含有2^n个元素，事实上这是布尔代数的一般规律，即若$<B, ^-, \vee, \wedge>$是有限布尔代数，则存在$n \in \mathbf{N}$使得$|B|=2^n$。而且可以进一步得到如下的定理：

定理 9-15　设$<B, ^-, \vee, \wedge>$是一有限布尔代数，则存在含有n个元素的集合S，使得$<B, ^-, \vee, \wedge>$与$<2^S, ^-, \cup, \cap>$同构。

习题 9.4

1. 设$A=\{1, 2, 5, 10, 11, 22, 55, 110\}$是 110 的正因子集合，$<A, \leqslant>$构成偏序集，其中$\leqslant$为整除关系。说明该偏序集是否构成布尔代数，为什么？

2. 设$<B, ^-, \vee, \wedge>$是一布尔代数，试证明$<B, \oplus>$是一个交换群，这里$\oplus$定义为

$$a \oplus b=(a \wedge \bar{b}) \vee (\bar{a} \wedge b)$$

9.5　例题解析

例 9-15　设$<L, \leqslant>$是格，对于任意的$a, b, c, d \in L$，证明：

$$(a \wedge b) \vee (c \wedge d) \leqslant (a \vee c) \wedge (b \vee d)$$

证明 对于任意的 $a, b, c, d \in L$，由式(9-4)有

$$a \wedge b \leqslant a,\ a \wedge b \leqslant b,\ c \wedge d \leqslant c,\ c \wedge d \leqslant d$$

所以由格的保序性有 $(a \wedge b) \vee (c \wedge d) \leqslant a \vee c$，$(a \wedge b) \vee (c \wedge d) \leqslant b \vee d$

进而有 $(a \wedge b) \vee (c \wedge d) \leqslant (a \vee c) \wedge (b \vee d)$

例 9-16 设<L，$\leqslant$>是格，对于任意的 $a, b, c \in L$，$a \leqslant b$，证明：

$$(a \vee (b \wedge c)) \vee c = (b \wedge (a \vee c)) \vee c$$

证明 由于有 $a \leqslant a \vee c$，又因为 $a \leqslant b$，所以由式(9-5)有

$$a \leqslant b \wedge (a \vee c)$$

由格的保序性有

$$a \vee c \leqslant (b \wedge (a \vee c)) \vee c$$

由格的结合律和吸收律有

$$(a \vee (b \wedge c)) \vee c = a \vee c$$

因此 $(a \vee (b \wedge c)) \vee c \leqslant (b \wedge (a \vee c)) \vee c$ ①

又由格的分配不等式及幂等律有

$$(b \wedge (a \vee c)) \vee c \leqslant (b \vee c) \wedge (a \vee c)$$

而由式(9-4)有

$$(b \vee c) \wedge (a \vee c) \leqslant a \vee c = (a \vee (b \wedge c)) \vee c$$

即 $(b \wedge (a \vee c)) \vee c \leqslant (a \vee (b \wedge c)) \vee c$ ②

综合①、②有 $(a \vee (b \wedge c)) \vee c = (b \wedge (a \vee c)) \vee c$

例 9-17 设 $\mathbf{Z}^+$ 是正整数集合，$\leqslant$是普通的小于等于关系，格<$\mathbf{Z}^+$，$\leqslant$>中的并运算是 max，交运算是 min。试证明<$\mathbf{Z}^+$，$\leqslant$>是分配格。

证明 由例 9-5 的证明过程可以看出，在格<$\mathbf{Z}^+$，$\leqslant$>中，$\{a, b\}$的最大下界，最小上界分别是

$$a \vee b = \mathrm{lub}(a, b) = \max\{a, b\},\ a \wedge b = \mathrm{glb}(a, b) = \min\{a, b\}$$

对于任意的 $a, b, c \in \mathbf{Z}^+$，都有如下的 6 种情况之一：

① $a \leqslant b \leqslant c$； ② $a \leqslant c \leqslant b$； ③ $b \leqslant a \leqslant c$； ④ $b \leqslant c \leqslant a$； ⑤ $c \leqslant a \leqslant b$； ⑥ $c \leqslant b \leqslant a$。

现在对情况①证明：$a \vee (b \wedge c) = (a \vee b) \wedge (a \vee c)$ 和 $a \wedge (b \vee c) = (a \wedge b) \vee (a \wedge c)$

事实上 $a \vee (b \wedge c) = \max\{a, \min\{b, c\}\} = \max\{a, b\} = b$

$$(a \vee b) \wedge (a \vee c) = \min\{\max\{a, b\}, \max\{a, c\}\} = \min\{b, c\} = b$$

即有 $a \vee (b \wedge c) = (a \vee b) \wedge (a \vee c)$

由对偶原理有 $a \wedge (b \vee c) = (a \wedge b) \vee (a \wedge c)$

其他 5 种情况可类似证明。故格<$\mathbf{Z}^+$，$\leqslant$>是分配格。

例 9-18 设<L，$^-$，$\vee$，$\wedge$，0，1>是有补分配格，试证明：对于任意的 a，

$b\in L$，下述 4 个条件等价：

(1) $a\leqslant b$。

(2) $a\wedge\bar{b}=0$。

(3) $\bar{a}\vee b=1$。

(4) $\bar{b}\leqslant\bar{a}$。

证明　(1)⇒(2)。因为 $a\leqslant b$，所以 $a\wedge\bar{b}\leqslant b\wedge\bar{b}=0$，由此可得 $a\wedge\bar{b}=0$。

(2)⇒(3)。由于<L，$^-$，∨，∧，0，1>是有补分配格，所以 $\bar{a}\vee b=\overline{(a\wedge\bar{b})}=\bar{0}=1$。

(3)⇒(4)。由于<L，$^-$，∨，∧，0，1>是有补分配格，且 $\bar{a}\vee b=1$，则有

$$\bar{b}=1\wedge\bar{b}=(\bar{a}\vee b)\wedge\bar{b}=(\bar{a}\wedge\bar{b})\vee(b\wedge\bar{b})=(\bar{a}\wedge\bar{b})\vee 0=\bar{a}\wedge\bar{b}$$

故有 $\bar{b}\leqslant\bar{a}$。

(4)⇒(1)。由于 $\bar{b}\leqslant\bar{a}$，所以有 $\bar{a}\wedge\bar{b}=\bar{b}$，又由于<$L$，$^-$，∨，∧，0，1>是有补分配格，所以有 $a\vee b=\overline{(\bar{a}\wedge\bar{b})}=\overline{(\bar{b})}=b$，因此有 $a\leqslant b$。

复习题九

1. 设<L，⩽>是一格，a，$b\in L$，且 $a<b$(即 $a\leqslant b$，但 $a\neq b$)，令集合

$$B=\{x\mid x\in L\text{ 且 }a\leqslant x\leqslant b\}$$

试证明<B，⩽>也是一个格。

2. 设<L，∨，∧>是格，试证明对于所有的 a，b，$c\in L$，若 $a\leqslant b$，则

$$a\vee(b\wedge c)\leqslant b\wedge(a\vee c)$$

3. 设<L，∨，∧>是一个代数格，试证明对于任何两个元素 a，$b\in L$，都有

$$((a\wedge b)\vee(a\wedge c))\wedge((a\wedge b)\vee(b\wedge c))=a\wedge b$$

4. 试证明：若<L，∨，∧>是有限格，则 L 一定有最小元素和最大元素。

5. 试证明：在格<L，⩽>中对于任意元素 a，b，$c\in L$ 有

$$(a\wedge b)\vee(b\wedge c)\vee(c\wedge a)\leqslant(a\vee b)\wedge(b\vee c)\wedge(c\vee a)$$

6. 设有布尔代数<B_1，$^-$，∨，∧>和<B_2，′，∪，∩>，h 是由 B_1 到 B_2 的函数且将运算∨传送到运算∪(即对于任意的)x_1，$x_2\in B_1$，有 $h(x_1\vee x_2)=h(x_1)\cup h(x_2)$，将运算“—”传送到运算“′”。试证明：$h$ 也将运算∧传送到运算∩。

7. 设<B，$^-$，∨，∧>是一布尔代数，定义 B 的运算和 $*$ 如下：对于任意的 a，$b\in B$，

$$a\oplus b=(a\wedge\bar{b})\vee(\bar{a}\wedge b)$$

$$a*b=a\wedge b$$

试证明<B，⊕，$*$>是一个含幺交换环。

部分习题参考答案与提示

第1章 命题逻辑

习题 1.1

1. (1)不是命题。(2)不是命题。(3)不是命题。(4)不是命题。(5) 是命题。(6) 是命题。(7) 是真命题。(8)不是命题。(9) 是假命题。

2. (1)复合命题。设 p：他们明天去百货公司；q：他们后天去百货公司。命题符号化为 $p \vee q$。

(2) 不是命题。(3) 不是命题。(4)是原子命题。

(5)是复合命题。设 p：王海在学习；q：李春在学习。命题符号化为 $p \wedge q$。

(6)是复合命题。设 p：你努力学习；q：你一定能取得优异成绩。命题符号化为 $p \rightarrow q$。

(7)不是命题。(8)不是命题。

(9)复合命题。设 p：王海是女孩子。命题符号化为 $\neg p$。

3. (1)如果李春迟到了，那么他错过了考试。

(2)要么李春迟到了，要么李春错过了考试，要么李春通过了考试。

(3)李春错过考试当且仅当他迟到了。

(4)如果李春迟到了并且错过了考试，那么他没有通过考试。

4. (1) $\neg p \rightarrow (q \vee r)$。(2) $p \rightarrow q$。(3) $q \rightarrow p$。(4) $q \rightarrow p$。

习题 1.2

1. (1) 1 层公式。(2)不是公式。(3) 3 层公式。(4)不是公式。(5) 5 层公式。

2. (真值表略)(1) 2 层公式。(2) 3 层公式。(3) 3 层公式。(4) 4 层公式。

3. (真值表略)

(1) 成真赋值为：00，10，11；其成假赋值为 01。

(2) 成真赋值为：000，010，100，110，111；其成假赋值为 001，011，101。

(3) 成真赋值为：00，11；成假赋值为：01，10。

4. (真值表略)

(1) 重言式。(2) 矛盾式。(3) 可满足式。(4) 重言式。

习题 1.3

3. (1) $p\wedge q$。(2) $\neg p\wedge q$。(3) $p\leftrightarrow q$。(4) $p\leftrightarrow q$。

4. (1) 可满足式。(2)重言式。(3)矛盾式。(4)重言式。(5)可满足式。(6)重言式。

5. (1)他学习很努力但没有通过考试。

(2)当且仅当水不温暖时他游泳。

(3)天冷并且他不穿外套或者穿衬衫。

(4)他努力学习，但是没有上清华大学，也没有上北京大学。

6. 张三说谎，李四说真话，王五说谎。

习题 1.4

1. (1) $\neg(p\wedge\neg q)\vee(\neg p\wedge q)$。(2) $(p\wedge(\neg(q\vee r)\vee(p\wedge\neg r))\vee\neg p$。

2. (1)析取范式：$(p\wedge\neg q)\vee\neg r\vee s$，合取范式：$(p\vee\neg r\vee s)\wedge(\neg q\vee\neg r\vee s)$。

(2) 析取范式：$(\neg p\wedge q\wedge r)\vee(\neg p\wedge\neg q\wedge\neg r)$，合取范式：$\neg p\wedge(\neg q\vee r)\wedge(\neg r\vee q)$。

(3) 析取范式：$(p\wedge\neg r)\vee(q\wedge\neg r)$，合取范式：$(p\vee q)\wedge\neg r$。

(4) 析取范式：$\neg p\vee\neg q\vee r$，合取范式：$\neg p\vee\neg q\vee r$。

3. (1) 主析取范式：$p\wedge q$，主合取范式：$(p\vee\neg q)\wedge(p\vee q)\wedge(\neg p\vee q)$。

(2) 主析取范式：$(\neg p\wedge\neg q)\vee(\neg p\wedge q)\vee(p\wedge\neg q)\vee(p\wedge q)$，主合取范式：1。

(3) 主析取范式：$(\neg p\wedge q\wedge\neg r)\vee(p\wedge\neg q\wedge\neg r)\vee(p\wedge\neg q\wedge r)\vee(p\wedge q\wedge\neg r)\vee(p\wedge q\wedge r)$，主合取范式：$(p\vee q\vee r)\wedge(p\vee q\vee\neg r)\wedge(p\vee\neg q\vee\neg r)$。

(4) 主析取范式：$\sum(0, 1, 3, 4, 5, 7, 8, 9, 10, 11, 12, 13, 15)$，主合取范式：$(p\vee q\vee\neg r\vee s)\wedge(p\vee\neg q\vee\neg r\vee s)\wedge(\neg p\vee\neg q\vee\neg r\vee s)$。

4. (1) 主析取范式：$p\wedge\neg q$，主合取范式：$(p\vee q)\wedge(p\vee\neg q)\wedge(\neg p\vee\neg q)$。

(2)主析取范式：$(\neg p\wedge q)\vee(p\wedge\neg q)\vee(p\wedge q)$，主合取范式：$p\vee q$。

(3)主析取范式：$(\neg p\wedge q\wedge r)\vee(p\wedge\neg q\wedge\neg r)\vee(p\wedge\neg q\wedge r)\vee(p\wedge q\wedge\neg r)\vee(p\wedge q\wedge r)$，主合取范式：$(p\vee q\vee r)\wedge(p\vee q\vee\neg r)\wedge(p\vee\neg q\vee r)$ 。

(4)主析取范式：$(\neg p\wedge\neg q\wedge r)\vee(\neg p\wedge q\wedge r)\vee(p\wedge\neg q\wedge\neg r,)\vee(p\wedge\neg q\wedge r)\vee(p\wedge q\wedge r)$，主合取范式：$(p\vee q\vee r)\wedge(p\vee\neg q\vee r)\wedge(\neg p\vee\neg q\vee r)$。

5. (1)仅为可满足式。(2)重言式。(3)矛盾式。(4)仅为可满足式。

习题 1.5

1. 设 p：这里有演出；q：这里通行是困难的；r：他们按照指定时间到达，则符号化为：

前提：$p \to q$，$r \to \neg q$，r；结论：$\neg p$。

证明(略)。

3. 推理不正确。在①到②化简时，只能对整个公式进行而不是子公式。

4. 正确。(1)P；(2)P 附加前提引入；(3)T①②析取三段论；(4)P；(5)T③④假言推理；(6)P；(7)T⑤⑥假言推理；(8)T②⑦CP。

5. 设 p：张三努力工作，q：李四高兴，r：王五高兴，s：刘强高兴，则符号化为：

前提：$p \to (q \vee r)$，$q \to \neg p$，$s \to \neg r$；结论：$p \to \neg s$。

证明(略)。

6. 设：p：天下雪；q：马路结冰；r：汽车开得快；s：马路塞车，则符号化为：

前提：$p \to q$，$q \to \neg r$，$\neg r \to s$，$\neg s$；结论：$\neg p$。

证明(略)。

习题 1.6

电路图如图 1 所示。

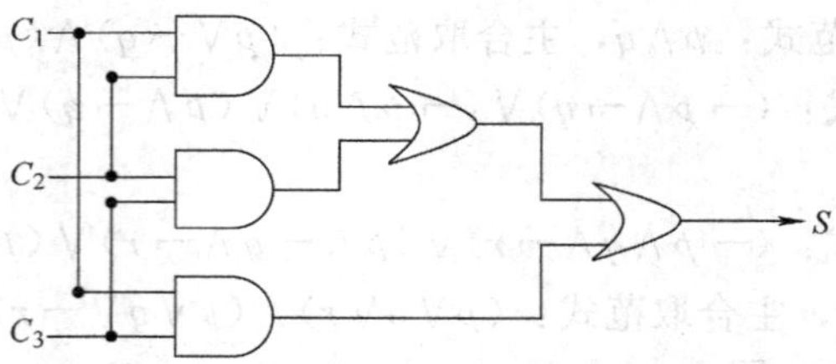

图 1

复习题一

1. (1)设 p：3 是偶数，q：中国人的母语是汉语。命题符号化 $p \to q$。

(2)设 p：你抽烟，q：你很容易得病。命题符号化 $p \to q$。

(3)设 p：今天是星期一，q：明天才是星期二。命题符号化 $q \to p$。

(4)设 p：李春这个学期《离散数学》考了 100 分，q：李春这个学期《数据结构》考了 100 分。命题符号化 $p \wedge q$。

(5)设 p：下雪路滑，q：他迟到了。命题符号化 $q \to p$。

(6)设 p：经一事，q：长一智。命题符号化 $p \to q$。

(7)设 p：一朝被蛇咬，q：十年怕井绳。命题符号化 $p \to q$。

3. 李刚会拳击并且李春不会唱歌。

4. (1)极小项为

$$m_1 = \neg p \land \neg q \land \neg r \land s; m_6 = \neg p \land q \land r \land s; m_8 = p \land \neg q \land \neg r \land \neg s$$
$$m_9 = p \land \neg q \land \neg r \land s; m_{10} = p \land \neg q \land r \land \neg s; m_{12} = p \land q \land \neg r \land \neg s$$
$$m_{13} = p \land q \land \neg r \land s; m_{15} = p \land q \land r \land s$$

极大项为

$$M_0 = p \lor q \lor r \lor s; M_2 = p \lor q \lor \neg r \lor s; M_3 = p \lor q \lor \neg r \lor \neg s$$
$$M_4 = p \lor \neg q \lor r \lor s; M_5 = p \lor \neg q \lor r \lor \neg s; M_7 = p \lor \neg q \lor \neg r \lor \neg s$$
$$M_{11} = \neg p \lor q \lor \neg r \lor \neg s; M_{14} = \neg p \lor \neg q \lor \neg r \lor s$$

(3)$(p \land \neg r) \lor (\neg q \land \neg r \land s) \lor (q \land r \land s) \lor (p \land \neg q \land \neg s)$。

6. (1)仅为可满足式。(2)重言式。(3)重言式。

10. 提示：逻辑学家手指 A 门问旁边的一名强盗(A)说："这扇门是生门，他(指强盗 B)将回答'是'，他的回答对吗?"

设 p：强盗 A 回答"对"；q：强盗 B 回答"对"；r：这扇门(A)是生门。符号化命题并化简即可得结果。

第 2 章　谓词逻辑

习题 2.1

1. (1)个体：离散数学；谓词：…是一门计算机基础课程。

(2)个体：田亮；谓词：…是一名优秀的跳水运动员。

(3)个体：大学生；谓词：…要好好学习计算机课程；量词：所有。

(4)个体：推理；谓词：…能够由计算机来完成；量词：一切。

2. (1)设 $F(x)$：x 是舞蹈演员；a：小芳。命题符号化为 $F(a)$。

(2)设 $F(x)$：x 是一位有名的哲学家；a：苏格拉底。命题符号化为 $F(a)$。

(3)设 $F(x)$：x 做完了他的作业；a：张三。命题符号化为 $F(a)$。

(4)设 $F(x)$：x 身体很好；a：我。命题符号化为 $F(a)$。

3. (1)选取个体域为整数集合。设 $F(x)$：x 的平方是奇数；$G(x)$：x 是奇数。命题符号化为 $\forall x\,(F(x) \to G(x))$。

(2)选取个体域为所有国家的集合。设 $F(x)$：x 在南半球；$G(x)$：x 在北半球。命题符号化为 $\exists x F(x) \land \exists x G(x)$。

(3)选取个体域为所有人的集合。设 $F(x)$：x 在中国居住；$G(x)$：x 是中国人。命题符号化为$\neg\forall x(\neg F(x)\rightarrow\neg G(x))$。

(4)选取个体域为所有人的集合。设$M(x)$：x是艺术家；$F(x)$：x是导演；$G(x)$：x是演员。命题符号化为$\exists x(M(x)\land F(x)\land G(x))$。

(5)选取个体域为所有猫的集合。设$M(x)$：x是好猫；$F(x)$：x捉耗子。命题符号化为$\exists x\neg M(x)\land\forall x(F(x)\rightarrow M(x))$。

4. (1)①设$F(x)$：x喜欢开汽车；$G(x)$：x喜欢骑自行车。命题符号化为$\exists xF(x)\land\exists xG(x)$。

②设$F(x)$：x喜欢开汽车；$G(x)$：x喜欢骑自行车；$M(x)$：x是人。命题符号化为$\exists x(M(x)\land F(x))\land\exists x(M(x)\land G(x))$。

(2)①设$F(x)$：x必须学好数学。命题符号化为$\forall xF(x)$。

②设$F(x)$：x必须学好数学；$M(x)$：x是学生。命题符号化为$\forall x(M(x)\rightarrow F(x))$。

(3)①设$F(x)$：x的平方是质数；$M(x)$：x是质数。命题符号化为$\forall x(M(x)\rightarrow\neg F(x))$。

②同①。

③设$F(x)$：x的平方是质数。命题符号化为$\forall x(\neg F(x))$。

习题 2.2

1. (1) $\forall x$的辖域为$P(x)\rightarrow Q(x)$，个体变元x是约束变元。

(2) $\forall x$的辖域为$P(x)\rightarrow\exists yQ(x,y)$，$\exists y$的辖域为$Q(x,y)$，个体变元$x$，$y$都是约束变元。

(3) $\forall x$的辖域为$F(x,y)$，其中个体变元x是约束变元，个体变元y是自由变元；

$\exists y$的辖域为$Q(x,y)$，其中个体变元x是自由变元，个体变元y是约束变元。

2. (1) $\forall s\exists t(P(s,z)\rightarrow Q(t))\leftrightarrow S(x,y)$。

(2) $M(x,y)\rightarrow\forall s(P(s,y)\lor\forall zQ(s,z))$。

3. (1) $(\forall xP(x)\land\exists yQ(x))\rightarrow F(s,z)$。

(2) $\exists y(P(s,y)\rightarrow(\forall zQ(s,z)\land R(s,y,v)))\land\forall x\exists rS(x,t,r)$。

4. (1) $S(x)$，$\exists xS(x)$，$S(x)\land\exists xS(x)$的真值分别为0，1，0。

(2) $S(x)$，$\exists xS(x)$，$S(x)\land\exists xS(x)$的真值分别为0，1，0。

(3) $S(x)$，$\exists xS(x)$，$S(x)\land\exists xS(x)$的真值分别为1，1，1。

(4) $S(x)$，$\exists xS(x)$，$S(x)\land\exists xS(x)$的真值分别为0，0，0。

5. (1)0。(2)1。(3)0。

6. (1) 仅为可满足式。

(2) 逻辑有效式。

(3) 仅为可满足式。

习题 2.3

1. (1) $\exists xA(x) \land \exists x \neg B(x))$。(2) $\exists x \neg A(x) \lor \neg B(x) \land \forall x \neg C(x)$。

(3) $(\exists xA(x) \land \exists x \neg B(x)) \lor (\forall x \neg A(x) \land \forall xB(x)) \lor \exists x \neg C(x)$。

习题 2.4

1. (1) ④错。(2) ②错。(3)④错。

3. (1)(1)设 $M(x)$：x 是鸟；$N(x)$：x 是猴子；$F(x)$：x 会飞。

前提：$\forall x(M(x) \rightarrow F(x))$，$\forall x(N(x) \rightarrow \neg F(x))$。

结论：$\forall x(N(x) \rightarrow \neg M(x))$。

证明略。

(2)设 $M(x)$：x 是学生；$N(x)$：x 是教师；$F(x)$：x 是骗子；$R(x, y)$：x 相信 y。

前提：$\exists x(M(x) \land \forall y(N(y) \rightarrow R(x, y)))$，$\forall x(M(x) \rightarrow \forall y(F(y) \rightarrow \neg R(x, y)))$。

结论：$\forall x(N(x) \rightarrow \neg F(x))$。

证明略。

(3)设 $M(x)$：x 是学术会成员；$N(x)$：x 是工人；$R(x)$：x 是专家；$Q(x)$：x 是青年人。

前提：$\forall x(M(x) \rightarrow (N(x) \land R(x)))$，$\exists x(M(x) \land Q(x))$。

结论：$\exists x(M(x) \land Q(x) \land R(x))$。

证明略。

复习题二

1. (1)设个体域是整数集合 I，$F(x)$：x 是最大的整数。命题符号化为 $\neg \exists xF(x)$。

(2)设 $M(x)$：x 是学生，$F(x)$：x 要好好学习。命题符号化为 $\forall x(M(x) \rightarrow F(x))$。

(3)设 $M(x)$：x 是液体，$F(x)$：x 能溶于水。命题符号化为 $\neg \forall x(M(x) \rightarrow F(x))$。

(4)设 $M(x)$：x 是人，$F(x, y)$：x 与 y 一样高。命题符号化为 $\neg \forall x((M(x) \land M(y)) \rightarrow F(x, y))$。

(5)设 $M(x)$：x 是数，$F(x)$：x 是实数，$G(x)$：x 是复数。命题符号化为

$\forall x(M(x)\rightarrow(F(x)\vee G(x)))$。

(6)设 $M(x)$：x 是数，$F(x)$：x 是奇数，$G(x)$：x 是偶数，$H(x)$：x 是 2。命题符号化为 $\forall x(M(x)\rightarrow((F(x)\wedge G(x))\leftrightarrow H(x)))$。

(7)设 $M(x)$：x 不是地球，$F(x)$：x 上有人，c：金星。命题符号化为：$\exists x(M(x)\wedge F(x))\rightarrow F(c)$。

2. (1)0。(2)0。

3. (1) $\forall x$ 的辖域为 $P(x)\wedge Q(y)$，其中 x 是约束变元，y 是自由变元；$\exists y$ 的辖域为 $M(x, y)$，其中 x 是自由变元，y 是约束变元。

(2) $\exists x$ 的辖域为 $P(x)$，$\forall x$ 的辖域为 $M(x)$，其中 x 在两个量词的不同辖域中都是约束变元，y 是自由变元。

(3) $\forall x$ 的辖域为 $P(x, y)$，其中 x 是约束变元，y 是自由变元；$\exists y$ 的辖域为 $Q(y)$，其中 y 是约束变元。

(4) $\forall x$ 的辖域为 $\exists yP(x, y)$，$\exists y$ 的辖域为 $P(x, y)$，整个公式中 x 是约束变元，y 约束变元 1 次，自由变元 1 次。

4. $\exists x(P(x)\wedge\forall y(P(y)\rightarrow(y=x)))$。

5. (1) $P(a)\wedge P(b)\wedge P(c)\wedge Q(a)\wedge Q(b)\wedge Q(c)$。

(2) $(P(a)\rightarrow(Q(a)\wedge Q(b)\wedge Q(c)))\vee(P(b)\rightarrow(Q(a)\wedge Q(b)\wedge Q(c)))\vee(P(c)\rightarrow(Q(a)\wedge Q(b)\wedge Q(c)))$。

(3) $\exists yR(a, y)\wedge\exists yR(b, y)\wedge\exists yR(c, y)$。

6. (1) 公式不是逻辑有效式。(2)公式不是逻辑有效式。

(3) 不是逻辑有效式。(4)公式为逻辑有效式。

9. (1)设 $M(x)$：x 是航海家，$F(x)$：x 教育自己的孩子成为航海家，$G(x)$：x 教育他的孩子去做飞行家。

前提：$\forall x(M(x)\rightarrow F(x))$，$\forall x(G(x)\rightarrow\neg F(x))$，$\exists xG(x)$。

结论：$\exists x\neg M(x)$。

证明略。

(2)设 $M(x)$：x 是哺乳动物，$N(x)$：x 是脊椎动物，$F(x)$：x 是胎生动物。

前提：$\forall x(M(x)\rightarrow N(x))$，$\exists x(M(x)\wedge\neg F(x))$。

结论：$\exists x(N(x)\wedge\neg F(x))$。

证明略。

(3)设 $F(x)$：x 是有理数，$G(x)$：x 是无理数，$M(x)$：x 是实数，$N(x)$：x 是虚数。

前提：$\forall x(F(x)\rightarrow M(x))$，$\forall x(G(x)\rightarrow M(x))$，$\forall x(N(x)\rightarrow\neg M(x))$。

结论：$\forall x(N(x)\rightarrow(\neg F(x)\ \neg G(x)))$。

证明略。

第3章 集 合 论

习题 3.1

1. (1)$20=2\times7+6$。(2)$58=2\times27+4$。(3)$3=0\times8+3$。(4)$57=3\times19+0$。

2. (1) $\mathrm{GCD}(14, 35)=7=1\times35-2\times14$。

(2) $\mathrm{GCD}(34, 58)=2=12\times34-7\times58$。

(3) $\mathrm{GCD}(180, 252)=36=3\times180-2\times252$。

(4) $\mathrm{GCD}(128, 77)=1=5\times77-3\times128$。

3. (1) $\mathrm{LCM}(72, 108)=216$。(2) $\mathrm{LCM}(175, 245)=1225$。

(3) $\mathrm{LCM}(180, 252)=1260$。(4) $\mathrm{LCM}(64, 81)=5184$。

习题 3.2

1. (1)$A=\{2, 3, 5, 7, 11, 13, 17, 19\}$。(2)$B=\{\mathrm{a}, \mathrm{e}, \mathrm{i}, \mathrm{m}, \mathrm{n}, \mathrm{o}, \mathrm{r}, \mathrm{t}, \mathrm{u}\}$。(3)$C=\{-3, 2\}$。

2. (1) $A=\{x \mid 1\leqslant x\leqslant 79, x\in\mathbf{N}\}$。(2) $B=\{x \mid x=2k+1, k\in\mathbf{N}\}$。(3) $C=\{x \mid x=5n, n\in\mathbf{Z}\}$。

3. (1)1, 2, 3, 4, 6, 9, 12, 18, 36。(2)a, b。(3)1, $\{3\}$, $\{\{a\}\}$。

习题 3.3

1. 互不相同。

3. (1)设 $A=\{\varnothing\}$，则 $P(A)=\{\varnothing, \{\varnothing\}\}$。(2)设 $B=\{\varnothing, \{\varnothing\}\}$，则 $P(B)=\{\varnothing, \{\varnothing\}, \{\{\varnothing\}\}, \{\varnothing, \{\varnothing\}\}\}$。

(3)设 $C=\{\{\varnothing, a\}, \{a\}\}$，则 $P(C)=\{\varnothing, \{\{\varnothing, a\}\}, \{\{a\}\}, \{\{\varnothing, a\}, \{a\}\}\}$。

(4)设 $D=\{\{a, b\}, \{a, a, b\}, \{b, a, b\}\}=\{\{a, b\}\}$，则 $P(D)=\{\varnothing, \{\{a, b\}\}\}$。

4. (1)$M\subseteq T$。(2)$N\subseteq P$。(3)$P\cap T=\varnothing$。

5. (1)$A\cup(B\cup(C\cup D))=\{0, 1, 2, 3, 4, 5, 6, 7, 8, 9, 12, 15, 16, 18, 21, 24, 27, 30, 32, 64\}$。

(2)$A\cap(B\cap(C\cap D))=\varnothing$。(3)$B-A\cap C=\{4, 5\}$。(4) $(\overline{A}\cap B)\cup D=\{0, 2, 3, 4, 5, 6, 8, 16, 32, 64\}$。

习题 3.4

1. (1) $|\varnothing|=0$。(2) $|\{\varnothing\}|=1$。(3) $|\{1, 2, \{3, \{2, 1\}\}\}|=3$; (4) $|\{1, 2, 1\}|=2$。

2. (1) ①=8，②=8，③=8，④=10，⑤=3，⑥=6，⑦=5，⑧=12。

(2) 3。(3) 30。

3. 19。

复习题三

1. (1) $X=S_2$。(2) $X=S_3$ 或 S_5。(3) $X=S_3$ 或 S_1。(4) $X=S_5$。(5) $X=S_2$。

2. 可能。

3. (1) $P(A_1)=\{\varnothing, \{1\}, \{2\}, \{3\}, \{1, 2\}, \{1, 3\}, \{2, 3\}, \{1, 2, 3\}\}$。(2) $P(A_2)=\{\varnothing, \{\{1, \{2, 3\}\}\}\}$。

(3) $P(A_3)=\{\varnothing, \{1\}, \{\{2, 3\}\}, \{1, \{2, 3\}\}\}$。(4) $P(A_4)=\{\varnothing, \{\{1, 2\}\}\}$。

5. (1)可构成 2^{101} 个子集。

(2)其中有 $\frac{2^{101}}{2}=2^{100}$ 个子集中元素个数为奇数。

7. (1) $\varnothing$。(2) $\{\varnothing\}$。(3) $\{\varnothing, \{\varnothing\}\}$。(4) $\{\{\varnothing\}\}$。(5) $\{\varnothing\}$。

10. (1) 622。(2) 46。(3) 32。(4) 166。(5) 100。

11. $|B|=6$; $|A\cap B|=1$; $|A-B|=2$; $|A\oplus B|=6$。

第4章 关 系

习题 4.1

1. $A\times B=\{(a, 1), (a, 2), (b, 1), (b, 2), (\{a, b\}, 1), (\{a, b\}, 2)\}$,

$B\times A=\{(1, a), (1, b), (1, \{a, b\}), (2, a), (2, b), (2, \{a, b\})\}$,

$B\times B=\{(1, 2), (1, 2), (2, 1), (2, 2)\}$,

$B^3=\{(1, 1, 1), (1, 1, 2), (1, 2, 1), (1, 2, 2), (2, 1, 1), (2, 1, 2), (2, 2, 1), (2, 2, 2)\}$。

2. $P(A)\times A=\{\langle\varnothing, x\rangle, \langle\varnothing, y\rangle, \langle\{x\}, x\rangle, \langle\{x\}, y\rangle, \langle\{y\}, x\rangle, \langle\{y\}, y\rangle, \langle\{x, y\}, x\rangle, \langle\{x, y\}, y\rangle\}$。

3.（1）不正确。（2）正确。（3）正确。

习题 4.2

1. $R_1=\varnothing$，$R_2=\{\langle 1, a\rangle\}$，$R_3=\{\langle 2, a\rangle\}$，$R_4=\{\langle 3, a\rangle\}$，$R_5=\{\langle 1, a\rangle, \langle 2, a\rangle\}$，$R_6=\{\langle 1, a\rangle, \langle 3, a\rangle\}$，$R_7=\{\langle 2, a\rangle, \langle 3, a\rangle\}$，$R_8=\{\langle 1, a\rangle, \langle 2, a\rangle, \langle 3, a\rangle\}$。

2. $L=\{\langle 1, 1\rangle, \langle 2, 1\rangle, \langle 2, 2\rangle, \langle 3, 1\rangle, \langle 3, 2\rangle, \langle 3, 3\rangle, \langle 4, 1\rangle, \langle 4, 2\rangle, \langle 4, 3\rangle, \langle 4, 4\rangle, \langle 8, 1\rangle, \langle 8, 2\rangle, \langle 8, 3\rangle, \langle 8, 4\rangle, \langle 8, 8\rangle, \langle 9, 1\rangle, \langle 9, 2\rangle, \langle 9, 3\rangle, \langle 9, 4\rangle, \langle 9, 8\rangle, \langle 9, 9\rangle\}$；

$D=\{\langle 1, 1\rangle, \langle 1, 2\rangle, \langle 1, 3\rangle, \langle 1, 4\rangle, \langle 1, 8\rangle, \langle 1, 9\rangle, \langle 2, 2\rangle, \langle 2, 4\rangle, \langle 2, 8\rangle, \langle 3, 3\rangle, \langle 3, 9\rangle, \langle 4, 4\rangle, \langle 4, 8\rangle, \langle 8, 8\rangle, \langle 9, 9\rangle\}$；

$L\cap D=\{\langle 1, 1\rangle, \langle 2, 2\rangle, \langle 3, 3\rangle, \langle 4, 4\rangle, \langle 8, 8\rangle, \langle 9, 9\rangle\}$；

$L\cup D=\{\langle 1, 1\rangle, \langle 1, 2\rangle, \langle 1, 3\rangle, \langle 1, 4\rangle, \langle 1, 8\rangle, \langle 1, 9\rangle, \langle 2, 1\rangle, \langle 2, 2\rangle, \langle 2, 4\rangle, \langle 2, 8\rangle, \langle 3, 1\rangle, \langle 3, 2\rangle, \langle 3, 3\rangle, \langle 3, 9\rangle, \langle 4, 1\rangle, \langle 4, 2\rangle, \langle 4, 3\rangle, \langle 4, 4\rangle, \langle 4, 8\rangle, \langle 8, 1\rangle, \langle 8, 2\rangle, \langle 8, 3\rangle, \langle 8, 4\rangle, \langle 8, 8\rangle, \langle 9, 1\rangle, \langle 9, 2\rangle, \langle 9, 3\rangle, \langle 9, 4\rangle, \langle 9, 8\rangle, \langle 9, 9\rangle\}$；

$L-D=\{\langle 2, 1\rangle, \langle 3, 1\rangle, \langle 3, 2\rangle, \langle 4, 1\rangle, \langle 4, 2\rangle, \langle 4, 3\rangle, \langle 8, 1\rangle, \langle 8, 2\rangle, \langle 8, 3\rangle, \langle 8, 4\rangle, \langle 9, 1\rangle, \langle 9, 2\rangle, \langle 9, 3\rangle, \langle 9, 4\rangle, \langle 9, 8\rangle\}$。

3. 全域关系 $U=\{\langle a, a\rangle, \langle a, b\rangle, \langle a, c\rangle, \langle a, d\rangle, \langle b, a\rangle, \langle b, b\rangle, \langle b, c\rangle, \langle b, d\rangle, \langle c, a\rangle, \langle c, b\rangle, \langle c, c\rangle, \langle c, d\rangle, \langle d, a\rangle, \langle d, b\rangle, \langle d, c\rangle, \langle d, d\rangle\}$；

恒等关系 $I=\{\langle a, a\rangle, \langle b, b\rangle, \langle c, c\rangle, \langle d, d\rangle\}$。

4. $P\cap Q=\{\langle 1, 2\rangle, \langle 2, 3\rangle\}$；$P\cup Q=\{\langle 1, 2\rangle, \langle 1, 4\rangle, \langle 2, 3\rangle, \langle 4, 4\rangle, \langle 4, 2\rangle\}$；

$\mathrm{dom}P=\{1, 2, 4\}$，$\mathrm{ran}P=\{2, 3, 4\}$；

$\mathrm{dom}Q=\{1, 2, 4\}$，$\mathrm{ran}Q=\{2, 3\}$；

$\mathrm{dom}(P\cup Q)=\{1, 2, 4\}$，$\mathrm{ran}(P\cup Q)=\{2, 3, 4\}$。

6. (1) $R_1=\{\langle 1, 1\rangle, \langle 1, 2\rangle, \langle 2, 1\rangle, \langle 2, 2\rangle\}$。

(2) $R_2=\{\langle 2, 3\rangle, \langle 4, 1\rangle\}$。

(3) $R_3=\{\langle 0, 0\rangle, \langle 0, 1\rangle, \langle 0, 2\rangle, \langle 0, 4\rangle, \langle 0, 6\rangle, \langle 0, 8\rangle, \langle 1, 1\rangle, \langle 2, 2\rangle, \langle 4, 4\rangle, \langle 6, 6\rangle, \langle 8, 8\rangle\}$。

(4) $R_4=\{\langle 0, 1\rangle, \langle 1, 1\rangle, \langle 1, 2\rangle, \langle 1, 3\rangle, \langle 2, 1\rangle, \langle 2,$

3>，<4，1>，<4，3>，<6，1>，<8，1>，<8，3>}。

关系矩阵、关系图略。

习题 4.3

1. $R_1 \circ R_2$={<1，4>，<1，3>，<3，2>，<4，2>}；

$R_2 \circ R_1$={<1，3>，<2，3>}；

$R_1^2=R_1 \circ R_1$={<1，1>，<1，2>，<3，3>，<4，3>}；

$R_2^2=R_2 \circ R_2$={<2，2>，<3，3>，<3，4>}。

2. $\mathrm{dom}(R_1 \circ R_2) \subseteq A$；$\mathrm{ran}(R_1 \circ R_2) \subseteq C$。

3. R_1={<1，1>，<1，2>，<1，3>，<2，1>，<2，2>，<2，3>，<3，1>，<3，3>}；

R_2={<3，1>}；

$R_1 \circ R_2$={<1，1>，<2，1>，<3，1>}；

$R_1 \circ R_2 \circ R_1$={<1，1>，<1，2>，<1，3>，<2，1>，<2，2>，<2，3>，<3，1>，<3，2>，<3，3>}；

R_1^{-1}={<1，1>，<1，2>，<1，3>，<2，1>，<2，2>，<3，1>，<3，2>，<3，3>}。

4. $m=1$、$n=7$ 可使得 $R^1=R^7$。

习题 4.4

2. (1)R 具有自反性。(2)R 不具有反自反性。(3)R 具有对称性。

(4)R 不具有反对称性。(5)R 具有传递性。

3. (1)R={<0，0>，<0，1>，<0，2>，<0，4>，<1，0>，<1，1>，<1，2>，<1，4>，<2，0>，<2，1>，<2，2>，<4，0>，<4，1>}，关系图略。

(2)R 具有对称性。

4. 若 A 上关系 R 是反对称的，则 $R \cap R^{-1}$关系矩阵 $\boldsymbol{M}_{R \cap R^{-1}}$ 中最多只有主对角线上有非零值，即最多只有 $|A|$ 个非零值。

5. 答案可以有很多组，下面给出一组答案如下。

(1)R={<1，1>}。

(2)R={<1，2>，<2，1>，<3，1>}。

(3)R={<2，2>，<3，3>}。

(4)R={<1，2>，<2，3>，<1，3>}。

习题 4.5

1. $r(R_1)$={<a，a>，<a，b>，<b，b>，<b，c>，<c，c>}

$s(R_1)=\{<a, b>, <b, a>, <b, c>, <c, b>\}$

$t(R_1)=\{<a, b>, <a, c>, <b, c>\}$

$r(R_2)=\{<a, a>, <a, b>, <b, b>, <b, c>, <c, a>, <c, c>\}$

$s(R_2)=\{<a, a>, <a, b>, <a, c>, <b, a>, <b, c>, <c, a>, <c, b>\}$

$t(R_2)=\{<a, a>, <a, b>, <a, c>, <b, a>, <b, b>, <b, c>, <c, a>, <c, b>, <c, c>\}$

2. (1) $\boldsymbol{M}_{r(R)}=\begin{pmatrix}1&1&0\\1&1&0\\0&1&1\end{pmatrix}$。(2) $\boldsymbol{M}_{s(R)}=\begin{pmatrix}0&1&0\\1&0&1\\0&1&1\end{pmatrix}$。(3) $\boldsymbol{M}_{t(R)}=\begin{pmatrix}1&1&0\\1&1&0\\1&1&1\end{pmatrix}$。

(4) $\boldsymbol{M}_{rs(R)}=\begin{pmatrix}1&0&0\\0&1&0\\0&0&1\end{pmatrix}\vee\begin{pmatrix}0&1&0\\1&0&1\\0&1&1\end{pmatrix}=\begin{pmatrix}1&1&0\\1&1&1\\0&1&1\end{pmatrix}$。

(5) $\boldsymbol{M}_{sr(R)}=\begin{pmatrix}1&1&0\\1&1&0\\0&1&1\end{pmatrix}\vee\begin{pmatrix}1&1&0\\1&1&1\\0&0&1\end{pmatrix}=\begin{pmatrix}1&1&0\\1&1&1\\0&1&1\end{pmatrix}$。

4. 提示：用闭包的定义。

5. 集合 $A=\{x, y\}$上的二元关系 $R=\{<x, y>\}$是满足题目要求的二元关系。

习题 4.6

1. A 上共有 15 个等价关系。

3. (1)$R=\{a, d, e\}\times\{a, d, e\}\cup\{b, c\}\times\{b, c\}=\{<a, a>, <a, d>, <a, e>, <d, a>, <d, d>, <d, e>, <e, a>, <e, d>, <e, e>\}\cup\{<b, b>, <b, c>, <c, b>, <c, c>\}$；

(2) 关系矩阵、关系图略。

4. (1)不是等价关系。(2)不是等价关系。(3)不是等价关系。(4)不是等价关系。(5)不是等价关系。

5. (1)若 $\pi_1=\pi_2$，则 $\pi_1\cup\pi_2$ 是集合 A 的划分，其他情况 $\pi_1\cup\pi_2$ 不是集合 A 的划分。

(2) 若 $\pi_1=\pi_2$，则 $\pi_1\cap\pi_2$ 是集合 A 的划分，其他情况 $\pi_1\cap\pi_2$ 不是集合 A 的划分。

(3) 若 $\pi_1\cap\pi_2=\varnothing$，则 $\pi_1-\pi_2$ 是集合 A 的划分，其他情况 $\pi_1-\pi_2$ 不是集合 A 的划分。

(4) $(\pi_1\cap(\pi_2-\pi_1))\cup\pi_1$ 是集合 A 的划分。

习题 4.7

1. 验证略。

偏序集$<A, R>$的盖住集是 COVA$=\{<1, 2>, <1, 3>, <2, 4>, <3, 5, >, <4, 5>\}$，哈斯图略。

2. (1) $a \not R b$，dRa，$c \not R d$，$c \not R b$，$b \not R c$，aRa，eRa。

(2) R 的关系图略。

(3) A 的最大元为a，无最小元，极大元为a，极小元为d，e。

(4) 出集合A及其子集$B_1=\{c, d, e\}$，$B_2=\{b, c, d\}$，$B_3=\{a, c, d, e\}$的上界，下界，上确界，下确界见表 1。

表 1

	上界	下界	上确界	下确界
$A=\{a, b, c, d, e\}$	a	无	a	无
$B_1=\{c, d, e\}$	c，a	无	c	无
$B_2=\{b, c, d\}$	a	d	a	d
$B_3=\{a, c, d, e\}$	a	无	a	无

3.

表 2

b是B的…	定　义	$b\in B$否?	存在性	唯一性
最大元素	$b\in B$且b大于B中其他每个元素	是	不一定存在	存在则唯一
最小元素	$b\in B$且b小于B中其他每个元素	是	不一定存在	存在则唯一
极大元素	$b\in B$且b不小于B中其他每个元素	是	不一定存在	不一定唯一
极小元素	$b\in B$且b不大于B中其他每个元素	是	不一定存在	不一定唯一
上界	$b\in A$且b大于B中每个元素	不一定	不一定存在	不一定唯一
下界	$b\in A$且b小于B中每个元素	不一定	不一定存在	不一定唯一
上确界	B的上界中的最小者	不一定	不一定存在	存在则唯一
下确界	B的下界中的最大者	不一定	不一定存在	存在则唯一

4. (1) 仅是偏序集。

(2) 仅是拟序集。

(3) 是偏序集、全序集、良序集，不是拟序集。

(4) 是偏序集、全序集、良序集，不是拟序集。

复习题四

3 (1) 共有 $2^{n(n-1)}$ 个 A 上的不相同的自反关系。

(2) 共有 $2^{n(n-1)}$ 个 A 上的不相同的反自反关系。

(3) 共有 $2^{n(n+1)/2}$ 个 A 上的不相同的对称关系。

(4) 共有 $2^n 2^{n(n-1)/2}$ 个 A 上的不相同的反对称关系。

(5) 共有 2^n 个 A 上不相同的既对称又反对称的关系。

4. $P(A)$上的二元关系 R 不具有自反性，不具有反自反性，R 具有对称性，不具有反对称性，不具有传递性。

8. (1) $E=\mathrm{rts}(R)$。

第 5 章 函　　数

习题 5.1

1. (1) 是函数，其定义域为 $\mathrm{dom}f=A=\{1, 2, 3\}$，其值域为 $\mathrm{ran}f=\{a, c\}$。

(2) 是函数，其定义域为 $\mathrm{dom}f=A=\{1, 2, 3\}$，其值域为 $\mathrm{ran}f=B=\{a, b, c\}$。

(3) 不是函数。

(4) 是函数，其定义域为 $\mathrm{dom}f=A=\{1, 2, 3\}$，其值域为 $\mathrm{ran}f=\{b\}$。

2. 值域 $\mathrm{ran}f=\mathbf{N}-\{0, 1\}$。

3. (1) $f(A)=f(\{5\})=\{<5, 6>\}$，$f^{-1}(B)=f^{-1}(\{<2, 3>\})=\{2\}$。

(2) $f(A)=f(\{2, 3\})=\{5, 7\}$，$f^{-1}(B)=f^{-1}(\{1, 3\})=\{0, 1\}$。

(3) $f(A)=f((0, 1))=(1/4, 3/4)$，$f^{-1}(B)=f^{-1}([1/4, 1/2])=[0, 1/2]$。

(4) $f(A)=f(\{0, 1/2\})=\{1, 2/3\}$，$f^{-1}(B)=f^{-1}(\{1/2\})=\{1\}$。

4. $B^A=\{f_1, f_2, f_3, f_4, f_5, f_6, f_7, f_8\}$。其中

$f_1=\{<x, a>, <y, a>, <z, a>\}$，$f_2=\{<x, a>, <y, a>, <z, b>\}$，$f_3=\{<x, a>, <y, b>, <z, a>\}$，

$f_4=\{<x, a>, <y, b>, <z, b>\}$，$f_5=\{<x, b>, <y, a>, <z, a>\}$，$f_6=\{<x, b>, <y, a>, <z, b>\}$，

$f_7=\{<x, b>, <y, b>, <z, a>\}$，$f_8=\{<x, b>, <y, b>, <z, b>\}$。

习题 5.2

1.(1)是单射但不是满射。(2)既不是单射也不是满射。

(3)是满射但不是单射。(4)是满射，单射，双射。

2.(1) f：$\mathbf{Z}\to\mathbf{Z}$，$f(x)=x^3$。

(2) f：$\mathbf{N}\to\{0,1\}$，$f(n)=\begin{cases}1 & \text{当 } n \text{ 是奇数}\\ 0 & \text{当 } n \text{ 是偶数}\end{cases}$。

(3) f：$\mathbf{R}\to\mathbf{R}$，$f(x)=x^2+1$。

(4) f：$\mathbf{Z}\to\mathbf{Z}$，$f(x)=x+1$。

3.(1)是双射。(2)既不是单射也不是满射。

4. $f_1=\{<a,0>,<b,0>\}$，$f_2=\{<a,0>,<b,1>\}$，$f_3=\{<a,1>,<b,0>\}$，$f_4=\{<a,1>,<b,1>\}$。

其中 f_2，f_3 是双射，而 f_1，f_4 既不是满射也不是单射。

7. $\psi_A(1)=\psi_A(2)=1$；$\psi_A(3)=\psi_A(4)=0$；$\psi_B(1)=1$；$\psi_B(2)=\psi_B(3)=\psi_B(4)=0$；

$\psi_C(1)=\psi_C(2)=\psi_C(3)=\psi_C(4)=0$；$\psi_M(1)=\psi_M(2)=\psi_M(3)=\psi_M(4)=1$。

习题 5.3

2. 没有。

3. $g\circ f(x)=2x+12$；$f\circ g(x)=2x+19$；$f\circ f(x)=4x+15$；$g\circ g(x)=x+14$；

$f\circ k(x)=2x-3$；$g\circ h(x)=x/3+7$。

4. $f\circ f=\{<a,b>,<b,a>,<c,a>\}\circ\{<a,b>,<b,a>,<c,a>\}=\{<a,a>,<b,b>,<c,b>\}$；

$f\circ f\circ f=f\times(f\times f)=\{<a,b>,<b,a>,<c,a>\}\circ\{<a,a>,<b,b>,<c,b>\}=\{<a,b>,<b,a>,<c,a>\}$。

5. (1) $g\circ f(x)=x^2+2$；$f\circ g(x)=x^2+8x+14$。

(2) $g\circ f(x)=x^2+2$ 不是单射，也不是满射和双射；

$f\circ g(x)=x^2+8x+14$ 不是单射、满射和双射。

习题 5.4

2. $A=\{2n\mid n\in\mathbf{N}\}$，$B=\{2n+1\mid n\in\mathbf{N}\}$，$C=\{3n\mid n\in\mathbf{N}\}$。

复习题五

1.(1)是函数，定义域是$\{1,2,3,4\}$，值域是$\{x,y,z\}$，非满射，也非单

射。

(2) 不是函数。

(3) 是函数，定义域是{1, 2, 3, 4}，值域是{x, y, z, w}，是双射，故有逆函数，其逆函数是{$<z, 1>$, $<w, 2>$, $<x, 3>$, $<y, 4>$}，其定义域是{x, y, z, w}，值域是{1, 2, 3, 4}。

(4) 不是函数。

(5) 是函数，定义域是{1, 2, 3, 4}，值域是{y}，单射，非满射，更不是双射。

2. $\psi_S(x)=\psi_A(x)\psi_B(x)+\psi_A(x)\psi_C(x)+\psi_B(x)\psi_C(x)-2\psi_A(x)\psi_B(x)\psi_C(x)$。

3. 使 f 是双射，需要满足的条件是 m 和 n 互素。

6. (1)假。例如，设 $A=\{a, b, c\}$，$B=\{x, y\}$，$C=\{1, 2, 3\}$，尽管 $f=\{<x, 1>, <y, 2>\}$是单射，若 $g=\{<a, x>, <b, x>, <c, y>\}$，但 $f\circ g=\{<a, 1>, <b, 1>, <c, 2>\}$不是单射。

(2)假。例如设 $A=\{a, b, c\}$，$B=\{x, y\}$，$C=\{1, 2\}$，若设 $g=\{<a, x>, <b, x>, <c, x>\}$，尽管 $f=\{<x, 1>, <y, 2>\}$是满射，但 $f\circ g=\{<a, 1>, <b, 1>, <c, 1>\}$不是满射。

(3)假。例如，设 $A=\{a, b, c\}$，$B=\{x, y, z, w\}$，$C=\{1, 2, 3\}$，若设 $g=\{<a, x>, <b, y>, <c, z>\}$，$f=\{<x, 1>, <y, 2>, <z, 3>, <w, 2>\}$，虽然 $f\circ g=\{<a, 1>, <b, 2>, <c, 3>\}$是单射，但 f 不是单射。

(4)证明略。(5)证明略。(6)证明略。

7. (1)证明略。(2)等价类是{A, $\overline{A}$}。

第6章 图论基础

习题 6.1

1. 图 G 的图形如图 2a 所示，图 H 的图形如图 2b 所示。

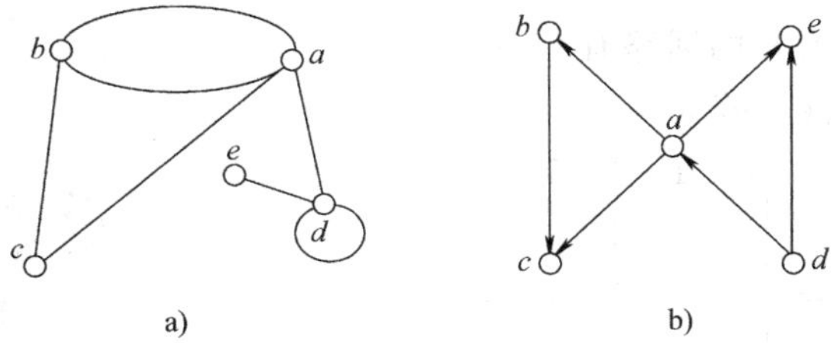

图 2

2. (1), (2), (3), (5)能构成无向图的度序列，其中(1), (2), (3)能构成

无向简单图的度序列。

3. G 应该有 8 条边。

4. 图 G 有 7 个结点。

5. 图中 $G_1 \cong G_2$。

6. $G_1 \cong G_2$。

习题 6.2

1.（1）从 a 到 f 的链有 $abcf$，$abef$，$abcef$，$abecf$，$adef$，$adecf$，$adebcf$，$adecbef$，$adebcef$，共 9 条。

（2）从 a 到 f 的路有 $abcf$，$abef$，$abcef$，$abecf$，$adef$，$adecf$，$adebcf$，共 7 条。

（3）从 a 到 f 的短程线有 $abcf$，$abef$，$adef$，共 3 条。距离为 3。

（4）所有从 a 出发的圈有 $abeda$，$abceda$，$abcfeda$。

3. a 是强连通图，a、b、d 是单向连通图，a、b、c、d 是弱连通图。

习题 6.3

1.（1）$d(v_1)=2$，$d(v_2)=3$。

（2）图 G 不是完全图。

（3）从 v_1 到 v_2 长为 3 的通路有 4 条。

（4）从 v_1 到 v_2 长为 3 的路分别为 $v_1v_2v_1v_2$，$v_1v_2v_3v_2$，$v_1v_2v_4v_2$，$v_1v_4v_1v_2$。

2. 邻接矩阵为 $\boldsymbol{A}$ 的无向图 G 的图形如图 3 所示：

3.（1）图 G 的邻接矩阵为

$$\boldsymbol{A}=\begin{pmatrix}0&1&0&1&1\\0&0&0&0&1\\0&1&0&1&0\\0&0&0&0&1\\0&0&1&0&0\end{pmatrix}$$

（2）G 中长度为 3 的回路有 6 条。

（3）G 的可达性矩阵为

$$\boldsymbol{P}=\begin{pmatrix}0&1&1&1&1\\0&1&1&1&1\\0&1&1&1&1\\0&1&1&1&1\\0&1&1&1&1\end{pmatrix}$$

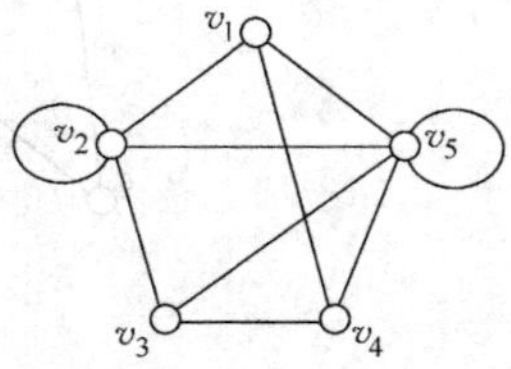

图 3

4. 关联矩阵分别为

$$\boldsymbol{M}=\begin{pmatrix}2&1&1&1&0\\0&1&1&0&0\\0&0&0&0&1\\0&0&0&1&1\end{pmatrix},\boldsymbol{M}'=\begin{pmatrix}-1&1&0&0&0\\1&-1&1&0&0\\0&0&0&1&1\\0&0&-1&-1&-1\end{pmatrix}$$

5. 邻接矩阵分别为

$$\boldsymbol{A}=\begin{pmatrix}1&2&0&1\\2&0&0&0\\0&0&0&1\\1&0&1&0\end{pmatrix},\boldsymbol{B}=\begin{pmatrix}0&1&0&0\\1&0&0&1\\0&0&0&2\\0&0&0&0\end{pmatrix}$$

习题 6.4

1. 图 a 既是 Euler 图又是 Hamilton 图，图 b 是 Euler 图但不是 Hamilton 图，图 c 是 Hamilton 图但不是 Euler 图，图 d 既不是 Euler 图又不是 Hamilton 图。

2. 当 $n=2k+1(k\in\mathbf{N},\ k\neq0)$时，$K_n$ 是 Euler 图。当 $n=2$ 时，K_n 仅存在 Euler 链而不存在 Euler 回路。

3. 图 b、图 c、图 d 中有 Hamilton 圈，图 a、图 e 中只有 Hamilton 路而没有 Hamilton 圈。图 a 中的路为 $abcdejhgig$；图 b 中的圈为 $afidejhcbga$；图 c 中的圈为 $agkfeicbhdja$；图 d 中的圈为 $abrfgcdihja$；图 e 中的路为 $jabihfgk$-dec。

5. 将这七个人的座位按 $abdfgeca$ 安排在圆桌旁，使得每个人均能与他身边的人交谈。

习题 6.5

1. 最短路是 $v_1v_3v_6v_7v_8$，其总长度为 13。

2. 最优投递路线为 $DEGFGEBACBDCFD$，其权为 281。

3. 从 a 开始，可得哈密尔顿回路 $acedba$，为近似最优解，回路长为 37。

复习题六

1. G 中至少有 9 个结点。

2. G 的补图$\overline{G}$中有 r 个奇度结点。

3. 提示：用结点 v_1，v_2，…，v_6 分别表示 6 个人。若 v_i 与 v_j 彼此认识($i\neq j$)就在 v_i 与 v_j 之间连边(v_i，v_j)于是构成无向简单图 $G=\langle V,E\rangle$。

4. K_4 的所有非同构的子图共 18 个，其中有 11 个是生成子图，生成子图中有 6 个是连通图。

5. 图 a 同构于图 b。

6. 图 4a 和图 4b 为自补图。

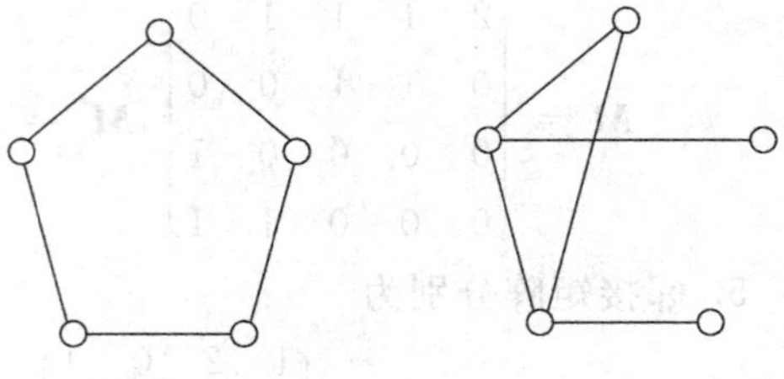

a) b)

图 4

7. 图中的路有 v_1v_2，v_1v_4，$v_1v_2v_4$，$v_1v_4v_2$，$v_1v_2v_5$，$v_1v_4v_3$，$v_1v_4v_5$，$v_1v_2v_4v_3$，$v_1v_2v_4v_5$，$v_1v_2v_5v_4$，$v_1v_4v_5v_2$，$v_1v_4v_2v_5$，$v_1v_2v_5v_4v_3$，v_2v_4，v_2v_5，$v_2v_1v_4$，$v_2v_4v_3$，$v_2v_4v_5$，$v_2v_5v_4$，$v_2v_1v_4v_3$，$v_2v_1v_4v_5$，$v_2v_5v_4v_3$，v_3v_4，$v_3v_4v_5$，$v_3v_4v_2v_5$，$v_3v_4v_1v_2v_5$，v_4v_5，$v_4v_2v_5$，$v_4v_1v_2v_5$ 共 29 条。

图中的 4 个圈分别为 v_3ev_3，$v_1v_2v_4v_1$，$v_2v_4v_5v_2$，$v_1v_2v_5v_4v_1$。

8. 用反证法。

9. 图 5 中 D_1，D_2，D_3 就是符合题意的 3 个 4 阶有向简单图。

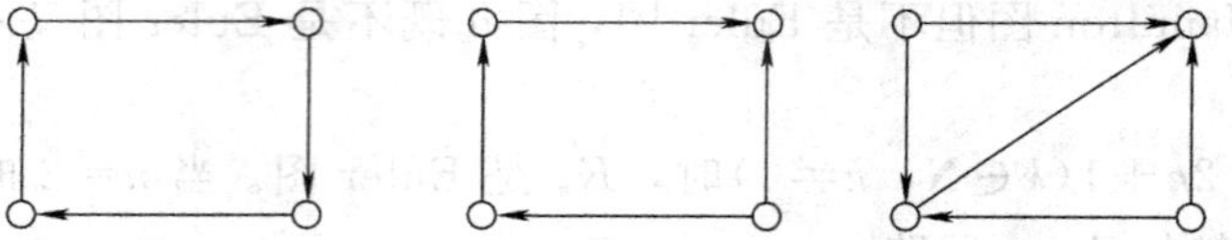

D_1 D_2 D_3

图 5

10. (1) 关联矩阵 $\boldsymbol{M}$ 和邻接矩阵 $\boldsymbol{A}$ 分别为

$$\boldsymbol{M}=\begin{pmatrix}-1 & 1 & 1 & -1 & 0\\ 1 & -1 & 0 & 0 & 0\\ 0 & 0 & 0 & 0 & -1\\ 0 & 0 & -1 & 1 & 1\end{pmatrix},\boldsymbol{A}=\begin{pmatrix}0 & 1 & 0 & 1\\ 1 & 0 & 0 & 0\\ 0 & 0 & 0 & 0\\ 0 & 1 & 1 & 0\end{pmatrix}$$

11. (1)其邻接矩阵为 $\boldsymbol{A}=\begin{pmatrix}0 & 1 & 0 & 1\\ 0 & 0 & 1 & 1\\ 0 & 1 & 0 & 1\\ 0 & 1 & 0 & 0\end{pmatrix}$。

(2) v_1 到 v_4 长度为 1，2，3，4 的路径分别有 1，1，2，3 条。

(3) $\boldsymbol{A}^{\mathrm{T}}=\begin{pmatrix}0 & 0 & 0 & 0\\ 1 & 0 & 1 & 1\\ 0 & 1 & 0 & 0\\ 1 & 1 & 1 & 0\end{pmatrix}$，$\boldsymbol{A}^{\mathrm{T}}-\boldsymbol{A}=\begin{pmatrix}0 & 0 & 0 & 0\\ 0 & 3 & 0 & 2\\ 0 & 0 & 1 & 1\\ 0 & 2 & 1 & 3\end{pmatrix}$，$\boldsymbol{AA}^{\mathrm{T}}=\begin{pmatrix}2 & 1 & 2 & 1\\ 1 & 2 & 1 & 0\\ 2 & 1 & 2 & 1\\ 1 & 0 & 1 & 1\end{pmatrix}$

$\boldsymbol{AA}^{\mathrm{T}}$ 中第(2，3)元素为 1，说明从 v_2 到 v_3 引出的边能共同终止于同一结点的只有一个 v_4。$\boldsymbol{AA}^{\mathrm{T}}$ 中第(2，2)元素为 2，说明 v_2 的引出度数为 2。$\boldsymbol{A}^{\mathrm{T}}\boldsymbol{A}$ 中第(2，3)个元素为 0，说明没有结点引出的边同时终止于 v_2 和 v_3。$\boldsymbol{A}^{\mathrm{T}}\boldsymbol{A}$ 中第(2，2)个元

素为 3，说明 v_2 的引入度数为 3。

(4) $\boldsymbol{A}^2=\begin{pmatrix}0&1&1&1\\0&1&0&1\\0&1&1&1\\0&0&1&1\end{pmatrix}$，$\boldsymbol{A}^3=\begin{pmatrix}0&1&1&1\\0&1&1&1\\0&1&1&1\\0&1&0&1\end{pmatrix}$，$\boldsymbol{A}^4=\begin{pmatrix}0&1&1&1\\0&1&1&1\\0&1&1&1\\0&1&1&0\end{pmatrix}$，

$\boldsymbol{P}=\begin{pmatrix}0&1&1&1\\0&1&1&1\\0&1&1&1\\0&1&1&1\end{pmatrix}$。

(5) 强连通子图的顶点集为$\{v_1\}$，$\{v_2, v_3, v_4\}$。

12. 不存在。

13. $abjibcdlchdefghfihbka$ 是图中的一条 Euler 回路。

14. $ABCDFCEFGAHGBH$ 是图中找出的一条 Euler 路。

15. 在图中图 a 与图 d 两图为哈密尔顿图，图 b，图 c 为半哈密尔顿图。在图 a 中，$abcdefghija$ 为一条哈密尔顿回路。在图 d 中 $abcdefghija$ 为一条哈密尔顿回路。在图 c 中 $abcdefghij$ 为一条哈密尔顿通路。在图 b 中，$abcdefghijk$ 为一条哈密尔顿通路。

17. 图 a、图 b 能够一笔画出，但图 c 不能够一笔画出。图 a 的具体画法是 $v_1\ v_8\ v_9\ v_3\ v_{10}\ v_{11}\ v_5\ v_{12}\ v_7\ v_2\ v_9\ v_{10}\ v_4\ v_{11}\ v_{12}\ v_6\ v_7\ v_1$。图 b 的具体画法是 1，2，3，4，5，6，7，2，8，9，10，11，12，13，8，14，15，16，17，18，19，14，17，11，5，20。

第 7 章　特殊图类

习题 7.1

1. $n=7$。

2. 不正确。

4. G 有 12 条边。

7. 图 6a 中共有两棵非同构的生成树；图 6b 中共有 3 棵非同构的生成树。

8. 图中共有 8 棵生成树，如上两棵树是最小生成树。

9. 最小生成树 T 的权重是 $W(T)=18$。

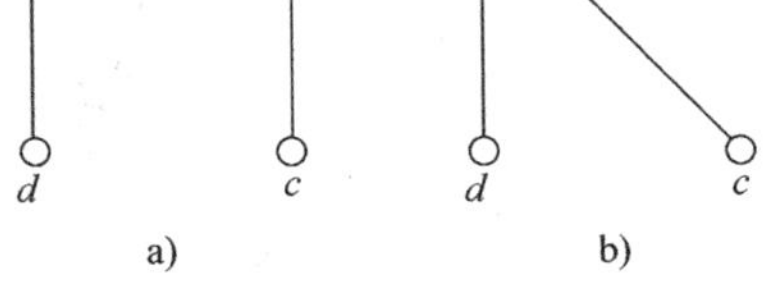

图 6

习题 7.2

1. 不一定是。

2. 五个结点可形成 3 棵非同构的无向树。

3. 不是。

5. 先根遍历：*abdfgechi*；中根遍历：*fdgbeahci*；后根遍历：*fgdebhica*。

6. 最优树如图 7 所示。

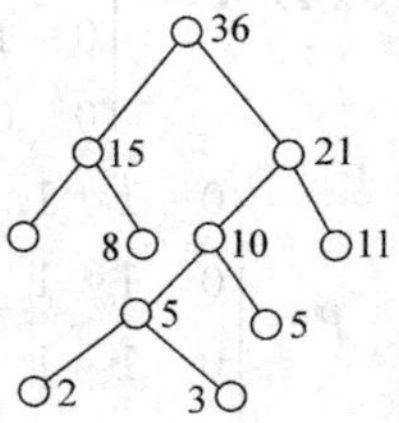

图 7

习题 7.3

1. 图 a 是偶图，图 b 是偶图，图 c 不是偶图。

3. 可将男士和女士分配为 n 对，使得每对中的男士和女士彼此都认识。

4. 不能。

习题 7.4

2. 图 a 中有五个面，分别为 F_1：*abea*，F_2：*acea*，F_3：*acda*，F_4：*cdec*，F_5：*abeda*。它们的秩分别为 $r(F_1)=r(F_2)=r(F_3)=r(F_4)=3$，$r(F_5)=4$。

图 b 有两个面，其中有限面为 F_1：*acfedea*，无限面 F_2：*acbcfea*。它们的秩 $r(F_1)=r(F_2)=6$。

3. 提示：连通简单图的每个面至少由 3 条边围成，再用定理 7-12 可证。

复习题七

1. T 有 19 个 1 度结点。

5. 所加边的条数 $k-1$ 是使得 G 为树的最小数目。

6. 最小生成树如图 8 所示，最小生成树的权为 $W=4+5+6+7=22$。

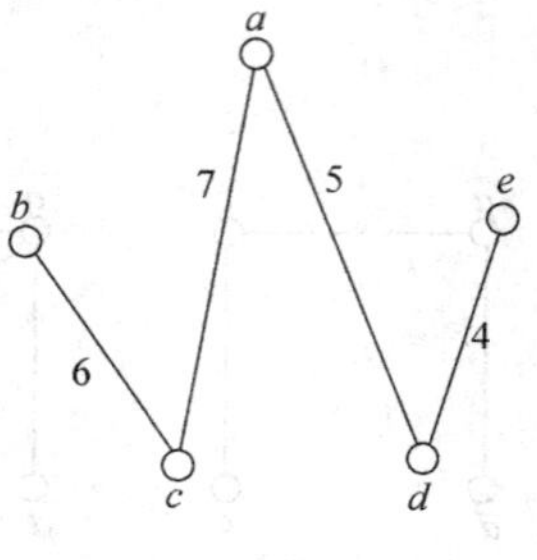

图 8

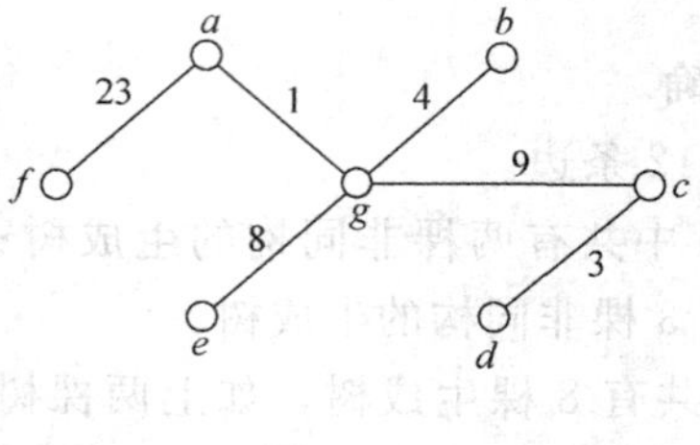

图 9

7. 所求最小总造价的通信线路图如图 9 所示，其总造价为 $w(T)=1+3+4+8+9+23=48$。

8. 高为 2 的所有不同构的二元树有 7 棵，其中有 2 棵完全二元树，有 1 棵满二元树。

第 8 章 代数系统

习题 8.1

1. (1)是。(2)不是。(3)是。(4)不是。

4. (1) 验证略。(2) 3 是单位元；2 是其零元。(3)当 $x\neq 2$ 时，x 都是可逆的，且 $x^{-1}=\dfrac{2x-3}{x-2}$。

5. f_1，f_2，f_3 都满足交换律，f_4 满足幂等律，f_2 有单位元 a，f_1 有零元 a，f_3 有零元 b。

6. (1)不是构成代数系统的运算；(2)，(3)，(4)是构成代数系统的运算。

习题 8.2

1. (1)是半群。(2)是半群。(3)是半群。(4)不是半群。

2. (1)正确。(2)正确。$<R, \circ>$是独异点。

3. $<\{a, b\}, f_2>$能构成独异点。而 f_1，f_3，f_4 都不能使$<\{a, b\}, *>$构成独异点。

4. (1)是。(2)是。(3)不是。

习题 8.3

1. (1)是。(2)是。(3)是。(4)是。(5)是。(6)是。(7)是。

2. 可以构成群。

习题 8.4

1. 群$<G, *>$的真子群有如下 4 个：$<\{1\}, *>$，$<\{1, 5\}, *>$，$<\{1, 7\}, *>$，$<\{1, 11\}, *>$。

3. 提示：先证明群$<G, *>$的单位元属于 H；再证明 H 对于运算 $*$ 封闭；最后证明任何的 $x\in H$ 的逆元 $x^{-1}\in H$。

习题 8.5

1. 1，5，7，11 为其生成元，任何与 12 互素的正整数都可作$<\mathbf{N}_{12}, +_{12}>$的生成元。

2. 提示：设 m 是使 $a^m \in H$ 的最小的正整数，证明 a^m 是 H 的生成元。

3. $\sigma \circ \tau = \begin{pmatrix} 1 & 2 & 3 & 4 & 5 \\ 2 & 5 & 4 & 3 & 1 \end{pmatrix}$，$\tau \circ \sigma = \begin{pmatrix} 1 & 2 & 3 & 4 & 5 \\ 2 & 1 & 4 & 5 & 3 \end{pmatrix}$

$\sigma^2 = \begin{pmatrix} 1 & 2 & 3 & 4 & 5 \\ 4 & 1 & 5 & 3 & 2 \end{pmatrix}$，$\tau^2 = \begin{pmatrix} 1 & 2 & 3 & 4 & 5 \\ 1 & 5 & 2 & 4 & 3 \end{pmatrix}$

$\sigma^{-1} = \begin{pmatrix} 1 & 2 & 3 & 4 & 5 \\ 3 & 4 & 2 & 5 & 1 \end{pmatrix}$，$(\sigma \circ \tau)^{-1} = \begin{pmatrix} 1 & 2 & 3 & 4 & 5 \\ 5 & 1 & 4 & 3 & 2 \end{pmatrix}$

$x = \sigma^{-1} \circ \tau = \begin{pmatrix} 1 & 2 & 3 & 4 & 5 \\ 5 & 1 & 3 & 2 & 4 \end{pmatrix}$

习题 8.6

1. (1)设 $\boldsymbol{E} = \begin{pmatrix} 1 & 0 \\ 0 & 1 \end{pmatrix}$，$\boldsymbol{A} = \begin{pmatrix} i & 0 \\ 0 & -i \end{pmatrix}$，$\boldsymbol{B} = \begin{pmatrix} 0 & i \\ i & 0 \end{pmatrix}$，$\boldsymbol{C} = \begin{pmatrix} 0 & 1 \\ -1 & 0 \end{pmatrix}$，则集合 $G = \{\boldsymbol{E}, \boldsymbol{A}, \boldsymbol{B}, \boldsymbol{C}, -\boldsymbol{E}, -\boldsymbol{A}, -\boldsymbol{B}, -\boldsymbol{C}\}$，$G$ 关于运算 $*$ 的运算表见表 3。

表 3　G 关于运算 $*$ 的运算表

$*$	$\boldsymbol{E}$	$\boldsymbol{A}$	$\boldsymbol{B}$	$\boldsymbol{C}$	$-\boldsymbol{E}$	$-\boldsymbol{A}$	$-\boldsymbol{B}$	$-\boldsymbol{C}$
$\boldsymbol{E}$	$\boldsymbol{E}$	$\boldsymbol{A}$	$\boldsymbol{B}$	$\boldsymbol{C}$	$-\boldsymbol{E}$	$-\boldsymbol{A}$	$-\boldsymbol{B}$	$-\boldsymbol{C}$
$\boldsymbol{A}$	$\boldsymbol{A}$	$-\boldsymbol{E}$	$-\boldsymbol{C}$	$\boldsymbol{B}$	$-\boldsymbol{A}$	$\boldsymbol{E}$	$\boldsymbol{C}$	$-\boldsymbol{B}$
$\boldsymbol{B}$	$\boldsymbol{B}$	$\boldsymbol{C}$	$-\boldsymbol{E}$	$-\boldsymbol{A}$	$-\boldsymbol{B}$	$-\boldsymbol{C}$	$\boldsymbol{E}$	$\boldsymbol{A}$
$\boldsymbol{C}$	$\boldsymbol{C}$	$-\boldsymbol{B}$	$\boldsymbol{A}$	$-\boldsymbol{E}$	$-\boldsymbol{C}$	$\boldsymbol{B}$	$-\boldsymbol{A}$	$\boldsymbol{E}$
$-\boldsymbol{E}$	$-\boldsymbol{E}$	$-\boldsymbol{A}$	$-\boldsymbol{B}$	$-\boldsymbol{C}$	$\boldsymbol{E}$	$\boldsymbol{A}$	$\boldsymbol{B}$	$\boldsymbol{C}$
$-\boldsymbol{A}$	$-\boldsymbol{A}$	$\boldsymbol{E}$	$\boldsymbol{C}$	$-\boldsymbol{B}$	$\boldsymbol{A}$	$-\boldsymbol{E}$	$-\boldsymbol{C}$	$\boldsymbol{B}$
$-\boldsymbol{B}$	$-\boldsymbol{B}$	$-\boldsymbol{C}$	$\boldsymbol{E}$	$\boldsymbol{A}$	$\boldsymbol{B}$	$\boldsymbol{C}$	$-\boldsymbol{E}$	$-\boldsymbol{A}$
$-\boldsymbol{C}$	$-\boldsymbol{C}$	$\boldsymbol{B}$	$-\boldsymbol{A}$	$\boldsymbol{E}$	$\boldsymbol{C}$	$-\boldsymbol{B}$	$\boldsymbol{A}$	$-\boldsymbol{E}$

由表可以证明 $<G, *>$ 是一个群(证明略)。

(2) G 的所有子群是：$<\{\boldsymbol{E}\}, *>$，$<\{\boldsymbol{E}, -\boldsymbol{E}\}, *>$，$<\{\boldsymbol{E}, \boldsymbol{A}, -\boldsymbol{A}, -\boldsymbol{E}\}, *>$，$<\{\boldsymbol{E}, \boldsymbol{B}, -\boldsymbol{B}, -\boldsymbol{E}\}, *>$，$<\{\boldsymbol{E}, \boldsymbol{C}, -\boldsymbol{C}, -\boldsymbol{E}\}, *>$。

2. 5；$\{3, 7, 11\}$；$\{0, 4, 8\}$。

习题 8.7

1. A

2. 先证明 f 是双射，再证明保持运算。

习题 8.8

1. $I[i]$ 对于普通加法和乘法能构成环。原因略。

2. 提示：由环的定义。

3. 提示：由域的定义。

第 9 章　格和布尔代数

习题 9.1

1. (1)不是。(2)是。(3)是。(4)不是。

2. 提示：先证明 $a \leqslant b \Rightarrow a \vee b = b$ 且 $a \wedge b = a$。

习题 9.2

1. $<S_1, \leqslant>$不是，$<S_2, \leqslant>$不是，$<S_3, \leqslant>$是。

2. 以下子集都能构成 S_{24} 的包含 5 个元素的子格：

$S_1=\{1, 3, 6, 12, 24\}$，$S_2=\{1, 2, 6, 12, 24\}$，$S_3=\{1, 2, 4, 12, 24\}$，$S_4=\{1, 2, 4, 8, 24\}$，$S_5=\{1, 2, 3, 6, 12\}$，$S_6=\{1, 2, 4, 6, 12\}$，$S_7=\{2, 4, 6, 12, 24\}$，$S_7=\{2, 4, 8, 12, 24\}$。

习题 9.3

1. (1) 是，全上界是 24，全下界是 1；

(2) 1 的补元是 24；3 的补元是 8；8 的补元是 3；4、6 没有补元。

2. 图 10 是两个格的哈斯图，其中图 a 是有补格但不是分配格的例子；图 b 是分配格但不是有补格的例子。

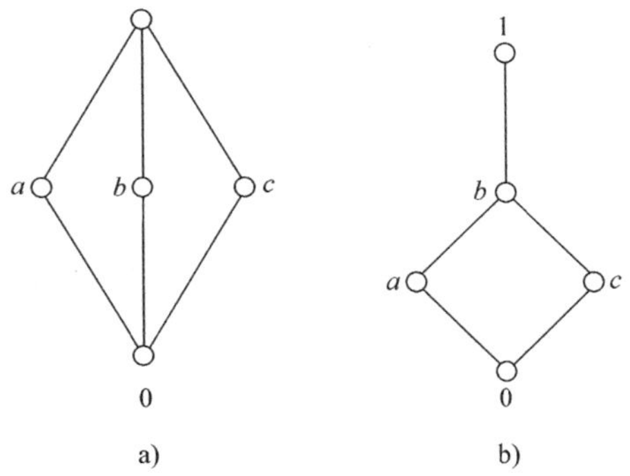

图　10

习题 9.4

1. 是布尔代数。

2. 提示：关键是要证明：格的全下界 0 是关于⊕的单位元，a 的逆元就是 a 自身。

复习题九

1. 提示：证明$<B, \leqslant>$是格$<L, \leqslant>$的一个子格。

7. 利用习题 9.4 第二题，并证明关于 $*$ 运算的单位元是布尔代数$<B, -, \vee, \wedge>$的全上界 1，等其他要点。

参考文献

[1] 洪帆．离散数学基础[M].2版．武汉：华中科技大学出版社，1995.

[2] 徐洁磐．离散数学导论[M].2版．北京：高等教育出版社，1991.

[3] 方世昌．离散数学[M].2版．西安：西安电子科技大学出版社，1996.

[4] 左孝凌，等．离散数学[M]. 上海：上海科学技术文献出版社，2000.

[5] 傅彦．离散数学[M]. 北京：机械工业出版社，2004.

[6] 耿素云，等．离散数学[M]. 北京：清华大学出版社，1992.

[7] 胡启新，胡元明．离散数学习题与解析[M]. 北京：清华大学出版社，2002.

[8] 洪帆，付小青．离散数学习题题解[M]. 武汉：华中科技大学出版社，1999.

[9] 左孝凌，等．离散数学理论—分析—题解[M]. 上海：上海科学技术文献出版社，2000.

[10] 洪帆，付小青．离散数学[M]. 北京：电子工业出版社，2003.

[11] Richard Johnsonbaugh. 离散数学[M].4版．北京：电子工业出版社，2002.

[12] Seymoour Lipschutz，Marc Lars Lipson. 2000离散数学习题精解[M]. 北京：科学出版社，2002.

[13] 邱学绍．离散数学[M]. 北京：机械工业出版社，2005.